义乌市

YI WUSHI

土壤肥力状况与配方施肥技术

◎ 陈 义 吴春艳 周维明 李 敏 等编著

U0313393

中国农业科学技术出版社

图书在版编目（CIP）数据

义乌市土壤肥力状况与配方施肥技术/陈义等编著 . —北京：中国农业
科学技术出版社，2011.6
ISBN 978 - 7 - 5116 - 0456 - 9

Ⅰ.①义… Ⅱ.①陈… Ⅲ.①土壤肥力 - 测定法 - 义乌市②施肥 -
配方 - 义乌市 Ⅳ.①S158.2②S147.2

中国版本图书馆 CIP 数据核字（2011）第 075202 号

责任编辑	贺可香
责任校对	贾晓红

出 版 者	中国农业科学技术出版社
	北京市中关村南大街 12 号　邮编：100081
电　　话	（010）82106638（编辑室）　　（010）82109704（发行部）
	（010）82109703（读者服务部）
传　　真	（010）82109709
网　　址	http://www.castp.cn
印 刷 者	北京富泰印刷有限责任公司
开　　本	787 mm×1 092 mm　1/16
印　　张	19.5
字　　数	500 千字
版　　次	2011 年 6 月第 1 版　2011 年 6 月第 1 次印刷
定　　价	68.00 元

《义乌市土壤肥力状况与配方施肥技术》
编委会

主编 陈 义 吴春艳 周维明 李 敏

成员（以姓氏拼音为序）：

陈 义 顾 滔 蒋文卫 李 敏

刘惠芳 骆江英 唐 旭 吴春艳

杨生茂 郑金良 周维明

内 容 提 要

测土配方施肥是我国施肥技术上的一项重大改革。这一技术的推广应用，标志着我国农业生产中开始科学计量施肥。自此项技术推广以来，已收到明显的经济效益、生产效益和社会效益。

本书较为详细地论述了义乌市测土配方施肥技术与方法。义乌市土壤多为水稻土，土壤呈弱酸性、有机质含量和全氮含量偏低，有效磷含量偏高、速效钾养分水平相对适宜，但各镇（街道）土壤养分状况差异较大，需根据各样点土壤养分性状，合理施肥。以此为基础还进行了肥料田间试验，为制定土壤培肥、改良和利用等规划提供科学依据，提升农田质量，为粮食生产提供保障。

本书可供土壤学、环境保护、农学等专业科技工作者、大专院校师生等参考交流。

前　言

由于我国人口逐年递增、耕地面积减少，土壤退化、粮食生产和环境保护工作成为农学、土壤学和环境科学界人士共同关心的问题。1998年，中国粮食生产总量和单产出现持续滑坡，水稻、小麦播种面积急剧下降，虽然近年来粮食总产有所回升，但产量低、单产不稳造成了国家和国际社会人士对中国未来16亿人口粮食安全的问题担忧。据专家预测，2030年中国人口将达到16亿，粮食总需求量为6.4亿吨。然而，我国的土地资源有限，依靠扩大耕地面积来增加粮食总量的潜力不大，为满足中国未来粮食需求，必须大幅度提高耕地质量和单位面积产量。增加作物单位面积粮食产量的途径很多，如改良作物品种、采用配套的栽培措施等，还有很重要的一点是合理施用肥料。据联合国粮农组织统计，化肥的增产作用占到农作物增产量的60%，最高达到67%。20世纪，全世界作物产量增加有一半来自化肥，如果不施用化肥，全世界农作物将会减产40%~50%。我国土壤肥力监测结果表明，施用化肥对粮食产量的贡献率为57.8%。

然而，当前农业生产过程中，施肥存在很大的盲目性。有的农户化肥没少用，产量却不高；有的因化肥投入多产量较高，收入却没增加。因农作物不同所需要养分不同，土壤不同则施肥量也不一样，肥料不是施得越多越好。盲目地过多地施肥，既浪费肥料和污染环境，又增加生产成本。

测土配方施肥技术是当前科学施肥中推广应用最有效的一项技术。实践证明，推广测土配方施肥技术，可以提高化肥利用率5%~10%，增产率达10%~15%，甚至达20%以上。测土配方施肥可提高粮食单产、降低生产成本，保证粮食稳定增产和农民持续增收，还减少肥料的挥发和流失，提高了肥料利用率，减轻对地下水的污染，既可保护农业生态环境、保持耕地养分平衡，又可提高耕地质量，保证农产品质量，实现农业可持续发展。

近年来，测土配方施肥技术在全国范围逐步推广，本书详细介绍义乌市土壤肥力状况及测土配方施肥技术方法，包括样品采集与制备、测试、肥料配方设计、肥料特性及使用技术，期望其对进一步搞好测土配方施肥工作，提高农民的科学施肥水平，促进农业的可持续发展有一定效果。

本书得到了国家公益性行业（农业）科研专项（课题编号：201003014和201003059）、配方肥料生产及配套施用技术体系研究（课题编号：2008BADA4B04）、学科带动人启动课题、提升项目与博士启动课题等项目经费的支持，在此表示感谢！

作　者

2011年3月

目　　录

第一章　背景与研究意义

第一节　测土配方施肥基础

土壤是地球生物圈的重要组成部分，是农业和自然生态系统的基础。土壤作为一种有生命的动态资源，是生产粮食、纤维、水果、蔬菜等的基础。土壤又有平衡全球生态系统的功能。土壤在维护地方、地区和全球环境质量方面，也起着重要作用。

我国属于资源受强度约束型的国家，现有农田 1.33 亿 hm^2，占我国陆地总面积的 10.5%，占世界耕地面积的 7%，其中耕地、林地和草地的人均占有量分别仅为世界平均值的 1/3、1/5 和 1/4，而且土壤退化十分严重。我国是世界上水土流失严重的国家之一，全国水土流失面积大约 $3.67 \times 10^6 hm^2$，占陆地面积的 38.2%。更为甚者，水土流失每年还在以 $1 \times 10^4 hm^2$ 的速度递增。从 20 世纪 50~90 年代，水土流失使得中国累计减少耕地 $2.66 \times 10^6 hm^2$，每年平均约 $6 \times 10^4 hm^2$，每年流失土壤约 $6.0 \times 10^8 t$（常影，2003）。我国荒漠化的土地面积大约 $8.37 \times 10^5 hm^2$，占陆地面积的 8.7%。已经荒漠化的土地和易受荒漠化影响的土地合计达 $2.35 \times 10^6 hm^2$，占陆地面积的 23.4%。目前，荒漠化土地以每年 1 460hm^2 的速度发展。我国盐渍土总面积约 $8.18 \times 10^7 hm^2$，占陆地面积的 8.5%。此外，潜在盐渍土有 $1.73 \times 10^7 hm^2$，南方还有 $4.2 \times 10^7 hm^2$ 的潜育化水稻土。目前，我国受农药严重污染的土壤面积超过 $1.6 \times 10^7 hm^2$，加上受工业和乡镇企业污染的面积合计达 $2.19 \times 10^7 hm^2$（常影，2003）。同时，我国是世界人口最多的发展中国家，且人口仍以每年 1 200 万的速率增长。据估算，到 2020 年，我国人口将达到 14.6 亿，粮食需求按 6 亿 t 计算，需增加 1 亿 t，2008~2020 年需年均增长 770 万 t 左右（张福锁，2008）。由于我国后备的土地资源十分有限，因此，依靠扩大耕地面积来增加粮食总量的潜力很小。为保障 21 世纪我国粮食安全，既要确保全国 1.33 亿 hm^2 耕地总量的动态平衡，更要通过改善土壤质量来提高作物单产和农产品品质（吕晓男，2004）。

1850~1950 年的 100 年间，在世界范围内，粮食增产量的 50% 来源于化学肥料。在化肥短缺时代，化肥施用量满足不了作物的需要，只要施肥就能达到增产的效果，不存在合理施肥的问题（张乃凤，2002）。随着化肥产量的增加，如何选择及如何施用化肥，就成了农业生产中的一个重要问题。只有通过土壤养分的测定，才能根据作物需要，正确确定施用化肥的种类和用量，才能使作物持续稳定地增产（涂运昌，1996；黄德明，2003）。

测土施肥历史可上溯到 20 世纪 30 年代末德国米切里希的工作，但是奠基性的研究是由美国的 Bray 等人在 20 世纪 40 年代中期完成的。Bray 首先提出了土壤养分有效性和作物相对产量（最高产量的百分数）等概念，认为土壤有效养分测试值与作物产量或养分吸收量之间应有很好的统计学相关性，并能建立起定量化的数学模型。他们提出的 Bray-1

和 Bray-2 土壤有效磷提取剂至今仍为世界各国采用。由于他们的工作，测土施肥形成了既有理论又有自己的方法学的完整技术体系，在欧美等国大面积推广，并在 20 世纪 70 年代发展成为土壤肥力学（黄德明，2003）。

1843 年，英国科学家在洛桑试验站布置长期肥效定位试验，开始了科学施肥技术 160 多年的探索历程。目前，美国配方施肥技术覆盖面积达到 80% 以上，40% 的玉米采用土壤或植株测试推荐施肥技术。日本研究者在开展 4 次耕地调查和大量试验的基础上，建立了全国的作物施肥指标体系，制定了作物施肥指导和配方施肥专家系统（高祥照，2005）。我国使用化肥起步较晚，在化肥施用技术上也经历了不断改进与不断提高的过程。我国自 1950 年开始进行科学施肥的研究，在当时生产力水平较低的情况下，主要依靠施用有机肥提高产量，因此土壤中磷、钾较为丰富，氮素是当时作物产量进一步提高的限制因子。在 1930～1940 年间，张乃凤等人对我国 14 个省 68 个点进行了地力测定，这可以说是我国最早的测土施肥研究（叶学春，2004）。1957 年成立全国化肥试验网，开展氮肥、磷肥肥效试验研究。1959～1962 年组织开展了第一次全国土壤普查和第二次全国氮、磷、钾三要素肥效试验，在继续推广氮肥的同时，注重了磷肥的推广和绿肥的生产，为促进粮食生产发挥了重要作用。20 世纪 70 年代以后，氮、磷肥继续增施，钾肥补充少，加之作物杂交品种应用和复种指数的增加，缺钾问题首先在南方显现，之后，随氮、磷、钾用量增多，一些地区大量元素与微量元素之间的平衡成为一个新的问题。1979 年开展了第二次全国土壤普查，测土施肥研究与推广应用取得了突破性的进展（白由路，2006），1981 年组织开展了第三次大规模的化肥肥效试验，对氮、磷、钾及中微量元素的协同效应进行了系统研究。20 世纪 80 年代，我国土肥科技工作者根据全国第二次土壤普查的结果，分土类、分作物开展了主要作物测土配方施肥参数的研究，建立了适合当时生产条件的作物施肥技术体系。2005 年，农业部在全国组织开展了测土配方施肥春季、秋季行动并取得了一定的经济效益、社会效益和生态效益。但是，随着我国社会经济的快速发展，作物品种与栽培技术、土壤状况和生产条件等都发生极大变化，原有的参数和资料已经不能适应目前测土配方施肥的要求，而目前我国农民的文化科学素质又普遍较低，在施肥上的盲目性是普遍存在的，从肥料的选定、用量的多少到具体施肥方法上都急需进行科学指导。

一、测土配方施肥技术原理

为了充分发挥肥料的最大增产效益，施肥必须与选用品种、肥水管理、种植密度、耕作制度和气候变化等影响肥效的诸因素结合，形成一套完整的施肥技术体系。

测土配方施肥是以土壤测试和肥料田间试验为基础，根据作物需肥规律、土壤供肥性能和肥料效应，在合理施用有机肥料的基础上，提出氮、磷、钾及中量微量元素等肥料的施用数量、施肥时期和施用方法。测土配方施肥技术的核心是调节和解决作物需肥与土壤供肥之间的矛盾，有针对性地补充作物所需的营养元素，实现各种养分平衡供应，满足作物的需要，达到提高肥料利用率和减少用量、提高作物产量、改善农产品品质、节省劳力、节支增收的目的。测土配方施肥技术是以元素的营养学说、同等重要律和不可代替律、养分归还学说、最小养分律和报酬递减律等为理论依据，以确定不同养分的施肥总量和配比为主要内容（卢学中，2010；李冬梅，2009）。

1. 营养元素的同等重要律和不可代替律

植物所需的各种营养元素不论在植物体内含量多少，均有各自的生物功能，它们的营养作用是同等重要的，如玉米缺锌会导致植株矮小而出现花白苗，水稻苗期缺锌会造成僵苗，棉花缺硼则会有蕾而不开花，每种营养元素具有的特殊生理功能是其他元素不可代替的。如缺磷不能用氮代替，缺钾不能用氮、磷配合代替。缺少什么营养元素，就必须施用含有该元素的肥料进行补充。

2. 养分归还学说

也叫养分补偿学说，是19世纪德国化学家李比希提出的。作物产量的形成有40%～80%的养分来自土壤，但不能把土壤看作一个取之不尽、用之不竭的"养分库"。为保证土壤有足够的养分供应容量和强度，保持土壤养分的输出与输入间的平衡，必须将植物带走的养分归还给土壤。依靠施肥，可以把被作物吸收的养分"归还"土壤，确保土壤肥力。

3. 最小养分律

植物的生长发育离不开 N、P、K、C、H、O、Ca、Mg、S、Fe、B、Mn、Mo、Zn、Cu、Cl 16种营养元素。其中 N、P、K 是大量元素；C、H、O、Ca、Mg、S 是中量元素；Fe、B、Mn、Mo、Zn、Cu、Cl 是微量元素。植物为了生长发育需要吸收各种养分，但决定其产量高低的是土壤中有效含量最低的那个养分，在一定的范围内产量随这个养分含量的增减而增减，忽视这个最低养分，即使再增加其他养分也难以提高作物的产量。

4. 报酬递减律

即从一定土壤中得到的报酬随着向该土地投入的劳动和资本量的增加而增加，但不是无限制的，到一定程度后，随着投入的劳动和资本量的增加，报酬却逐步减少。在其他栽培条件不变的前提下，随着施肥量的增加，作物产量随之增加，达到一定程度后，随着施肥量的增加，作物产量反而减少。当施肥量超过适量时，作物产量与施肥量之间的关系就不再是曲线模式，而呈抛物线模式了，单位施肥量的增产会呈递减趋势。可以根据这些变化，选择适宜的化肥用量。

（1）增施肥料的增产量×产品单价＞增施肥料×肥料单价。此时施肥经济又有利，增产又增收。

（2）增施肥料的增产量×产品单价＝增施肥料单价。此时施肥的总收益最高，称为最佳施肥量，但产量不是最高。

（3）如果达到最佳施肥量后，再增施肥料可能会使作物略有增产，甚至达到最高产量，此时再增施肥料可能会造成减产，成了赔本的买卖。

据上述二者的变化关系，采用建立回归方程，求出的边际效益等于零时的施肥量，即为最佳施肥量。

5. 综合因子作用律

作物生长发育除受养分影响外，还受水分、温度、光照、空气等环境因子和良种、植保、耕作、栽培等农业技术措施的影响。为充分发挥肥料的增产作用和提高肥料的经济效益，一方面施肥措施必须与其他农业技术措施密切配合，发挥生产体系的综合功能；另一方面，各种养分之间的配合施用，也是提高肥效不可忽视的问题。

二、测土配方施肥应遵循的原则

一是有机肥与无机肥相结合的原则。土壤有机质是土壤肥沃的重要指标，增施有机肥可以增加土壤的有机质，提高土壤的肥沃度。二是大量、中量、微量元素相配合的原则。强调氮、磷、钾肥的相互配合，并补充必要的中、微量元素才能获得高产稳产。三是用地与养地相结合的原则。只有坚持用养结合，才能使作物－土壤－肥料形成物质和能量的良性循环。

三、测土配方施肥的基本方法

测土配方施肥来源于测土施肥和配方施肥。测土施肥的全称为"土壤测定与推荐施肥（Soil Testing and Fertilizer Recommendation）"，这是国际通用的名称，其目的在于测定土壤有效养分含量后，以此为出发点，在产前确定一个与产量相适应并能进行经济评价的施肥量（周鸣铮，1980；陆允甫，1995）。测土施肥是根据土壤中不同的养分含量和作物吸收量来确定施肥量的一种方法，测土施肥本身包括配方施肥的内容，而且由此得到的配方更加客观。配方施肥除了进行土壤养分测定外，还要根据大量的田间试验，获得肥料效应函数等，这是测土施肥所没有的内容。测土施肥和配方施肥虽各有侧重面但目标一致，所以也可概括为测土配方施肥。

测土配方施肥的内容包括土壤养分测定、施肥方案的制定和正确施用肥料三大部分，具体可分为土壤测试、肥料生产、正确施用等环节（高祥照，2005）。

1. 土壤养分含量的测定

土壤养分含量是制定肥料配方的重要依据之一，通过土壤养分含量的测定可以了解土壤的供肥能力。

2. 田间试验

田间试验是获得各种作物最佳施肥量、施肥时期、施肥方法的根本途径，也是筛选、验证土壤养分测试技术，建立施肥指导体系的基本环节。通过田间试验能摸清土壤养分矫正系数、土壤供肥量、农作物施肥量、肥料利用率等基本参数，为构建施肥模型和肥料配方提供依据。

3. 配方设计

肥料配方设计是测土施肥技术的核心。通过总结田间试验、土壤养分含量等数据，划分不同施肥区域，同时根据气候、地貌、土壤、耕作程度等的相似性和差异性，结合专家经验，提出不同作物的施肥配方。施肥方案的制定包括两个内容：一是确定作物整个生育期中对养分的需要规律，安排各种肥料的施用总量；二是根据作物生长发育过程中对养分的需要规律，安排各种肥料的分配或施用时期。施肥总量的确定要根据作物的生育特点和从土壤中吸收养分的数量，参考土壤养分测定的数据进行计算的，不同的作物对养分的需要量是不同的，不同的土壤其养分含量也有差异。因此，不同作物或同一作物不同土壤的施肥量都是不同的。合理的施肥量只有在土壤养分测定的基础上根据作物的需要来确定（金耀青，1989；白由路，2001）。

4. 矫正试验

为了保证肥料配方的准确性，最大限度地减少肥料的批量生产和大面积应用的风险，在施肥分区设矫正试验，验证其施肥配方的正确性，并完善肥料配方改进施肥参数。

5. 配方加工

配方落实到农户田间是配方施肥的最终目的,根据不同地区和不同作物的需肥量,加工配方肥——专用肥。

6. 示范与推广

为促进测土配方施肥技术能够落实到田间,让广大农民亲眼看到实际效果,建立配方施肥示范区树立样板田。

7. 宣传培训

宣传培训是提高农民科学施肥意识,普及技术的重要手段,主要是培训各级技术员和农民。

8. 效果评价

农民是此项技术的最终执行和落实者,也是最终受益者,效果评价主要是调查测土配方施肥的实际效果,及时获得农民的反馈信息,不断完善施肥体系。

9. 技术创新

技术创新是保证测土施肥工作长期有效的科技支撑。重点开展田间试验方法、土壤养分测试技术、肥料配制方法、数据处理方法等方面的创新研究工作,不断提升测土施肥技术水平。

10. 耕地地力的评价

耕地是农业生产最基本的资源,耕地地力的好坏直接影响到农业生产的发展。耕地地力评价是测土配方施肥工作的重要内容,是加强耕地质量建设的重要基础,也是建立耕地质量预测体系的重要前提。

四、肥料用量的确定

1. 土壤、植株测试推荐施肥法

这个技术综合了目标产量法、养分丰缺法和作物营养诊断法的优点,根据氮、磷、钾和中、微量元素养分的不同特征,采取不同养分的调控,主要包括氮素的实时监控、磷与钾养分的恒量监控及中、微量元素养分的矫正施肥技术。

2. 肥料效应函数法

该方法是根据"3414"的田间试验结果建立当地主要作物的肥料效应函数,直接获得某一区域,某种作物的氮、磷、钾肥料的最佳施用量,为肥料配方和科学施肥提供依据。

3. 土壤养分丰缺指标法

通过土壤养分测试结果和田间肥效试验结果,建立不同作物、不同区域的土壤养分丰缺指标,提供肥料配方。土壤养分丰缺状况用"3414"试验相对产量的高低来表示,相对产量低于50%的土壤养分为极低;50% ~ 75%的为低;75% ~ 95%的为中;大于95%的为高,从而确定出适用于某一区域、某种作物的土壤养分丰缺指标及相应的施用肥料数量。对该区域其他田块,通过土壤养分测定,就可以了解土壤养分的丰缺状况,提出相应的推荐施肥量。

4. 养分平衡法

根据作物目标产量的需肥量与土壤供肥量之差估算目标产量的施肥量,通过施肥补充土壤供应不足的那部分养分。养分平衡法涉及作物需肥量、土壤供肥量、肥料利用率、肥料中有效养分含量等参数。施肥量的计算公式为：

$$土壤施肥量(kg/hm^2) = \frac{目标产量 \times 单位产量的养分吸收量 - 土壤养分供应量}{肥料中有效养分含量 \times 肥料利用率}$$

土壤养分供应量即为"3414"方案中处理1的作物养分吸收量。

土壤有效养分校正系数法是通过测定土壤有效养分含量来计算施肥量。其计算公式为：

$$施肥量(kg/hm^2) = \frac{目标产量养分吸收量 - 土壤有效养分 \times 2.25 \times 校正系数}{肥料中有效养分含量 \times 肥料利用率}$$

五、测土配方施肥与田间试验的关系

测土配方施肥是根据作物需肥规律、土壤养分含量及其供肥性能，以及田间肥料试验结果，综合考虑提出氮、磷、钾、钙、镁和微肥的适宜用量和比例，以及相应的施肥技术措施。概括来说，一是测土，取土样测定土壤养分含量；二是配方，经过对土壤的养分诊断，按照庄稼需要的营养"开出药方、按方配药"；三是合理施肥，就是在农业科技人员指导下科学施用配方肥。

不同作物的测土配方施肥肥料田间试验是获得各种作物最佳施肥量、施肥时期、施肥方法的根本途径，是了解肥料施用效果、作物生长状况和养分吸收过程及结果最直接、最有效的方法，是开展测土配方施肥工作的基础，是制定作物施肥方案和建议的首要依据，是建立作物施肥分区的前提。肥料田间试验也是研究、筛选、评价土壤养分测试方法，建立不同测试方法施肥指标体系的唯一基础。因此，田间试验是测土配方施肥的基础，必须高度重视。此外，测土不是测定每个农户的每个地块的养分含量，而是在一定的范围内选择一些代表性的地块，测定养分含量，给出作物施肥方案，其他类似的地块参照代表性地块的施肥方案进行，不可能也没有必要测定每个农户的每个地块的土壤养分。

肥料配方环节是测土配方施肥工作的核心，通过总结田间试验、土壤养分数据等，划分不同区域施肥分区；同时，根据气候、地貌、土壤、耕作制度等相似性和差异性，结合专家经验，提出不同作物的施肥配方。

中国农业科学院近年在全国进行的试验示范结果表明：通过测土配方施肥，水稻、小麦、玉米、大豆、蔬菜、水果平均增产分别为 15.0%、12.6%、11.4%、11.2%、15.3%、16.2%，同时通过测土配方施肥，可以有效地诊断出当地限制作物产量的养分因子，为制定作物高产经济合理施肥制度提供科学依据，从而提高施肥的针对性。例如，2002 年 10 月至 2003 年 5 月，中国农业科学院有关研究组对上海佘山农场的土壤养分测定，结果表明土壤缺锌严重，仅补施锌肥一项，小麦增产 18.3%、大麦增产 22.2%。

第二节　义乌市测土配方施肥研究

一、义乌市地理位置

义乌位于金衢盆地东部，东经 119°49′~120°17′，北纬 29°02′13″~29°33′40″，市域总面积 1 105km²，浙江省地理中心地处境内。东邻东阳，南界永康、义乌，西连义乌、兰

溪，北接诸暨、浦江。市境东、南、北三面群山环抱，南北长 58.18km，东西宽 44.14km，境内有中低山、丘陵、岗地、平原，土壤类型多样，光热资源丰富。义乌属亚热带季风气候，温和湿润，四季分明，年平均气温在 17℃左右，平均气温以 7 月份最高，为 29.3℃，1 月份最低，为 4.2℃。年平均无霜期为 243 天左右。年平均降水量为 1 100 ~ 1 600mm。共辖 6 个镇、7 个街道办事处，786 个行政村（居），总人口 170 余万（本地人口 71.6 万），其中农村人口 97.99 万，农村劳动力 59.4 万，现有耕地面积 2.17 万 hm²，其中水田 1.82 万 hm²，全年农作物复种面积 2.9 万 hm²。自改革开放以来，义乌市长期坚持并不断深化"兴商建市"发展战略，经济社会快速发展，2005 年全市整体经济实力已跻身"全国百强县市"第十二位，2007 年全市完成地区生产总值（GDP）为 420.9 亿元，完成财政总收入达 58.88 亿元。与此同时，通过实施"依商强农"、"以工促农"发展战略，大力推进农业企业化，发展现代农业，全市农业经济也得到快速发展，2007 年农业总产值达 17.8 亿元。在种植业生产方面，种植结构不断调整优化，已形成了富硒优质米、马铃薯、糖果蔗、有机茶、设施瓜菜、水田菱藕、蜜梨等一批在省内处享有较高知名度的规模化特色优势生产基地。无公害生产得到了推广普及，全市已建成无公害农产品基地 256 个（其中属于省级无公害基地有 125 个）。已通过认证的国家级无公害农产品达 134 项，其中有机食品 10 项、绿色食品 21 项，正朝着发展高效生态农业的道路大踏步前进。

二、义乌市开展测土配方施肥的重要性

1. 开展测土配方施肥，有利于节本增效，稳定粮食生产

粮食生产事关国计民生，粮食安全直接关系着国家安全与社会稳定，在我国人多地少特殊国情下，稳定发展粮食生产是农业生产的首要任务，各地区都要为此承担相应的责任与义务。粮食生产效益低，特别是在经济较发达地区，种粮相对效益低的问题严重影响着农民的种粮积极性，在此形势下，除了出台相应的粮食生产扶持政策进行鼓励外，千方百计实现节本增效也十分重要。开展测土配方施肥，实施化肥减量增效工程，正是从农业科技角度降低粮食生产成本、提高种粮效益的有效技术途径，对稳定粮食生产具有重要意义。

2. 开展测土配方施肥，有利于提高义乌市农业综合生产能力

义乌山多田少，人均耕地占有量不足 0.033hm²，随着义乌市工业的跨越式发展、城镇化水平的提高，大量优质耕地转为非农用地，加上一些农民对土地的掠夺性经营，耕地整体质量已明显下降，同时义乌市土地后备资源匮乏，新增耕地开发则是成本高、质量差，因此，义乌市以耕地产出能力为核心的农田综合生产能力呈下降趋势。加上化肥价格居高不下，农产品生产成本提高，从而制约了农民收入的增加。通过开展测土配方施肥，能提高广大农民的科学施肥水平，达到培肥改良土壤作物稳产高产，从而稳步提高义乌市农田综合生产能力。

3. 开展测土配方施肥，有利于发展义乌市高效生态农业，实现农业可持续发展

当前农村普遍存在着重用轻养、重化肥轻有机肥、重氮磷轻钾肥、滥用化肥等现象，化肥的大量投入，高负荷地经营土地，大幅提高了单位面积的产出率，但同时也带来了严重的负面效应，造成生产成本增加，农产品品质和耕地地力下降；化肥利用率降低，养分流失严重，环境污染加剧。通过开展测土配方施肥，增强农民的科学施肥意识，提高其施

肥技术水平，显著降低耕地的化肥施肥强度，提高肥料利用率，减少施肥对生态环境的影响，推进畜禽粪便、秸秆的资源化利用，有效控制农业资源污染程度，实现农业增效、农民增收，加快农业可持续发展。

4. 开展测土配方施肥，有利于提高义乌市农产品在国内和国际市场的竞争力

随着社会经济发展和生活水平的提高，国内外市场对农产品需求日益多样化、优质化，农产品国际贸易的绿色壁垒和技术壁垒越来越高，农产品实行了准入制度，对大多数农产品在外观形状、色泽度、食性、营养成分等都有一定的指标，特别是对农产品的硝酸盐、重金属等含量实行严格的控制。通过测土配方施肥，能根据不同作物对主要元素和微量元素的需求，进行配肥和施肥，既能把农产品中硝酸盐和重金属的含量控制在一个允许的范围内，又能显著改善农产品的外观形状、色泽度和口感，提高农产品营养成分及质量，从而增强义乌市农产品的市场竞争力。

三、义乌市测土配方施肥主要技术措施

该市贯彻中央一号文件精神，根据农业部、浙江省农业厅对实施测土配方施肥工作的要求，围绕着提高粮食生产综合能力，确保粮食生产安全，大力推进新农村建设的总体目标。针对义乌市主要农作物中施肥的实际问题，突出重点，按照"统筹规划、分级负责、逐步实施和技术指导、企业参与、农民受益"的原则，遵循不同作物需肥规律，综合土壤供肥性能和肥料效应，运用耕地地力调查数据，土壤养分测试和田间试验结果，分别制定合理的施肥方案。对全市范围内的主要农作物及其各生产环节进行科学施肥，为农民提供测土配方施肥服务，提高测土配方施肥技术入户率、覆盖率和贡献率，全面推动义乌市测土配方施肥工作进程，促进农业增效、农民增收。

四、目标任务

通过测土、配方、施肥等重点环节，2009 年项目区推广测土配方施肥 2 万 hm^2，其中粮油作物 1.2 万 hm^2，经济作物 0.8 万 hm^2。项目区肥料利用率提高 3% ~5%，粮油作物亩节本增效 40 元，合计节本增效 720 万元；经济作物亩节本增效 55 元，合计节本增效 660 万元。二者总计节本增效 1 380 万元。全市预计分析化验土壤样品 2 000 个左右，布置 "3414" 试验 10 个，校正试验和大区对比试验 30 个，土壤定点监测点 5 个。对野外调查、土壤测试分析和试验示范的数据进行规范化管理，做好耕地地力管理和评价的准备工作。制作项目区耕地土壤养分图和作物测土配方施肥分区图，完成测土配方施肥技术数据库软件开发。项目区农户测土配方施肥建议卡入户率达到 90% 以上，培训乡镇、街道、行政村、示范农户 6 500 人次以上，为全市农民提供免费测土配方施肥技术服务。

项目建设内容包括测土配方施肥项目建设中有关"测土、配方、配肥、供肥、施肥指导"五个环节开展 11 项工作。

第二章 研究和测试方法

第一节 土壤样品的采集与制备

一、采集土壤样品

采样前，收集采样区土壤图、土地利用现状图、行政区划图等资料，并绘制样点分布图，制订采样工作计划，准备 GPS 接收仪、取土器、采样袋（布袋、纸袋或塑料网袋）、采样标签等。

将义乌按镇（街道）划分为 13 个采样单元，每个镇（街道）请一名指路员领路，采样人员由浙江省农业科学院环境资源与土壤肥料研究所陈义、林义成、唐旭、吴春艳、蒋金华，义乌市种植业总站李敏、郑金良、骆江英以及司机等组成 2 个采样小组。计划采集土壤样品 2 060 个，实际采集土壤样品 2 078 个。采集的样品中，水稻土 1 801 个，菜地 506 个，果园 229 个。北苑街道 51 个，其中水稻土 41 个，菜地 9 个，果园 3 个；城西街道 122 个，其中水稻土 91 个，菜地 24 个，果园 7 个；赤岸 202 个，其中水稻土 126 个，菜地 63 个，果园 13 个；稠城街道 94 个，其中水稻土 59 个，菜地 18 个，果园 17 个；稠江街道 91 个，其中水稻土 56 个，菜地 28 个，果园 7 个；大陈镇共采样 106 个，其中水稻土 62 个，菜地 31 个，果园 13 个；佛堂 314 个，其中水稻土 228 个，菜地 65 个，果园 21 个；后宅街道 176 个，其中水稻土 96 个，菜地 57 个，果园 23 个；江东街道 112 个，其中水稻土 63 个，菜地 30 个，果园 19 个；廿三里 182 个，其中水稻土 108 个，菜地 56 个，果园 18 个；上溪 163 个，其中水稻土 103 个，菜地 37 个，果园 23 个；苏溪 152 个，其中水稻土 101 个，菜地 31 个，果园 20 个；义亭 313 个，其中水稻土 260 个，菜地 26 个，果园 27 个。

二、野外观测记载

农户是测土配方施肥的具体应用者，通过收集农户施肥数据进行分析是评价测土配方施肥效果与技术准确度的重要手段，也是反馈修正肥料配方的基本途径。因此，需要进行农户测土配方施肥的反馈与评价工作。

为此在取样过程中以资料收集整理和野外定点采样调查相结合，典型农户调查与随机抽样调查相结合的方式，进行广泛深入的野外调查和取样地块农户调查。

三、土壤样品采集

1. 土壤样品采集

土壤样品采集主要考虑应具有代表性、实用性，并根据不同分析项目采用相应的采样和处理方法。

2. 采样规划

采样点参考义乌市第二次土壤普查土壤图，做好采样规划设计，确定采样点位。实际采样时严禁随意变更采样点，凡有变更，都注明理由。

3. 采样单元

根据土壤类型、土地利用等因素，将采样区域划分为若干个采样单元，每个采样单元的土壤性状尽可能均匀一致。

平均每个采样单元为 6.67~13.33hm^2（平原区、大田作物每 6.67~33.33hm^2 亩采一个混合样，丘陵区、大田园艺作物每 2~5.33hm^2 采一个混合样）。为便于田间示范追踪和施肥分区，采样集中在位于每个采样单元相对中心位置的典型地块，采样地块面积为 0.07~0.67hm^2。采用 GPS 定位，记录经纬度，精确到 0.1″。

4. 采样时间

在 2009 年 12 月中旬开始采集土样，到 2010 年 3 月中旬结束。

5. 土样

采样深度为 0~20cm。主要根据耕层厚度来决定采样深度，耕层厚度≥20cm，采样深度为 20cm；小于 20cm 的，采样深度与耕层厚度一致。

6. 采样点数量

为要保证足够的采样点，使之能代表采样单元的土壤特性。每个样品采样点的多少，取决于采样单元的大小、土壤肥力的一致性等。采样多点混合，每个样品取 15~20 个样点。

7. 采样路线

采用 S 形布点采样，从而较好地克服耕作、施肥等所造成的误差。

8. 采样方法

是在取样时将取样器垂直于地面入土，深度相同。因需测定或抽样测定微量元素，我们特地自行设计、制造了一批不锈钢取土器。

9. 样品量

是按混和土样取土 1kg 左右（用于推荐施肥的 0.5kg，用于试验的 2kg 以上，长期保存备用），用四分法将多余的土壤弃去。方法是将采集的土壤样品放在盘子里或塑料布上，弄碎、混匀，铺成正方形，划对角线将土样分成四份，把对角的两份分别合并成一份，保留一份，弃去一份。如果所得的样品依然很多，可再用四分法处理，直至所需数量为止。

10. 样品标记

采集的样品放入统一的样品袋，用铅笔写好标签，内外各一张。

四、土壤样品制备

1. 风干样品

从野外采回的土壤样品及时放在样品盘上，摊成薄薄一层，置于干净整洁的室内通风处自然风干，严禁暴晒，并注意防止酸、碱等气体及灰尘的污染。风干过程中经常翻动土样并将大土块捏碎以加速干燥，同时剔除侵入体。将风干后的土样，倒入钢玻璃底的木盘上，用木棍研细，使之全部通过 2mm 孔径的筛子。充分混匀后用四分法分成两份，一份作为物理分析用，另一份作为化学分析用。作为化学分析用的土样进一步研细，使之全部通过 1mm 孔径的筛子。装袋，封好后留作日后分析用。袋内外各放标签一张，写明编号、采样地点、土壤名称、采样深度、样品粒径、采样日期、采样人及制样时间、制样人等项目。制备好的样品妥为贮存，避免日晒、高温、潮湿和酸碱等气体的污染。全部分析工作结束，分析数据核实无误后，试样保存一年，以备查询。"3414"试验等有价值、需要长期保存的样品，保存于广口瓶中，用蜡封好瓶口。

2. 一般化学分析试样准备

将风干后的样品平铺在制样板上，用木棍或塑料棍碾压，并将植物残体、石块等侵入体和新生体剔除干净。细小已断的植物须根，采用静电吸附的方法清除。压碎的土样用2mm 孔径筛过筛，未通过的土粒重新碾压，直至全部样品通过 2mm 孔径筛为止。通过2mm 孔径筛的土样供 pH 值及有效养分等项目的测定。

将通过 2mm 孔径筛的土样用四分法取出一部分继续碾磨，使之全部通过 0.25mm 孔径筛，供有机质、全氮、碳酸钙等项目的测定。

五、标签内容

样品编号、采样时间、采样地点、采样人、作物品种、土壤名称（或当地俗称）、成土母质、地形地势、耕作制度、前茬作物及产量、化肥农药施用情况、灌溉水源、采样点地理位置简图。

第二节　土壤基本性质测试方法

一、土壤有机质的测定

土壤有机质用重铬酸钾容量法测定（鲁如坤，1999）。具体步骤如下：

1. 准确称取 60 目风干样品 0.3 ~ 0.5g（精确到 0.0001g），放入干的硬质试管中，用吸管准确加入 0.8000mol/L 的重铬酸钾标准溶液 5ml，再加入浓硫酸 5ml，小心摇匀，然后将试管插入铁丝笼中。

2. 先将石蜡浴锅或浓磷酸加热到 185 ~ 190℃，将试管放入加热，此时温度应控制在170 ~ 180℃，并使溶液保持沸腾 5min。然后取出试管，待试管稍冷后，用草纸擦净外部，放凉。

3. 将试管内容物小心地全部洗入 250ml 三角瓶中，并使瓶内总体积保持在 60 ~ 80ml，然后加邻啡罗啉指示剂 3 ~ 5 滴，用 0.2mol/L FeSO$_4$ 溶液滴定，溶液由黄色经过绿色突变到棕红色即为终点。若用邻苯胺基苯甲酸作指示剂时，则加入 12 ~ 15 滴，用 0.2mol/L 的FeSO$_4$ 滴定，溶液由棕红经过紫色突变到绿色即为终点。

4. 在测定样品的同时必须做两个空白试验，取其平均值。可用燃烧土或纯沙代替样品，以免溅出溶液，其他步骤同上。

5. 结果计算

$$土壤有机碳(g/kg) = \frac{\dfrac{c \times 5}{V_0} \times (V_0 - V) \times 10^{-3} \times 3.0 \times 1.1}{m \times k} \times 1\,000$$

式中：c——0.8000mol/L　（1/6K$_2$Cr$_2$O$_7$）标准溶液的浓度；

　　5——重铬酸钾标准溶液加入的体积（ml）；

　　V_0——空白滴定用去 FeSO$_4$ 体积（ml）；

　　V——样品滴定用去 FeSO$_4$ 体积（ml）；

　3.0——1/4 碳原子的摩尔质量（g/mol）；

10^{-3}——将 ml 换算为 L；

1.1——氧化校正系数；

m——风干土样质量（g）；

k——将风干土样换算成烘干土的系数。

二、土壤氮素测定

1. 土壤全氮

土壤全氮用凯氏法测定（鲁如坤，1999），具体步骤如下：

（1）土样的消煮

称取风干土样（0.25mm）约 1.0000g（含氮 1mg 左右），放入干燥的 50ml 凯氏瓶中，加入 1.1g 混合催化剂（硒粉 - 硫酸铜 - 硫酸钾），注入 3ml 浓硫酸，摇匀，盖上小漏斗，放在电炉上，开始用小火徐徐加热，待泡沫消失，再提高温度（注意防止动作过猛），然后微沸消煮，当消煮液呈灰白色时，可提高温度，待完全变为灰白稍带绿色后，再继续消煮 1h。消煮时的温度以硫酸在瓶内回流的高度约在瓶颈上部的 1/3 处为好。消煮完毕前，需仔细观察消煮液中及瓶壁是否还存在黑色炭粒，如有，应适当延长消煮时间，待炭粒全部消失为止；取下凯氏瓶，冷却。

（2）氨的测定

小心地将凯氏瓶中全部消煮液转入半微量定氮蒸馏器的蒸馏室中，并用少量水洗涤凯氏瓶 4~5 次，每次 3~5ml，总量不超过 20ml（如样品的含氮较高，也可将消煮液定容一定体积，吸取一部分溶液进行蒸馏）。另备有标线的三角瓶，内加 2% 硼酸指示剂溶液 5ml，将三角瓶置于冷凝器的承接管下，管口插入至硼酸溶液中，然后向蒸馏室中加入 40% 氢氧化钠溶液 20ml，立即关闭蒸馏室。控制温度以 6~8ml/min 的速度进行蒸汽蒸馏，待馏出液达 30~40ml 时，停止蒸馏。用少量水冲洗冷凝管下端，取下三角瓶，用硫酸标准溶液滴定至紫红色。同时进行空白试验，以校正试剂和滴定误差。

（3）结果计算

$$土壤全氮(N)量(g/kg) = \frac{(V - V_0) \times c(\frac{1}{2}H_2SO_4) \times 14.0 \times 10^{-3}}{m} \times 1\,000$$

式中：V——滴定试液时所用酸标准溶液的体积（ml）；

V_0——滴定空白时所用酸标准溶液的体积（ml）；

c——0.01mol/L（1/2 H_2SO_4）或 HCl 标准溶液浓度；

14.0——氮原子的摩尔质量（g/mol）；

10^{-3}——将 ml 换算为 L；

m——烘干土样的质量（g）。

2. 土壤碱解氮的测定

碱解氮的测定采用碱解扩散法，具体方法如下：

称取通过 1mm 风干土样 2.00g，置于洁净的扩散皿外室，轻轻旋转扩散皿，使土样均匀地铺平。取 H_3BO_3 - 指示剂溶液 2ml 放于扩散皿内室，然后在扩散皿外室边缘涂碱性胶液，盖上毛玻璃，旋转数次，使皿边与毛玻璃完全黏合。再渐渐转开毛玻璃一边，使扩散皿外室露出一条狭缝,迅速加入 1mol/L NaOH 溶液 10.0ml,立即盖严,轻轻旋转扩散皿,让碱溶液盖住所有土壤。再用橡皮筋圈紧,使毛玻璃固定。随后小心平放在 (40±1)℃ 恒温箱中,碱解扩散 (24±0.5) h 后取出(可以观察到内室应为蓝色)内室吸收液中的 NH_3 用 0.005mol/L 或 0.01mol/L (1/2 H_2SO_4) 标准液滴定。

在样品测定的同时进行空白试验,校正试剂和滴定误差。

结果计算:

$$碱解氮(N)含量(mg/kg) = \frac{c(V - V_0) \times 14.0}{m} \times 1\,000$$

式中:c——0.005mol/L (1/2 H_2SO_4) 标准溶液的浓度 (mol/L);

V——样品滴定时用去 0.005mol/L (1/2 H_2SO_4) 标准液体积 (ml);

V_0——空白试验滴定时用去 0.005mol/L (1/2 H_2SO_4) 标准液体积 (ml);

14.0——氮原子的摩尔质量 (g/mol);

m——样品质量 (g);

10^3——换算系数。

三、土壤磷素的测定

1. 土壤有效磷

中性和石灰性土壤有效磷用 0.05mol/L $NaHCO_3$ 法测定(鲁如坤,1999),具体步骤如下:

①称取 20 目风干土样 5.00g,置于 250ml 三角瓶中再加一勺无磷活性碳;加入 0.5mol/L 碳酸氢钠浸提液 100ml,塞紧瓶塞,在 20~25℃ 下振荡 30min(振荡机速率为 150~180 次/min),取出后立即用无磷滤纸和干燥漏斗过滤于 100ml 三角瓶中。

② 吸取滤液 10~20ml(含 5~25μg 磷)于 50ml 容量瓶中,加入二硝基酚指示剂 2 滴,用稀 H_2SO_4 和稀 NaOH 溶液调节 pH 值至溶液呈微黄(小心慢加,边加边摇,防止产生的二氧化碳使溶液喷出瓶口),等充分排除二氧化碳后,加入钼锑抗混合显色剂 5ml,摇匀,用水定容。在室温高于15℃的条件下放置30min后,在分光光度计上用波长700nm 比色,以空白试验溶液为参比液调零点,读取吸收值。

③标准曲线绘制:分别准确吸取 5μg/ml 磷标准溶液 0ml、1.0ml、2.0ml、3.0ml、4.0ml、5.0ml 于 50ml 三角瓶中,加入 0.05mol/L $NaHCO_3$ 10ml,再加入钼锑抗试剂 5ml 摇匀,用水定容。同待测液一样进行比色,绘制标准曲线。最后溶液中磷的浓度分别为 0μg/ml、0.1μg/ml、0.2μg/ml、0.3μg/ml、0.4μg/ml、0.5μg/ml。

④结果计算:土壤中有效磷(P)含量$(mg/kg) = \dfrac{\rho \times V \times ts}{m \times 10^3 \times k} \times 1\,000$

式中:ρ——从工作曲线上查得磷的质量浓度 (μg/ml);

m——风干土质量 (g);

V——显色时溶液定容的体积 (ml);

10^3——将 μg 换算成的 mg;

ts——为分取倍数(即浸提液总体积与显色对吸取浸提液体积之比);

k——将风干土换算成烘干土质量的系数;

1 000——換算成每千克含磷量。

2. 酸性土壤有效磷的測定採用鹽酸-氟化銨法測定（魯如坤，1999）

具體步驟如下：

① 稱取通過 2mm 篩孔的風乾土壤樣品 5.00g 置於 150ml 塑料瓶中，加入鹽酸-氟化銨浸提劑 50ml，在 20～25℃下振盪 30min（振盪機速率為 150～180 次/min），取出後立即用無磷濾紙和乾燥漏斗過濾於塑料瓶中。

② 吸取濾液 10～20ml（含 5～25μg 磷）於 50ml 容量瓶中，加入 10ml 硼酸溶液，再加入二硝基酚指示劑 2 滴，用稀 HCl 和稀 NaOH 溶液調節 pH 值至溶液呈微黃（小心慢加，邊加邊搖，防止產生的二氧化碳使溶液噴出瓶口），等充分排除二氧化碳後，加入鉬銻抗混合顯色劑 5ml，搖勻，用水定容。在室溫高於 15℃的條件下放置 30min 後，在分光光度計上用波長 700nm 比色，以空白試驗溶液為參比液調零點，讀取吸收值。

③標準曲線繪製：分別準確吸取 5μg/ml 磷標準溶液 0ml、1.0ml、2.0ml、3.0ml、4.0ml、5.0ml 於 50ml 三角瓶中，加入 10ml 硼酸溶液，加入鉬銻抗混合顯色劑 5ml，搖勻，用水定容。同待測液一樣進行比色，繪製標準曲線。最後溶液中磷的濃度分別為 0μg/ml、0.1μg/ml、0.2μg/ml、0.3μg/ml、0.4μg/ml 和 0.5μg/ml。

④ 結果計算：土壤中有效磷(P)含量(mg/kg) $= \dfrac{\rho \times V \times ts}{m \times 10^3 \times k} \times 1\,000$

式中：ρ——從工作曲線上查得磷的質量濃度（μg/ml）；

    m——風乾土質量（g）；

    V——顯色時溶液定容的體積（ml）；

    10^3——將 μg 換算成的 mg；

    ts——為分取倍數（即浸提液總體積與顯色對吸取浸提液體積之比）；

    k——將風乾土換算成烘乾土質量的係數；

1 000——換算成每千克含磷量。

四、土壤鉀素的測定

1. 土壤速效鉀

土壤速效鉀用 1mol/L NH₄OAC 浸提－火焰光度法測定（魯如坤，1999），具體方法如下：

①準確稱取過 20 目風乾土樣 5.00g，置於 100ml 的三角瓶（或塑料瓶）中，加入 50ml 濃度為 1.0mol/L 的醋酸銨溶液，用橡皮塞塞緊瓶口，在往復振盪機上以大約 120 次/min 的速度振盪 30min，振盪時最好恒溫，但對溫度要求不太嚴格，一般 20～25℃即可。

②懸浮液用乾濾紙過濾，其濾液可直接在火焰光度計上進行測定。

③標準曲線的繪製：配製鉀標準系列溶液，以濃度最大的一個定為火焰光度計上檢流計為滿度（100），然後從稀到濃依序進行測定，記錄檢流計上的讀數。以流計讀數為縱坐標，鉀（K）的濃度 μg/ml 為橫坐標，繪製標準曲線。

④結果計算：

$$土壤速效鉀(mg/kg,鉀) = 待測液(μg/ml,鉀) \times \dfrac{V}{m}$$

式中：V——加入浸提剂 ml 数；

　　　　m——烘干土样的质量（g）。

2. 土壤缓效钾的测定

十壤缓效钾采用硝酸煮沸法进行测定（鲁如坤，1999），具体方法如下：称取 5.00g 风干土样（粒径小于 2mm）于 200ml 高型烧杯或 150ml 三角瓶中，加入硝酸溶液 50ml，盖上表面皿或插入弯颈小漏斗，在电炉上煮沸 10min。对某些富含有机质或 $CaCO_3$ 的土壤，不宜用三角瓶加弯颈小漏斗来消煮，因为消煮时悬液很容易向上溢，所以最好采用高型烧杯消煮。加热时温度要均匀，煮沸 10min 必须从沸腾开始时计时，但要注意碳酸盐土壤消煮时发出的气泡和悬液沸腾的区别。悬液煮沸 10min 后，趁热滤入 250ml 容量瓶中，用热水洗涤 4~5 次，冷却后定容。此液直接用火焰光度计测定钾。

钾标准溶液配制方法。将 100μg/ml 钾标准溶液，分别配制成 5μg/ml、10μg/ml、20μg/ml、30μg/ml、50μg/ml 和 60μg/ml 钾标准系列溶液。其中标准系列溶液中亦应含有待测液相同量的 HNO_3（即含有 0.33mol/L HNO_3），以抵消待测液中硝酸的影响。测试时每个样品测 4 次，每次用 15ml，冷却后定容。在火焰光度计上直接测定。

结果计算：

$$土壤酸溶性钾(mg/kg) = 待测液(mg/kg) \times \frac{V}{m}$$

式中：V——定容的体积（ml）；

　　　　m——烘干土质量（g）。

$$土壤缓效性钾 = 酸溶性钾 - 速效性钾$$

注：1mol/L HNO_3 酸溶性钾两次平行测定结果允差为 2~5mg/kg。

五、土壤 pH 值的测定

土壤 pH 值用电位法测定（鲁如坤，1999），具体步骤如下：

称取通过 2mm 筛孔的风干土样 10.00g 于 50ml 高型烧杯中，加入 25ml 无二氧化碳的去离子水。用磁力搅拌器剧烈搅动 1~2min，静置 30min，此时应避免空气中氨或挥发性酸气体等的影响，然后用这 pH 计测定。

六、土壤阳离子交换量的测定

土壤阳离子交换量采用 1mol/L 乙酸铵交换法（鲁如坤，1999），具体方法是：

1. 称取通过 2mm 筛孔的风干土样 2.0g，质地较轻的土壤称 5.0g，放入 100ml 离心管中，沿离心管壁加入少量 1mol/L 乙酸铵溶液，用橡皮头玻璃棒搅拌土样，使其成为均匀的泥浆状态。再加入 1mol/L 乙酸铵溶液至总体积约 60ml，并充分搅拌均匀，然后用 1mol/L 乙酸铵溶液洗净橡皮头玻璃棒，溶液收入离心管内。

2. 将离心管成对放在粗天平的两盘上，用乙酸铵溶液使之平衡。平衡好的离心管对称地放入离心机中，离心 3~5min，转速 3 000~4 000r/min，如不测定交换性盐基，离心后的清液即弃去，如需测定交换性盐基时，每次离心后的清液收集在 250ml 容量瓶中，如此用 1mol/L 乙酸铵溶液处理 3~5 次，直到最后浸出液中无钙离子反应为止。最后用 1mol/L 乙酸铵溶液定容，留着测定交换性盐基。

3. 往载土的离心管中加入少量 950mol/L 乙酸溶液，用橡皮头玻璃棒搅拌土样，使之成为均匀的泥浆状态。再加 950mol/L 乙酸溶液约 60ml，橡皮头玻璃棒充分搅匀，以便洗去土粒表面多余的乙酸铵，切不可有小土团存在。然后将离心管成对放在粗天平的两盘上，用 950mol/L 乙酸溶液使之质量平衡，并对称地放入离心机中，离心 3～5min，转速 3 000～4 000r/min，弃去乙酸溶液。如此反复用乙酸洗 3～4 次，直至最后一次乙酸溶液中无铵离子为止，用纲氏试剂检查铵离子。

4. 洗净多余的铵离子后，用水冲洗离心管的外壁，往离心管内加少量水，并搅拌成糊状，用水把泥浆洗入 150ml 凯氏瓶中，并用橡皮头玻璃棒擦洗离心管的内壁，使全部土样转入凯氏瓶内，洗入水的体积应控制在 50～80ml。蒸馏前往凯氏瓶内加入液状石蜡 2ml 和氧化镁 1g，立即把凯氏瓶装在蒸馏装置上。

5. 将盛有 20g/L 硼酸-指示剂溶吸收液 25ml 的锥形瓶（250ml），放置在用缓冲管连接的冷凝管的下端。打开螺丝夹（蒸汽发生器内的水要先加热至沸），通入蒸汽，随后摇动凯氏瓶内的溶液使其混合均匀。打开凯氏瓶下的电炉电源，接通冷凝系统的流水。用螺丝夹调节蒸汽流速度，使其一致，蒸馏约 20min，馏出液约达 80ml 以后，应检查蒸馏是否完全。检查方法：取下缓冲管，在冷凝管的下端取几滴馏出液于白瓷比色板的凹孔中，立即往馏出液内加 1 滴甲基红-溴甲酚绿混合指示剂，呈紫红色，则表示氨已蒸完，蓝色需继续蒸馏（如加滴纳氏试剂，无黄色反应，即表示蒸馏完全）。

6. 将缓冲管连同锥形瓶内的吸收液一起取下，用水冲洗缓冲管的内外壁（洗入锥形瓶内），然后用盐酸标准溶液滴定。同时做空白试验。

结果计算：

$$Q_+ = \frac{c \times (V - V_0)}{m_1} \times 100$$

式中：Q_+——阳离子交换量（cmol/kg）；

c——盐酸标准溶液的浓度（mol/L）；

V——盐酸标准溶液的体积（ml）；

V_0——空白试验盐酸标准溶液的体积（ml）；

m_1——烘干土样质量（g）。

七、土壤可溶性盐总量的测定

土壤可溶性总盐采用电导法进行测定（鲁如坤，1999），具体方法是：

1. 5∶1 水土比浸出液的制备。称取通过 1mm 筛孔相当于 50.0g 烘干土的风干土，放入 500ml 的三角瓶中，加水 250ml（如果土壤含水量为 3% 时，加水量应加以校正）。盖好瓶塞，在振荡机上振荡 3min。或用手摇荡 3min。然后将布氏漏斗与抽气系统相连，铺上与漏斗直径大小一致的紧密滤纸，缓缓抽气，使滤纸与漏斗紧贴，先倒少量土液于漏斗中心，使滤纸湿润并完全贴实在漏斗底上，再将悬浊土浆缓缓倒入，直至抽滤完毕。如果滤液开始浑浊应倒回重新过滤或弃去浊液。将清亮滤液收集备用。

2. 吸收 1∶5 土壤浸出液或水样 20～50ml（根据盐分多少取样，一般应使盐分重量为 0.02～0.2g）放在 100ml 已知烘干质量的瓷蒸发皿内，在水浴上蒸干，不必取下蒸发皿，用滴管沿皿四周加 150g/L H_2O_2，使残渣湿润，继续蒸干，如此反复用 H_2O_2 处理，使有机质完全氧化为止，此时干残渣全为白色，蒸干后残渣和皿放在 105～110℃烘箱中烘干

1~2h，取出冷却，用分析天平称重，记下质量。将蒸发皿和残渣再次烘干 0.5h，取出放在干燥器中冷却。前后两次质量之差不得大于 1mg。

结果计算：

$$土壤水溶性盐总量(g/kg) = \frac{m_1}{m_2} \times 1\,000$$

式中：m_1——烘干残渣质量（g）；

m_2——烘干土样质量（g）。

八、土壤容重的测定

土壤容重采用环刀法（鲁如坤，1999），具体方法如下：

将环刀托放在已知重量的环刀上，环刀内壁稍擦上凡士林，将环刀刃口向下垂直压入土中，直至环刀筒中充满土样为止。

用修土刀切开环周围的土样，取出已充满土的环刀，细心削平环刀两端多余的土，并擦净环刀外面的土。同时在同层取样处，用铝盒采样，测定土壤含水量。把装有土样的环刀两端立即加盖，以免水分蒸发，随即称重（精确到 0.01g）并记录。

将装有土样的铝盒烘干称重（精确到 0.01g），测定土壤含水量。

结果计算：

$$\rho_b = \frac{m}{V(1 + \theta_m)}$$

式中：ρ_b——土壤容重（g/cm³）；

m——环刀内湿样质量（g）；

V——环刀容积（cm³），一般为 100cm³；

θ_m——样品含水量（质量含水量，%）。

九、土壤质地的测定

土壤质地的测定采用比重计法（鲁如坤，1999），具体方法如下：

1. 样品处理

①大于 2mm 石砾的处理：称取一定量土样 3 份，将大于 2mm 石砾按不同粒级分开，分别放入蒸馏水煮沸若干次，直至石砾上的附着物完全去净。将石砾移至称量瓶中，放入烘箱烘干称重。

②称量 6 份过 2mm 筛的风干土样约 50g，精确到 0.01g，其中 3 份放入 105~110℃ 烘箱烘至恒重（至少 6h 以上），计算土样吸湿含水率。

2. 悬液制备

将 50g 土样放入三角瓶中，加蒸馏水浸润土样，根据土壤的 pH 值，酸性土壤可加 $[c(NaOH) = 0.5mol/L]$ 溶液 40ml，中性土壤可加 $[c(1/2Na_2C_2O_4) = 0.5mol/L]$ 溶液 20ml，碱性土壤可加 $\{c[1/6(NaPO_3)_6] = 0.5mol/L\}$ 溶液 60ml，加水使悬液容积约为 250ml，浸泡过夜。

将悬液在电热板上煮沸，在沸腾前应经常摇动三角瓶，以防止土粒结底，保持沸腾 1h。煮沸时特别要注意用异戊醇消泡，以免溢出。

待悬液冷却后，通过 0.2mm 洗筛将悬液倒入量筒，边倒边用带橡皮头的玻璃棒轻轻擦洗筛网，待悬液全部通过，再加水冲洗筛网。当筛网冲洗干净，< 0.2mm 粒径的土粒全部洗入量筒后，加水至 1 000ml。

留在洗筛上的沙粒用水移入称量瓶烘干，以便计算 0.2 ~ 2mm 颗粒含量百分数。

3. 细土粒的测定

盛悬液的量筒放于温度变化小的、平稳的台面上，用搅拌器上下均匀地搅拌悬液1min，搅拌结束开始计时。

将比重计轻轻地、垂直地放入悬液中，要放在量筒的中心位置，并略为扶住比重计的玻璃杆，使它不致上下左右晃动，直到基本稳定为止。土粒沉降30s、在1min、2min 时各对比重计读数一次。然后将比重计取出，放在盛清水的量筒中，微微转动比重计，洗去黏附于比重计浮泡上的土粒，以备下次使用。测量悬液温度准确至 0.5℃。

然后继续在沉降4min、8min、15min、30min 及 1h、2h、4h、8h、24h、48h 的各规定时间用比重计读数，每次在读数前10s 左右将比重计放入悬液，读数完毕立即取出放入清水中，并测量悬液温度。

4. 分散校正值的测定

根据不同土样选用相应分散剂，按土样相同体积加到沉降筒中，加水至1L 搅拌均匀，用比重计测定分散剂校正值。

结果计算：

①风干土样吸湿水含量计算：

$$吸湿水(\%) = \frac{m_1 - m_2}{m_2} \times 100$$

②> 2mm 石砾含量：

$$> 2mm 石砾含量(\%) = \frac{m_1}{m_1 + m_2} \times 100$$

式中：m_1——原状土过筛时，筛出的 > 2mm 石砾烘干重（g）；

m_2——原状土过筛时，筛下的 < 2mm 石砾烘干重（g）。

③ 0.2 ~ 2mm 颗粒含量：

$$0.2 ~ 2mm 颗粒含量 = \frac{m_3}{m_4} \times 100$$

式中：m_3——土样经分散后洗入沉降筒时，洗筛上面的 > 0.2mm 土粒烘干重（g）；

m_4——用于比重计法测定的烘干土样重（g）。

④比重计某一读数时间测得的小于某粒径颗粒含量：

$$小于某粒径颗粒含量(\%) = \frac{(\rho_1 + \rho_2 + \rho_3 - \rho_0) \times V}{m_4} \times 100$$

式中：ρ_1——比重计读数（g/L）；

ρ_2——比重计刻度弯用面校正值（g/L）；

ρ_3——比重计读数的温度校正值（g/L）；

ρ_0——比重计读数的分散剂校正值（g/L）；

V——悬液体积（L）；

m_4——烘干土样重（g）。

⑤某一读数时间测得的土粒直径的确定：

$$d = \sqrt{\frac{1\,800\eta L}{g(\rho_s - \rho_f)t}}$$

式中：d——土粒直径（mm）；

η——水的黏滞系数 [g/（cm·s）]；

L——土粒沉降深度（cm）（可按参考图查得）；

g——重力加速度（$g = 981\text{cm/s}^2$）；

ρ_s——土粒密度（g/cm^3）；

ρ_f——水的密度（g/cm^3）；

t——沉降时间（s）。

十、土壤阳离子交换量（CEC）的测定

土壤阳离子交换量（CEC）用乙酸铵法（适用于酸性和中性土壤）或氯化铵-乙酸铵法（适用于石灰性土壤）（鲁如坤，1999）。

1. 乙酸铵法

具体步骤如下：

①称取通过2mm筛孔的风干土样2.00g（质地较轻的土壤称5.00g），放入100ml离心管中，沿离心管壁加入少量1mol/L乙酸铵溶液，用橡皮头玻璃棒搅拌土样，使其成为均匀的泥浆状态。再加入1mol/L乙酸铵溶液至总体积约60ml，并充分搅拌均匀，然后用1mol/L乙酸铵溶液洗净橡皮头玻璃棒，溶液收入离心管内。

②将离心管成对放在粗天平的两盘上，用乙酸铵溶液使之平衡。平衡好的离心管对称地放入离心机中，离心3~5min，转速3 000~4 000r/min，离心后的清液即弃去，如此用1mol/L乙酸铵溶液处理3~5次，直到最后浸出液中无钙离子反应为止。

③往载土的离心管中加入少量950mol/L乙酸溶液，用橡皮头玻璃棒搅拌土样，使之成为均匀的泥浆状态。再加950mol/L乙酸溶液约60ml，橡皮头玻璃棒充分搅匀，以便洗去土粒表面多余的乙酸铵，且不可有小土团存在。然后将离心管成对放在粗天平的两盘上，用950mol/L乙酸溶液使之质量平衡，并对称地放入离心机中，离心3~5min，转速3 000~4 000r/min，弃去乙酸溶液。如此反复用乙酸洗3~4次，直至最后一次乙酸溶液中无铵离子为止，用纲氏试剂检查铵离子。

④洗净多余的铵离子后，用水冲洗离心管的外壁，往离心管内加少量水，并搅拌成糊状，用水把泥浆洗入150ml凯氏瓶中，并用橡皮头玻璃棒擦洗离心管的内壁，使全部土样转入凯氏瓶内，洗入水的体积应控制在50~80ml。蒸馏前往凯氏瓶内加入液状石蜡2ml和氧化镁1g，立即把凯氏瓶装在蒸馏装置上。

⑤将盛有20g/L硼酸-指示剂溶吸收液25ml的锥形瓶（250ml），放置在用缓冲管连接的冷凝管的下端。打开螺丝夹（蒸汽发生器内的水要先加热至沸），通入蒸汽，随后摇动凯氏瓶内的溶液使其混合均匀。打开凯氏瓶下的电炉电源，接通冷凝系统的流水。用螺丝夹调节蒸汽流速度，使其一致，蒸馏约20min，馏出液约达80ml以后，应检查蒸馏是否完全。检查方法：取下缓冲管，在冷凝管的下端取几滴馏出液于白瓷比色板的凹孔中，

立即往馏出液内加1滴甲基红-溴甲酚绿混合指示剂，呈紫红色，则表示氨已蒸完，蓝色需继续蒸馏（如加滴纳氏试剂，无黄色反应，即表示蒸馏完全）。

⑥将缓冲管连同锥形瓶内的吸收液一起取下，用水冲洗缓冲管的内外壁（洗入锥形瓶内），然后用盐酸标准溶液滴定。同时做空白试验。

结果计算：

$$Q_+ = \frac{c \times (V - V_0)}{m_1} \times 100$$

式中：Q_+——阳离子交换量（cmol/kg）；

c——盐酸标准溶液的浓度（mol/L）；

V——盐酸标准溶液的体积（ml）；

V_0——空白试验盐酸标准溶液的体积（ml）；

m_1——烘干土样质量（g）。

2. 氯化铵–乙酸铵法

具体步骤如下：

称取通过0.25mm筛孔的风干土样5.00g，放入200ml烧杯中，加入1mol/L的氯化铵溶液约50ml，盖上表面皿，放在电炉上低温煮沸，直到无氨味为止（如烧杯中剩余溶液较少而仍有氨味时，则补加少量氯化铵溶液继续煮沸）。烧杯内的土壤用1mol/L的氯化铵溶液洗入100ml离心管中，将离心管放在粗天平两盘上，用1mol/L的氯化铵溶液使之平衡。平衡好的离心管对称放入离心机中，离心3~5min，转速3 000~4 000r/min，弃去离心管中的清液。

（2）至（6）步，同乙酸铵法（2）至（6）步。

第三章 义乌市土壤肥力状况

第一节 义乌市土壤肥力观测和测定

一、野外观测

共调查 2 078 份，其中配方施肥田间示范地块基本情况 90 份，野外定点采样 1 986 份，义乌标准农田 1 102 份，掌握耕地立地条件、土壤理化性状与施肥管理水平。同时根据义乌市各作物面积比重，开展农户施肥情况调查 1 393 个，其中粮油作物约 745 个，经济作物 648 个。就所采土壤样品中，土壤共分 5 个土类、10 个亚类，分别是水稻土、红壤、紫色土、灰潮土和粗骨土。

水稻土是在各种自然土壤基础上，经过人们长期灌溉、排水、施肥、耕作管理影响下创造形成的一种特殊土壤类型。水稻土在调节灌、排土壤水分和土壤通气条件的过程中，改变了自然土壤中有机质分解和合成的方式，促进了土壤氧化还原作用的频繁更替，土壤物质产生了还原淋移和氧化淀积作用。在一定时期的田面蓄水层所产生的压力或地下水、侧渗水的移动等作用，从而形成了不同类型的理化性状。义乌市水稻土分布广，占调查地块总面积的 96.05%。根据水分活动的特点划分为渗育型、淹育型、潴育型和潜育型四个亚类，其中以潴育型面积较大，占水稻土总调查面积的 44.94%；其中为渗育型水稻土，占 0.72%；淹育型水稻土 24.33%，潜育型水稻土则只占调查面积的 0.01%。

红壤是在亚热带的温湿气候条件下进行脱硅富铝化过程和在亚热带常绿林植被覆盖下进行的生物循环共同作用下形成的，它具有富铝化各高岭土化的普遍特征。红壤发育呈鲜红色，原因是由于铁的氧化物以胶体形态被包于土粒之外，脱水氧化后红色加深，土体呈强酸性或酸性反应，土壤代换量低。由于土壤质地、植被、地形、地貌、母质类型和人为影响的成土过程不同，土壤有机质、土壤结构、土壤养分均有较大的差异性。本次调查红壤共有红壤、红壤性土和黄红壤土 3 个亚类。此次调查中，红壤占总调查面积的 42.37%；黄红壤土所占比例最大，占调查红壤面积的 47.26%，其中红壤亚类占 34.14%；红壤性土则只占 10.37%。

紫色土是由白垩土纪石灰性紫色砂页岩及砾岩风化发育而成的岩性土，由于受紫色岩不同岩性影响，土壤呈紫色、红紫色或暗紫色。土壤质地差异性较大，土体因植被覆盖度低或人为影响，水土流失严重，不同的地形部位土层厚薄不一，局部岩石裸露地表。土壤酸碱度因成土年龄长短，土壤脱钙程度不同而变化较大。此次调查中，紫色土所占面积占总调查面积的 1.22%。

潮土则是近代河、溪流冲积发育的土壤，经人为熟化过程形成的。此次调查中，潮土所占面积占总调查面积的 0.07%。潮土通常受地下水的影响，土壤湿润，具有锈纹、锈斑的特征。土体发育不完整，质地带沙，疏松，通透性好，但是由于清水沙土属成土母质为河流的最新冲积物，常受洪水淹没泛滥物不断沉积，土壤肥力可以不断更新，但土壤保肥性差，易漏水、漏肥。土壤有机质速效养分低，肥力差，土壤呈酸性反应（表 3-1）。

表 3-1　义乌市土壤类型及各土类（GBVCX 亚类）所占比率（%）

土类	亚类	土属	土种	成土母质	剖面构型	各土类所占比率（%）
潮土	灰潮土	清水沙	清水沙	近代冲积物	A-B-C	0.07
粗骨土	酸性粗骨土	石沙土	石沙土	凝灰岩风化体残积物	A-C	0.02
红壤	红壤	红松泥土	红松泥土	片麻岩风化坡残积物	A-［B］-C	
		黄筋泥土	黄筋泥土	第四纪红土	A-［B］-C	
					A-C	
	红壤性土	灰黄泥土	灰黄泥土	安山质凝灰岩风化残积物	A-［B］c-C	
				安山质凝灰岩风化坡残积物	A-［B］-C	
					A-［B］c-C	
					A-C	
	黄红壤土	黄泥土	黄砾泥土	安山质凝灰岩风化坡残积物	A-［B］-C	2.64
					A-C	
				流纹质凝灰岩风化坡积物	A-［B］-C	
				凝灰岩风化体残积物	A-［B］-C	
				凝灰岩风化体坡积物	A-［B］-C	
				凝灰质砂岩风化坡残积物	A-［B］c-C	
				凝灰岩风化体残积物	A-［B］-C	
			黄泥土	凝灰质砂岩风化坡残积物	A-［B］-C	
					A-［B］-C	
水稻土	潜育型水稻土	烂青紫泥田	烂青紫泥田	紫砂岩风化再积物	A-Ap-W-C	
	渗育型水稻土	泥沙田	泥沙田	第四纪红土	A-Ap-P-C	
				近代洪冲积物	A-Ap-C	
					A-Ap-P-C	
					A-Ap-W-C	
				凝灰岩风化体坡积物	A-Ap-C	
					A-Ap-P-C	
		老培泥沙田		近代冲积物	A-Ap-W-C	
		培泥沙田	培泥沙田	近代冲积物	A-［B］-C	96.05
					A-Ap-C	
					A-Ap-P-C	
					A-Ap-W-C	
			沙田	近代冲积物	A-Ap-C	
				近代洪冲积物	A-Ap-P-C	
	淹育型水稻土	钙质紫泥田	钙质紫泥田	钙质紫砂岩风化残积物	A-Ap-C	
				钙质紫砂岩风化坡积物	A-Ap-C	
					A-Ap-Cca	
					A-Ap-P-C	
					A-C	

（续表）

土类	亚类	土属	土种	成土母质	剖面构型	各土类所占比率（%）
水稻土	淹育型水稻土	钙质紫泥田	钙质紫泥田	红紫色砂岩风化坡积物	A-Ap-C	
				紫色砂岩风化体残积物	A-Ap-C	
				紫砂岩风化再积物	A-Ap-W-C	
			钙质紫沙田	钙质紫砂岩风化坡积物	A-Ap-C	
			紫大泥田	钙质紫砂岩风化坡积物	A-Ap-C	
		红泥田	红松泥田	片麻岩风化坡残积物	A-Ap-C	
				片麻岩风化坡积物	A-Ap-C	
				片麻岩风化再积物	A-Ap-C	
		红紫泥田	红紫泥沙田	红紫色砂岩风化再积物	A-Ap-W-C	
			红紫泥田	红紫色砂岩风化坡残积物	A-Ap-C	
				红紫色砂岩风化坡积物	A-Ap-C	
				凝灰岩风化体坡积物	A-Ap-W-C	
				紫色砂岩风化体残积物	A-Ap-C	
			红紫沙田	红紫色砂砾岩风化坡残积物	A-Ap-C	
				红紫色砂砾岩风化坡积物	A-Ap-C	
				红紫色砂砾岩风化再积物	A-Ap-W-C	
				红紫色砂岩风化坡残积物	A-Ap-C	
				红紫色砂岩风化坡积物	A-Ap-C	96.05
					A-Ap-P-C	
		黄筋泥田	黄筋泥田	第四纪红土	A-Ap-C	
					A-Ap-P-C	
					A-C	
				凝灰岩风化再积物	A-Ap-C	
			老黄筋泥田	第四纪红土	A-Ap-W-C	
		黄泥田	黄泥田	凝灰岩风化体坡积物	A-Ap-C	
				石英闪长岩风化坡积物	A-Ap-C	
				流纹质凝灰岩风化坡积物	A-Ap-C	
					A-Ap-P-C	
			沙性黄泥田	凝灰岩风化体坡积物	A-Ap-C	
					A-Ap-P-C	
				凝灰岩风化再积物	A-Ap-C	
				凝灰质砂岩风化坡残积物	A-Ap-C	
		灰黄泥田	灰黄泥田	安山质凝灰岩风化残积物	A-Ap-C	
				安山质凝灰岩风化坡残积物	A-Ap-C	
				安山质凝灰岩风化坡积物	A-Ap-C	
	潴育型水稻土	红紫泥沙田	红紫大泥田	红紫色砂砾岩风化再积物	A-Ap-W-C	
				红紫色砂岩风化再积物	A-Ap-W-C	

（续表）

土类	亚类	土属	土种	成土母质	剖面构型	各土类所占比率（%）
水稻土	潴育型水稻土	红紫泥沙田	红紫泥沙田	红紫色砂砾岩风化再积物	A-Ap-W-C	96.05
				红紫色砂岩风化再积物	A-Ap-C	
					A-Ap-W-C	
		黄泥沙田	黄粉泥田	黄红壤再积物	A-Ap-W-C	
				凝灰岩风化再积物	A-Ap-W-C	
				凝灰质砂岩风化再积物	A-Ap-W-C	
				片麻岩风化再积物	A-Ap-C	
					A-Ap-W-C	
			黄泥沙田	钙质紫砂岩风化再积物	A-Ap-W-C	
				凝灰岩风化再积物	A-Ap-W-C	
				凝灰质砂岩风化再积物	A-Ap-W-C	
				片麻岩风化再积物	A-Ap-W-C	
		老黄筋泥田	老黄筋泥田	第四纪红土	A-Ap-W-C	
				凝灰岩风化再积物	A-Ap-C	
					A-Ap-W-C	
		泥质田	老黄筋泥田	第四纪红土	A-Ap-W-C	
				近代冲积物	A-Ap-C	
					A-Ap-W-C	
			泥质田	近代冲积物	A-Ap-C	
					A-Ap-W-C	
					A-C	
			砂心泥质田	近代冲积物	A-Ap-W-C	
				近代洪冲积物	A-Ap-W-C	
		紫泥沙田	紫大泥田	钙质紫砂岩风化再积物	A-Ap-C	
					A-Ap-P-C	
					A-Ap-W-C	
				红紫色砂砾岩风化再积物	A-Ap-W-C	
				红紫色砂岩风化再积物	A-Ap-W-C	
				紫砂岩风化再积物	A-Ap-C	
					A-Ap-W-C	
			紫泥沙田	钙质紫砂岩风化再积物	A-Ap-W-C	
				红紫色砂岩风化再积物	A-Ap-W-C	
				紫砂岩风化再积物	A-Ap-W-C	
		棕泥沙田	棕泥沙田	安山质凝灰岩风化再积物	A-Ap-W-C	
				安山质凝灰岩再积物	A-Ap-W-C	
紫色土	石灰性紫色土	红紫沙土	红紫泥土	红紫色砂岩风化坡残积物	A-B-C	1.22
				红紫色砂岩风化坡积物	A-B-C	
				紫色砂岩风化体残积物	A-B-C	

（续表）

土类	亚类	土属	土种	成土母质	剖面构型	各土类所占比率（%）
紫色土	石灰性紫色土	红紫沙土	红紫沙土	红紫色砂岩风化坡残积物	A-B-C	1.22
					A-C	
				凝灰质砂岩风化坡残积物	A-［B］-C	
		紫泥土	紫泥土	紫色砂岩风化体残积物	A-B-C	
				钙质紫砂岩风化坡积物	A-C	
				凝灰质砂岩风化坡残积物	A-B-C	
		紫沙土	紫泥土	红紫色砂岩风化坡残积物	A-［B］-C	
				紫色砂岩风化体残积物	A-B-C	
					A-Bc-C	
			紫沙土	钙质紫砂岩风化残积物	A-B-C	
				钙质紫砂岩风化坡积物	A-B-C	
				紫色砂岩风化体残积物	A-C	

二、义乌市土壤基本物理性状

土壤物理性质是影响作物生长发育的重要因素，是反映土壤肥力的重要指标。不同的土壤物理性质会造成土壤水、气、热的差异，影响土壤中矿质养分的供应状况，从而影响作物的生长发育。

1. 土壤容重的测定

土壤容重是表征土壤肥力的重要指标之一（李志明等，2009），是指在自然状态下，单位体积的干土重。在土壤质地相似的条件下，土壤容重大小可以反映土壤的松紧程度。容重小，表明土壤疏松多孔，结构性良好；反之，容重大，则表明土壤紧实板硬，缺乏团粒结构（王辉，2007）。土壤容重间接影响了作物的生长及根系在土壤中的穿插和活力大小，前人的研究结果表明，容重大的土壤其土层坚硬度大，根系生长时所遇到的阻力大，根系生长速率明显小于容重小的土壤，表现为根径较粗、分布较浅，主要集中在上层，但水平分布角度大（Bengough A G, $et\ al$, 1993；Coelho E L $et\ al$, 1999；Shierlaw J $et\ al$, 1984，77：15～28；de Fraitas P L $et\ al$, 1999）。土壤容重对作物养分吸收具有一定的影响，Assaeed 等研究认为，下层土壤容重改变影响作物对氮、磷、钾的吸收并导致作物地上部叶片衰老，进而影响其光截获和光能转化，但容重变化对光合过程中一些参数的影响尚未明确。土壤容重的变化同时会引起土壤的导水特性发生相应的变化（邵明安，2007）；刘晚苟等（2003）、North G B（1991）研究表明土壤容重对根系导水率也具一定的影响，高容重土壤和干旱均使根系导水率降低；同时，土壤容重对养分在土壤中的扩散影响也是十分显著的，由于土壤固体颗粒排列不同，造成不同的曲折通路；容重不同，单位土体内的电荷密度随之改变，因而改变了扩散系数。徐明岗（2000）等人利用 4 种不同质地土壤系统地研究了容重对氯离子和磷在土壤中运移扩散的影响，并得出 4 种质地土壤在容重 1.1～1.6g/cm^3 范围内，氯离子和磷扩散系数均随容重增加而增大，但是增加的幅度随容重而变化。也有研究表明土壤容重不仅直接影响到土壤孔隙度与孔隙大小分配、土壤的穿透阻力及土壤水肥气热变化，而且也影响着土壤微生物活动和土壤酶活性的变化，多数酶活性如脲酶、转化酶等与土壤容重之间呈负相关（DICK R P.，1988），在土壤紧实度适宜的情况下，土壤微生物数量和酶活性明显增加（严健汉，1985）。

通过对义乌全市 13 个镇（街道）取样点土壤容重的分析可以看出，义乌市土壤介于 $1.16 \sim 1.38 \text{g/cm}^3$，其中以大陈镇平均土壤容重最小，为 1.16g/cm^3；其次是义亭镇和苏溪镇，分别为 1.17g/cm^3 和 1.18g/cm^3；再次为廿三里街道和稠江街道，分别为 1.32g/cm^3 和 1.30g/cm^3；北苑街道土壤容重最大，为 1.38g/cm^3。一般认为，土壤容重在 $1 \sim 1.3 \text{g/cm}^3$ 为宜，土壤容重越小说明土壤结构、透气透水性能越好（图 3 - 1 和表 3 - 2）。有利于涵养水分，但不利于养分和水分向下移动，也就是说北苑街道、廿三里街道和稠江街道土壤容重大，土壤涵蓄水分及作物吸收生长所需水分的能力逐渐降低。

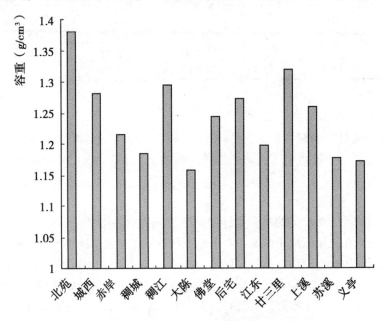

图 3 - 1　义乌市各镇（街道）土壤容重平均值

表 3 - 2　义乌市各镇（街道）土壤容重在各地域所占比例

地域	<1%	1% ~ 1.3%	>1.3%
北苑	0	27.27	72.73
城西	16.13	32.26	51.61
赤岸	23.21	35.71	41.07
稠城	20.69	51.72	27.59
稠江	0	56.25	43.75
大陈	37.50	33.33	29.17
佛堂	19.10	41.57	39.33

（续表）

地域	<1%	1%~1.3%	>1.3%
后宅	12.50	43.75	43.75
江东	17.65	47.06	35.29
廿三里	3.70	44.44	51.85
上溪	17.24	37.93	44.83
苏溪	28.95	36.84	34.21
义亭	21.18	43.53	35.29
义乌市	19.01	40.91	40.08

2. 土壤质地的测定

土壤质地是影响有机质分解矿化的重要土壤物理性质之一（孙中林，2009），土壤黏粒可抑制有机质被微生物分解，减少微生物细胞代谢死亡，保持土壤有机质和微生物量的稳定（Müller T，2004）；土壤颗粒的组成对土壤孔隙性、土壤的热容量、土壤持水性和水分有效性、土壤养分保持能力和养分含量都有直接的影响（谭军，1998；Lebon E，2006），土壤质地还影响作物根系的生长发育、作物产量、作物品质及土壤养分的累积（徐淑伟，2009；同延安，2005）。土壤质地也是评价土壤质量的重要条件之一，与土壤的保水、保肥及供水、供肥能力有关。偏沙性土壤保肥保水性能差，但通气性好，易早发苗；黏质土保肥性能好，但耕性差，不利于早发苗，因此应根据不同的土壤质地、作物的生物学特性选择适宜的耕作栽培措施。

通过对义乌全市13个镇（街道）取样点土壤质地的测试分析表明，义乌土质主要包括壤质黏土、黏壤土、沙质壤土、壤土、沙质黏壤土、粉沙质黏壤土、粉沙质黏土、沙质黏土和黏土等几类，其中以壤质黏土、黏壤土、沙质壤土所占比例最高，分别为29.81%、24.58%和20.57%，其他类型耕层土壤质地所占比例之和为25.04%（表3-3）。

表3-3也列出义乌市各镇（街道）各土壤质地占义乌市各调查质地所占面积百分比，义乌市各镇（街道）土壤质地种类也存在一定的差异，如义乌市一半的黏土位于后宅街道（占义乌总面积的66.67%），而壤土在佛堂镇和义亭镇所占面积相对较大，分别占义乌市调查面积的24.71%和25.63%。

表3-3　土壤质地在义乌市各镇（街道）所占比例

镇 （街道）	粉沙质 壤土 （%）	粉沙质 黏壤土 （%）	粉沙质 黏土 （%）	壤土 （%）	壤质 黏土 （%）	沙质 壤土 （%）	沙质黏 壤土 （%）	沙质 黏土 （%）	黏壤土 （%）	黏土 （%）
北苑街道			26.58		3.00				0.80	19.44
城西街道	7.23	13.10	7.62	11.09	4.31	5.43			4.65	8.33
赤岸镇		12.17		3.00	7.19	25.40			23.28	
稠城街道		8.58		8.34	7.16	2.55	0.56		1.51	
稠江街道		2.55		2.66	4.95	2.89	2.70		0.17	

镇（街道）	粉沙质壤土（%）	粉沙质黏壤土（%）	粉沙质黏土（%）	壤土（%）	壤质黏土（%）	沙质壤土（%）	沙质黏壤土（%）	沙质黏土（%）	黏壤土（%）	黏土（%）
大陈镇		19.07	3.05		6.48	8.79	2.19		2.63	
佛堂镇		3.01	10.22	24.71	6.70	9.22	28.37		25.76	5.56
后宅街道		32.01	0.61		11.14	2.65	0.59	11.95	3.60	66.67
江东街道		0.93		7.59	3.88	3.08	10.47	1.99	0.71	
廿三里街道				14.74	2.63	15.52	19.38	2.79	8.47	
上溪镇		0.70	7.11	0.72	7.03	13.69		0.00	11.73	
苏溪镇		3.48	11.07	1.53	8.37	7.46	0.34	0.00	11.27	
义亭镇	92.77	4.41	33.73	25.63	27.16	3.30	35.39	83.27	5.42	
义乌市	0.19	3.91	2.23	9.37	29.81	20.57	8.05	1.14	24.58	0.16

三、土壤化学性质的测定

1. 土壤酸碱度的测定

土壤酸碱度是土壤重要的基本性质之一，是土壤形成过程和熟化培肥过程的一个指标。土壤酸碱度由土壤 pH 值表示，即土壤被氢离子饱和的程度。H^+ 多来源于吸附性 Al^{3+} 以及土壤生物呼吸作用产生的 CO_2 溶于水后的碳酸和有机质降解的有机酸等，土壤酸碱度对土壤中养分存在的形态和有效性，对土壤的理化性质、微生物活动以及植物生长发育都有很大的影响。总的来看，土壤对植物生长所必需的大多数营养元素，pH 值为 6～7 的有效度最高。

从图 3-2 可见，整个义乌市，以赤岸镇和上溪镇全镇土壤样品的平均 pH 值最低，分别为 5.46 和 5.44，北苑街道土壤样品的平均 pH 值最高，为 6.02，义乌全市土壤样品的平均 pH 值为 5.87。

对义乌市 13 个镇（街道）2 078 个样品的 pH 值测定发现，义乌土壤普遍偏酸性，pH 值小于 6.5 的样品量为 1 899 个，占总样品量的 33.86%，其中有 703 个样品呈强酸性（pH 值小于 5.5），占总样品量的 33.86%；pH 值为 6.5～7.5 的样品量为 160 个，占总样品量的 7.71%；pH 值小于 7.5 的样品量为 17 个，占总样品量的 0.82%（表 3-4）。

从以上的分析可见，义乌市土壤大多数处于酸性条件，且强酸性土壤所占比例较高，其中最低值仅为 3.48。在强酸性土壤中，土壤中的细菌和放线菌活性急剧下降，而真菌活动占优势，土壤有效氮供应不足，且可能有 NO_2^- 积累，此外，在酸性过强的情况下，植物会因铝、锰的出现而遭毒害，抑制有益微生物的活动，降低了磷素的有效性，还可使某些作物感到钙素的缺乏。

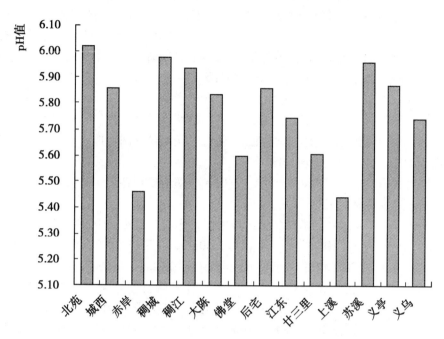

图 3 - 2　义乌市各镇（街道）的土壤 pH 值平均值

表 3 - 4　义乌市各镇（街道）土壤的 pH 值含量所占土壤面积百分率

镇（街道）	所占土壤比例（%）			
	pH 值 < 5.5	pH 值为 5.5 ~ 6.5	pH 值为 6.5 ~ 7.5	pH 值 > 7.5
北苑街道	17.65	62.75	19.61	0.00
城西街道	31.15	58.20	9.84	0.82
赤岸镇	52.97	46.04	0.99	0.00
稠城街道	15.96	65.96	17.02	1.06
稠江街道	20.88	65.93	13.19	0.00
大陈镇	20.75	73.58	4.72	0.94
佛堂镇	40.06	55.45	3.85	0.64
后宅街道	25.00	63.07	11.93	0.00
江东街道	36.61	54.46	6.25	2.68
廿三里街道	41.21	57.69	1.10	0.00
上溪镇	53.37	41.72	4.91	0.00
苏溪镇	21.05	61.18	15.13	2.63
义亭镇	26.84	61.34	10.22	1.60
义乌市	33.86	57.61	7.71	0.82

2. 土壤有机质的测定

土壤有机质是土壤的重要组成部分，是由一系列存在于土壤中、组成和结构不均一、主要成分为 C 和 N 的有机化合物组成。土壤有机质是研究土壤肥力和评价土壤质量的重要指标，在一定范围内，土壤中有机质（主要指腐殖质）含量多，土壤的肥力就相对较高，反之，土壤的肥力就低（夏荣基，1994）。作为土壤中必不可少的组成成分，有机质在一定程度上直接或间接地影响到土壤的许多属性。它能通过影响土壤的物理、化学和生物学性质而对植物起作用，具有营养功能，是植物氮、磷、硫等营养元素的给源并能影响土壤向植物供应其他养分。土壤有机质还深刻影响着微生物区系和微动物区系的活性，能促进土壤良好结构的形成，从而改善土壤耕作性、透水性、通气性、容重和保水性，增加抗侵蚀能力。有机质特别是腐殖质本身的胶体特性对土壤的吸附性能、阳离子代换量、与土壤金属离子的络合性能以及对土壤缓冲性能等产生巨大影响，从而能改善土壤化学和物理性质，为作物创造一个良好的生长环境。同时，土壤有机质还能吸附农药和其他有机化合物，并抑制植物病原体的发生。

从义乌 2 074 个耕层样品的常规分析结果表明，土壤有机质属中等偏高水平，平均含量为 18.45g/kg，其中较丰富的样品（含量大于 30g/kg）占 44.70%；中等水平（含量介于 10.0～20.0g/kg）占 38.58%；较低的（含量小于 10g/kg）占 16.71%。

1981 年义乌第二次土壤普查结果表明，土壤有机质属中等偏高水平，平均含量为 22.5g/kg，其中水田高于旱、林地。376 个水田土样，平均含量为 26.30g/kg。其中较丰富的（含量大于 30g/kg）占 29.79%；中等水平（含量 10～30g/kg）占 69.93%；较低的（含量小于 10g/kg）占 0.3%。308 个旱地土样分析：平均含量为 17.6g/kg，其中较丰富（含量大于 30g/kg）占 10.6%；中等水平的占 68.2%；偏低的占 21.1%。

从以上数据可见，近 30 年来，义乌全市耕层土壤有机质平均含量有所下降，下降幅度可达 4.05g/kg。

在义乌市 13 个镇（街道）土壤有机质的含量差异较大，从平均含量来看，以大陈镇土壤有机质平均含量最高达 22.52g/kg 土，其中较丰富的样品（含量大于 30g/kg）占 25.8%，中等水平（含量 10～30g/kg）占 71.9%，较低的（含量小于 10g/kg）占 2.2%；其次为北苑街道，含量为 20.52g/kg 土，城西街道和稠城街道有机质含量最低，分别仅为 16.20g/kg 土和 15.70g/kg 土（图 3 – 3）。

同一个镇（街道）不同的土块土壤有机质的含量差异也较大，北苑街道土壤有机质含量最低仅为 1.37g/kg 土，最高含量为 34.64g/kg 土，两者相差近 25 倍。而整个北苑街道，有机质含量低于 10g/kg 土的占 64.71%，处于中等水平（有机质含量为 20～30g/kg）的为 29.41%，有机质含量较高的点只有 3 个，占总采样点的 5.88%；大陈镇土壤有机质含量最低仅为 1.45g/kg 土，最高含量为 80.05g/kg 土，两者相差 54 倍。而整个大陈镇，有机质含量低于 10g/kg 土占 15.09%，处于中等水平（有机质含量为 20～30g/kg）的为 42.45%，有机质含量较高的点为 21.70%；其他各镇（街道）也有类似现象（详见表 3 – 5）。

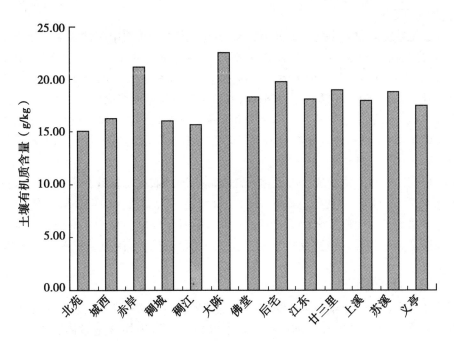

图 3 - 3 义乌市各镇（街道）的土壤中有机质平均值

表 3 - 5 义乌市各镇（街道）土壤中有机质含量所占百分比

镇（街道）	所占土壤比例（%）			
	< 10.0 g/kg	10.0 ~ 20.0 g/kg	20.0 ~ 30.0 g/kg	> 30.0 g/kg
北苑街道	29.41	35.29	29.41	5.88
城西街道	22.95	45.90	25.41	5.74
赤岸镇	16.34	26.24	36.14	21.29
稠城街道	23.40	39.36	35.11	2.13
稠江街道	23.08	50.55	21.98	4.40
大陈镇	15.09	20.75	42.45	21.70
佛堂镇	21.15	32.05	36.54	10.26
后宅街道	13.07	32.39	44.32	10.23
江东街道	14.29	42.86	36.61	6.25
廿三里街道	12.09	41.21	41.76	4.95
上溪镇	11.66	44.79	40.49	3.07
苏溪镇	13.16	39.47	41.45	5.92
义亭镇	14.70	49.84	29.71	5.75
义乌全市	16.71	38.58	36.03	8.67

3. 土壤氮的测定

氮是一般植物需要量较多的营养元素，是土壤生产力的重要限制性因素。土壤氮素是土壤肥力的重要组成部分和作物氮素营养的主要来源（Mayumi T，2007；杨江龙，2005）。即使在大量施用氮肥的情况下，作物中积累的氮素有 50% 以上来自土壤，在某些土壤甚至达到 70% ~80%（熊毅，1988；国家自然科学基金委员会，1996）。但我国农田土壤却普遍缺氮，农业土壤的氮含量通常为 0.05% ~0.5%，除少数土类外（如东北黑土及南方的某些黄壤），一般氮含量都在 0.2% 以下，多数土壤的氮含量在 0.1% 以下（周志华，2004）。

为了获得高产，投入氮肥成为必要途径。据联合国粮农组织估计，发展中国家粮食的增产作用有 55% 以上归功于化肥。在过去的几百年中，人类活动向倒还陆地氮循环中输入了双倍的氮量，已经引起了全球氮超载及一系列的环境问题。精确评价土壤氮素有效性不仅对推荐经济施肥和提高作物品质有重要意义，而且有助于认识和控制环境危害（高拯民，1984）。

（1）土壤全氮的测定

通过对义乌全市农田土壤采集、测定、分析结果表明，义乌全市土壤全氮量偏低，整个义乌市土壤全氮平均含量为 1.09g/kg，其中以后宅街道平均含量最高，为 1.34g/kg；其次是赤岸镇，平均含量为 1.26g/kg；其他土壤全氮含量 >1.1g/kg 的镇（街道）包括义亭镇、大陈镇、佛堂镇和苏溪镇，全氮平均含量分别为 1.17g/kg、1.15g/kg、1.12g/kg 和 1.11g/kg；土壤全氮平均含量低于 1g/kg 的镇（街道）包括城西街道、稠城街道、稠江街道和江东街道，含量分别为 0.86g/kg、0.75g/kg、0.84g/kg 和 0.95g/kg（图 3 -4）。

1981 年义乌第二次土壤普查结果表明，耕层土壤全氮含量不低，平均为 0.12% ±0.066%，其中以水田含量最高，184 个样品平均为 0.146% ±0.031%，其次为山林地，旱地由于人为开发，通透性好，易于分解，也易淋溶流失的原因，其含量最低，平均为 0.076% ±0.026%，高于旱地。

同一个镇（街道）不同的土块土壤全氮的含量差异也较大，北苑街道所有采样点土壤的全氮含量均低于 2.0mg/kg，其中低于 1.0mg/kg 的占 64.71%，含量为 1.0 ~2.0mg/kg 的占 35.29%。赤岸街道土壤全氮含量最低仅为 0.08g/kg，最高含量为 4.20g/kg 土，全氮含量低于 2.0g/kg 土占 87.12%，全氮含量处于适宜水平（全氮含量为 2 ~3g/kg）的为 6.93%，全氮含量偏高的点有 12 个，占总采样点的 5.94%，佛堂镇土壤全氮含量最低仅为 0.03g/kg，最高含量为 4.75g/kg 土，全氮含量低于 2.0g/kg 土占 92.36%，全氮含量处于适宜水平（全氮含量为 2 ~3g/kg）的为 4.17%，全氮含量偏高的点有 11 个，占总采样点的 3.53%。整个义乌土壤全氮含量最低仅为 0.01g/kg，最高含量为 5.36g/kg（位于义亭），全氮含量低于 2.0g/kg 土占 93.21%，其中低于 1.0g/kg 土占 52.75%，全氮含量处于适宜水平（全氮含量为 2 ~3g/kg）的采样点 81 个，占总采样点的 3.90%；全氮含量偏高的点共 60 个，占总采样点的 2.89%（表 3 -6）。

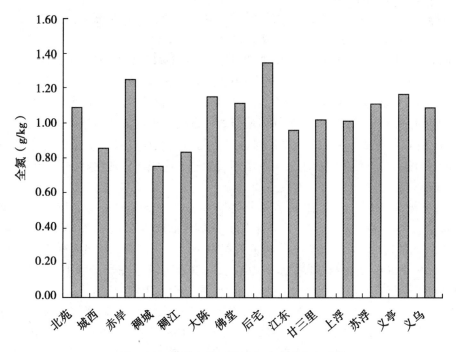

图 3-4 义乌各镇（街道）土壤全氮平均值

表 3-6 义乌各镇（街道）土壤全氮含量所占百分比

镇（街道）	所占土壤比例（%）			
	<1.0mg/kg	1.0~2.0mg/kg	2.0~3.0mg/kg	>3.0mg/kg
北苑街道	64.71	35.29	0.00	0.00
城西街道	64.75	33.61	1.64	0.00
赤岸镇	40.59	46.53	6.93	5.94
稠城街道	62.77	36.17	1.06	0.00
稠江街道	69.23	28.57	1.10	1.10
大陈镇	33.96	64.15	0.94	0.94
佛堂镇	48.08	44.23	4.17	3.53
后宅街道	47.16	51.70	1.14	0.00
江东街道	54.46	41.07	4.46	0.00
廿三里街道	54.95	39.01	3.85	2.20
上溪镇	60.12	33.74	2.45	3.68
苏溪镇	51.97	39.47	4.61	3.95
义亭镇	54.95	31.31	7.67	6.07
义乌全市	52.75	40.46	3.90	2.89

（2）土壤碱解氮的测定

土壤碱解氮包括矿物态氮和部分有机物质中易分解的、比较简单的有机态氮，它是铵态氮、硝态氮、氨基酸、酰胺和水解的蛋白质氮的总和。

Cornfield 于 1960 年设计提出 NaOH 扩散法，也称碱解扩散法（Cornfield A H，1960）。本法的突出特点是手续简便而结果良好。国内普遍采用碱解扩散法测定土壤有效氮。张仁陟等（1993）研究认为，碱解氮与好气培养法测定的矿化氮具有极显著的线性相关，在实践中，可以用碱解扩散法代替短期好气培养法，以确定土壤氮肥力指标。唐树梅、漆智平（1995）在旱地黄壤上进行的有效氮测定方法的研究表明，碱解扩散法与全氮相关性达极显著，与作物吸氮相关性显著，该方法测定快速、简便、重现性好，宜于推广和普及（唐树梅，1995）。

第二次土壤普查时，将土壤碱解氮分为 6 个等级： > 150mg/kg、120 ~ 150mg/kg、90 ~ 120mg/kg、60 ~ 90mg/kg、30 ~ 60mg/kg、< 30mg/kg（李纪柏等，2005）。李士敏（2005）以岗优系列水稻品种为参考作物，依据相对产量 < 75%，土壤有效养分含量水平为"低"；75% ~ 90% 土壤养分含量水平为"中"；90% 以上土壤养分水平为"高"，对土壤有效养分进行了分级。经过 50 个试验点产量结果分析，土壤中碱解氮 213mg/kg 为试验测定值中最高值，相对产量 93.6%；测定最低值为 109mg/kg，相对产量 71.4%。碱解氮分级为：当测定值 < 110mg/kg 为"低"、110 ~ 210mg/kg 为"中"、> 210mg/kg 为"高"。刘润田，刘春生（1998）研究了棕壤土花生碱解氮养分丰缺指标，认为棕壤土碱解氮 < 34mg/kg 为极低、34 ~ 47mg/kg 为低、47 ~ 78mg/kg 为中、> 78mg/kg 为高。马冬菊等（2003）研究了潮土区棉花土壤速效养分丰缺指标，给出土壤碱解氮含量丰缺指标： > 109.3mg/kg、76.1 ~ 109.3mg/kg、15.8 ~ 76.1mg/kg、< 15.8mg/kg。有学者指出，适于紫花苜蓿的土壤碱解氮含量 10 ~ 21mg/kg 为缺、21 ~ 29mg/kg 为中、29 ~ 40mg/kg 为丰、> 40mg/kg 为极丰（蔺蕊等，2004）。

从中抽取 47 个样品进行了土壤碱解氮的测定，结果表明，在测得的样品中，土壤中的碱解氮含量大部分处于中等水平，平均值为 121.34mg/kg，占总测试样品量的 57.45%；低于 100mg/kg 的样品量占总测试样品量的 34.04%，碱解氮含量相对较高的有 4 个点，占总量的 8.51%。在所测样品中，除北苑街道和廿三里街道的土壤碱解氮的平均值均为 88mg/kg，低于 100mg/kg 外，其他各镇（街道）土壤的碱解氮含量的平均值均为 100 ~ 200mg/kg，其中赤岸镇最高，为 143.00mg/kg；其次为城西街道为 142.50mg/kg；义亭镇为 140.60mg/kg；大陈镇为 140.00mg/kg 等（图 3 - 5）。

4. 土壤磷的测定

磷是构成生命的最重要的元素之一。它不但是生物能量代谢、核酸合成以及生物膜的重要成分，还在光、呼吸及酶的调控等过程中起着关键作用（Raghothama，1999），在人类赖以生存的土壤—植物—动物生态系统中起着不可替代的作用。在植物所需的土壤营养元素中，磷是有效性最低的元素之一，土壤中有效磷浓度通常在 10μmol/L 以下（2μmol/L 左右），而其他大量元素的浓度则为 100 ~ 1 000μmol/L（Raghothama，1999；Schachtman，1998）。因此，在世界范围内，磷的缺乏是影响作物产量和分布的最关键的限制因子之一。据估算，我国有 74% 的耕地土壤缺磷。所谓磷的缺乏是指土壤有效态磷的缺乏，

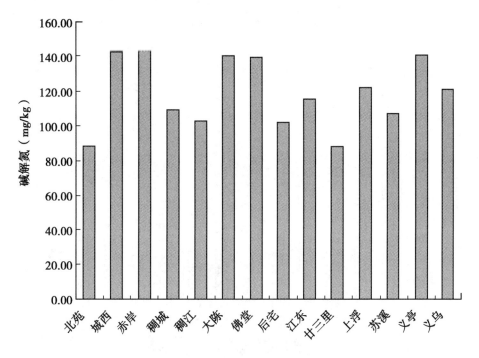

图 3-5 义乌各镇（街道）土壤中碱解氮平均值

因为土壤中的总磷量并不低，据统计，在我国黄淮海平原地区，土壤总磷量平均为有效态磷 100~600 倍（杨文治，余存祖，1992）。造成这一现象的主要原因是施入土壤中的磷肥当季利用效率仅为 10%~20%，其余 80% 以上的磷肥被酸性土壤中的 Fe^{3+}、Al^{3+} 以及碱性土壤中的 Ca^{2+} 所固定或被土壤胶体所吸附，使之成为不可为植物所吸收利用的无效态磷，再加之植物及土壤微生物残留的有机磷，因此土壤本身变成了一个巨大的潜在磷库。据估算，日本自明治维新到 1985 年积累在土壤中的磷已达 400mg/kg，而我国自施用磷肥以来至 1992 年积累在土壤中的磷可能有 1 500 万 t。磷肥利用率低不仅造成了直接的经济损失，而且对人们赖以生存的环境产生了不良后果，磷随地表径流由陆地生态系统向水体生态系统迁移，加速了水体的富营养化。此外，由于我国的磷矿资源比较短缺，提高磷肥的利用率具有十分重要的意义。

　　全磷是反映土壤磷素的贮量水平，而对植物直接起作用的是土壤速效磷。土壤速效磷由于土壤母质和人为耕作施肥不一，分布极不平衡。土壤有效磷的测定结果表明，义乌全市土壤有效磷平均含量普遍偏高，整个义乌市土壤有效磷平均含量为 41.96mg/kg，其中以北苑街道平均含量最高，可达 114.09mg/kg，其次是城西街道、江东街道、上溪镇和稠城街道，土壤有效磷平均含量均超过 50mg/kg，分别为 58.94mg/kg、58.23mg/kg、50.66mg/kg 和 50.15mg/kg，另除苏溪镇土壤有效磷平均含量为 25.62mg/kg 外，其余镇（街道）土壤有效磷平均含量均大于 30mg/kg（图 3-6）。1981 年义乌第二次土壤普查结果表明，义乌土壤有效磷含量范围 0.1~47.11mg/kg。其中以旱地耕层土壤有效磷含量最高，其次为水稻土，山林地含量最低，其中 13 个旱地样品有效磷含量平均为 18.06mg/kg。从以上数据可见，近 30

年来，义乌全市耕层土壤有效磷含量增加明显，增加幅度可高达几倍甚至十几倍。

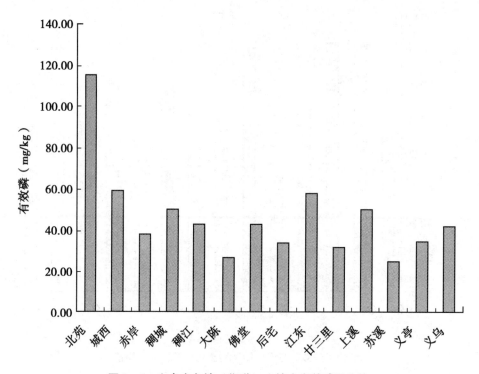

图3-6 义乌市各镇（街道）土壤中有效磷平均值

就义乌全市而言，不同地块土壤有效磷含量差异较大，2 078个采样点中，有87个样点的土壤有效磷含量低于5.00mg/kg，其中含量最低的仅为0.42mg/kg，占总样点量的4.19%，这些样点的土壤有效磷极缺；有637个样点的土壤有效磷含量为5~15mg/kg，占总样点量的30.68%，说明这些地区的土壤有效磷缺乏。同一个镇（街道）不同的土块土壤有效磷的含量差异也较大，赤岸街道土壤有效磷含量最低，其中有417个取样点土壤有效磷含量为15~25mg/kg，占总取样量的20.09%，这些地区的土壤有效磷含量适宜；935个采样土壤有有效磷含量>25mg/kg的占总采样量的45.04%，说明这些地区土壤有效磷含量过高，应减少磷肥的施用或不施用磷肥。

就不同的镇（街道）而言，不同的地块土壤有效磷的含量差异也较大，从总体而言，各镇（街道）土壤有效磷含量偏高（有效磷含量>25mg/kg），所占比例较多，超过50%的就有5个镇（街道），他们分别是北苑街道占71.15%、上溪镇占64.42%、城西街道57.38%、江东街道占56.25%和佛堂镇占52.24%；土壤有效磷含量极缺的比例不高，均不超过10%，其中北苑街道和廿三里街道均无有效磷极缺地块，相比较之下，赤岸镇和大陈镇土壤有效磷含量极缺的地块所占比例较高，分别为7.92%和7.55%（表3-7）。

表3–7　义乌市各镇（街道）土壤中有效磷含量所占百分比

镇（街道）	所占土壤比例（%）			
	<5mg/kg	5~15mg/kg	15~25mg/kg	>25mg/kg
北苑街道	0	13.73	13.73	71.15
城西街道	1.64	20.49	20.49	57.38
赤岸镇	7.92	42.08	13.37	36.63
稠城街道	2.13	26.60	32.98	38.30
稠江街道	4.40	18.68	28.57	48.35
大陈镇	7.55	34.91	19.81	37.74
佛堂镇	4.17	29.17	14.42	52.24
后宅街道	5.11	29.55	26.14	39.20
江东街道	2.68	21.43	19.64	56.25
廿三里街道	0	41.76	23.08	35.16
上溪镇	2.45	19.63	13.50	64.42
苏溪镇	5.23	41.83	28.76	24.18
义亭镇	5.75	32.59	19.17	42.49
义乌全市	4.19	30.67	20.13	45.02

5. 土壤钾的测定

钾是植物必须的营养元素之一，在正常情况下植物吸钾量一般超过吸磷量，与吸氮量相近，而喜钾作物需钾量高于需氮量（金继运，1993），钾还是土壤中含量最高的大量营养元素（Sparks 等，1985）。我国土壤全钾含量为 0.05%~2.5%，而我国耕地中缺钾土壤总面积高达 0.23 亿 hm^2，一般缺钾（土壤速效钾含量 50~70mg/kg）和严重缺钾（土壤速效钾含量 <50mg/kg）的土壤面积占总耕地的 23%（中国农业科学院土壤肥料研究所，1986；鲁如坤，1989），尤其是我国南方的稻麦轮作区表现更为突出。我国北方地区缺钾现象虽然没有南方严重，但也出现了施用钾肥增产的报道（王泽良等，1995）。随着我国农业生产水平的不断提高和高产品种的推广，加之土壤钾有效补充方式之一的有机肥施用量逐年下降，土壤缺钾面积逐渐扩大，在许多地区，土壤缺钾已成为限制农业发展的主要因素之一，而我国又是一个钾肥资源短缺的国家，因此科学评价不同土壤供钾特性、充分发挥土壤的供钾潜力及合理有效地施用和分配钾肥尤为重要。

（1）土壤速效钾的测定

土壤速效钾是反映土壤当季供钾能力的重要指标，速效钾含量越高，土壤当季供钾能力越强。

从整体而言，义乌市 13 个镇（街道）土壤速效钾的平均含量为 111.16mg/kg，养分水平相对适宜，但是各镇（街道）间的差异比较大，北苑街道土壤速效钾平均含量较高，为 215.76mg/kg，高于养分评价指标中的最高指标，即 >120mg/kg，说明北苑街道土壤速效钾含量过高；另城西街道、稠江街道、上溪镇土壤速效钾的平均含量也高于 120mg/kg，分别为 130.63mg/kg、139.87mg/kg 和 156.46mg/kg（图 3-7）。1981 年义乌第二次土壤普查结果表明，义乌耕层土壤速效钾含量偏低，特别是水田，370 个样品的平均含量 56mg/kg±25.53mg/kg。其中小于 50mg/kg 的缺钾土壤占 53.2%，大于 100mg/kg 较丰富的土壤只占 0.8%。整个义乌旱地速效钾含量比水田高，平均含量 114mg/kg±66.87mg/kg，小于 50mg/kg 占 9.9%，大于 150mg/kg 占 21.2%。

从以上数据可见，近 30 年来，义乌全市耕层土壤速效钾平均含量有了较大提高，平均增幅一倍多。

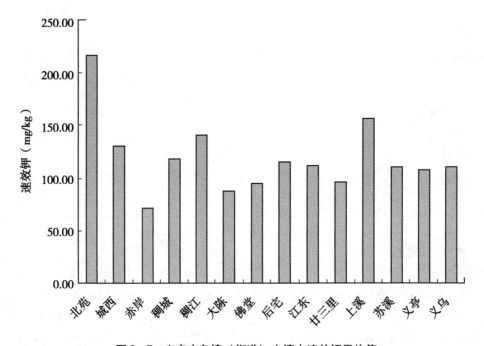

图 3-7　义乌市各镇（街道）土壤中速效钾平均值

就义乌全市而言，不同地块土壤速效钾含量差异较大，从图 3-7 可显见，13 个镇（街道）中，北苑街道速效钾含量普遍偏高，偏高率达 71.15%，其次为上溪镇，也有一半以上的地区土壤速效钾的含量偏高。后宅街道土壤速效钾含量相对比较合理，有 54.55% 的地块土壤速效钾含量适宜；赤岸街道、大陈镇、佛堂镇、廿三里街道土壤速效钾含量偏低的比率较高，分别达到了 73.76%、66.92%、62.59% 和 53.30%；稠城街道、江东街道、苏溪镇、义亭镇土壤速效钾含量偏低的比率也达到了 40% 以上（表 3-8），说明这些地块当季供钾力较弱，需施用钾肥才能保持作物产量。

表3-8 义乌市各镇（街道）中速效钾含量所占百分比

镇（街道）	所占土壤比例（%）			
	<40mg/kg	40~80mg/kg	80~120mg/kg	>120mg/kg
北苑街道	1.96	9.80	15.69	71.15
城西街道	4.10	29.51	23.77	42.62
赤岸镇	26.24	47.52	14.85	11.39
稠城街道	8.51	34.04	28.72	28.72
稠江街道	2.20	34.07	27.47	36.26
大陈镇	17.86	49.06	20.75	16.98
佛堂镇	18.53	44.06	17.13	20.28
后宅街道	1.70	34.66	54.55	9.09
江东街道	11.61	31.25	18.75	38.39
廿三里街道	9.34	43.96	24.18	22.53
上溪镇	3.07	25.77	20.86	50.31
苏溪镇	3.29	35.53	30.92	30.26
义亭镇	8.31	40.58	24.60	26.52
义乌全市	10.55	38.01	24.61	27.11

（2）土壤缓效钾的测定

土壤缓效钾是衡量土壤供钾潜力的指标，缓效钾含量越高，土壤供钾能力越强。

从整体而言，义乌市13个镇（街道）土壤缓效钾的平均含量普遍较高，全市平均含量为477.15mg/kg，其中以上溪镇含量最高，达667.21mg/kg，其次为后宅街道和义亭镇，分别为558.47mg/kg和526.28mg/kg。相比较而言，稠城街道和江东街道土壤缓效钾含量水平相对适宜，分别为374.58mg/kg和386.80mg/kg，全市无镇（街道）土壤缓效钾处缺乏状态，说明义乌市土壤具有较好的供钾潜能（图3-8）。

就各个镇（街道）而言，土壤缓效钾缺乏的地块也较少，全市取样点中缓效钾缺乏点占总采样点的2.31%，土壤缓效钾极缺的点占总取样点的0.20%。其中北苑街道和稠江街道均无土壤缓效钾缺乏的地块，后宅街道和义亭镇土壤缓效钾缺乏地块分别占总量的0.76%和0.79%；城西街道、稠城街道、佛堂镇、廿三里街道和苏溪镇土壤缓效钾缺乏地块占总量1%~2%；在所有镇（街道）中，只有大陈镇的土壤样品中存在缓效钾含量极低的样品，占总取样点的3.85%。另外，从整体而言，土壤缓效钾缺乏地块所占比例相对较高的镇（街道）主要有大陈镇和江东街道，分别为全镇总量的6.41%和4.65%（表3-9）。

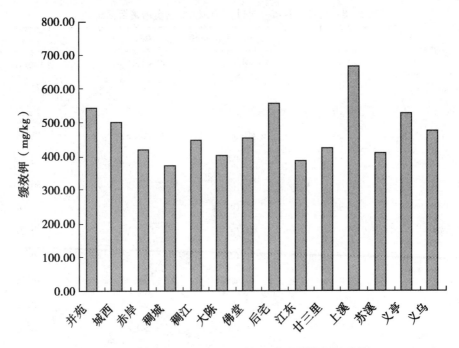

图 3-8　义乌市各镇（街道）土壤中缓效钾平均值

表 3-9　义乌市各镇（街道）地域土壤缓效钾丰缺状况

镇（街道）	所占土壤的比例（%）			
	<100mg/kg	100~200mg/kg	200~400mg/kg	>400mg/kg
北苑街道	0	0	25.00	75.00
城西街道	0	1.28	26.92	71.79
赤岸镇	0	2.99	44.03	52.99
稠城街道	0	1.67	68.33	30.00
稠江街道	0	0.00	49.25	50.75
大陈镇	3.85	2.56	50.00	43.59
佛堂镇	0	1.54	46.67	51.79
后宅街道	0	0.76	10.69	88.55
江东街道	0	4.65	51.16	44.19
廿三里街道	0	1.32	42.76	55.92
上溪镇	0	0.79	15.75	83.46
苏溪镇	0	1.83	47.71	50.46
义亭镇	0	4.69	34.27	61.03
义乌全市	0.20	2.11	38.27	59.41

6. 土壤阳离子交换量的测定

　　土壤阳离子交换量是指土壤胶体所能吸附各种阳离子的总量，是由土壤胶体表面性质所决定。土壤胶体是土壤中黏土矿物和腐殖酸以及相互结合形成的复杂有机矿质复合体，其吸收的阳离子包括钾、钠、钙、镁、铵、氢、铝等。土壤交换性能对植物营养和施肥有较大作用，它能调节土壤溶液的浓度，保持土壤溶液成分的多样性和平衡性，还可保持养分免于被雨水淋失。土壤阳离子交换量常作为评价土壤保肥能力的指标，是土壤缓冲性能的主要来源，是改良土壤和合理施肥的重要依据，它反映土壤的负电荷总量和表征土壤的化学性质。

义乌全市 13 个镇（街道）取样点中，土壤阳离子交换量的差异较大，北苑街道土壤阳离子交换量最高，为 123.32cmol/kg 土，其他镇（街道）取样点土壤阳离子交换量均 <100cmol/kg 土，其中以廿三里街道最小，只有 43.44cmol/kg 土；其次是佛堂镇，为 48.19cmol/kg 土；另外，赤岸镇 50.50cmol/kg 土、上溪镇 53.86cmol/kg 土、义亭镇 58.63cmol/kg 土，均小于义乌市取样点平均值 61.28cmol/kg 土；城西街道、稠江街道和江东街道土壤阳离子交换量与义乌市取样点平均值相近，分别是 61.25cmol/kg 土、62.18cmol/kg 土和 63.78cmol/kg 土（图 3-9）。

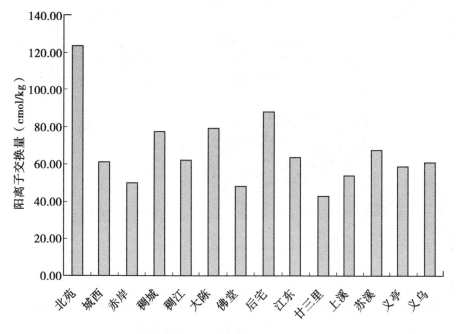

图 3-9　义乌各镇（街道）土壤阳离子交换量平均值

从以上的分析结果表明，义乌各镇（街道）取样点土壤 pH 平均值为弱酸性、有机质含量普遍偏低，全氮含量偏低，有效磷含量普遍偏高、速效钾养分水平相对适宜，但是各镇（街道）取样点间土壤养分状况差异较大，因此应根据各取样点土壤养分性状合理施肥。

义乌市辖 7 个街道、6 个镇分别是稠城街道、北苑街道、稠江街道、江东街道、后宅街道、城西街道、廿三里街道和上溪镇、义亭镇、佛堂镇、赤岸镇、苏溪镇、大陈镇。各镇（街道）无论从政治、经济和农业发展方面都存在明显差异，下面就各镇（街道）土壤理化性状进行逐一论述。

第二节　义乌市佛堂镇土壤肥力现状

佛堂镇地处浙江省中部，义乌市南部，距市区10km，东临东阳市，南连赤岸镇，西界义亭镇，北接江东街道办事处。距中国小商品城15km，位于义乌和金华两个城市主轴的中间，是浙江省城市群建设的重要节点，有"千年古镇、清风商埠、佛教圣地"的美誉。全镇区域面积134.1km²，建成区12km²，其中城区面积5km²，下辖城区、合作、田心、王宅、倍磊、塔山6个工作片，106个行政村，3个居委会，下辖106个行政村，3个居委会，总人口超过20万，其中户籍人口8.1万。该建成区常住人口11.2万，建成区人口集聚率44.9%，城镇化率65%、成为已建成区中面积最大、集聚人口最多、综合实力最强的义乌市第一大镇，是义乌市西南区的经济、文化中心。

一、佛堂镇的土壤采样点分布（图3-10）

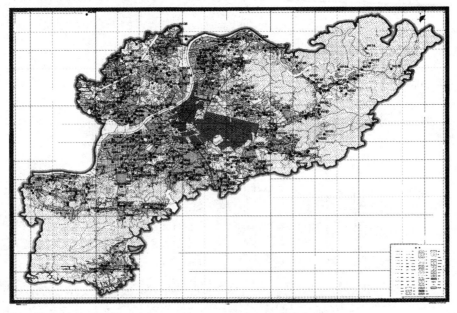

图3-10　义乌佛堂镇土壤采样点分布

二、佛堂镇各工作片土壤基本理化性状

1. 各工作片土壤调查基本现状

在所调查土壤类型中，以水稻土所占面积比例最高，占总调查样品数的95.0%，红壤和紫色土所占比例均较低，各为2.5%。在水稻土中主要有渗育型水稻土、淹育型水稻土和潴育型水稻土，各亚类所占比例存在一定差异，其中淹育型水稻土亚类所占比例略高，为38.6%；其次为潴育型水稻土亚类，占34.8%，渗育型水稻土亚类占26.5%。各工作片间土类存在一定差异，其中田心工作片水稻土类占佛堂镇总水稻土类的23.1%，王宅工作片所占比例为22.7%，倍磊工作片所占比例为22.3%，塔山工作片所占比例为17.0%，合作工作片所占比例为14.0%，佛堂工作片所占比例仅为0.8%。表3-10就佛

堂镇及工作片各工作片土类（亚类）占工作片调查土壤百分比及土属、土种、成土母质和剖面构型进行了较为详细的描述（表3-10）。

表3-10　佛堂镇土壤调查基本状况

工作片	土类	百分比（%）	亚类	百分比（%）	土属	土种	成土母质	剖面构型
倍磊	红壤	1.52	红壤	100	红松泥土	红松泥土	片麻岩风化坡残积物	A-[B]-C
	水稻土	96.97	渗育型水稻土	9.38	培泥沙田	培泥沙田	近代冲积物	A-Ap-P-C
						红松泥田		A-Ap-C
			淹育型水稻土	45.31	红泥田	红紫泥田	片麻岩风化坡积物	A-Ap-C
						红紫沙田	红紫色砂岩风化坡积物	A-Ap-C
						红紫沙田	红紫色砂砾岩风化再积物	A-Ap-W-C
					黄泥田	沙性黄泥田	红紫色砂岩风化坡残积物	A-Ap-C
							流纹质凝灰岩风化坡积物	A-Ap-C
							凝灰岩风化体坡积物	A-Ap-C
					红紫泥沙田	红紫泥沙田	凝灰岩风化再积物	A-Ap-C
			潴育型水稻土	45.31	黄泥沙田	黄粉泥田	红紫色砂岩风化再积物	A-Ap-W-C
							片麻岩风化再积物	A-Ap-W-C
							凝灰岩风化再积物	A-Ap-W-C
							凝灰质砂岩风化再积物	A-Ap-W-C
							片麻岩风化再积物	A-Ap-W-C
倍磊	水稻土	96.97	潴育型水	45.31	泥质田	老培泥沙田	近代冲积物	A-Ap-W-C
					泥质田		近代冲积物	A-Ap-W-C
	紫色土	1.52	石灰性紫色土	100	红紫沙土	红紫沙土	红紫色砂岩风化坡残积物	A-C
合作	水稻土	95.45	渗育型水稻土	40.48	泥沙田	泥沙田	近代洪冲积物	A-Ap-P-C
					培泥沙田	培泥沙田	近代冲积物	A-Ap-P-C
							近代冲积物	A-Ap-C
						沙田	近代冲积物	A-Ap-C
			淹育型水稻土	40.48	钙质紫泥田	钙质紫泥田	钙质紫砂岩风化坡积物	A-Ap-C
					红紫泥田	红紫泥田	红紫色砂岩风化坡残积物	A-Ap-C
							红紫色砂岩风化坡积物	A-Ap-C
					黄筋泥田	黄筋泥田	第四纪红土	A-Ap-C
					黄泥田	沙性黄泥田	凝灰岩风化体坡积物	A-Ap-C
			潴育型水稻土	19.05	红紫泥沙田	红紫泥沙田	红紫色砂岩风化再积物	A-Ap-W-C
					泥质田	老黄筋泥田	第四纪红土	A-Ap-W-C
						老培泥沙田	近代冲积物	A-Ap-W-C
						泥质田	近代冲积物	A-Ap-W-C
	紫色土	4.55	石灰性紫色土	100	红紫沙土	红紫沙土	紫色砂岩风化体残积物	A-B-C

（续表）

工作片	土类	百分比（%）	亚类	百分比（%）	土属	土种	成土母质	剖面构型
塔山	红壤	8.00	红壤	75.0	红松泥土	红松泥土	片麻岩风化坡残积物	A-[B]-C
					黄筋泥土	黄筋泥土	第四纪红土	A-C
			黄红壤土	25.0	黄泥土	黄砾泥土	凝灰质砂岩风化坡残积物	A-[B]-C
	水稻土	90.00	渗育型水稻土	22.22	泥沙田	泥沙田	近代洪冲积物	A-Ap-P-C
			淹育型水稻土	62.22	钙质紫泥田	钙质紫泥田	钙质紫砂岩风化坡积物	A-Ap-C
					红泥田	红松泥田	片麻岩风化坡积物	A-Ap-C
					黄筋泥田	黄筋泥田	第四纪红土	A-Ap-C
					黄泥田	沙性黄泥田	凝灰岩风化体坡积物	A-Ap-C
							凝灰岩风化再积物	A-Ap-C
			潴育型水稻土	15.56	黄泥沙田	黄泥沙田	凝灰岩风化再积物	A-Ap-W-C
							片麻岩风化再积物	A-Ap-W-C
					老黄筋泥田	老黄筋泥田	第四纪红土	A-Ap-W-C
	紫色土	2.00	红紫沙土	100	石灰性紫色土	红紫沙土	凝灰质砂岩风化坡残积物	A-[B]-C
田心	红壤	1.67	黄红壤土	100	黄泥土	黄砾泥土	流纹质凝灰岩风化坡积物	A-[B]-C
	水稻土	93.33	渗育型水稻土	39.29	泥沙田	泥沙田	近代洪冲积物	A-Ap-P-C
					培泥沙田	老培泥沙田	近代冲积物	A-Ap-W-C
						培泥沙田	近代冲积物	A-Ap-P-C
						沙田	近代冲积物	A-Ap-C
			淹育型水稻土	12.50	红紫泥田	红紫沙田	红紫色砂岩风化坡积物	A-Ap-C
							红紫色砂岩风化坡残积物	A-Ap-C
							红紫色砂岩风化坡积物	A-Ap-C
			潴育型水稻土	48.21	红紫泥沙田	红紫大泥田	红紫色砂砾岩风化再积物	A-Ap-W-C
					红紫泥沙田	红紫大泥田	红紫色砂岩风化再积物	A-Ap-W-C
					黄泥沙田	黄泥沙田	凝灰岩风化再积物	A-Ap-W-C
					泥质田	老培泥沙田	近代冲积物	A-Ap-W-C
								A-Ap-C
						泥质田	近代冲积物	A-Ap-W-C
								A-Ap-C
	紫色土	5.00	石灰性紫色土	100	红紫沙土	红紫沙土	紫色砂岩风化体残积物	A-B-C
							红紫色砂岩风化坡残积物	A-B-C

（续表）

工作片	土类	百分比（%）	亚类	百分比（%）	土属	土种	成土母质	剖面构型
	红壤	1.56	红壤	100	黄筋泥土	黄筋泥土	第四纪红土	A-［B］-C
			渗育型水稻土	26.98	培泥沙田	培泥沙田	近代冲积物	A-Ap-C
								A-Ap-P-C
							钙质紫砂岩风化坡积物	A-Ap-C
			淹育型水稻土	39.68	钙质紫泥田	钙质紫泥田		A-Ap-Cca
							紫色砂岩风化体残积物	A-Ap-C
							钙质紫砂岩风化坡积物	A-Ap-C
王宅	水稻土	98.44			红紫泥田	红紫泥田	红紫色砂岩风化坡残积物	A-Ap-C
							红紫色砂岩风化坡积物	A-Ap-C
					黄筋泥田	黄筋泥田	第四纪红土	A-Ap-C
					老黄筋泥田	老黄筋泥田	第四纪红土	A-Ap-W-C
			潴育型水稻土	33.33	泥质田	老培泥沙田	近代冲积物	A-Ap-W-C
					泥质田	泥质田	近代冲积物	A-Ap-W-C
					紫泥沙田	紫大泥田	钙质紫砂岩风化再积物	A-Ap-W-C
							红紫色砂岩风化再积物	A-Ap-W-C
						紫泥沙田	钙质紫砂岩风化再积物	A-Ap-W-C

2. 佛堂镇土壤耕层的质地

佛堂镇各土壤耕层厚度基本上≥20cm，占采样总数的92.4%，土壤肥力处于中等偏高水平，其中肥力水平处于中等水平的占58.6%，高等水平占23.8%，土壤肥力相对较低所占的比例为17.6%。土壤结构主要包括有团块状，占调查总数的48.6%，小团块状占19.4%，粒状占18.7%，佛堂镇土壤结构还有块状、碎块状、屑粒状、柱状、大块状和核粒状等几类，共占调查总数的13.3%。佛堂镇调查土壤中仅有14.7%无明显障碍因素，85.3%的土壤存在一定的障碍因素，主要包括占39.9%的灌溉改良型和占39.6%的坡地梯改型，另外还包括少量的占2.9%的渍潜稻田型，1.4%的盐碱耕地型和1.4%的障碍层次型；在所调查土壤中，有67.8%的土壤存在轻度侵蚀问题，仅有26.9%无明显侵蚀，另有5.3%的土壤处于中度侵蚀。

佛堂镇土壤质地相对较为丰富，主要包括：黏壤土、壤土、沙质黏壤土、沙质壤土及少部分的粉沙质黏土、粉沙质黏壤土和黏土。其中以黏壤土所占调查面积比例最大，为41.71%，其次为壤土和沙质黏壤土，分别占15.25%和15.04%，壤质黏土占调查面积的13.16%、沙质壤土占12.50%，粉沙质黏壤土、粉沙质黏土和黏土则共占壤土、沙质黏壤土和沙质壤土所占比例分别为14.0%、13.7%和12.2%；粉沙质黏壤土、粉沙质黏土和黏土共占2.34%。图3-11对佛堂镇及各工作片土壤耕层质地占工作片调查土壤面积比例进行了描述。

3. 佛堂镇各工作片土壤基本理化性状

（1）土壤pH值

从图3-12可见，佛堂镇全镇土壤平均pH值为5.6，各工作片土壤pH值平均值较为接近，其中以倍磊工作片和王宅工作片土壤耕层pH值略高，为5.7，合作工作片最低，

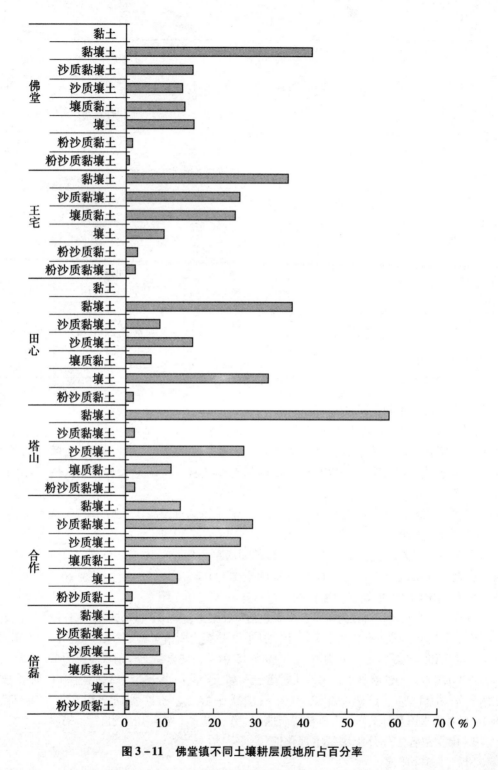

图3-11　佛堂镇不同土壤耕层质地所占百分率

为5.5。另外，通过对佛堂镇土样 pH 值分析结果表明，佛堂镇有一半多的土壤 pH 值为5.5~6.5，占55.45%，另有40.06%的土壤 pH 值 <5.5，pH 值 >6.5 的共占4.49%，其中 pH 值 >7.5 仅占 0.64%；与整个佛堂镇土壤表层 pH 值规律相近，佛堂镇各个工作片的土壤 pH 值为 5.5~6.5，其中田心工作片土壤 pH 值为 5.5~6.5 的占 64.4%，倍磊工作片占 61.5%，王宅工作片和塔山工作片分别占 60.9% 和 60.0%，合作工作片土壤 pH 值为 5.5~6.5 的数量相对较少，仅为 43.2%，其半数土壤 pH 值 <5.5。

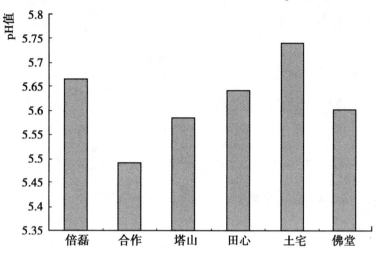

图 3-12　佛堂镇各工作片的土壤 pH 值分布状况

（2）土壤有机质

佛堂镇全镇土壤有机质平均含量为 18.3g/kg，其中以塔山工作片和田心工作片土壤有机质含量相对较高，分别为 21.6g/kg 和 21.5g/kg，合作工作片最低，仅为 15.7g/kg。另外，通过对佛堂镇土样分析结果表明，佛堂镇不同地块土壤有机质含量差异较大，低的不足 5.0g/kg，高的可达 30g/kg、40g/kg，调查结果表明，佛堂镇土壤有机质绝大部分集中于 20.0~30.0g/kg，占样品总调查量的 36.54%；其次是 10.0~20.0g/kg，占 32.05%。另外，土壤有机质含量不足 10g/kg 及大于 30.0g/kg 的分别占 21.15% 和 10.26%，从上述分析可知，佛堂镇土壤有机质处于中等水平（图 3-13）。

就各工作片而言，土壤有机质含量均以 20~30g/kg 所占比例最高，其中以田心工作片和塔山工作片土壤有机质含量以 20~30g/kg 所占比例最高，分别占到总工作片样品量的 44.1% 和 44.0%，其次是倍磊工作片，占工作片总样品量的 38.5%，合作工作片在此范围所占比例最低，仅为 21.5%（表 3-11）。

表 3-11　佛堂镇各工作片的土壤有机质含量所占百分率

工作片	所占土壤百分率（%）			
	<10.0g/kg	10.0~20.0g/kg	20.0~30.0g/kg	>30.0g/kg
倍磊	18.46	36.92	38.46	6.15
合作	12.31	33.85	21.54	1.54
塔山	10.00	28.00	44.00	18.00
田心	20.34	16.95	44.07	18.64
王宅	28.13	34.38	29.69	7.81

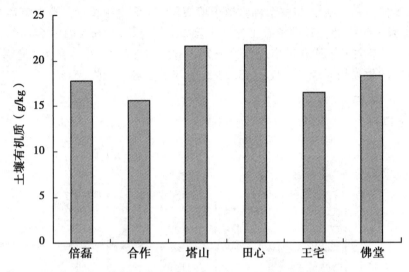

图 3－13　佛堂镇各工作片土的土壤有机质分布状况

（3）土壤全氮

佛堂镇全镇土壤全氮平均含量为 1.1g/kg，其中以塔山工作片土壤全氮含量最高，为 1.3g/kg；合作工作片最低，为 0.81g/kg。另外，通过对佛堂镇土样分析结果表明，佛堂镇不同地块土壤全氮含量差异较大，不足 1.0g/kg 的占总调查样品量的近一半，为 48.6%；介于 1.0~2.0g/kg 的占 44.1%；而高于 2.0g/kg 仅为 7.3%，其中 2.0~3.0g/kg 的占 3.5%。也就是说，佛堂镇土壤全氮含量普遍偏低（图 3－14）。

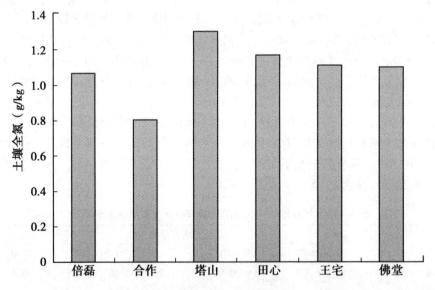

图 3－14　佛堂镇各工作片的土壤全氮分布状况

就各工作片而言，除王宅工作片土壤全氮含量不足 2.0g/kg 的样品量占工作片样品量的 89.1% 外，其他各工作片土壤全氮含量不足 2.0g/kg 的比例均超过了 90%，其中合作工作片所有样品土壤全氮含量均低于 2.0g/kg（表 3－12）。

表 3 – 12　佛堂镇各工作片土壤全氮量所占百分率

工作片	所占土壤百分率（%）			
	<1. 0mg/kg	1. 0~2. 0mg/kg	2. 0~3. 0mg/kg	>3. 0mg/kg
倍磊	47. 69	44. 62	4. 62	3. 08
合作	68. 89	31. 11	0. 00	0. 00
塔山	40. 00	52. 00	2. 00	6. 00
田心	37. 29	54. 24	5. 08	0. 00
王宅	51. 56	37. 50	4. 69	6. 25

（4）土壤有效磷

佛堂镇全镇土壤有效磷平均含量为42.6mg/kg，其中以合作工作片土壤有效磷含量最高，为52.1mg/kg；其次为王宅工作片，为49.6mg/kg，塔山工作片含量最低，仅为33.8mg/kg。另外，通过对佛堂镇土样分析结果表明，佛堂镇不同地块土壤有效磷含量差异也较大，低的不足5.0mg/kg，占总调查样品量的4.2%；高的地块土壤有效磷含量高于100mg/kg，占总调查样品量10.9%。另外，佛堂镇有52.2%的调查土壤有效磷含量偏高（有效磷含量>25mg/kg），佛堂镇仅有14.4%的调查土壤有效磷含量相对适宜（有效磷含量为15~25mg/kg）。从上述数据可见，佛堂镇土壤有效磷含量普遍存在含量偏高现象，适宜作物生长的（15~25mg/kg）仅占少数（图3–15）。

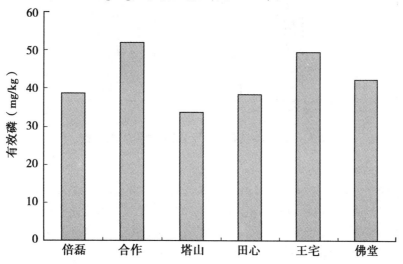

图 3 – 15　佛堂镇各工作片土壤有效磷分布状况

通过对各工作片土壤有效磷含量比较来看，各工作片土壤有效磷含量普遍偏高，其中合作工作片土壤有效磷含量偏高率高达60%，王宅工作片、田心工作片和倍磊工作片土壤有效磷含量偏高率也均超过了50%，分别达到了56.3%、55.9%和53.8%。也就是说，佛堂镇各工作片土壤有效磷含量适宜作物生长（15~25mg/kg）所占的比例较低，所有工作片在此范围的比例均不超过20%，特别是合作工作片，甚至只有4.44%。

（5）土壤速效钾

佛堂镇全镇土壤速效钾平均含量为93.3mg/kg，其中以王宅工作片土壤速效钾含量最高，为130mg/kg；其次为合作工作片，为102mg/kg；塔山工作片含量最低，仅为63mg/kg。另外，通过对佛堂镇土样分析结果表明，佛堂镇不同地块土壤速效钾含量差异较大，低的不足20mg/kg，不过其所占比率较低，仅为1.05%；高的可达300mg/kg、400mg/kg，土壤速效钾含量高于120mg/kg的样品量占整个佛堂样品量的20.28%。调查结果表明，佛堂镇土壤速效钾含量主要集中在40~80mg/kg，占样品总量的44.06%，且此范围的样品量在各工作片所占比例差异不大，以倍磊工作片最高，占佛堂镇样品总量的9.79%、倍磊工作片43.08%；其次为塔山工作片和田心工作片，均占佛堂镇样品总量的9.09%，其中塔山工作片为40~80mg/kg的样品量占工作片的52.0%；田心工作片为40~80mg/kg的样品量占工作片的44.07%（图3-16）。

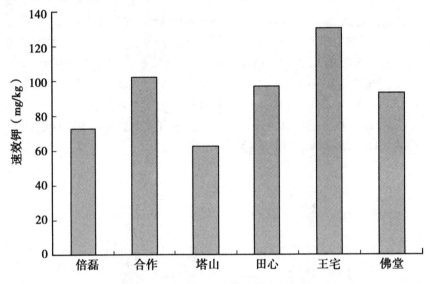

图3-16　佛堂镇各工作片土壤速效钾分布状况

（6）土壤缓效钾

佛堂镇土壤缓效钾的含量普遍偏高，整个镇的平均含量为446.4mg/kg，其中以合作工作片平均含量最高，达536.4mg/kg；王宅工作片和塔山工作片的土壤缓效钾平均含量也均超过了400mg/kg，分别为484.4mg/kg和457.0mg/kg，虽然倍磊工作片和田心工作片土壤缓效钾平均含量相对较低，但也都超过了380mg/kg。

从养分水平角度来看，佛堂镇仅有个别土块的缓效钾含量偏低，占样品分析量的1.54%，其中1.03%的样品在王宅工作片，0.51%在塔山工作片，不存在含量低于100mg/kg的样品；土壤缓效钾含量较为适宜（缓效钾含量在200~400mg/kg）的比率占整个镇样品量的46.15%，超过一半的样品缓效钾的含量超过了400mg/kg（图3-17）。

（7）土壤全盐量

佛堂镇土壤全盐量为120μs/cm，其中以王宅工作片为最高，超过200μs/cm，为211.3μs/cm；其次为田心工作片，达110.7μs/cm；塔山工作片最低，为73.6μs/cm（图3-18）。

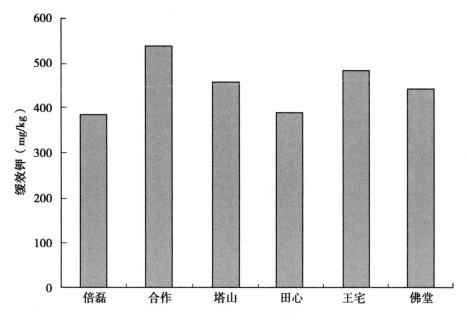

图 3 – 17　佛堂镇各工作片土壤缓效钾分布状况

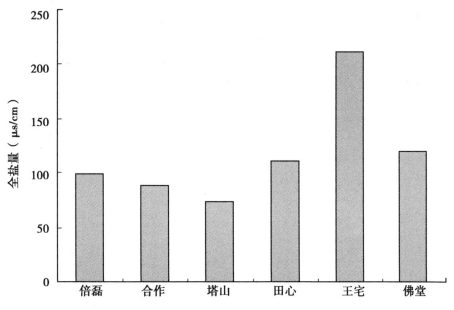

图 3 – 18　佛堂镇各工作片土壤全盐量的分布状况

（8）土壤阳离子交换量

佛堂镇土壤平均阳离子交换量是 48.2cmol/kg 土，田心工作片和王宅工作片阳离子交换量最高，分别为 58.9cmol/kg 土和 54.8cmol/kg 土；塔山工作片最低，为 35.7cmol/kg 土。就不同样品而言，土壤阳离子交换量差异较大，小的每千克土中仅含有几个厘摩尔，高的则可达上百厘摩尔；其中不足 10cmol/kg 土的占整个镇样品量的 8.8%，超过 100cmol/kg土的占整个镇样品量的 15.4%（图 3 – 19）。

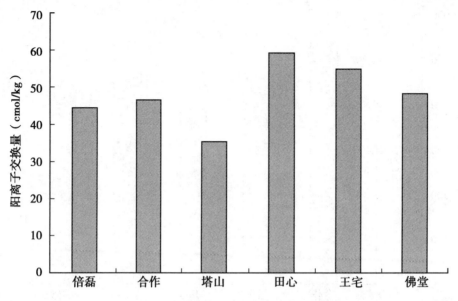

图 3 - 19　佛堂镇各工作片土壤阳离子交换量分布状况

（9）土壤容重

佛堂镇土壤容重为 1. 24g/cm³，其中合作工作片土壤容重最大，为 1. 33g/cm³；塔山工作片最小，为 1. 17g/cm³。其中小于 1. 0g/cm³ 的占样品量的 20. 7%，大于 1. 3g/cm³ 的占样品量的 42. 7%。其中田心工作片 55. 6% 的样品土壤容重大于 1. 33g/cm³，倍磊工作片和王宅工作片则均有超过工作片样品量 36% 的样品土壤容重大于 1. 33g/cm³（图 3 - 20）。

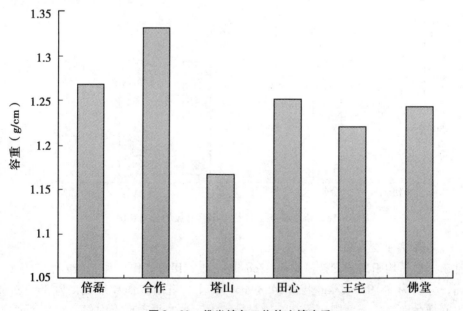

图 3 - 20　佛堂镇各工作片土壤容重

三、佛堂镇土壤代表性测试数据（表 3 – 13、表 3 – 14、表 3 – 15）

表 3 – 13 佛堂镇代表性试验数据（一）

样品编号	工作片	村名称	北纬	东经	地形部位	土类	质地	pH值	有机质(g/kg)	全氮(g/kg)	有效磷(mg/kg)	速效钾(mg/kg)	缓效钾(mg/kg)
W001	田心	田心二村	29°11′4.01″	120°0′59.1″	河漫滩	水稻土	壤土	5.8	25.84	1.16	27.47	43.00	345
W002	田心	田心四村	29°10′55.4″	120°0′44.2″	河漫滩	水稻土	壤土	5.4	24.41	1.22	17.33	164.00	215
W003	田心	田心四村	29°10′36.5″	120°0′34.3″	河漫滩	水稻土	壤土	5.8	21.56	0.97	60.48	169.00	365
W004	田心	塘下洋村	29°10′29.5″	120°0′36.0″	高河漫滩	水稻土	壤土	5.2	22.92	1.03	51.76	43.00	255
W005	田心	塘下洋村	29°10′20.0″	120°0′15.4″	缓坡	紫色土	壤土	5.2	19.21	0.96	52.82	96.00	335
W006	田心	塘下洋村	29°10′19.8″	120°0′14.3″	缓坡	紫色土	壤土	6.0	20.44	0.92	36.43	79.00	310
W007	田心	塘下洋村	29°10′14.0″	120°0′25.0″	河漫滩	水稻土	壤土	5.4	21.35	1.07	17.92	14.00	270
W008	田心	塘下洋村	29°10′2.17″	120°0′23.5″	河漫滩	水稻土	壤土	5.7	27.18	1.22	25.82	75.00	440
W009	田心	塘下洋村	29°10′15.5″	120°0′44.0″	缓坡	水稻土	壤质黏土	5.5	38.91	1.95	55.06	48.00	280
W010	田心	塘下洋村	29°10′9.58″	120°0′49.7″	缓坡	水稻土	壤质黏土	5.7	28.36	1.42	8.37	46.00	315
W011	田心	塘下洋村	29°10′8.40″	120°0′49.9″	缓坡	红壤	壤质黏土	5.6	24.28	1.09	27.94	114.00	365
W012	田心	塘下洋村	29°10′10.7″	120°0′53.1″	河漫滩	水稻土	沙质壤土	5.4	9.70	0.49	10.73	79.00	340
W013	田心	光明村	29°10′5.34″	120°1′36.5″	河漫滩	水稻土	沙质壤土	5.6	16.01	0.80	62.96	125.00	495
W014	田心	光明村	29°9′49.0″	120°1′48.2″	河漫滩	水稻土	沙质壤土	5.6	33.87	1.52	37.26	105.00	555
W015	田心	光明村	29°9′56.0″	120°1′53.0″	河漫滩	水稻土	沙质壤土	5.4	16.10	0.81	11.08	29.00	375
W016	田心	光明村	29°10′7.85″	120°1′55.4″	缓坡	水稻土	黏壤土	5.6	23.96	1.20	49.99	108.00	520
W017	田心	光明村	29°10′14.2″	120°1′50.3″	河漫滩	水稻土	沙质壤土	6.2	32.16	1.45	42.91	101.00	510
W018	田心	光明村	29°9′52.3″	120°1′38.2″	河漫滩	水稻土	沙质壤土	5.4	33.03	1.65	55.88	108.00	525
W019	田心	光明村	29°10′17.7″	120°1′30.8″	河漫滩	水稻土	沙质壤土	5.8	28.01	1.40	22.81	104.00	505
W020	田心	雅西村(双溪口村)	29°10′41.5″	120°1′52.6″	河漫滩	水稻土	沙质壤土	5.5	27.78	1.39	17.33	60.00	370
W021	田心	雅西村(高村)	29°10′29.2″	120°1′59.4″	垅田	水稻土	黏壤土	5.6	29.00	1.45	31.95	32.00	475

（续表）

样品编号	工作片	村名称	北纬	东经	地形部位	土类	质地	pH值	有机质(g/kg)	全氮(g/kg)	有效磷(mg/kg)	速效钾(mg/kg)	缓效钾(mg/kg)
W022	田心	雅西村（新星田畈村）	29°10′34.6″	120°2′7.98″	垅田	水稻土	黏壤土	5.7	38.38	1.73	16.15	47.00	415
W023	田心	雅西村（新星田畈村）	29°10′39.8″	120°2′20.7″	垅田	水稻土	黏壤土	5.2	20.22	1.01	31.01	57.00	455
W024	田心	雅西村（新星田畈村）	29°10′49.9″	120°1′43.3″	平畈	水稻土	沙质壤土	5.7	35.00	1.75	79.93	169.00	580
W025	田心	后塘村	29°11′30.5″	120°0′26.2″	河漫滩	水稻土	沙质壤土	6.1	29.32	1.47	21.34	107.00	480
W026	田心	毛陈村	29°11′42.2″	120°0′20.2″	河漫滩	水稻土	沙质壤土	5.7	19.01	0.86	64.96	113.00	490
W027	田心	毛陈村	29°11′34.9″	119°59′52.6″	河漫滩	水稻土	沙质壤土	5.4	13.93	0.70	43.86	75.00	455
W028	田心	舟墥村	29°11′25.0″	119°59′12.4″	河漫滩	水稻土	沙质黏壤土	5.8	62.20	3.11	50.22	153.00	505
W029	田心	舟墥村	29°11′18.6″	119°59′12.9″	河漫滩	水稻土	沙质黏壤土	6.3	15.92	0.72	62.13	128.00	480
W030	田心	新店村	29°11′19.2″	119°59′54.7″	河漫滩	水稻土	壤土	5.1	26.45	1.19	12.26	38.00	345
W031	田心	后阳村	29°11′4.19″	119°59′52.5″	河漫滩	水稻土	壤土	5.5	29.51	1.48	45.51	54.00	265
W032	田心	后阳村	29°10′55.5″	119°59′45.9″	河漫滩	水稻土	壤土	5.9	35.69	1.78	52.11	52.00	285
W033	田心	后阳村	29°10′53.8″	119°59′41.6″	河漫滩	水稻土	壤土	6.2	33.18	1.66	8.37	32.00	310
W034	田心	后阳村	29°10′50.5″	119°59′43.5″	河漫滩	水稻土	壤土	6.6	29.74	1.49	10.14	57.00	270
W035	田心	后阳村	29°10′44.8″	119°59′34.8″	河漫滩	水稻土	壤土	6.1	30.61	1.53	10.14	47.00	325
W036	倍磊	塘下村	29°10′28.3″	119°59′55.3″	垅田	水稻土	粉沙质黏土	6.7	11.41	0.57	15.44	65.00	340
W037	田心	塘下洋村	29°10′31.7″	120°0′7.37″	缓坡	紫色土	黏土	6.1	4.63	0.23	6.96	319.00	550
W038	田心	塘下洋村	29°10′28.1″	120°0′3.67″	缓坡	水稻土	壤质黏土	5.7	18.49	0.83	39.14	382.00	455
W039	田心	后阳村	29°10′41.9″	119°59′42.9″	垅田	水稻土	粉沙质黏土	5.4	21.39	1.07	59.07	245.00	300
W040	田心	后阳村	29°10′48.0″	119°59′48.0″	缓坡	水稻土	壤质黏土	5.9	31.70	1.59	22.87	66.00	260

（续表）

样品编号	工作片	村名称	北纬	东经	地形部位	土类	质地	pH值	有机质（g/kg）	全氮（g/kg）	有效磷（mg/kg）	速效钾（mg/kg）	缓效钾（mg/kg）
W041	田心	后阳村	29°10′52.2″	120°0′10.5″	垅田	水稻土	粉沙质黏土	5.9	15.30	0.69	64.84	183.00	390
W042	田心	后阳村	29°10′44.5″	120°0′21.6″	垅田	水稻土	粉沙质黏土	5.5	23.99	1.20	14.85	213.00	335
W043	倍磊	倍磊一村	29°9′55.5″	119°58′48.4″	河漫滩	水稻土	壤土	5.6	31.61	1.42	11.67	112.00	470
W044	倍磊	倍磊一村	29°9′55.6″	119°58′52.7″	垅田	水稻土	黏壤土	5.2	10.11	0.51	13.44	41.00	390
W045	倍磊	倍磊一村	29°9′36.0″	119°58′41.9″	河漫滩	水稻土	壤土	6.3	22.29	1.00	29.59	54.00	395
W046	倍磊	寺口村	29°9′22.5″	119°58′46.5″	垅田	水稻土	黏壤土	5.2	22.72	1.02	58.71	109.00	370
W047	倍磊	上村	29°9′13.1″	119°58′12.8″	垅田	水稻土	黏壤土	5.2	29.01	1.45	55.53	161.00	480
W048	倍磊	上村	29°9′11.9″	119°58′12.2″	垅田	水稻土	黏壤土	5.8	12.41	0.56	15.92	141.00	440
W049	倍磊	寺口村	29°9′22.5″	119°58′57.6″	垅田	水稻土	黏壤土	5.1	25.92	1.30	64.37	33.00	325
W050	倍磊	新塘西	29°9′19.6″	119°59′30.7″	垅田	水稻土	黏壤土	5.8	18.17	0.91	39.26	39.00	310
W051	倍磊	新塘西	29°9′19.9″	119°59′44.0″	垅田	水稻土	黏壤土	6.0	17.51	0.88	52.11	27.00	300
W052	倍磊	新塘西	29°9′17.6″	119°59′52.7″	垅田	水稻土	黏壤土	6.0	16.03	0.80	35.02	68.00	345
W053	倍磊	寺口村	29°9′0.10″	119°58′57.2″	垅田	水稻土	黏壤土	5.7	23.85	1.07	63.78	25.00	285
W054	倍磊	联群村（平望村）	29°7′55.2″	119°58′37.8″	垅田	水稻土	黏壤土	5.3	25.11	1.26	10.73	20.00	275
W055	倍磊	联群村（平望村）	29°7′36.8″	119°58′26.8″	垅田	水稻土	壤质黏土	6.2	11.34	0.57	33.13	39.00	320
W056	倍磊	上村	29°7′25.9″	119°58′6.85″	垅田	水稻土	黏壤土	5.8	19.79	0.99	9.43	41.00	345
W057	倍磊	上村	29°7′26.6″	119°58′9.55″	垅田	水稻土	黏壤土	5.9	32.84	1.64	6.60	28.00	450
W058	倍磊	联群村（平望村）	29°7′24.5″	119°58′35.9″	垅田	水稻土	黏壤土	6.0	27.45	1.37	12.03	85.00	380

（续表）

样品编号	工作片	村名称	北纬	东经	地形部位	土类	质地	pH值	有机质 (g/kg)	全氮 (g/kg)	有效磷 (mg/kg)	速效钾 (mg/kg)	缓效钾 (mg/kg)
W059	倍磊	联盟村（平望村）	29°7′34.9″	119°59′1.96″	垅田	水稻土	黏壤土	5.9	23.95	1.20	12.85	27.00	230
W060	倍磊	联盟村（平望村）	29°7′33.6″	119°59′7.43″	垅田	水稻土	沙质黏壤土	5.8	17.14	0.86	10.85	16.00	265
W061	倍磊	联盟村（平望村）	29°7′30.4″	119°59′6.61″	垅田	水稻土	黏壤土	6.1	20.26	1.01	8.96	51.00	320
W062	倍磊	联盟村（平望村）	29°7′25.1″	119°59′8.16″	缓坡	红壤	壤质黏土	6.0	10.12	0.46	50.46	146.00	310
W063	倍磊	倍磊一村	29°10′14.6″	119°58′38.5″	河漫滩	水稻土	壤土	5.3	28.21	1.27	7.19	49.00	335
W064	倍磊	埠头村	29°9′55.1″	119°57′53.7″	垅田	水稻土	黏壤土	5.5	20.53	0.92	52.23	18.00	365
W065	倍磊	埠头村	29°9′52.9″	119°57′57.4″	缓坡	紫色土	壤土	5.1	22.54	1.01	107.40	119.00	415
W066	倍磊	南朱村	29°9′41.5″	119°57′52.9″	垅田	水稻土	黏壤土	5.1	14.12	0.64	65.20	39.00	440
W067	倍磊	南朱村	29°9′28.4″	119°57′51.5″	垅田	水稻土	黏壤土	5.2	25.09	1.25	14.62	182.00	645
W068	倍磊	金山村	29°9′43.4″	119°57′35.0″	垅田	水稻土	黏壤土	5.6	20.62	1.03	118.01	403.00	800
W069	倍磊	花园口村	29°9′37.3″	119°57′31.2″	垅田	水稻土	黏壤土	6.2	18.64	0.84	52.46	27.00	385
W070	倍磊	花园口村	29°9′26.8″	119°57′20.3″	垅田	水稻土	黏壤土	5.3	27.72	1.25	51.52	47.00	410
W071	倍磊	葛仙村	29°9′43.7″	119°56′50.0″	垅田	水稻土	黏壤土	5.2	26.31	1.18	44.33	34.00	355
W072	倍磊	泽塘村	29°9′49.2″	119°56′19.6″	垅田	水稻土	黏壤土	5.4	31.20	1.40	118.13	212.00	510
W073	倍磊	泽塘村	29°9′44.7″	119°56′22.0″	垅田	水稻土	黏壤土	5.3	24.93	1.12	23.34	392.00	605
W074	倍磊	葛仙村	29°10′8.47″	119°56′50.3″	垅田	水稻土	黏壤土	5.4	24.79	1.24	70.97	128.00	440
W075	倍磊	金山村	29°10′10.1″	119°57′24.1″	垅田	水稻土	黏壤土	5.9	13.26	0.66	27.71	43.00	375
W076	倍磊	倍磊三村	29°10′23.4″	119°59′1.57″	缓坡	水稻土	沙质黏壤土	5.6	17.65	0.88	13.68	105.00	395

（续表）

样品编号	工作片	村名称	北纬	东经	地形部位	土类	质地	pH值	有机质(g/kg)	全氮(g/kg)	有效磷(mg/kg)	速效钾(mg/kg)	缓效钾(mg/kg)
W077	倍磊	倍磊二村	29°10'17.8"	119°59'12.1"	垅田	水稻土	沙质黏壤土	5.7	31.36	1.41	28.77	43.00	250
W078	倍磊	芦塘下村	29°10'24.1"	119°59'27.0"	垅田	水稻土	沙质黏壤土	5.4	24.41	1.22	58.71	20.00	265
W079	倍磊	倍磊二村	29°10'28.1"	119°59'28.1"	垅田	水稻土	黏壤土	5.6	17.80	0.89	32.54	42.00	295
W080	倍磊	倍磊三村	29°10'31.7"	119°59'13.0"	缓坡	水稻土	黏壤土	5.8	23.40	1.05	52.70	32.00	310
W081	倍磊	倍磊三村	29°10'28.6"	119°59'0.70"	缓坡	水稻土	黏壤土	5.3	19.08	0.95	47.98	97.00	420
W082	倍磊	倍磊四村	29°10'30.8"	119°58'50.9"	河漫滩	水稻土	壤土	5.7	15.79	0.79	45.27	45.00	385
W083	倍磊	倍磊四村	29°10'47.1"	119°58'50.6"	河漫滩	水稻土	壤土	5.7	15.98	0.80	10.85	74.00	445
W084	倍磊	倍磊四村	29°10'25.4"	119°58'34.8"	河漫滩	水稻土	壤土	6.3	17.79	0.89	42.09	33.00	350
W085	王宅	王宅村	29°13'11.0"	120°0'14.5"	缓坡	水稻土	壤质黏土	5.8	14.26	0.71	32.30	118.00	370
W086	王宅	王宅村	29°13'15.2"	120°0'10.5"	垅田	水稻土	壤质黏土	5.7	11.53	0.58	6.96	80.00	385
W087	王宅	王宅村	29°13'12.9"	120°0'11.0"	垅田	水稻土	壤质黏土	6.5	26.24	1.18	45.15	51.00	265
W088	王宅	杨村村	29°13'19.3"	120°0'34.3"	垅田	水稻土	壤质黏土	5.4	29.96	1.50	12.38	21.00	280
W089	王宅	湖干村	29°14'37.2"	120°0'29.7"	缓坡	水稻土	壤质黏土	6.1	23.00	1.15	58.24	143.00	570
W090	王宅	湖干村	29°14'15.1"	120°0'42.9"	河漫滩	水稻土	沙质黏壤土	6.2	8.68	0.43	33.95	78.00	315
W091	王宅	湖干村	29°14'13.4"	120°0'43.9"	河漫滩	水稻土	沙质黏壤土	5.6	6.79	0.34	71.90	73.00	455
W092	王宅	王江村	29°17'14.1"	120°0'1.43"	河漫滩	水稻土	沙质黏壤土	5.6	11.64	0.52	59.30	57.00	440
W093	王宅	王江村	29°12'15.2"	120°0'10.6"	河漫滩	水稻土	沙质黏壤土	5.4	14.40	0.65	8.49	80.00	435
W094	王宅	王江村	29°12'9.10"	119°59'40.7"	垅田	水稻土	壤质黏土	5.2	13.03	0.59	97.85	172.00	510
W095	王宅	前王村	29°12'1.69"	119°59'39.8"	河漫滩	水稻土	壤土	5.4	11.40	0.57	93.26	178.00	560
W096	王宅	前王村	29°12'0.54"	119°59'26.4"	河漫滩	水稻土	壤土	5.6	6.94	0.35	106.81	172.00	495

（续表）

样品编号	工作片	村名称	北纬	东经	地形部位	土类	质地	pH值	有机质(g/kg)	全氮(g/kg)	有效磷(mg/kg)	速效钾(mg/kg)	缓效钾(mg/kg)
W097	王宅	前王村	29°12′8.81″	119°59′25.7″	河漫滩	水稻土	粉沙质黏壤土	5.8	10.70	0.48	70.74	305.00	700
W098	王宅	王宅村	29°13′0.04″	119°59′53.2″	垅田	水稻土	壤质黏土	5.4	23.49	1.17	65.30	61.00	260
W099	王宅	王宅村	29°12′54.7″	120°0′13.0″	垅田	水稻土	壤质黏土	5.7	16.04	0.72	81.60	113.00	550
W100	王宅	王宅村	29°12′50.8″	120°0′17.8″	垅田	水稻土	壤质黏土	5.3	24.53	1.23	94.50	307.00	665
W101	王宅	前王村	29°12′9.82″	119°59′17.8″	河漫滩	水稻土	沙质黏壤土	5.8	9.49	0.47	20.41	174.00	625
W102	王宅	前王村	29°12′2.80″	119°59′15.1″	河漫滩	水稻土	粉沙质黏壤土	6.0	13.10	0.59	36.58	67.00	365
W103	王宅	下前王村	29°11′55.7″	119°59′15.7″	河漫滩	水稻土	沙质黏壤土	5.0	15.10	0.75	84.59	288.00	620
W104	王宅	下前王村	29°11′53.9″	119°59′4.81″	河漫滩	水稻土	沙质黏壤土	5.6	7.87	0.39	65.18	155.00	515
W105	王宅	楼村	29°11′50.3″	119°59′0.16″	河漫滩	水稻土	沙质黏壤土	5.8	19.23	0.87	135.50	222.00	515
W106	王宅	楼村	29°11′51.6″	119°58′52.5″	河漫滩	水稻土	沙质黏壤土	5.2	20.93	1.05	166.31	456.00	890
W107	王宅	盛村	29°11′59.4″	119°58′59.4″	河漫滩	水稻土	沙质黏壤土	5.5	14.43	0.72	115.89	140.00	340
W108	王宅	盛村	29°12′2.98″	119°58′38.4″	河漫滩	水稻土	壤土	6.6	8.47	0.42	30.66	106.00	500
W109	王宅	王存村	29°11′55.5″	119°58′16.1″	河漫滩	水稻土	沙质黏壤土	5.6	20.10	1.01	14.38	63.00	455
W110	王宅	殿口村	29°12′0.82″	119°58′16.5″	河漫滩	水稻土	沙质黏壤土	5.8	18.18	0.91	17.49	49.00	270
W111	王宅	王存村	29°12′9.82″	119°58′8.83″	河漫滩	水稻土	沙质黏壤土	5.6	38.92	1.75	52.80	33.00	165
W112	王宅	殿口村	29°58′9.76″	119°58′7.93″	垅田	水稻土	壤质黏土	5.1	17.50	0.79	11.38	32.00	160
W113	王宅	张宅三村	29°12′37.9″	119°58′9.37″	垅田	水稻土	壤质黏土	4.7	29.95	1.35	36.78	103.00	210
W114	王宅	张宅三村	29°12′43.9″	119°58′55.6″	岗地	红壤	壤质黏土	4.9	27.10	1.22	58.20	129.00	305
W115	王宅	张宅三村	29°12′58.7″	119°58′36.8″	垅田	水稻土	粉沙质黏壤土	5.1	23.38	1.17	14.97	58.00	245

（续表）

样品编号	工作片	村名称	北纬	东经	地形部位	土类	质地	pH值	有机质(g/kg)	全氮(g/kg)	有效磷(mg/kg)	速效钾(mg/kg)	缓效钾(mg/kg)
W116	王宅	翁村	29°13′7.06″	119°58′49.2″	平畈	水稻土	壤土	5.8	13.45	0.67	18.45	71.00	625
W117	王宅	徐塘下村	29°13′20.5″	119°59′8.23″	坡田	水稻土	壤质黏土	6.3	11.44	0.51	31.92	242.00	930
W118	王宅	靖安塘村	29°13′41.9″	119°58′53.3″	垅田	水稻土	壤质黏土	5.3	20.41	1.02	8.80	57.00	565
W119	王宅	方前村	29°13′36.2″	119°59′24.6″	垅田	水稻土	壤质黏土	6.4	20.33	1.02	53.17	102.00	325
W120	王宅	方前村	29°13′37.3″	119°59′11.4″	垅田	水稻土	壤质黏土	5.7	33.45	1.51	169.20	606.00	1 440
W121	王宅	方前村	29°13′50.2″	119°59′8.08″	垅田	水稻土	黏质黏土	5.1	30.12	1.51	11.92	100.00	330
W122	王宅	方前村	29°14′6.18″	119°59′18.4″	垅田	水稻土	壤壤土	5.7	22.30	1.11	26.03	110.00	420
W123	王宅	宝山头村	29°13′55.6″	119°59′56.6″	垅田	水稻土	壤质黏土	6.4	14.63	0.73	16.15	235.00	725
W124	王宅	下叶村	29°13′24.8″	119°59′52.3″	垅田	水稻土	壤质黏土	5.8	24.01	1.08	42.95	114.00	800
W125	王宅	上叶村	29°13′18.8″	120°0′0.36″	垅田	水稻土	壤壤土	5.3	15.87	0.71	29.71	50.00	265
W126	塔山	画坞坑村	29°13′16.3″	120°6′51.0″	缓坡	水稻土	黏壤土	5.4	14.81	0.74	14.64	64.00	335
W127	塔山	画坞坑村	29°13′13.1″	120°6′51.4″	垅田	水稻土	黏壤土	5.5	35.81	1.79	25.37	66.00	585
W128	塔山	八岭坑村	29°13′57.1″	120°5′45.1″	垅田	水稻土	黏壤土	5.7	24.44	1.10	10.97	58.00	525
W129	塔山	八岭坑村	29°13′31.3″	120°5′52.2″	垅田	水稻土	黏壤土	5.2	25.06	1.25	18.83	31.00	555
W130	塔山	坑口村	29°13′21.1″	120°6′28.2″	垅田	水稻土	黏壤土	5.6	31.66	1.58	26.32	26.00	365
W131	塔山	坑口村	29°13′20.0″	120°5′38.1″	垅田	水稻土	黏壤土	5.6	17.60	0.88	16.60	96.00	360
W132	塔山	石壁村	29°13′9.04″	120°5′32.2″	垅田	水稻土	黏壤土	6.1	33.67	1.68	18.82	64.00	285
W133	塔山	石壁村	29°13′4.79″	120°5′25.0″	垅田	水稻土	黏壤土	5.8	21.77	0.98	64.84	35.00	445
W134	塔山	陈村	29°12′58.3″	120°5′14.0″	垅田	水稻土	黏壤土	5.2	28.99	1.45	13.50	86.00	550
W135	塔山	石壁村	29°12′42.4″	120°5′3.76″	垅田	水稻土	壤质黏土	5.8	31.18	1.40	6.91	97.00	355
W136	塔山	钟村	29°12′41.2″	120°5′11.9″	缓坡	红壤	壤质黏土	5.2	28.76	1.29	2.94	50.00	460

（续表）

样品编号	工作片	村名称	北纬	东经	地形部位	土类	质地	pH值	有机质(g/kg)	全氮(g/kg)	有效磷(mg/kg)	速效钾(mg/kg)	缓效钾(mg/kg)
W137	塔山	钟村	29°12'57.1"	120°4'56.1"	垅田	水稻土	黏壤土	5.2	16.41	0.82	6.62	56.00	395
W138	塔山	钟村	29°13'20.5"	120°4'59.4"	垅田	水稻土	黏壤土	5.5	19.89	0.90	46.69	112.00	750
W139	塔山	南王店村	29°13'27.6"	120°3'49.1"	垅田	水稻土	黏壤土	5.3	19.56	0.98	41.53	48.00	850
W140	塔山	南王店村	29°13'37.8"	120°3'35.8"	缓坡	红壤	壤质黏土	5.6	20.82	1.04	35.39	75.00	420
W141	塔山	南王店村	29°13'5.05"	120°4'7.96"	垅田	水稻土	黏壤土	5.8	30.90	1.54	11.42	48.00	720
W142	塔山	南王店村	29°12'58.0"	120°4'17.4"	缓坡	红壤	壤质黏土	6.1	18.97	0.95	31.58	72.00	380
W143	塔山	石壁村	29°12'38.7"	120°4'28.5"	垅田	水稻土	壤质黏土	5.6	29.15	1.46	5.54	73.00	605
W144	塔山	云山村	29°12'17.1"	120°4'25.8"	垅田	水稻土	壤质黏土	5.9	25.57	1.28	70.97	41.00	505
W145	塔山	塔山村	29°12'1.43"	120°4'26.9"	垅田	水稻土	黏壤土	5.7	19.58	0.98	12.74	30.00	520
W146	塔山	塔山村	29°11'57.0"	120°4'3.61"	垅田	水稻土	黏壤土	5.8	33.33	1.50	19.30	90.00	405
W147	塔山	云山村	29°12'1.15"	120°2'58.4"	垅田	水稻土	壤质黏土	5.1	24.50	1.10	13.80	132.00	340
W148	塔山	云山村	29°11'5.92"	120°2'45.6"	缓坡	水稻土	壤质黏土	5.2	20.35	0.92	5.54	95.00	190
W149	塔山	三角店村	29°11'59.2"	120°2'4.84"	垅田	水稻土	壤质黏土	5.2	22.07	1.10	7.57	43.00	370
W150	塔山	云山村	29°12'8.38"	120°3'22.5"	缓坡	紫色土	沙质黏壤土	5.8	25.19	1.26	143.69	56.00	295
W151	塔山	塔山村	29°11'35.4"	120°3'14.8"	垅田	水稻土	粉沙质黏壤土	5.8	30.51	1.53	10.97	231.00	270
W152	塔山	上博村	29°11'30.1"	120°2'59.5"	缓坡	红壤	壤质黏土	5.8	9.36	0.47	71.63	65.00	205
W153	塔山	石门坑村	29°11'26.4"	120°4'34.3"	垅田	水稻土	黏壤土	5.7	33.00	1.49	38.09	35.00	795
W154	塔山	石门坑村	29°11'14.2"	120°4'22.6"	平畈	水稻土	黏壤土	5.4	25.64	1.28	49.95	27.00	700
W155	塔山	团力村(麻车塘村)	29°10'56.5"	120°4'8.47"	垅田	水稻土	黏壤土	5.7	17.98	0.90	16.67	21.00	310

（续表）

样品编号	工作片	村名称	北纬	东经	地形部位	土类	质地	pH值	有机质(g/kg)	全氮(g/kg)	有效磷(mg/kg)	速效钾(mg/kg)	缓效钾(mg/kg)
W156	塔山	团力村(麻车塘村)	29°10′52.1″	120°3′52.3″	平畈	水稻土	沙质壤土	6.1	22.90	1.14	205.46	53.00	380
W157	塔山	小六石村	29°10′49.2″	120°3′39.7″	平畈	水稻土	沙质壤土	5.9	9.60	0.43	28.24	47.00	420
W158	塔山	剡溪村	29°10′53.5″	120°3′2.34″	平畈	水稻土	沙质壤土	4.9	31.64	1.58	42.44	67.00	465
W159	塔山	剡溪村	29°11′5.71″	120°2′38.8″	平畈	水稻土	沙质壤土	5.7	15.35	0.77	20.28	109.00	410
W160	塔山	剡溪村	29°10′59.0″	120°2′27.3″	平畈	水稻土	沙质壤土	5.6	23.45	1.06	5.88	91.00	640
W161	塔山	剡溪村	29°10′42.1″	120°2′27.2″	平畈	水稻土	沙质壤土	4.9	17.55	0.79	119.87	38.00	550
W162	塔山	剡溪村	29°10′34.1″	120°2′42.0″	平畈	水稻土	沙质壤土	5.4	21.90	0.99	8.12	54.00	235
W163	合作	缀成村	29°10′27.5″	120°2′52.9″	平畈	水稻土	沙质壤土	5.4	38.13	1.72	9.30	52.00	270
W164	塔山	骆村	29°11′20.1″	120°3′35.1″	缓坡	水稻土	黏壤土	8.5	16.16	0.73	80.05	25.00	420
W165	合作	起鸣村	29°13′35.6″	120°2′17.8″	垅田	水稻土	壤质黏土	7.5	13.69	0.62	24.92	218.00	895
W166	合作	起鸣村	29°13′31.2″	120°2′17.4″	缓坡	水稻土	壤质黏土	5.4	17.13	0.77	117.79	221.00	465
W167	合作	起鸣村	29°13′48.0″	120°2′24.48″	垅田	水稻土	壤质黏土	5.3	10.77	0.54	2.65	75.00	320
W168	合作	弈岩头村	29°13′59.8″	120°3′14.8″	平畈	水稻土	沙质黏壤土	5.8	12.94	0.65	123.84	75.00	720
W169	合作	梅林村	29°13′59.0″	120°2′53.2″	垅田	水稻土	壤质黏土	5.7	21.56	0.97	48.57	71.00	620
W170	合作	弈岩头村	29°13′54.0″	120°2′56.3″	缓坡	水稻土	黏壤土	4.5	16.32	0.73	20.11	151.00	455
W171	合作	梅林村	29°13′55.0″	120°2′30.0″	垅田	水稻土	壤质黏土	5.5	22.81	1.14	11.38	50.00	320
W172	合作	江南街村	29°14′17.5″	120°2′20.5″	河漫滩	水稻土	沙质黏壤土	5.6	13.24	0.60	7.80	106.00	495
W173	合作	江南街村	29°14′10.1″	120°2′20.52″	河漫滩	水稻土	沙质黏壤土	5.2	14.97	0.67	27.14	71.00	400
W174	合作	起鸣村	29°14′10.2″	120°1′46.1″	河漫滩	水稻土	沙质黏壤土	5.3	10.76	0.54	75.81	65.00	705
W175	合作	起鸣村	29°13′59.4″	120°1′35.1″	河漫滩	水稻土	沙质黏壤土	5.5	8.62	0.43	45.95	155.00	865

（续表）

样品编号	工作片	村名称	北纬	东经	地形部位	土类	质地	pH值	有机质(g/kg)	全氮(g/kg)	有效磷(mg/kg)	速效钾(mg/kg)	缓效钾(mg/kg)
W176	合作	起鸣村	29°13'49.1"	120°1'24.3"	河漫滩	水稻土	沙质黏壤土	5.6	15.85	0.71	50.37	62.00	490
W177	合作	晓联村	29°13'50.9"	120°1'8.47"	河漫滩	水稻土	沙质黏壤土	5.3	10.54	0.53	35.55	36.00	485
W178	合作	晓联村	29°13'39.6"	120°1'2.74"	河漫滩	水稻土	沙质黏壤土	5.6	20.10	1.01	3.82	26.00	480
W179	合作	赵朱村	29°13'32.5"	120°1'3.25"	河漫滩	水稻土	沙质黏壤土	5.5	16.01	0.72	6.89	229.00	435
W180	合作	赵朱村	29°13'22.2"	120°1'14.3"	河漫滩	水稻土	沙质黏壤土	4.8	14.49	0.65	126.34	192.00	510
W181	合作	石鸣村	29°13'14.9"	120°1'22.7"	河漫滩	水稻土	壤土	5.2	15.79	0.79	159.01	31.00	770
W182	合作	石楼村	29°13'34.9"	120°1'30.0"	河漫滩	水稻土	壤土	5.6	11.13	0.50	200.30	335.00	1050
W183	合作	起鸣村	29°13'31.5"	120°1'46.0"	坡田	水稻土	壤质黏土	4.1	28.48	1.42	8.82	64.00	545
W184	合作	石楼村	29°13'25.6"	120°1'44.8"	坡田	水稻土	壤质黏土	5.7	13.83	0.69	50.81	220.00	485
W185	合作	起鸣村	29°13'29.2"	120°1'58.7"	河漫滩	水稻土	壤土	6.6	20.42	1.02	9.07	42.00	295
W186	合作	起鸣村	29°13'55.8"	120°1'54.7"	坡田	水稻土	壤质黏土	6.7	22.53	1.13	6.79	40.00	665
W187	合作	起鸣村	29°13'22.8"	120°2'26.72"	坡田	水稻土	壤质黏土	6.2	23.10	1.04	34.80	78.00	440
W188	合作	稽亭村	29°12'38.9"	120°2'0.24"	坡田	水稻土	壤质黏土	5.4	15.33	0.69	30.53	105.00	270
W189	合作	稽亭村	29°12'46.9"	120°2'0.88"	坡田	水稻土	粉沙质黏土	5.4	19.87	0.99	4.43	35.00	775
W190	合作	稽亭村	29°12'39.7"	120°2'10.5"	坡田	水稻土	壤质黏土	5.6	21.74	0.98	29.12	79.00	475
W191	合作	寺前西村	29°12'43.6"	120°2'21.7"	坡田	水稻土	黏壤土	5.4	19.31	0.97	30.00	48.00	375
W192	合作	寺前西村	29°12'29.0"	120°2'24.2"	缓坡	紫色土	壤土	5.6	26.45	1.32	11.79	221.00	745
W193	合作	寺前街村	29°12'24.0"	120°2'28.3"	缓坡	紫色土	壤质黏土	5.5	20.35	1.02	52.70	38.00	380
W194	合作	寺前西村	29°12'9.17"	120°2'32.6"	坡田	水稻土	壤质黏土	5.7	21.04	0.95	35.02	34.00	245

表3-14 佛堂镇代表性试验数据（二）

数据编号	村名称	工作片	北纬	东经	地形部位	土类	土种	质地	pH值	有机质(g/kg)	全氮(g/kg)	有效磷(mg/kg)	速效钾(mg/kg)	阳离子交换量(cmol/kg)	容重(g/cm³)	全盐量(μs/cm)
Y001	倍磊四村	倍磊	29°10′24.9″	119°58′42.4″	河漫滩	水稻土	泥质田	黏壤土	6.0	1.70	0.10	31.00	57.60	103.00	1.68	100.2
Y002	湖滨	倍磊	29°12′32.0″	119°58′25.1″	河漫滩	水稻土	培沙田	沙质壤土	6.1	0.49	0.03	21.40	53.50	66.50	1.61	82
Y003	候芹	倍磊	29°11′5.20″	119°58′54.0″	河漫滩	水稻土	培泥沙田	壤土	6.0	0.89	0.06	10.80	35.60	89.00	1.75	178.9
Y004	倍磊三村	倍磊	29°10′42.8″	119°59′14.9″	河漫滩	水稻土	泥质田	黏壤土	6.1	0.81	0.05	82.90	40.80	75.20	1.54	62.9
Y005	江南街村	合作	29°14′14.3″	120°2′11.9″	河漫滩	水稻土	培泥沙田	沙质壤土	5.9	0.54	0.04	11.20	32.10	51.20	1.64	65.6
Y006	起鸣村	合作	29°14′11.2″	120°1′48.6″	河漫滩	水稻土	培泥沙田	沙质壤土	6.5	1.04	0.07	44.20	50.90	77.60	1.58	139.3
Y007	起鸣村	合作	29°13′40.2″	120°1′29.0″	河漫滩	水稻土	培泥沙田	黏壤土	5.4	1.01	0.06	26.50	147.00	90.90	1.54	71.5
Y008	赵朱村	合作	29°13′18.0″	120°1′14.3″	河漫滩	水稻土	培泥沙田	沙质壤土	5.7	1.87	0.11	49.30	106.00	93.50	1.42	89.3
Y009	老市基村	佛堂	29°12′52.2″	120°1′9.98″	河漫滩	水稻土	培泥沙田	壤土	6.3	2.64	0.16	7.20	34.90	119.00	1.83	78.7
Y010	稽亭村	合作	29°12′36.6″	120°1′37.4″	缓坡	水稻土	泥质田	黏壤土	5.6	2.00	0.12	62.40	31.20	87.40	1.52	68.7
Y011	丹山村	王宅	29°14′6.90″	120°0′12.3″	河漫滩	水稻土	黄筋泥	黏壤土	5.4	3.73	0.22	189.00	329.00	147.00	1.38	524
Y012	宝山头村	王宅	29°13′54.6″	119°59′57.4″	坡田	水稻土	紫泥田	壤质黏土	6.4	2.32	0.14	60.90	111.00	109.00	1.48	152.4

（续表）

数据编号	村名称	工作片	北纬	东经	地形部位	土类	土种	质地	pH值	有机质(g/kg)	全氮(g/kg)	有效磷(mg/kg)	速效钾(mg/kg)	阳离子交换量(cmol/kg)	容重(g/cm³)	全盐量(μs/cm)
Y013	靖安塘村	王宅	29°13'41.0"	119°58'53.7"	垄田	水稻土	黄筋泥	粉沙质黏土	6.0	2.75	0.16	17.00	52.20	143.00	1.48	320.9
Y014	翁村	王宅	29°13'15.4"	119°58'45.6"	垄田	水稻土	黄筋泥	黏壤土	6.0	2.46	0.15	10.30	48.90	123.00	1.54	160
Y015	桥西村	王宅	29°12'56.9"	119°58'48.3"	河漫滩	水稻土	黄筋泥	黏壤土	6.1	2.03	0.12	11.90	77.00	93.50	1.59	102
Y016	王存村	王宅	29°12'19.8"	119°58'8.61"	缓坡	水稻土	黄筋泥	壤质黏土	6.1	2.83	0.17	3.88	79.40	117.00	1.73	124.9
Y017	盛村	王宅	29°12'4.39"	119°58'41.5"	河漫滩	水稻土	培泥田	黏壤土	7.8	1.72	0.10	3.26	172.00	304.00	1.52	94.8
Y018	葛仙村	倍磊	29°10'5.01"	119°56'44.8"	垄田	水稻土	黄筋泥	黏壤土	6.3	2.42	0.14	21.40	56.40	172.00	1.71	114.6
Y019	寺口村	倍磊	29°9'24.2"	119°58'46.8"	垄田	水稻土	黄泥沙田	黏壤土	5.9	2.13	0.13	15.50	51.90	93.90	1.47	65.6
Y020	新塘西	倍磊	29°9'20.0"	119°59'42.8"	垄田	水稻土	黄泥沙田	黏壤土	5.8	2.25	0.13	26.70	83.40	126.00	1.49	113.3
Y021	倍磊二村	倍磊	29°10'13.5"	119°58'18.5"	垄田	水稻土	黄筋泥	黏壤土	6.1	1.56	0.09	16.30	74.70	76.80	1.9	73.5
Y022	塘下洋村	田心	29°10'14.7"	120°0'25.8"	河漫滩	水稻土	黄筋泥	黏壤土	5.5	2.28	0.14	9.95	64.40	87.40	1.57	86.9
Y023	田心四村	田心	29°10'37.4"	120°0'36.1"	河漫滩	水稻土	黄筋泥	黏壤土	5.5	2.56	0.15	35.80	25.60	79.70	1.6	60.2
Y024	田心二村	田心	29°10'59.7"	120°0'47.5"	河漫滩	水稻土	泥沙田	黏壤土	5.6	2.53	0.15	6.34	45.50	77.00	1.53	141.6
Y025	光明村	田心	29°10'7.89"	120°1'42.3"	边缘	水稻土	泥沙田	沙壤土	6.1	2.11	0.13	12.70	245.00	84.80	1.54	85.6

（续表）

数据编号	村名称	工作片	北纬	东经	地形部位	土类	土种	质地	pH值	有机质(g/kg)	全氮(g/kg)	有效磷(mg/kg)	速效钾(mg/kg)	阳离子交换量(cmol/kg)	容重(g/cm³)	全盐量(μs/cm)
Y026	田心一村	田心	29°10'44.6"	120°1'44.6"	河漫滩	水稻土	泥沙田	沙质黏壤土	6.4	3.06	0.18	33.40	95.10	86.80	1.32	121.7
Y027	田心三村	田心	29°10'31.6"	120°1'12.6"	河漫滩	水稻土	黄筋泥	黏壤土	6.0	1.78	0.11	7.29	31.80	84.80	1.6	142
Y028	雁畈村	田心	29°11'5.71"	119°59'28.4"	河漫滩	水稻土	泥质田	黏壤土	6.2	3.11	0.18	11.00	62.10	127.00	1.43	143.3
Y029	隔湖村	田心	29°21'22.1"	119°59'39.9"	河漫滩	水稻土	泥质田	黏壤土	6.0	3.32	0.19	8.05	73.20	129.00	1.42	142
Y030	舟塘村	田心	29°11'29.2"	119°59'22.8"	河漫滩	水稻土	培泥沙田	沙质壤土	5.3	2.03	0.12	43.40	258.00	92.90	1.44	129.6
Y031	毛陈村	田心	29°11'39.5"	119°59'58.5"	河漫滩	水稻土	培泥沙田	沙质壤土	5.9	1.28	0.08	9.76	65.60	85.00	1.42	54.2
Y032	继成村	合作	29°10'31.7"	120°2'53.6"	缓坡	水稻土	黄筋泥	黏壤土	5.6	3.50	0.21	13.70	58.00	109.00	1.38	96.7
Y033	剡溪村	塔山	29°11'3.19"	120°2'58.3"	平畈	水稻土	泥沙田	沙质壤土	5.3	2.50	0.15	37.30	39.10	87.80	1.52	76.4
Y034	王新村(新作塘村)	塔山	29°0'0"	120°0'0"	缓坡	水稻土	黄筋泥	黏壤土	6.0	1.83	0.11	12.60	45.10	114.00	1.68	67.6
Y035	三角店村(上埠村)	塔山	29°0'0"	120°0'0"	缓坡	水稻土	黄筋泥	壤质黏土	5.8	1.87	0.11	20.70	45.10	67.80	1.46	76.7

表3-15 佛堂镇代表性试验数据（三）

样品编号	工作片	村名称	北纬	东经	地形部位	土类	质地	pH值	有机质 (g/kg)	全氮 (g/kg)	有效磷 (mg/kg)	速效钾 (mg/kg)	阳离子交换量 (cmol/kg)	容重 (g/cm³)	水溶性盐总量
L001	倍磊	倍磊四村	29°10'19.0"	119°58'31.6"	缓坡	水稻土	黏壤土	5.0	9.49	0.55	57.27	88.72	17.86	1.14	0.311826
L002	倍磊	候芹	29°10'27.0"	119°58'31.6"	河漫滩	水稻土	黏壤土	6.0	6.80	0.39	11.48	122.42	14.44	1.01	0.254313
L003	倍磊	湖滨	29°11'4.55"	119°58'25.3"	河漫滩	水稻土	沙质黏壤土	6.1	14.73	0.84	174.31	34.67	11.43	1.04	0.29912
L004	倍磊	葛仙村	29°10'1.92"	119°56'13.9"	河漫滩	水稻土	沙质黏壤土	5.4	18.63	1.06	118.03	41.37	18.40	0.91	0.392483
L005	倍磊	倍磊三村	29°10'16.0"	119°58'53.8"	缓坡	水稻土	黏壤土	5.2	20.80	1.19	15.25	50.74	14.91	1.05	0.256532
L006	倍磊	倍磊二村	29°10'15.7"	119°59'8.26"	缓坡	水稻土	黏壤土	5.1	28.58	1.63	13.00	35.58	11.37	0.95	0.285951
L007	田心	后阳村	29°11'2.83"	119°59'31.4"	河漫滩	水稻土	壤土	5.5	27.41	1.56	121.50	45.39	24.61	1.13	0.277709
L008	田心	雁畈村	29°11'8.26"	119°59'26.5"	河漫滩	水稻土	壤土	4.6	22.38	1.28	71.26	104.24	11.23	0.88	0.371404
L009	田心	舟墟村	29°11'11.5"	119°59'17.0"	河漫滩	水稻土	壤土	5.3	17.85	1.02	18.56	128.68	10.34	0.99	0.354986
L010	田心	隔湖村	29°11'15.6"	119°59'29.6"	河漫滩	水稻土	壤土	5.1	27.68	1.58	150.37	42.19	15.29	0.82	0.391804
L011	佛堂	老市基村(秀禾公司)	29°12'28.4"	120°1'16.7"	河漫滩	水稻土	壤土	6.9	24.58	1.40	160.07	373.51	20.87	1.06	3.541223
L012	合作	赵宅村	29°13'0.11"	120°1'10.4"	河漫滩	水稻土	壤土	4.4	17.72	1.01	36.40	74.58	15.96	0.77	0.312568
L013	合作	起鸣村	29°14'6.43"	120°1'22.7"	河漫滩	水稻土	沙质壤土	5.1	7.80	0.45	13.69	73.92	11.07	1.05	0.211785
L014	合作	江南街村	29°14'5.82"	120°2'20.05"	河漫滩	水稻土	沙质黏壤土	5.0	15.45	0.88	270.21	75.79	8.48	1.20	0.19446
L015	合作	石楼村	29°13'12.7"	120°1'16.1"	河漫滩	水稻土	沙质壤土	4.7	13.68	0.78	259.04	176.13	12.90	1.22	0.306534

＊注：样品编号前的字母仅代表样品号；本测试数据可供参考，下同。

第三节　义乌市北苑街道的土壤肥力现状

北苑街道位于义乌市区西北部，成立于 2001 年，是义乌的新城区之一。东临稠城街道；南界稠江街道；西连城西街道；北接后宅街道。北苑总面积为 36.6km²。现有人口约 16 万，其中外来人口占 12 万。现辖 6 个社区，5 个居委会，26 行政村。

一、北苑街道采样点分布（图 3-21）

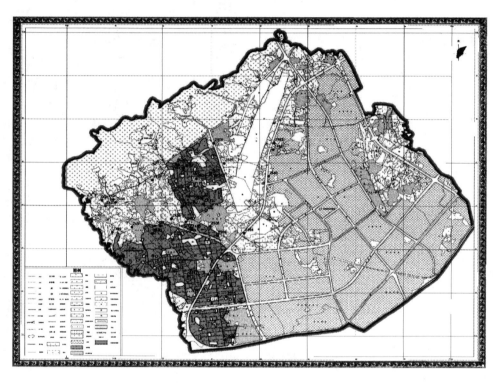

图 3-21　北苑街道的土壤采样点分布

二、北苑街道各工作片的土壤理化性状

1. 各工作片土壤调查基本状况

是北苑街道的土壤地貌主要是低丘，土类以水稻土为重，占总土类的 93.9%，其余为紫色土，仅占 6.1%；紫色土主要位于前洪工作片，占工作片调查土壤的 8.6%，柳青工作片和西城工作片所调查土壤均为水稻土。北苑街道的水稻土主要包括淹育型水稻土和潜育型水稻土，其中淹育型水稻土比例略高于潜育型水稻土。表 3-16 就北苑街道各工作片土类（亚类）在各片调查土壤中所占百分比及土属、土种、成土母质和剖面构型进行了较为详细的描述。

表 3 - 16 北苑街道各工作片的土壤状况

工作片	土类	百分率（%）	亚类	百分率（%）	土属	土种	成土母质	剖面构型
柳青	水稻土	100	淹育型水稻土	66.7	黄筋泥田	黄筋泥田	第四纪红土	A-Ap-C
					红紫泥田	红紫泥田	红紫色砂岩风化坡积物	A-Ap-C
			潴育型水稻土	33.3	红紫泥沙田	红紫大泥田	红紫色砂岩风化再积物	A-Ap-W-C
前洪	水稻土	91.4	淹育型水稻土	62.5	红紫泥田	红紫泥田	红紫色砂岩风化坡积物	A-Ap-C
							红紫色砂岩风化坡残积物	A-Ap-C
			潴育型水稻土	37.5	红紫泥沙田	红紫大泥田	红紫色砂岩风化再积物	A-Ap-W-C
						红紫沙田		A-Ap-C
						紫大泥田	红紫色砂岩风化坡残积物	A-Ap-C
							钙质紫砂岩风化再积物	A-Ap-W-C
	紫色土	8.6	石灰性紫色土	100	红紫沙土	红紫泥土	紫砂岩风化再积物	A-Ap-W-C
							紫色砂岩风化体残积物	A-B-C
西城	水稻土	100	潴育型水稻土	100	紫泥沙田	紫大泥田	红紫色砂岩风化再积物	A-Ap-W-C
					紫泥沙田	紫大泥田	紫砂岩风化再积物	A-Ap-W-C
北苑	水稻土	93.9	淹育型水稻土	53.3	红紫泥田	红紫泥田	红紫色砂岩风化坡残积物	A-Ap-C
						红紫泥田	红紫色砂岩风化坡积物	A-Ap-C
						红紫沙田	红紫色砂岩风化坡积物	A-Ap-C
					黄筋泥田	黄筋泥田	第四纪红土	A-Ap-C
			潴育型水稻土	46.7	红紫泥沙田	红紫大泥田	红紫色砂岩风化再积物	A-Ap-W-C
						红紫泥沙田	红紫色砂岩风化再积物	A-Ap-C
					紫泥沙田	紫大泥田	钙质紫砂岩风化再积物	A-Ap-W-C
							红紫色砂岩风化再积物	A-Ap-W-C
							紫砂岩风化再积物	A-Ap-W-C
	紫色土	6.1	石灰性紫色土		红紫沙土	红紫泥土	紫色砂岩风化体残积物	A-B-C

2. 调查土壤耕层质地

北苑街道绝大部分土壤耕层厚度≥15cm，占样品总数的 95.2%，其中耕层厚度≥20cm 的样品数占采样总数的 45.9%；耕层厚度为 10～15cm 的占 49.3%。土壤肥力大多数处于中等水平，占所调查样品数的 46.9%；土壤肥力处于较高水平的占 17.2%；土壤肥力相对较低所占的比例为 35.9%。土壤结构主要包括有团块状，占调查总数的68.5%；块状，占调查总数的 11.0%；城西街道土壤结构还有粒状、碎块状、屑粒状、大块状和核粒状等几类，共占调查总数的 20.5%。北苑街道调查土壤中仅有 6.8% 无明显障碍因子；93.2% 的土壤存在一定的障碍因子，主要包括 34.2% 的坡地梯改型、18.5% 的灌溉改良型和 8.2% 的渍潜稻田型，另有 1.4% 为盐碱耕地型；在所调查土壤中，有 95.2% 的土壤存在轻度侵蚀问题，仅有 2.1% 无明显侵蚀，另有 2.7% 的土壤处于中度侵蚀。

就调查地块数而言,北苑街道土壤质地包括:粉沙质黏土、壤质黏土、黏壤土和黏土。其中以粉沙质黏土所占比例较大,为41.7%;其次为壤质黏土,为39.6%;粉沙质黏壤土和黏土则分别占调查样品量的12.5%和6.2%。就北苑街道各土壤质地所占面积而言,以壤质黏土所占面积比例最大,占到调查总面积的52.1%;其次是粉沙质黏土,占到总面积的34.5%。北苑街道各工作片土壤质地均以壤质黏土所占面积比例最大,表3-17对北苑街道及各工作片土壤耕层质地占整个街道(片)中所占比例进行了描述。

表3-17　北苑街道的土壤质地所占百分率

地域	质地	地块数百分率(%)	面积百分率(%)
柳青	粉沙质黏土	16.7	9.4
	壤质黏土	66.7	75.0
	黏壤土	16.7	15.6
前洪	粉沙质黏土	42.9	36.8
	壤质黏土	34.3	46.6
	黏壤土	14.3	14.1
	黏土	8.6	2.6
西城	粉沙质黏土	57.1	37.0
	壤质黏土	42.9	63.0
北苑	粉沙质黏土	41.7	34.5
	壤质黏土	39.6	52.1
	黏壤土	12.5	11.5
	黏土	6.3	1.8

(1)土壤pH值

北苑街道的土壤pH值为6.0,各工作片土壤pH平均值较为接近,其中前洪工作片和西城工作片土壤耕层pH值略高,为6.1;柳青工作片最低,为5.9。另外,通过对北苑街道土样pH值分析结果表明,北苑街道有一半多的土壤pH值为5.5~6.5,占60.9%;另有17.4%的调查土壤pH值小于5.5;21.7%的调查土壤pH值大于6.5;所有调查样品中未见有pH值大于7.5的(图3-22)。

(2)土壤有机质含量

北苑街道的土壤有机质平均含量在义乌市是最低的,且从整体来看,北苑街道所有土壤样品有机质含量普遍不高,其中含量最低的仅为1.37g/kg土,最高含量也只有34.64g/kg土,两者相差近25倍。从样品百分比来看,整个北苑街道土壤的有机质含量低于10g/kg土占64.71%;处于中等水平(有机质含量为20~30g/kg)的为29.41%;有机质含量较高的点只有3个,占总采样点的5.88%(图3-23)。

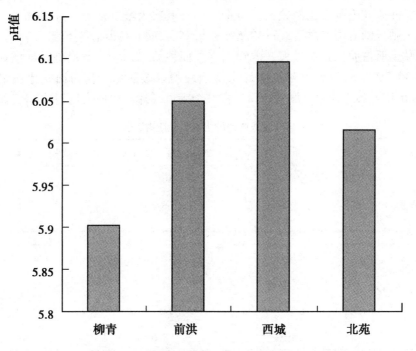

图 3 - 22　北苑街道各工作片的土壤表层 pH 值状况

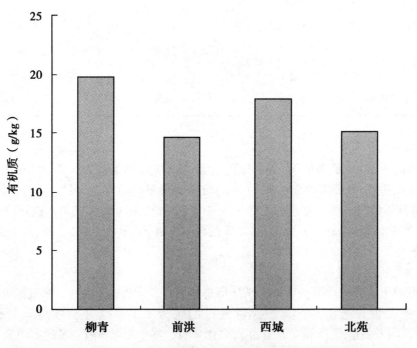

图 3 - 23　北苑街道各工作片的土壤表层有机质含量状况

北苑街道各工作片的土壤有机质差异不大，介于 10~20g/kg，其中柳青工作片的土壤有机质平均含量略高，为 19.8g/kg，柳青工作片样品中有 66.7% 的土壤有机质含量介于 20~30g/kg；西城工作片有 57.1% 的土壤有机质含量介于 15~20g/kg。前洪工作片有 36.4% 的土壤有机质含量在 10~20g/kg，30.3% 的土壤有机质含量不足 10g/kg。

（3）土壤全氮

北苑街道土壤全氮平均含量仅为 0.8g/kg，低于义乌市平均含量（义乌市土壤全氮含量为 1.1g/kg），且所有采样点土壤的全氮含量均小于 2.0g/kg，其中小于 1.0g/kg 占 64.71%；全氮含量为 1.0~2.0g/kg 的占 35.29%，也就是说，北苑街道的土壤普遍缺氮（图 3 –24）。

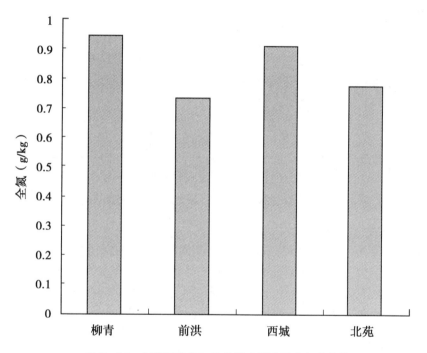

图 3 –24　北苑街道各工作片的土壤表层全氮含量状况

北苑街道各工作片土壤全氮含量均以小于 1.0g/kg 为主，其中前洪工作片调查样品中有 2/3 的样品土壤全氮含量低于 1.0g/kg；西城工作片和柳青工作片也均有超过 50.0% 的样品土壤全氮含量低于 1.0g/kg。

（4）土壤有效磷

虽然北苑街道土壤全氮含量较低，但土壤有效磷含量却较高，平均含量为义乌市最高，为 96.0mg/kg，远高于义乌市有效磷平均含量。整体上北苑街道土壤有效磷含量普遍偏高，其中有 71.7% 的样品有效磷含量高于 25mg/kg，且高于 50mg/kg 的样品量占总样品的 58.7%。整个街道仅有 15.2% 的样品有效磷含量不足 15mg/kg，13.1% 样品土壤有效磷含量相对适宜（有效磷含量为 15~25mg/kg）。

通过对各工作片土壤有效磷含量比较来看，各工作片土壤有效磷含量普遍偏高，其中西城工作片土壤有效磷含量偏高率高达 85.7%，柳青工作片和前洪工作片土壤有效磷含量偏高率也均超过了 60%，也就是说，北苑街道各工作片土壤有效磷含量适宜作物生长（15～25mg/kg）所占的比例较低，所有工作片在此范围的比例均不超过 20%（图 3 - 25）。

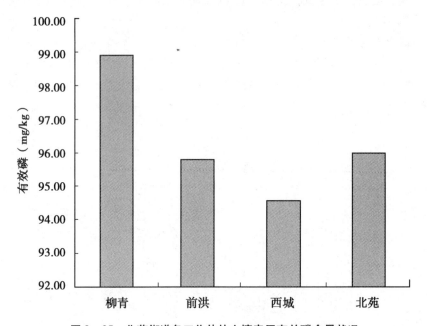

图 3 - 25　北苑街道各工作片的土壤表层有效磷含量状况

（5）土壤速效钾

北苑街道的土壤速效钾与土壤有效磷含量有相同规律，即耕层土壤速效钾含量普遍偏高，且土壤速效钾含量在义乌市各镇（街道）中含量最高，是义乌市平均含量的两倍。北苑街道土壤中无速效钾含量低于 40mg/kg 的样品，只有 10.9% 的样品速效钾含量小于 80mg/kg，北苑街道样品中土壤速效钾含量大部分高于 120mg/kg，占调查样品总量的 73.9%（图 3 - 26）。

（6）土壤缓效钾

北苑街道的土壤缓效钾的含量虽然不是义乌市土壤缓效钾含量最高的，但仍处于前列，且高于义乌市所有土壤样品缓效钾的平均含量。北苑街道土壤样品中，无缓效钾含量低于 300mg/kg 的样品，且含量 300～400mg/kg 的样品量仅为总样品量的 25%，有 75.0% 的样品缓效钾含量 >400mg/kg（图 3 - 27）。

北苑街道的土壤缓效钾含量以西城工作片的平均含量最高，>600mg/kg，柳青工作片和前洪工作片的土壤缓效钾含量也超过 500mg/kg。各工作片所调查样品中，缓效钾含量以超过 >400mg/kg 的样品为主，占调查样品的 70%，其中柳青样品的缓效钾含量 >400mg/kg 的占 83.3%。

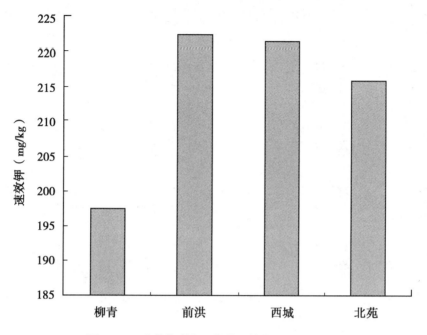

图 3 – 26　北苑街道各工作片土壤表层速效钾含量状况

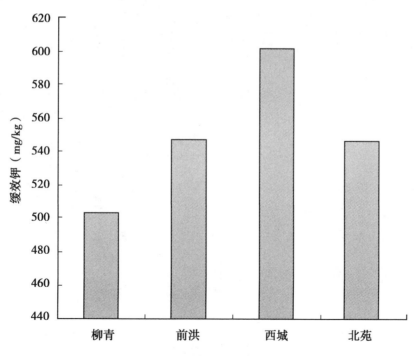

图 3 – 27　北苑街道各工作片的土壤表层缓效钾含量状况

三、北苑街道代表性试验数据（表3-18、表3-19、表3-20）

表3-18 北苑街道代表性试验数据（一）

样品编号	工作片	村名称	北纬	东经	地形部位	土类	质地	pH值	有机质 (g/kg)	全氮 (g/kg)	有效磷 (mg/kg)	速效钾 (mg/kg)	缓效钾 (mg/kg)
W195	柳青	柳二村	29°20′35.4″	120°2′1.75″	缓坡	水稻土	壤质黏土	5.8	26.76	1.34	56.70	145.00	425
W196	柳青	柳二村	29°20′40.2″	120°2′2.50″	垅田	水稻土	壤质黏土	6.6	21.36	0.96	101.40	120.00	435
W197	柳青	柳一村	29°20′15.3″	120°1′58.0″	垅田	水稻土	黏壤土	5.2	15.02	0.75	190.70	162.00	525
W198	柳青	青溪村	29°19′32.7″	120°1′39.5″	顶部	紫色土	黏土	6.7	14.57	0.73	33.30	169.00	630
W199	柳青	青溪村	29°19′35.1″	120°0′59.4″	垅田	水稻土	壤质黏土	6.1	21.58	1.08	263.90	401.00	465
W200	柳青	青州凤情园	29°19′43.2″	120°0′44.2″	顶部	紫色土	黏土	6.5	14.55	0.73	25.00	173.00	500
W201	前洪	金山脚村	29°19′40.9″	120°0′55.2″	垅田	水稻土	粉沙质黏土	6.5	14.21	0.71	137.50	229.00	610
W202	前洪	金山脚村	29°19′37.8″	120°0′35.7″	顶部	紫色土	黏土	7.4	12.83	0.64	26.80	106.00	530
W203	前洪	楼宅村	29°19′38.0″	120°0′31.6″	平畈	水稻土	粉沙质黏土	5.9	27.94	1.40	90.10	190.00	540
W204	前洪	茂后村	29°19′32.1″	120°0′29.6″	垅田	水稻土	粉沙质黏土	6.6	26.08	1.17	313.50	240.00	610
W205	前洪	茂后村	29°19′36.9″	120°0′13.7″	垅田	水稻土	粉沙质黏土	5.5	20.68	1.03	67.10	205.00	470
W206	前洪	前洪村	29°19′33.1″	119°59′58.5″	垅田	水稻土	粉沙质黏土	6.2	22.25	1.11	145.20	322.00	685
W207	前洪	前洪村	29°19′52.6″	119°59′53.1″	缓坡	水稻土	黏壤土	6.0	20.18	1.01	47.80	218.00	580
W208	前洪	前洪村	29°19′56.9″	119°59′50.4″	缓坡	水稻土	粉沙质黏土	5.7	6.56	0.33	12.80	44.00	310
W209	前洪	前洪村	29°19′57.7″	119°59′59.3″	缓坡	水稻土	黏壤土	5.7	3.79	0.19	24.50	99.00	430
W210	前洪	前洪村	29°19′55.4″	120°0′1.18″	缓坡	水稻土	粉沙质黏土	6.6	4.90	0.24	22.30	152.00	360
W211	前洪	前洪村	29°20′12.3″	120°0′29.7″	顶部	水稻土	黏壤土	5.9	5.57	0.28	14.00	51.00	310
W212	前洪	前洪村	29°20′24.7″	120°0′47.6″	垅田	水稻土	黏壤土	6.9	17.04	0.85	108.80	71.00	390

（续表）

样品编号	工作片	村名称	北纬	东经	地形部位	土类	质地	pH值	有机质 (g/kg)	全氮 (g/kg)	有效磷 (mg/kg)	速效钾 (mg/kg)	缓效钾 (mg/kg)
W213	前洪	上连树村	29°20'21.0"	120°0'53.5"	坡田	水稻土	粉沙质黏土	6.7	15.41	0.77	26.10	90.00	305
W214	前洪	万村	29°20'40.0"	120°1'16.3"	坡田	水稻土	粉沙质黏土	5.8	25.46	1.15	6.30	182.00	450
W215	前洪	万村	29°20'25.0"	120°1'24.1"	坡田	水稻土	壤质黏土	5.3	22.80	1.14	223.10	486.00	855
W216	前洪	万村	29°20'15.7"	120°1'17.9"	缓坡	水稻土	粉沙质黏土	6.3	34.64	1.73	282.70	578.00	625
W217	前洪	万村	29°20'16.8"	120°1'13.6"	缓坡	水稻土	壤质黏土	5.5	23.70	1.18	205.40	375.00	645
W218	前洪	萬果垂钓园	29°20'13.3"	120°1'3.28"	坡田	水稻土	壤质黏土	5.8	16.48	0.82	81.80	156.00	480
W219	前洪	萬惠山庄	29°20'4.66"	120°0'46.6"	坡田	水稻土	壤质黏土	6.9	7.20	0.36	15.10	90.00	335
W220	前洪	萬惠山庄	29°19'56.4"	120°1'1.48"	坡田	水稻土	壤质黏土	5.6	11.42	0.57	23.60	127.00	320
W221	前洪	萬惠山庄	29°19'51.9"	120°0'52.0"	顶部	水稻土	壤质黏土	6.1	12.70	0.63	19.80	82.00	330
W222	前洪	萬惠山庄	29°19'37.6"	120°1'13.6"	坡田	水稻土	壤质黏土	6.5	24.35	1.22	220.50	477.00	980
W223	前洪	王高畈村	29°19'30.9"	120°1'18.9"	平畈	水稻土	粉沙质黏土	6.0	31.76	1.59	98.80	215.00	505
W224	前洪	王高畈村	29°19'14.2"	120°1'20.3"	坡田	水稻土	粉沙质黏土	6.7	17.64	0.88	197.20	483.00	935
W225	前洪	于宅口村	29°19'1.74"	120°1'12.1"	平畈	水稻土	粉沙质黏土	5.9	24.03	1.20	198.30	537.00	1315
W226	前洪	于宅口村	29°19'0.48"	120°0'57.1"	坡田	水稻土	粉沙质黏土	6.5	17.85	0.89	85.60	418.00	690
W227	西城	畈东村	29°19'3.97"	120°0'46.5"	坡田	水稻土	粉沙质黏土	5.6	13.80	0.69	112.80	181.00	605
W228	西城	畈东村	29°18'57.1"	120°1'22.9"	坡田	水稻土	粉沙质黏土	6.4	20.68	1.03	50.60	133.00	465
W229	西城	季宅村	29°18'45.1"	120°1'26.1"	坡田	水稻土	粉沙质黏土	6.3	19.35	0.97	49.70	86.00	355
W230	西城	留雅村	29°18'15.4"	120°1'31.1"	坡田	水稻土	粉沙质黏土	5.9	19.96	1.00	77.00	265.00	650

表 3 – 19　北苑街道代表性试验数据（二）

样品编号	工作片	村名称	北纬	东经	地形部位	土类	质地	pH值	有机质(g/kg)	全氮(g/kg)	有效磷(mg/kg)	速效钾(mg/kg)	阳离子交换量(cmol/kg)	容重(g/cm³)
Y176	前洪	金山脚村	29°20'23.7"	120°0'49.7"	垅田	水稻土	黏壤土	5.4	1.82	0.11	10	56.4	92.9	1.43
Y174	前洪	前洪村	29°19'23.1"	120°1'10.9"	垅田	水稻土	壤质黏土	5.9	2.40	0.14	198.00	370.00	205.00	1.34
Y178	前洪	前洪村	29°20'16.1"	120°1'25.6"	垅田	水稻土	壤质黏土	5.43	11.30	0.65	23.80	421.94	17.92	1.10
Y173	前洪	上连树村	29°19'8.18"	120°0'46.8"	缓坡	水稻土	壤质黏土	5.1	1.62	0.10	106	244	145	1.54
Y175	前洪	王高畈村	29°20'7.29"	120°0'56.9"	垅田	水稻土	壤质黏土	6.4	1.75	0.11	9.08	60.5	164	1.50
Y171	前洪	下连树村	29°18'46.1"	120°1'10.01"	垅田	水稻土	壤质黏土	5.4	2.42	0.14	110.00	184.00	172.00	1.30
Y172	前洪	于宅口村	29°19'0.19"	120°1'12.20"	缓坡	水稻土	壤质黏土	5.6	2.60	0.15	14.80	97.40	186.00	1.46
Y170	西城	畈东村	29°18'51.5"	120°1'24.4"	垅田	水稻土	壤质黏土	5.7	30.60	1.53	13.40	143.00	201.00	1.42
Y169	西城	季宅村	29°18'45.5"	120°1'24.4"	垅田	水稻土	壤质黏土	6.6	1.37	0.08	55.2	133	188	1.40
Y177	西城	留雅村	29°18'12.8"	120°1'25.4"	垅田	水稻土	壤质黏土	5.09	16.18	0.93	218.39	306.99	17.96	1.50

表 3 – 20　北苑街道代表性试验数据（三）

样品编号	工作片	村名称	北纬	东经	地形部位	土类	质地	pH值	有机质(g/kg)	全氮(g/kg)	有效磷(mg/kg)	速效钾(mg/kg)	阳离子交换量(cmol/kg)	容重(g/cm³)	水溶性盐总量
L016	西城	留雅村	29°18'12.6"	120°01'25.3"	垅田	水稻土	壤质黏土	5.1	16.18	0.93	218.39	306.99	17.96	1.50	1.15
L017	前洪	前洪村	29°20'16.1"	120°01'25.7"	垅田	水稻土	壤质黏土	5.5	11.30	0.65	23.80	421.94	17.92	1.10	0.47

第四节　义乌市城西街道的土壤肥力现状

城西街道位于义乌市西郊，距市中心4km，成立于2003年，东临北苑街道；南界稠江街道；西连上溪镇；北接浦江县。总面积60.2km²，现有人口约8.1万人，常住人口3.9万，下辖47个行政村，是由原夏演、东河两乡和稠江镇的何泮山村合并而成的一个新镇。现设何里、园区、镇东和镇西4个工作片。

一、城西街道土壤采样点分布（图3-28）

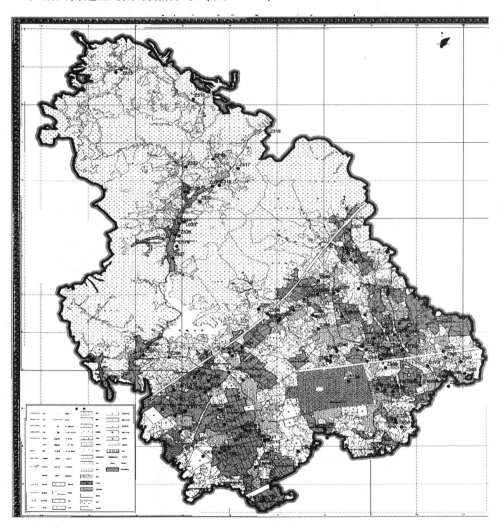

图3-28　城西街道的土壤采样点分布

二、城西街道各工作片的土壤基本理化性状

1. 各工作片土壤调查基本现状

城西街道土壤地貌主要包括低丘和河谷平原两种类型，其中以低丘所占比例较大，占

调查样品总量的 74.1%；在所调查样品中以水稻土所占比例较高，占总土类的 88.4%，紫色土所占比例为 7.1%，红壤占 4.5%；在水稻土中主要有渗育型水稻土、淹育型水稻土和潴育型水稻土，各亚类所占比例存在一定差异，其中淹育型水稻土亚类所占比例略高，为 40.4%，其次为潴育型水稻土亚类，占 31.3%，渗育型水稻土占 28.3%。表 3 – 21 就城西街道各工作片土类（亚类）在各片调查土壤中所占百分比及土属、土种、成土母质和剖面构型进行了较为详细的描述。

表 3 – 21　城西街道各工作片的土壤基本状况

工作片	土类	百分比（%）	亚类	百分比（%）	土属	土种	成土母质	剖面构型
何里	红壤	12.5	黄红壤土	100	黄泥土	黄砾泥土	凝灰质砂岩风化坡残积物	A-［B］-C
	水稻土	87.5	渗育型水稻土	21.4	泥沙田	泥沙田	近代洪冲积物	A-Ap-C
			淹育型水稻土	78.6	黄泥田	沙性黄泥田	流纹质凝灰岩风化坡积物	A-Ap-C
						沙性黄泥田	凝灰质砂岩风化坡残积物	A-Ap-C
					红紫泥田	红紫沙田	红紫色砂岩风化坡残积物	A-Ap-C
园区	红壤	6.9	红壤	100	黄筋泥土	黄筋泥土	第四纪红土	A-［B］-C
	水稻土	82.8	渗育型水稻土	25	泥沙田	泥沙田	近代洪冲积物	A-Ap-P-C
			淹育型水稻土	29.2	钙质紫泥田	钙质紫泥田	钙质紫砂岩风化坡积物	A-Ap-C
					红紫泥田	红紫泥田	红紫色砂岩风化坡积物	A-Ap-C
							紫色砂岩风化体残积物	A-Ap-C
							红紫色砂岩风化坡残积物	A-Ap-C
					黄筋泥田	黄筋泥田	第四纪红土	A-Ap-C
			潴育型水稻土	45.8	紫泥沙田	紫大泥田	钙质紫砂岩风化再积物	A-Ap-W-C
							红紫色砂岩风化再积物	A-Ap-W-C
					老黄筋泥田	老黄筋泥田	第四纪红土	A-Ap-W-C
					泥质田	泥质田	近代冲积物	A-Ap-W-C
	紫色土	10.3	石灰性紫色土	100	红紫沙土	红紫泥土	红紫色砂岩风化坡残积物	A-B-C
					紫沙土	紫沙土	紫色砂岩风化体残积物	A-C
镇东	水稻土	91.2	渗育型水稻土	12.9	泥沙田	泥沙田	近代洪冲积物	A-Ap-P-C
			淹育型水稻土	38.7	黄筋泥田	黄筋泥田	第四纪红土	A-Ap-C
					红紫泥田	红紫泥田	紫色砂岩风化体残积物	A-Ap-C
						红紫泥沙田	红紫色砂岩风化再积物	A-Ap-W-C
					黄泥田	沙性黄泥田	凝灰岩风化体坡积物	A-Ap-C
			潴育型水稻土	48.4	泥质田	泥质田	近代冲积物	A-Ap-W-C
					老黄筋泥田	老黄筋泥田	第四纪红土	A-Ap-W-C
					红紫泥沙田	红紫泥沙田	红紫色砂岩风化再积物	A-Ap-W-C
					黄泥沙田	黄泥沙田	凝灰岩风化再积物	A-Ap-W-C
	紫色土	8.8	石灰性紫色土		红紫沙土	红紫泥土	红紫色砂岩风化坡残积物	A-B-C

（续表）

工作片	土类	百分比（%）	亚类	百分比（%）	土属	土种	成土母质	剖面构型
镇西	水稻土	92.3	渗育型水稻土	54.2	泥沙田	泥沙田	近代洪冲积物	A-Ap-P-C
							凝灰岩风化体坡积物	A-Ap-P-C
			淹育型水稻土	37.5	红紫泥田	红紫沙田	红紫色砂岩风化坡残积物	A-Ap-C
					黄筋泥田	黄筋泥田	第四纪红土	A-Ap-C
					黄泥田	沙性黄泥田	凝灰质砂岩风化坡残积物	A-Ap-C
			潴育型水稻土	8.3	红紫泥沙田	红紫泥沙田	红紫色砂岩风化再积物	A-Ap-W-C
					黄泥沙田	黄泥沙田	凝灰质砂岩风化再积物	A-Ap-W-C
	紫色土	7.7	石灰性紫色土	100	紫沙土	紫沙土	紫色砂岩风化体残积物	A-C

2. 调查土壤耕层质地

城西街道绝大部分土壤耕层厚度≥15cm，占样品总数的99%，其中耕层厚度≥20cm的样品数占采样总数的52.4%；耕层厚度为10～15cm的占47.6%，土壤肥力绝大多数处于中等偏高水平，其中肥力水平处于中等水平的占40.4%，较高水平38.5%，土壤肥力相对较低所占的比例为21.2%。土壤结构主要包括有团块状，占调查总数的61.9%，块状，占调查总数的19.0%，城西街道土壤结构还有粒状、碎块状、屑粒状、大块状和核粒状等几类，共占调查总数的19.0%；城西街道调查土壤中仅有12.4%无明显障碍因素，87.6%的土壤存在一定的障碍因素，主要包括50.5%的坡地梯改型、26.7%的灌溉改良型和10.5%的渍潜稻田型；在所调查土壤中，有76.2%的土壤存在轻度侵蚀问题，仅有11.4%无明显侵蚀，另有12.4%的土壤处于中度侵蚀。

城西街道土壤质地有：黏壤土、壤质黏土、沙质壤土、粉沙质黏壤土和壤土及少部分的粉沙质黏土、黏土和粉沙质壤土。其中以黏壤土所占比例较大，为30.5%，其次为壤质黏土和沙质壤土，分别占20.0%；粉沙质黏壤土和壤土分别占13.3%和11.4%。另外，粉沙质黏土、黏土和粉沙质壤土共占4.9%。图3-29对城西街道及各工作片土壤耕层质地占整个街道（片）中所占比例进行了描述。

3. 调查区的土壤基本理化现状

（1）土壤pH值

城西街道土壤平均pH值为5.9，其中园区、镇东和镇西的土壤pH值平均值较为接近，何里土壤pH值相对较低。在城西土壤pH值为5.5～6.5，占样品总量的57.4%；pH值小于5.5的样品占总量的30.3%。另外还有超过10%的样品pH值大于6.5，其中镇东pH值大于7.5的样品，占总样品量的0.8%。城西土壤pH值为5.5～6.5，其中园区在此范围的样品量为总样品量的68.8%；其余3个工作片也均有过半的样品处于此范围内。分析还发现，虽然园区样品中有50%的pH值为5.5～6.5，除一个样品外，其余的pH值都为5.5～6.0（图3-30）。

（2）土壤有机质

城西街道土壤有机质平均含量约为17.0g/kg，以何里有机质含量最高，为21.2g/kg，

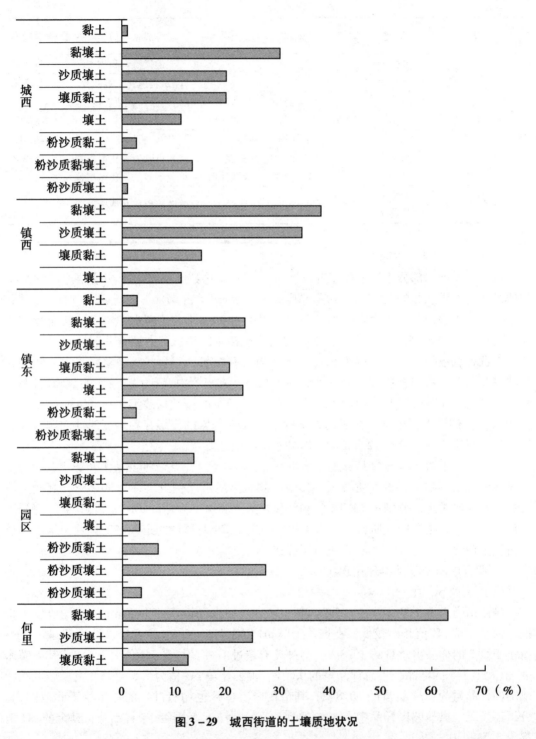

图3-29　城西街道的土壤质地状况

另外3个工作片的有机质含量均不到20g/kg，其中镇东和镇西的土壤有机质含量不足16.0g/kg。城西土壤有机质为10~20g/kg，占总样品量的45.9%，另外还有23.0%的样

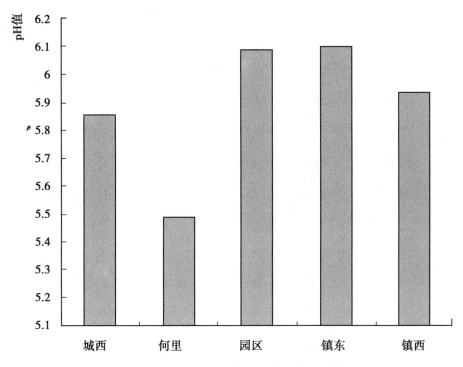

图 3 - 30 城西街道及各工作片土壤 pH 值状况

品其有机质含量低于 10g/kg，有机质含量为 20 ~ 30g/kg 的样品占总样品量的 25.4%，城西街道仅有 5.7% 的样品有机质含量超过 30g/kg。从上述的分析表明，城西街道土壤有机质含量普遍偏低（图 3 - 31）。

（3）土壤全氮

城西街道土壤全氮平均含量为 0.9g/kg，其中以何里土壤全氮含量最高，为 1.0g/kg，镇东和镇西全氮含量均为 0.8g/kg。另外，通过对城西街道样品分析结果表明，城西街道不同地块土壤全氮含量差异较大，所有样品的全氮含量为 0.07 ~ 2.5g/kg，其中低于 1.0g/kg 的占总调查样品量的 63.9%，含量为 1.0 ~ 2.0g/kg 的占 34.1%，而高于 2.0g/kg 仅为 1.6%，也就是说，城西街道土壤全氮含量普遍偏低。

城西街道各工作片中，除何里大部分样品全氮含量为 1.0 ~ 2.0g/kg 外，其余各工作片中的大部分样品全氮含量 < 1.0g/kg。何里全氮含量为 1.0 ~ 2.0g/kg 的样品量占样品总量的 56.3%；园区、镇东和镇西均有超过 60% 的样品其全氮含量 < 1.0g/kg，其中园区工作片 75.0% 的样品全氮含量 < 1.0g/kg（图 3 - 32）。

（4）土壤有效磷

城西街道土壤有效磷平均含量为 58.9mg/kg，略高于义乌市平均含量，其中以何里工作片土壤有效磷含量最高，为 86.1mg/kg；园区工作片有效磷含量最低，为 40.0mg/kg。另外，通过对城西街道样品分析结果表明，城西街道不同地块土壤有效磷含量差异也较大，低的不足 5.0mg/kg，占总调查样品量的 1.6%；高的地块土壤有效磷含量 200 ~ 300mg/kg，两者相差几十倍甚至上百倍。土壤有效磷含量大于 25mg/kg 的样品占总分析

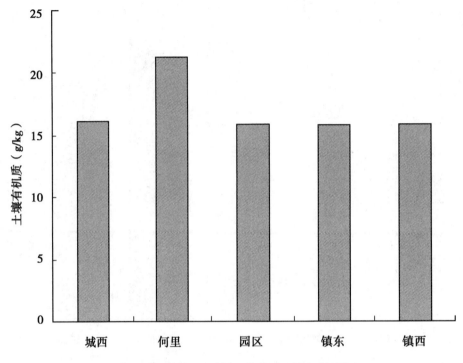

图 3-31　城西街道各工作片的土壤有机质状况

样品量的 57.4%，其中有效磷含量大于 100mg/kg 的样品占总分析样品量的 19.7%，整个城西街道仅有 20.5% 的样品有效磷含量为 15~25mg/kg，即属养分水平评价体系中的适宜浓度（图 3-33）。

（5）土壤速效钾

城西街道全镇的土壤速效钾平均含量为 130.6mg/kg，高于义乌市的平均含量，其中以何里土壤速效钾含量最高，为 175.9mg/kg，镇西含量最低，为 109.6mg/kg。另外，分析结果表明，城西街道不同地块土壤速效钾含量差异较大，低的仅为 28.0mg/kg，高的可达 400mg/kg，两者相差十几倍。其中速效钾含量低于 40.0mg/kg 的样品量占总分析样品量的 3.3%，城西街道大部分样品的速效钾含量 >120mg/kg，占总分析样品量的 42.6%；速效钾含量为 40.0~80.0mg/kg 与 80.0~120.0mg/kg 的样品所占比例差异不大，分别占样品总量的 28.7% 和 25.4%。

城西街道各工作片速效钾含量存在一定差异，何里有 81.3% 的样品速效钾含量大于 120mg/kg；园区和镇东速效钾含量大于 120mg/kg 的样品量均不到分析样品总量的一半，分别占分析样品总量的 46.9% 和 40.5%；镇西样品速效钾含量则主要集中在 40~80mg/kg，占分析样品总量的 44.4%，其速效钾含量大于 120mg/kg 的样品所占的比例为 25.9%（图 3-34）。

（6）土壤缓效钾

城西街道土壤缓效钾的含量普遍偏高，其平均含量为 499.8mg/kg，其中以何里平均含量最高，达 569.3mg/kg；其次是镇西，其含量为 544.8mg/kg；城西街道各工作片以园

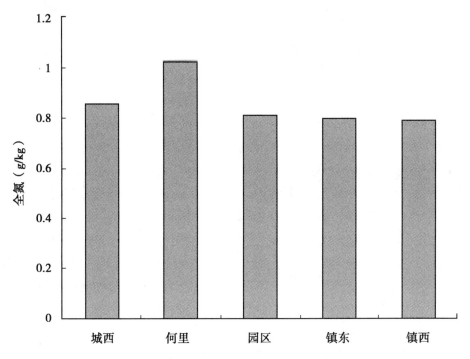

图 3 – 32 城西街道各工作片的土壤全氮状况

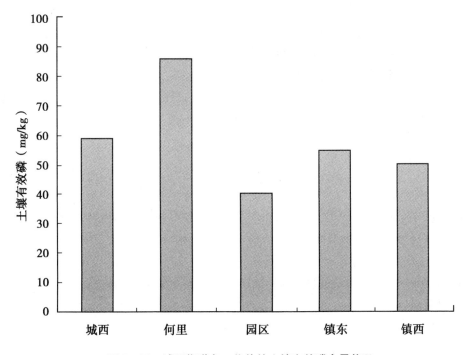

图 3 – 33 城西街道各工作片的土壤有效磷含量状况

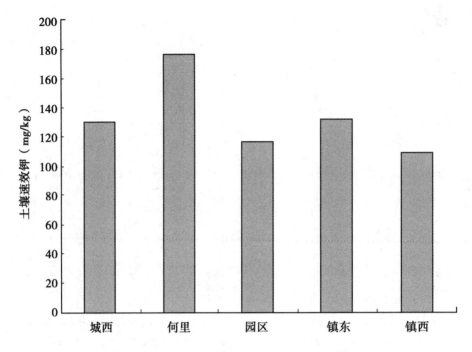

图 3 – 34　城西街道各工作片的土壤速效钾含量状况

区土壤缓效钾含量最低，为 455.5mg/kg。按养分水平评价体系，其含量仍处于偏高水平。城西街道所有样品中，仅有 1.3% 的样品土壤缓效钾含量 < 200mg/kg，分布在园区工作片，其余各样品缓效钾含量均 > 200mg/kg，有 71.8% 的样品缓效钾含量 400mg/kg。在土壤养分水平上，城西街道绝大部分土壤缓效钾含量偏高。

城西街道大部分样品土壤缓效钾含量超过 400mg/kg，其所占比例均超过了 60%，其中何里缓效钾含量超过 400mg/kg 的样品占到了总样品量的 87.5%，镇东缓效钾含量超过 400mg/kg 的样品所占的比例较其他地方低，但仍达到 60.9%（图 3 – 35）。

（7）土壤阳离子交换量

城西街道的土壤平均阳离子交换量是 61.3cmol/kg 土，镇东和镇西阳离子交换量最高，分别为 86.4cmol/kg 土和 85.1cmol/kg 土。就不同样品而言，土壤阳离子交换量差异较大，低的仅为 10cmol/kg 土，高的每千克土壤中可达数百厘摩尔，两者相差可达 16 倍，城西街道土壤中无阳离子交换量 < 10cmol/kg 土的样品，阳离子交换量 > 100cmol/kg 土占整个镇样品量的 32.5%（图 3 – 36）。

（8）土壤水溶性盐总量

城西街道土壤水溶性盐总量为 0.5%，略高于义乌全市的平均含量，其中园区的土壤水溶性盐总量最大为 10.8%，何里最小，为 0.2%。在所有分析样品中，土壤水溶性盐总量为 0.2% ~ 2.3%，其中以 0.2% ~ 0.3% 所占比例最高，占分析样品总量的 43.8%（图 3 – 37）。

（9）土壤容重

城西街道土壤容重为 1.3g/cm³，其中镇西的土壤容重最大，为 1.4g/cm³；何里最小，

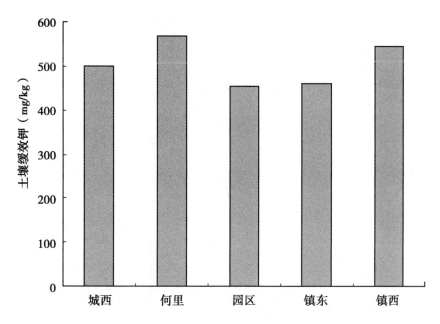

图3-35　城西街道各工作片的土壤缓效钾含量状况

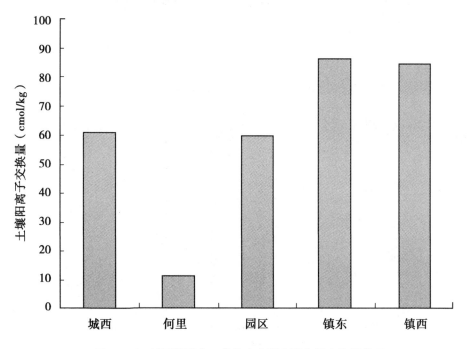

图3-36　城西街道各工作片中土壤中阳离子交换量状况

为0.9g/cm³。其中小于1.0g/cm³的占样品量的16.1%，大于1.3g/cm³的占样品量的51.6%（图3-38）。

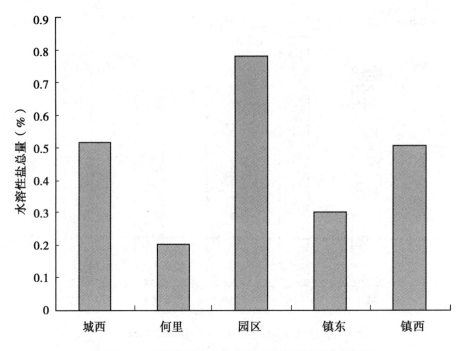

图 3 – 37　城西街道各工作片的土壤水溶性盐总量状况

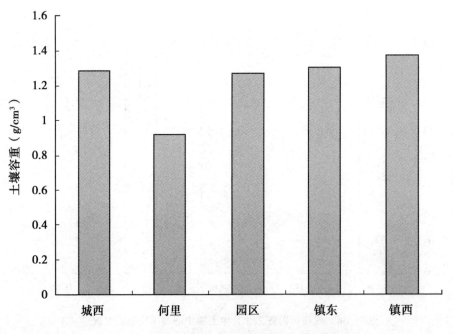

图 3 – 38　城西街道各工作片的土壤容重状况

三、城西街街道的土壤代表性测试数据（表3-22、表3-23、表3-24）

表3-22 城西街道代表性试验数据（一）

样品编号	工作片	村名称	北纬	东经	地形部位	土类	质地	pH值	有机质(g/kg)	全氮(g/kg)	有效磷(mg/kg)	速效钾(mg/kg)	缓效钾(mg/kg)
W231	何里	分水塘村	29°18′28.0″	119°57′34.2″	平畈	水稻土	沙质壤土	5.2	15.58	0.78	27.51	63.00	220
W232	何里	分水塘村	29°18′13.9″	119°57′31.5″	山脚	水稻土	黏壤土	5.6	19.92	1.00	25.11	332.00	745
W233	何里	分水塘村	29°18′34.8″	119°56′27.4″	垅田	水稻土	黏壤土	6.0	37.74	1.89	5.94	61.00	475
W234	何里	分水塘村	29°18′28.6″	119°56′24.1″	垅田	水稻土	黏壤土	6.1	23.41	1.05	278.20	28.00	635
W235	何里	何斯路村	29°18′27.0″	119°56′44.4″	垅田	水稻土	黏壤土	5.2	45.20	2.03	10.30	88.00	630
W236	何里	何斯路村	29°18′9.72″	119°57′4.32″	山麓	水稻土	黏壤土	5.5	21.10	1.05	28.07	79.00	290
W237	何里	何斯路村	29°18′6.73″	119°57′15.4″	平畈	水稻土	沙质壤土	7.1	17.75	0.89	16.78	55.00	1255
W238	何里	黄山坞口村	29°17′59.8″	119°57′16.3″	平畈	水稻土	沙质壤土	6.1	20.50	1.03	49.90	98.00	615
W239	何里	黄山坞口村	29°17′42.2″	119°57′23.0″	平畈	水稻土	沙质壤土	6.2	16.57	0.75	102.13	311.00	635
W240	何里	里京村	29°17′41.5″	119°57′25.8″	平畈	水稻土	沙质壤土	5.5	21.05	0.95	41.86	95.00	410
W241	何里	里京村	29°17′29.6″	119°57′27.7″	平畈	水稻土	沙质壤土	5.1	22.25	1.11	8.83	33.00	315
W242	何里	鲤鱼山村	29°17′23.2″	119°56′53.0″	岗地	水稻土	壤黏土	6.4	20.74	1.04	32.70	52.00	390
W243	何里	鲤鱼山村	29°17′36.9″	119°56′48.8″	缓坡	水稻土	黏质黏土	6.3	9.81	0.49	21.04	71.00	440
W244	何里	水桥村	29°17′41.2″	119°56′57.4″	山麓	水稻土	黏质黏土	6.2	14.44	0.72	13.77	425.00	496
W245	何里	水涧村	29°17′16.0″	119°57′36.7″	平畈	水稻土	沙质壤土	5.7	19.05	0.95	303.80	48.00	585
W246	何里	殿口村	29°17′24.9″	119°57′44.0″	平畈	水稻土	沙质壤土	5.5	18.41	0.83	148.60	183.00	790
W247	园区	殿口村	29°17′16.1″	119°58′1.92″	平畈	水稻土	沙质壤土	4.8	14.66	0.73	30.84	54.00	600
W248	园区	何洋山村	29°17′15.4″	119°57′59.1″	平畈	水稻土	沙质壤土	6.1	18.68	0.93	29.18	146.00	445
W249	园区	何洋山村	29°17′5.02″	119°58′1.66″	平畈	水稻土	沙质壤土	6.1	15.28	0.76	51.20	142.00	500
W250	园区	何洋山村	29°22′32.9″	119°56′6.36″	垅田	水稻土	黏壤土	6.1	20.26	0.91	133.80	150.00	430
W251	园区	横山村	29°22′30.9″	119°56′2.21″	缓坡	红壤	壤质黏土	4.9	30.07	1.50	16.10	80.00	455
W252	园区	蒋母塘村	29°22′7.60″	119°57′3.34″	垅田	水稻土	黏壤土	5.9	24.86	1.12	98.40	161.00	485
W253	园区	蒋母塘村	29°21′16.3″	119°57′18.8″	垅田	水稻土	黏壤土	5.1	19.32	0.97	94.40	129.00	465
W254	园区	六一村	29°21′18.27″	119°57′38.6″	垅田	水稻土	黏壤土	5.6	22.44	1.01	130.00	171.00	695
W255	园区	六一村	29°21′36.9″	119°58′2.45″	垅田	水稻土	黏壤土	5.4	17.78	0.89	18.60	261.00	665
W256	园区	七一村	29°20′53.7″	119°57′24.0″	垅田	水稻土	黏壤土	5.9	24.55	1.10	165.80	269.00	695

（续表）

样品编号	工作片	村名称	北纬	东经	地形部位	土类	质地	pH值	有机质(g/kg)	全氮(g/kg)	有效磷(mg/kg)	速效钾(mg/kg)	缓效钾(mg/kg)
W257	园区	七一村	29°20′39.9″	119°57′8.45″	垅田	水稻土	黏壤土	5.5	13.98	0.63	123.80	147.00	555
W258	园区	七一村	29°21′48.5″	119°56′12.0″	垅田	红壤	壤质黏土	4.9	20.99	1.05	28.00	168.00	695
W259	园区	桥头村	29°21′9.64″	119°56′57.7″	垅田	水稻土	黏壤土	5.8	22.98	1.15	81.20	144.00	585
W260	园区	桥头村	29°20′48.0″	119°56′59.3″	垅田	水稻土	黏壤土	5.5	17.49	0.79	156.60	264.00	580
W261	园区	桥头村	29°20′21.1″	119°56′52.5″	峡谷	水稻土	沙质壤土	5.1	22.51	1.13	13.10	81.00	410
W262	园区	双溪村	29°20′11.5″	119°56′49.6″	峡谷	水稻土	沙质壤土	5.7	29.22	1.32	183.30	373.00	840
W263	园区	双溪村	29°20′10.6″	119°56′52.4″	峡谷	水稻土	沙质壤土	5.4	31.48	1.57	99.60	223.00	620
W264	园区	五一村	29°19′51.7″	119°56′47.5″	垅田	水稻土	黏壤土	5.6	10.48	0.52	15.10	68.00	365
W265	园区	五一村	29°17′6.90″	119°57′27.9″	顶部	紫色土	黏壤土	6.1	12.71	0.64	40.20	147.00	635
W266	园区	协利殷口村	29°17′5.28″	119°57′24.0″	顶部	紫色土	黏壤土	6.7	15.47	0.77	5.70	103.00	535
W267	园区	盖公山村	29°17′26.3″	119°58′45.6″	缓坡	紫色土	粉沙质壤土	6.2	11.51	0.58	21.20	135.00	505
W268	镇东	枫溪村	29°17′9.13″	119°59′25.9″	顶部	紫色土	黏壤土	6.6	12.02	0.60	16.40	79.00	415
W269	镇东	枫溪村	29°17′7.51″	119°59′30.1″	顶部	紫色土	黏壤土	7.1	10.93	0.55	12.80	82.00	410
W270	镇东	井头徐村	29°17′13.1″	119°59′30.6″	垅田	水稻土	壤质黏土	6.5	13.90	0.69	18.60	99.00	380
W271	镇东	六甲里村	29°17′58.4″	119°59′34.3″	平畈	水稻土	粉沙质黏壤土	6.2	31.39	1.57	25.90	141.00	445
W272	镇东	六甲里村	29°17′57.3″	119°59′40.8″	平畈	水稻土	壤质黏土	6.0	9.34	0.47	27.10	60.00	355
W273	镇东	毛店桥头村	29°18′6.29″	119°59′51.0″	平畈	水稻土	粉沙质黏壤土	6.9	17.90	0.81	244.40	475.00	850
W274	镇东	毛店桥头村	29°18′6.94″	119°59′59.1″	平畈	水稻土	粉沙质黏壤土	5.0	20.20	1.01	165.70	159.00	435
W275	镇东	山边程村	29°18′25.0″	119°59′31.6″	平畈	水稻土	粉沙质黏壤土	6.4	18.46	0.92	27.40	144.00	470
W276	镇东	山边程村	29°18′17.5″	119°59′35.0″	平畈	水稻土	沙质壤土	6.3	16.15	0.81	33.60	66.00	345
W277	镇东	山翁村	29°18′33.1″	119°59′19.4″	平畈	水稻土	粉沙质黏壤土	5.5	15.74	0.79	21.00	105.00	480
W278	镇东	上翁村	29°18′33.1″	119°59′19.4″	平畈	红壤	壤质黏土	6.2	19.50	0.97	49.70	90.00	315
W279	镇东	塘下郑村	29°18′32.9″	119°59′16.1″	平畈	水稻土	粉沙质黏壤土	6.0	7.19	0.36	16.30	80.00	315
W280	镇东	五星塘村	29°18′37.5″	119°59′24.9″	平畈	水稻土	粉沙质黏壤土	6.1	25.90	1.17	21.20	76.00	420
W281	镇东	五星塘村	29°18′33.6″	119°59′37.6″	平畈	水稻土	粉沙质黏壤土	5.4	14.05	0.70	26.80	127.00	330

（续表）

样品编号	工作片	村名称	北纬	东经	地形部位	土类	质地	pH值	有机质(g/kg)	全氮(g/kg)	有效磷(mg/kg)	速效钾(mg/kg)	缓效钾(mg/kg)
W282	镇东	五星塘村	29°18'31.2"	120°0'21.1"	缓坡	紫色土	黏土	7.4	18.67	0.93	26.00	130.00	370
W283	镇东	西方村	29°18'26.1"	120°0'22.7"	平畈	水稻土	壤质黏土	5.8	18.12	0.82	25.40	64.00	440
W284	镇东	西毛店村	29°18'23.0"	119°58'50.7"	平畈	水稻土	粉沙质黏土	5.0	19.55	0.88	14.60	59.00	190
W285	镇东	西俞村	29°18'31.4"	119°58'55.9"	平畈	水稻土	粉沙质黏壤土	5.1	17.53	0.88	25.40	153.00	485
W286	镇东	夏迹塘村	29°18'33.9"	119°58'55.1"	平畈	水稻土	粉沙质黏壤土	6.2	25.12	1.26	20.40	145.00	515
W287	镇东	新江村	29°18'51.0"	119°58'41.5"	平畈	水稻土	粉沙质黏壤土	6.0	32.31	1.62	126.60	190.00	505
W288	镇东	干宅村	29°191.55"	119°58'39.6"	垅田	水稻土	黏壤土	5.8	20.74	1.04	16.00	40.00	395
W289	镇东	干宅村	29°192.74"	119°58'37.0"	平畈	水稻土	黏壤土	5.6	23.46	1.17	30.20	109.00	555
W290	镇东	干宅村	29°18'58.6"	119°58'10.2"	平畈	水稻土	壤质黏土	7.9	27.71	1.39	7.00	221.00	605
W291	镇西	后叶村	29°19'0.12"	119°58'10.9"	缓坡	紫色土	壤质黏土	5.7	13.50	0.67	26.40	186.00	600
W292	镇西	后叶村	29°19'8.03"	119°57'54.6"	山麓	紫色土	壤土	6.4	28.13	1.41	67.70	191.00	610
W293	镇西	里界村	29°19'3.82"	119°58'1.63"	垅田	水稻土	黏壤土	5.7	19.81	0.99	176.70	227.00	710
W294	镇西	里界村	29°19'6.95"	119°58'21.9"	垅田	水稻土	黏壤土	6.7	19.48	0.88	25.30	97.00	395
W295	镇西	流下村	29°19'16.3"	119°58'30.1"	平畈	水稻土	壤土	5.3	17.48	0.87	14.90	91.00	345
W296	镇西	流下村	29°19'32.3"	119°58'41.4"	垅田	水稻土	黏壤土	5.7	9.44	0.47	10.20	35.00	280
W297	镇西	前塘村	29°19'56.3"	119°59'4.12"	缓坡	水稻土	黏壤土	6.5	22.66	1.13	16.40	60.00	365
W298	镇西	上杨村	29°19'55.1"	119°59'4.92"	垅田	水稻土	黏壤土	6.3	17.86	0.89	15.80	28.00	390
W299	镇西	上杨村	29°20'15.4"	119°59'6.18"	缓坡	水稻土	黏壤土	6.3	20.22	1.01	16.30	119.00	555
W300	镇西	上杨村	29°19'23.4"	119°58'56.7"	平畈	水稻土	沙质壤土	6.2	19.88	0.99	18.50	58.00	340
W301	镇西	石明塘村	29°19'25.4"	119°59'13.3"	垅田	水稻土	粉沙质黏壤土	6.4	19.55	0.98	20.90	65.00	270
W302	镇西	石明塘村	29°19'23.2"	119°59'36.6"	平畈	水稻土	沙质壤土	5.9	19.11	0.96	34.40	74.00	445
W303	镇西	石明塘村	29°18'55.2"	119°59'45.8"	平畈	水稻土	沙质壤土	5.9	20.10	1.01	68.60	90.00	430
W304	镇西	吴坎头村	29°18'22.4"	120°0'35.2"	平畈	水稻土	壤质黏土	6.1	25.91	1.30	186.30	192.00	430
W305	镇西	溪干村	29°18'12.4"	120°0'38.5"	垅田	水稻土	粉沙质黏壤土	6.2	24.07	1.20	202.20	292.00	705
W306	镇西	夏楼村	29°18'1.62"	120°0'25.2"	平畈	水稻土	壤质黏壤土	6.1	18.78	0.94	45.20	173.00	445

（续表）

样品编号	工作片	村名称	北纬	东经	地形部位	土类	质地	pH值	有机质(g/kg)	全氮(g/kg)	有效磷(mg/kg)	速效钾(mg/kg)	缓效钾(mg/kg)
W307	镇西	夏楼村	29°17′30.8″	119°59′43.2″	垄田	水稻土	壤质黏土	6.1	16.88	0.84	42.90	82.00	340
W308	镇西	夏楼村	29°17′27.1″	119°59′47.4″	垄田	水稻土	壤质黏土	6.2	13.08	0.65	34.00	85.00	615

表3-23 城西街道代表性试验数据（二）

样品编号	工作片	村名称	北纬	东经	土类	地形部位	质地	pH值	有机质(g/kg)	全氮(g/kg)	有效磷(mg/kg)	速效钾(mg/kg)	阳离子交换量(cmol/kg)	容重(g/cm³)	土种	全盐量(µs/cm)
Y077	镇东	干宅村	29°0′0″	119°0′0″	水稻土	平畈	粉沙质黏壤土	6.1	1.33	0.08	4.01	74.20	114.00	1.5	黄筋泥	100.3
Y078	镇东	干宅村	29°18′2.41″	120°0′2.98″	水稻土	平畈	壤土	7	2.60	0.15	181.00	313.00	163.00	1.55	黄筋泥	261.3
Y079	镇东	干宅村	29°18′10.0″	120°0′21.4″	水稻土	平畈	壤土	5.3	2.11	0.13	35.30	113.00	152.00	1.46	黄筋泥	105
Y080	镇东	塘下郑村	29°18′32.7″	119°59′48.0″	水稻土	平畈	壤土	6.3	2.50	0.15	17.50	85.60	162.00	1.45	黄筋泥	95.2
Y081	镇东	井头徐村	29°18′42.9″	119°59′25.9″	水稻土	平畈	壤土	6.4	1.56	0.09	6.46	47.70	110.00	1.6	黄筋泥	60.6
Y082	园区	七一村	29°19′1.41″	119°58′59.9″	水稻土	平畈	壤土	5.7	2.22	0.13	12.40	70.10	126.00	1.44	黄筋泥	68.6
Y083	镇东	枫溪村	29°19′20.8″	119°58′41.0″	水稻土	垄田	壤土	6	1.51	0.09	8.29	58.20	102.00	1.44	黄泥沙田	78.3
Y084	镇东	夏迹塘村	29°19′20.8″	119°58′41.0″	水稻土	岗地	壤质黏土	5.2	2.28	0.14	15.50	92.90	80.50	1.4	黄筋泥	44.1
Y085	镇西	溪干村	29°18′30.8″	119°57′31.8″	水稻土	平畈	沙质壤土	5.9	2.73	0.16	9.30	46.00	102.00	1.4	黄泥沙田	62.9
Y086	园区	夏演村	29°18′7.41″	119°57′42.5″	水稻土	平畈	沙质壤土	6.4	1.94	0.12	11.60	104.00	103.00	1.58	洪积泥沙田	95.4
Y087	镇西	里界村	29°16′52.7″	119°57′52.0″	水稻土	缓坡	黏质壤土	6.4	1.19	0.07	6.37	67.00	94.90	1.66	红紫泥沙田	116
Y088	镇西	流下村	29°17′57.1″	119°57′12.8″	水稻土	平畈	壤土	5.7	1.41	0.09	6.28	53.20	114.00	1.51	黄筋泥	121.5
Y089	镇西	后叶村	29°17′27.0″	119°57′42.0″	水稻土	平畈	壤土	6.5	1.32	0.08	23.30	89.10	116.00	1.54	黄筋泥	124
Y090	镇西	流村（下殿下村）	29°16′23.8″	119°57′16.4″	水稻土	平畈	壤土	6.4	2.06	0.12	13.60	90.20	116.00	1.42	黄筋泥	82.6
Y091	镇西	荷村	29°16′52.7″	119°57′50.1″	水稻土	平畈	沙质壤土	6	1.62	0.10	18.00	47.20	98.00	1.54	泥沙田	75.1
Y092	园区	桥头村	29°17′14.8″	119°58′0.98″	水稻土	垄田	壤质黏土	6.2	2.49	0.15	7.47	49.80	119.00	1.39	黄筋泥	108.9

表 3 - 24　城西街道代表性试验数据（三）

样品编号	工作片	村名称	北纬	东经	地形部位	土类	质地	pH值	有机质(g/kg)	全氮(g/kg)	有效磷(mg/kg)	速效钾(mg/kg)	阴离子交换量($cmol/kg$)	容重(g/cm^3)	水溶性盐总量
L018	何里	何斯路村	29°20′13.6″	119°56′33.9″	垅田	水稻土	沙质壤土	5.4	11.40	0.65	20.05	124.79	11.48	0.92	0.20
L019	镇西	溪干村	29°18′21.3″	119°57′24.9″	缓坡	水稻土	壤质黏土	5.6	19.19	1.10	120.59	46.59	22.27	0.99	0.29
L020	镇西	流村（下殿下村）	29°16′14.4″	119°57′35.0″	平畈	水稻土	黏壤土	5.1	15.26	0.92	50.80	180.19	17.42	0.94	0.72
L021	园区	桥头村（后店村）	29°17′9.77″	119°57′35.5″	平畈	水稻土	黏壤土	5.7	16.95	0.97	11.19	170.87	23.80	1.16	0.22
L022	园区	盖公山村	29°17′15.2″	119°58′27.7″	缓坡	水稻土	粉沙质黏土	6.1	9.99	0.57	34.93	104.99	19.04	1.07	0.26
L023	园区	殿口村	29°17′35.7″	119°59′17.0″	缓坡	水稻土	壤质黏土	7.0	13.10	0.75	70.73	129.17	14.93	1.04	0.29
L024	园区	七一村	29°18′20.8″	119°59′9.52″	平畈	红壤	壤质黏土	7.3	27.20	1.55	50.91	229.71	11.58	1.18	2.33
L025	镇东	枫溪村（高塘村）	29°19′13.0″	119°58′32.0″	平畈	水稻土	壤土	7.1	19.52	1.11	32.48	124.37	13.75	1.05	0.33
L026	镇东	夏迹塘村	29°19′29.9″	119°59′4.27″	缓坡	水稻土	壤质黏土	5.6	11.36	0.65	249.92	174.61	15.37	0.99	0.23
L027	镇东	井头徐村	29°19′1.81″	119°59′11.1″	缓坡	水稻土	粉沙质黏土	5.2	20.12	1.15	28.41	279.66	20.16	1.01	0.41
L028	镇东	塘下郑村	29°18′27.6″	119°59′25.3″	平畈	水稻土	黏壤土	5.8	15.74	0.90	8.25	72.24	18.12	0.91	0.23

第五节　义乌市赤岸镇的土壤肥力现状

　　赤岸镇位于义乌市南部，东与东阳市黄田畈镇相邻，南临永康市中山乡、八字墙乡、象珠镇，西南与武义县茭道乡接壤，西靠金东区孝顺镇、澧浦镇，北同佛堂镇毗邻。地处东经120°01′7，北纬29°06′7。镇域东西距离最大14.5km，南北距离最大7.7km，是义乌市南部通往东阳、永康、武义的交通要塞。

　　赤岸镇地形地貌结构，属中低山丘陵区。地势自南向北倾斜。南部地势较高，山脉绵亘，峰峦层叠，高低山交错，间有山间盆地。群山自东水库绵延至永康、武义和金东区境内山体相连。境内的小寒尖，海拔925.6m，为义乌市最高山峰。双尖山峰，海拔779.5m，为浙江省轴心点。东北部丘陵起伏，南阜垅田相间，中部地势低平，起伏和缓。

　　赤岸镇土地总面积149.98km²，占全市总面积1/7。现辖66个行政村，1个居委会，总人口3.88万人。按土地类型分，平原面积占总土地面积14.80%，低丘面积占25.23%，高丘面积占6.76%，低山面积占53.21%。按土地利用分，耕地面积28.97km²（人均耕地为554m²），占总土地面积19.32%；园地面积12.39km²，占8.26%；林地面积95.32km²，占63.56%；水域面积4.62km²，占3.08%；交通用地面积1.11km²，占0.74%；居民住宅点及工矿面积4.83km²，占3.22%；未利用地面积2.73km²，占1.82%。土地结构有所谓称："六山半水三分田，半分交通居民点"的格局。

一、赤岸镇采样点分布（图3-39）

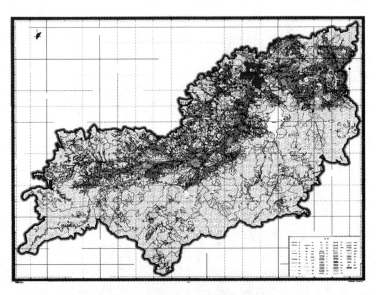

图3-39　赤岸镇的土壤采样点分布

二、赤岸镇各工作片土壤基本理化性状

1. 各工作片土壤调查基本现状

赤岸镇分赤中、东朱、毛店和镇区4个工作片，土壤地貌以低丘为主，占赤岸镇调查

样品总量的 70.5%，是河谷平原两倍多；土类以水稻土为重，占总土类的 90.75%，其余为红壤，其中镇区工作片所调查土壤均为水稻土。各水稻土亚类所占比例接近 1∶1∶1，潴育型水稻土亚类所占比例略高，占 37.6%；淹育型水稻土亚类所占比例略低，为 28.7%。表 3-25 就赤岸镇各工作片土类（亚类）在各片调查土壤中所占百分比及土属、土种、成土母质和剖面构型进行了较为详细的描述。

表 3-25 赤岸镇各工作片的土壤基本现况

工作片	土类	百分率（%）	亚类	百分率（%）	土属	土种	成土母质	剖面构型
赤中	红壤	12	红壤	83.3	红松泥土	红松泥土	片麻岩风化坡残积物	A-[B]-C
			黄红壤土	16.7	黄泥土	黄砾泥土	凝灰质砂岩风化坡残积物	A-[B]-C
	水稻土	88	渗育型水稻土	25	泥沙田	泥沙田	近代洪冲积物	A-Ap-P-C
								A-Ap-C
			淹育型水稻土	22.7	红泥田	红松泥田	片麻岩风化坡积物	A-Ap-C
					黄泥田	沙性黄泥田	流纹质凝灰岩风化坡积物	A-Ap-C
			潴育型水稻土	52.3	黄泥沙田	黄泥沙田	片麻岩风化再积物	A-Ap-W-C
								A-Ap-C
东朱	红壤	2.3	红壤		黄筋泥土	黄筋泥土	第四纪红土	A-[B]-C
	水稻土	97.7	渗育型水稻土	23.3	泥沙田	泥沙田	近代洪冲积物	A-Ap-P-C
							凝灰岩风化体坡积物	A-Ap-P-C
			淹育型水稻土	37.2	红紫泥田	红紫泥沙田	红紫色砂岩风化再积物	A-Ap-W-C
						红紫沙田	红紫色砂岩风化坡积物	A-Ap-C
					黄泥田	沙性黄泥田	流纹质凝灰岩风化坡积物	A-Ap-C
							凝灰岩风化体坡积物	A-Ap-C
			潴育型水稻土	39.5	红紫泥沙田	红紫大泥田	红紫色砂岩风化再积物	A-Ap-W-C
					黄泥沙田	黄泥沙田	凝灰岩风化再积物	A-Ap-W-C
							片麻岩风化再积物	A-Ap-W-C
毛店	红壤	19.5	红壤	55.6	红松泥土	红松泥土	片麻岩风化坡残积物	A-[B]-C
			黄红壤土	44.4	黄泥土	黄砾泥土	凝灰质砂岩风化坡残积物	A-[B]-C
							凝灰岩风化体坡积物	A-[B]-C
	水稻土	80.5	渗育型水稻土	48.5	泥沙田	泥沙田	近代洪冲积物	A-Ap-P-C
								A-Ap-W-C
								A-Ap-C
			淹育型水稻土	24.2	黄泥田	沙性黄泥田	流纹质凝灰岩风化坡积物	A-Ap-C
					红泥田	红松泥田	片麻岩风化坡残积物	A-Ap-C
							片麻岩风化坡积物	A-Ap-C
			潴育型水稻土	27.3	黄泥沙田	黄泥沙田	片麻岩风化再积物	A-Ap-W-C
					黄粉泥田	黄粉泥田	片麻岩风化再积物	A-Ap-W-C

（续表）

工作片	土类	百分率（%）	亚类	百分率（%）	土属	土种	成土母质	剖面构型
镇区	水稻土	100	渗育型水稻土	40	泥沙田	泥沙田	近代洪冲积物	A-Ap-P-C
								A-Ap-C
			淹育型水稻土	31.4	红泥田	红松泥田	片麻岩风化坡积物	A-Ap-C
					红紫泥田	红紫泥田	红紫色砂岩风化坡积物	A-Ap-C
					黄泥田	沙性黄泥田	流纹质凝灰岩风化坡积物	A-Ap-C
			潴育型水稻土	28.6	红紫泥沙田	红紫泥沙田	红紫色砂岩风化再积物	A-Ap-W-C
					黄泥沙田	黄粉泥田	片麻岩风化再积物	A-Ap-W-C

2. 调查区的土壤耕层质地

赤岸镇绝大部分土壤耕层厚度≥15cm，占样品总数的98.3%，其中耕层厚度≥20cm 的样品数超过总样品数的一半，占采样总数的50.3%；土壤肥力大多数处于中等水平，占所调查样品数的60.1%；土壤肥力处于较高水平的占18.5%；土壤肥力相对较低所占的比例为20.8%。土壤结构有：团块状占调查总数的76.9%；粒状占调查总数的12.1%；还有块状、碎块状、屑粒状等类，共占调查总数的11.0%。赤岸镇调查区土壤中仅有2.9%无明显障碍因子，其余土壤均不同程度地存在着障碍因子，其中主要障碍因子是灌溉改良型，占总调查样品量的1/2 多，达53.2%；其次为坡地梯改型和渍潜稻田型，分别占33.5%和8.7%，另有1.2%为盐碱耕地型。在所调查土壤中，有87.9%的土壤存在轻度侵蚀问题，仅有2.3%无明显侵蚀，另有2.3%的土壤处于中度侵蚀和0.6%的土壤处于重度侵蚀状态。

赤岸镇土壤质地有：黏壤土、沙质壤土、壤质黏土及少部分的粉沙质黏壤土、壤土。其中以黏壤土所占比例较大，为42.2%；其次为沙质壤土和壤质黏土，分别占28.3%和22.0%；粉沙质黏壤土和壤土共占7.5%。图3-40 为赤岸镇及各土壤耕层质地占整个区域的比例。

3. 赤岸镇各工作片土壤基本理化性状

（1）土壤 pH 值

从图3-41 中可见，赤岸镇全镇土壤 pH 值较为接近，均为5.5 左右，其中以毛店土壤耕层 pH 值最高，为5.52；东朱最低为5.45。另外，对赤岸镇土样 pH 值分析结果表明，赤岸镇土壤 pH 值大多为5.0~6.0，占84.8%；为5.5~6.0 的达47.4%。另外，pH 值>6.0 的占7.6%，pH 值<5.0 的占7.6%（图3-41）。

（2）土壤有机质

赤岸镇全镇土壤有机质平均含量为21.2g/kg，其中以毛店的土壤有机质含量最高，为26.84g/kg；东朱最低为16.46g/kg。另外，对赤岸镇的土样分析结果表明，不同地块土壤有机质含量差异较大，低的不足5.0g/kg，高的可达30g/kg、40g/kg。调查结果表明，赤岸镇土壤有机质为15.0~30.0g/kg 的样品量占赤岸样品总调查量的54.5%；其中为15.0~20.0g/kg 的占18.3%，为20~30g/kg 的占36.2%。另外，土壤有机质含量不足10g/kg 及大于30.0g/kg 的分别占到16.3%和21.3%。从上述分析可知，赤岸镇土壤有机质处于中等水平。

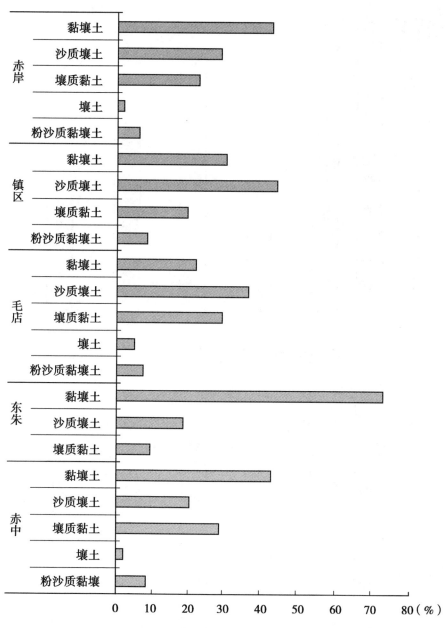

图3-40 赤岸镇各片的土壤质地占全区域的百分率

就各片而言,以毛店的土壤有机质含量相对最高,含量大于15g/kg占总样品数的88.1%,有78.6%的土壤样品有机质含量大于20g/kg;其次为赤中,有机质含量大于15g/kg占总样品数的82%,其中大于20g/kg的占样品数的70%;镇区和东朱工作片也各有72.2%和62.8%的样品土壤有机质含量大于15g/kg(图3-42)。

(3)土壤全氮

赤岸镇全镇土壤全氮平均含量为1.26g/kg,其中以毛店的土壤全氮含量最高,为

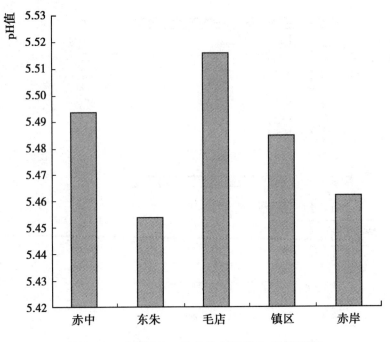

图 3 - 41 赤岸镇各工作片的土壤耕层 pH 值状况

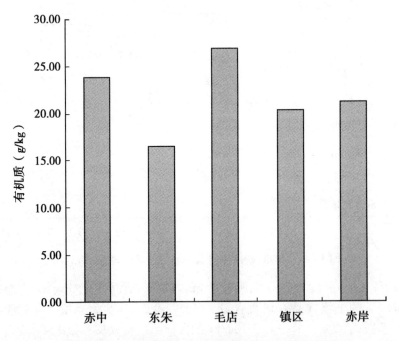

图 3 - 42 赤岸镇各工作片的土壤耕层有机质含量状况

1.43g/kg；东朱和镇区最低，分别为 1.13g/kg 和 1.14g/kg。另外，对赤岸镇土样分析的结果表明，不同地块土壤全氮含量差异较大，小于 1.0g/kg 的占总调查样品量的近 1/2，为

40.1%；介于 1.0～2.0g/kg 的占 47.0%；高于 2.0g/kg 达 12.9%。也就是说，赤岸镇全镇有近 1/2 的土壤全氮含量较为合理，另有 1/2 多的土壤全氮含量或高或低（图 3 –43）。

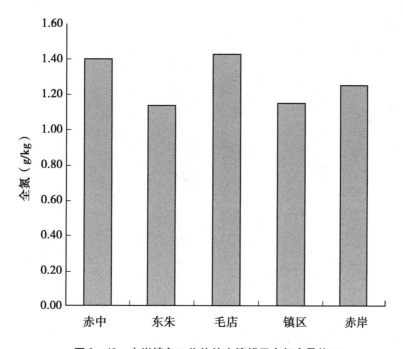

图 3 –43　赤岸镇各工作片的土壤耕层全氮含量状况

通过对赤岸镇各工作片的土壤全氮分析表明，东朱土壤普遍缺氮，全氮含量小于 1.0 g/kg的土壤占总调查土壤量的 60.5%，仅有 25.6% 的土壤全氮含量适宜。其他 3 个工作片则均有 1/2 以上调查地块土壤全氮含量适宜，例如毛店有 61.9% 的土壤全氮含量适宜，26.2% 的土壤缺氮；镇区有 55.6% 的土壤全氮含量适宜，36.1% 的土壤全氮含量不足；赤中有 50.0% 的土壤全氮含量适宜，32.0% 的土壤缺氮。

（4）土壤有效磷

赤岸镇全镇土壤有效磷平均含量为 33.2mg/kg，其中赤中的土壤有效磷含量最高，为 38.1mg/kg；以毛店含量最低，为 30.5mg/kg。通过对赤岸镇土壤有效磷的分析表明，不同地块土壤有效磷含量差异较大，低的小于 5.0 mg/kg,占总调查样品量的 8.2%；赤岸镇土壤有效磷含量大多高于 25mg/kg 或低于 15mg/kg；其中小于 15mg/kg 的占 1/2，是总采样量的 55.6%；小于 10mg/kg 的占 31.0%；高于 25mg/kg 的占 31.6%；土壤有效磷达 15～25mg/kg 的仅占 12.9%。从上述数据可见，在赤岸镇，土壤有效磷含量不足或过多的问题普遍存在（图 3 –44）。

通过对各工作片土壤有效磷含量比较，除镇区工作片有 41.7%调查地块的有效磷含量小于 15mg/kg，其他 3 个工作片调查土壤中，均有过半的样品有效磷含量小于15mg/kg。其中毛店土壤有效磷含量小于 15mg/kg 的比例最高，达到了 69.0%；其次为赤中，有效磷含量不足 15mg/kg 的样品量为总样品量的 58.0%；各工作片土壤有效磷含量为15～25mg/kg 的比例均较低，其中毛店仅有 4.8%的样品有效磷含量达到适宜，赤中和东朱则

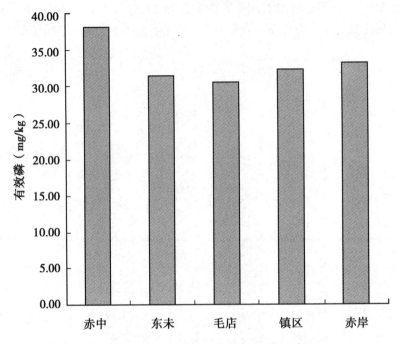

图 3 − 44　赤岸镇各工作片土壤耕层有效磷含量状况

分别为 10% 和 16.3%，镇区工作片土壤有效磷含量适宜作物生长（15 ~ 25mg/kg）所占的比例相对较高，占总样品量的 22.2%。

（5）土壤速效钾

赤岸镇全镇土壤速效钾总体含量不高，平均含量为 71.7mg/kg，其中毛店土壤速效钾含量较其他工作片略高，为 94.6mg/kg；其次为东朱，平均含量为 70.2mg/kg；镇区平均含量最低，仅为 58.7mg/kg。对赤岸镇土样分析的结果表明，赤岸镇全镇土壤速效钾总体含量不高，各工作片平均含量差异不很大，但地块土壤间的差异却很明显。其中全镇的土壤速效钾含量过半数以上土块均小于 80mg/kg，占总调查量的 77.8%，说明这些地块中土壤的速效钾含量偏低，其中有 28.1% 的土壤速效钾含量不足 40mg/kg；全镇仅有 12.3% 的土壤速效钾含量相对适宜（80 ~ 120mg/kg）（图 3 − 45）。

对赤岸镇土壤速效钾的含量分析表明，各工作片土壤速效钾含量适宜浓度范围（80 ~ 120mg/kg）所占比例较低，大部分土壤均有缺钾现象。其中赤中仅有 6.0% 的调查土壤速效钾含量为适宜状态，速效钾含量过低或偏低的比例高达 84%；东朱和镇区均有 80% 的土壤速效钾含量低于 80mg/kg，其中东朱为 83.3%，镇区为 80.6%；毛店与其他 3 个工作片相比，土壤速效钾含量不足 80mg/kg 的比例略低，为 66.7%。

（6）土壤缓效钾

虽然赤岸镇全镇土壤速效钾总体含量不高，但缓效钾含量普遍偏高，全镇土壤缓效钾平均含量为 422.24mg/kg，因为土壤缓效钾是土壤速效钾的贮备，因此赤岸镇土壤具有较长供钾潜力。就各工作片而言，以毛店土壤缓效钾平均含量最高达 492.5mg/kg；东朱最低为 383.3mg/kg。对全镇的土样分析表明，仅有 3.5% 土壤缓效钾含量偏低（缓效钾含

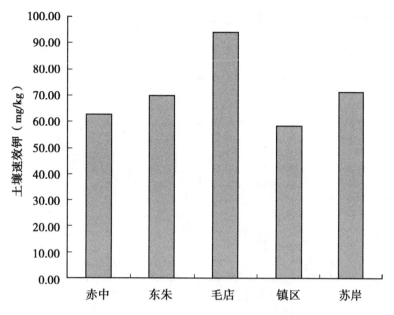

图 3 - 45 赤岸镇各工作片的土壤耕层速效钾含量状况

量低于 200mg/kg），有 1/2 以上的土壤缓效钾含量较高（缓效钾含量 > 400mg/kg），达 56.5%，全镇均不存在土壤缓效钾含量极低的现象（缓效钾含量小于 100mg/kg）（图 3 - 46）。

对赤岸镇的土壤缓效钾含量分析表明，除东朱外，其他各工作片均有超过 1/2 的土壤其缓效钾含量较高（大于 400mg/kg），其中毛店达 70.6%，赤中和镇区则分别为 54.5% 和 52.0%，东朱为 43.5%；而各工作片中土壤缓效钾含量偏低（小于 100mg/kg）地块不到 10%，毛店无缓效钾偏低（小于 100mg/kg）现象。

（7）土壤阳离子交换量

赤岸镇全镇土壤阳离子交换量平均为 50.5cmol/kg 土，其中东朱土壤阳离子交换量较其他工作片略高，为 59.7cmol/kg 土；其次为镇区，平均水平为 54.9mg/kg；赤中平均含量最低，仅为 43.6cmol/kg 土。对土样分析结果表明，全镇土壤阳离子交换量差异较大，其中低于平均含量的占总体的 57.1%，各工作片也存在相似规律，即土壤阳离子交换量均有 1/2 以上低于平均水平（图 3 - 47）。

（8）土壤水溶性盐总量

赤岸镇全镇的土壤水溶性盐总量平均为 0.28%，其中赤中较其他工作片略高，为 0.32%；毛店平均含量最低，仅为 0.23%。土样分析结果表明，赤岸镇全镇土壤水溶性盐总量差异不大，均为 0.2% ~ 0.3%，占总调查样品量的 87.5%（图 3 - 48）。

（9）土壤容重

赤岸镇全镇土壤容重平均为 1.21g/cm³，其中镇区和东朱的土壤容重较其他工作片略高，均为 1.25g/cm³；赤中略低，为 1.15g/cm³。土样分析结果表明，全镇土壤容重为 1.1 ~ 1.3g/cm³ 的占 37.5%，大于 1.3g/cm³ 的占 39.3%。就各工作片而言，土壤容重

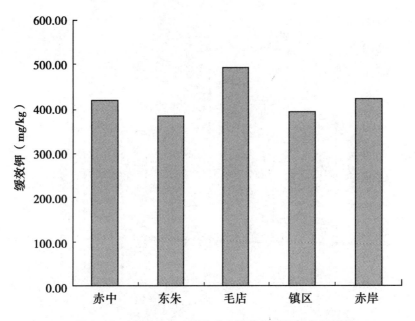

图 3 −46 赤岸镇各工作片的土壤耕层缓效钾含量状况

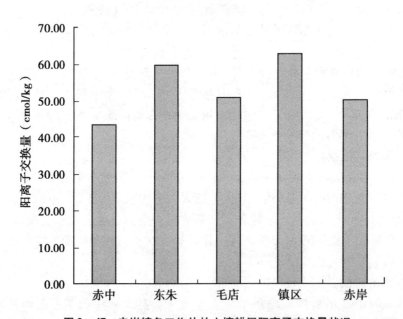

图 3 −47 赤岸镇各工作片的土壤耕层阳离子交换量状况

不尽相同，如镇区工作片，以大于 1.3g/cm³ 为主，占工作片总调查样品数的 54.6%；东朱土壤容重则为 1.1 ~ 1.3g/cm³，占工作片总调查样品数的 50.0%。另外，赤中为 1.1 ~ 1.3g/cm³ 和大于 1.3g/cm³ 所占的比例则都是 35.3%；毛店为 1.1 ~ 1.3g/cm³ 和大于 1.3g/cm³，所占的比例都是 37.5%（图 3 −49）。

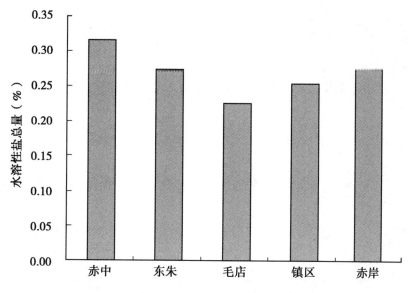

图 3 −48 赤岸镇各工作片的土壤耕层水溶性盐总量状况

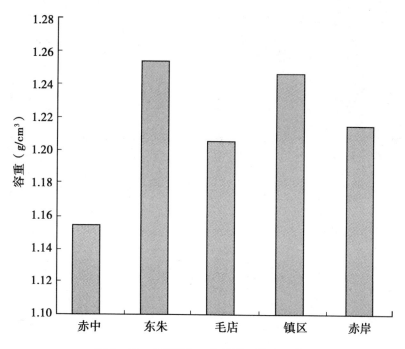

图 3 −49 赤岸镇各工作片的土壤容重状况

三、赤岸镇的土壤代表性测试数据（表3-26、表3-27）

表3-26 赤岸镇代表性试验数据（一）

样品编号	工作片	村名称	北纬	东经	地形部位	土类	质地	pH值	有机质(g/kg)	全氮(g/kg)	有效磷(mg/kg)	速效钾(mg/kg)	缓效钾(mg/kg)
W309	赤中	鱼曹头村	29°4′44.5″	120°2′35.4″	缓坡	红壤	壤质黏土	6.8	26.76	1.20	11.44	71.00	505
W310	赤中	盘塘村	29°5′36.3″	120°2′37.2″	峡谷	水稻土	黏壤土	5.2	27.09	1.22	4.36	191.00	590
W311	赤中	蒋坑村	29°5′33.4″	120°2′56.7″	峡谷	水稻土	黏壤土	5.4	28.81	1.30	11.91	83.00	555
W312	赤中	晓峰村	29°5′25.3″	120°1′53.5″	峡谷	水稻土	黏壤土	5.1	32.51	1.46	11.32	76.00	340
W313	镇区	柏峰村	29°8′19.8″	120°2′13.4″	平畈	水稻土	沙质壤土	5.1	20.39	1.02	21.60	25.00	465
W314	镇区	柏峰村	29°8′14.6″	120°2′16.2″	平畈	水稻土	沙质壤土	5.6	22.15	1.11	5.54	86.00	495
W315	镇区	赤岸一村	29°8′30.1″	120°1′59.2″	平畈	水稻土	沙质壤土	5.9	24.85	1.24	5.89	27.00	385
W316	东朱	毛店村(毛毛农庄)	29°5′53.8″	119°59′55.7″	平畈	水稻土	沙质壤土	5.5	22.99	1.15	5.78	48.00	360
W317	毛店	杨盆村	29°4′5.98″	119°58′6.34″	缓坡	红壤	壤土	5.8	33.71	1.52	10.14	323.00	710
W318	毛店	杨盆村	29°4′6.13″	119°58′0.94″	缓坡	红壤	壤土	5.3	9.43	0.47	10.73	44.00	480
W319	毛店	丫溪村	29°3′45.7″	119°58′15.1″	峡谷	水稻土	黏质壤土	5.9	21.17	0.95	12.26	79.00	495
W320	毛店	大里门村	29°2′26.8″	119°58′40.5″	缓坡	红壤	壤质壤土	5.0	23.24	1.05	10.61	96.00	550
W321	毛店	胡陈村	29°3′16.8″	119°58′37.3″	峡谷	水稻土	黏壤土	5.5	28.54	1.43	54.82	42.00	475
W322	毛店	井潭村	29°3′42.2″	119°59′29.3″	缓坡	红壤	壤质黏土	5.7	32.30	1.62	7.31	522.00	1065
W323	毛店	石牛栏村	29°5′16.6″	119°59′16.8″	峡谷	水稻土	黏壤土	6.3	29.61	1.48	8.25	91.00	340
W324	毛店	深塘村	29°5′29.2″	119°59′29.8″	缓坡	水稻土	黏壤土	5.8	12.76	0.64	11.20	25.00	835
W325	东朱	毛店村	29°6′4.03″	119°59′56.6″	平畈	水稻土	壤质黏土	5.8	19.46	0.97	11.79	59.00	505
W326	赤中	南杨村	29°6′24.5″	120°0′14.3″	平畈	水稻土	沙质壤土	5.5	19.01	0.86	14.03	226.00	725
W327	赤中	里城村	29°6′15.4″	120°0′41.1″	缓坡	水稻土	壤质黏土	4.8	18.65	0.84	7.43	106.00	465
W328	赤中	山盆村	29°6′30.7″	120°0′37.1″	缓坡	水稻土	黏质壤土	5.3	13.92	0.63	13.56	44.00	410
W329	赤中	山盆村	29°6′33.7″	120°0′49.3″	缓坡	红壤	壤质黏土	5.5	23.70	1.18	12.85	134.00	555
W330	赤中	山盆村	29°7′1.01″	120°0′55.3″	平畈	水稻土	沙质壤土	5.7	34.65	1.73	11.08	19.00	390

（续表）

样品编号	工作片	村名称	北纬	东经	地形部位	土类	质地	pH值	有机质（g/kg）	全氮（g/kg）	有效磷（mg/kg）	速效钾（mg/kg）	缓效钾（mg/kg）
W331	赤中	上吴村	29°7′16.6″	120°1′0.22″	平畈	水稻土	沙质壤土	6.1	28.30	1.27	8.25	49.00	450
W332	赤中	上吴村	29°7′42.9″	120°1′13.6″	平畈	水稻土	黏壤土	4.7	25.76	1.16	13.56	72.00	385
W333	赤中	上吴村	29°7′41.7″	120°1′16.9″	平畈	水稻土	沙质壤土	5.2	30.15	1.51	6.84	27.00	410
W334	赤中	江头村	29°7′59.9″	120°1′17.0″	缓坡	水稻土	黏壤土	6.1	20.94	0.94	8.25	43.00	385
W335	镇区	赤岸三村	29°8′40.8″	120°1′17.0″	坂田	水稻土	粉沙质黏壤土	5.4	32.78	1.48	5.07	83.00	570
W336	镇区	午山干村	29°8′35.7″	120°1′0.55″	岗地	水稻土	壤质黏土	5.2	20.07	0.90	8.49	51.00	600
W337	镇区	下八石村	29°8′51.1″	120°0′37.6″	坂田	水稻土	粉沙质黏壤土	5.5	18.95	0.95	13.56	66.00	490
W338	镇区	上八石村	29°8′44.0″	120°0′26.0″	坂田	水稻土	粉沙质黏壤土	5.7	20.44	1.02	5.89	41.00	495
W339	毛店	胡坑里村	29°8′31.4″	120°0′31.8″	坂田	水稻土	壤质黏土	6.0	17.08	0.77	12.73	123.00	700
W340	赤中	神坛村	29°8′21.2″	120°0′23.1″	坂田	水稻土	粉沙质黏壤土	5.1	22.78	1.14	8.61	22.00	355
W341	赤中	大树下村	29°7′50.0″	120°0′11.7″	坂田	水稻土	粉沙质黏壤土	5.9	30.73	1.54	6.84	65.00	555
W342	赤中	大新屋村	29°8′3.66″	119°59′59.5″	坂田	水稻土	壤质黏壤土	5.9	23.75	1.07	12.97	78.00	445
W343	赤中	大新屋村	29°7′55.9″	119°59′52.4″	缓坡	红壤	壤质黏土	5.4	25.01	1.25	5.42	68.00	240
W344	赤中	雅端村	29°7′44.7″	119°59′52.2″	坂田	水稻土	黏壤土	5.5	28.09	1.40	12.14	42.00	285
W345	赤中	雅端村	29°7′38.3″	119°59′39.1″	坂田	水稻土	粉沙质黏壤土	5.8	23.51	1.06	10.96	46.00	340
W346	赤中	雅端村	29°7′24.3″	119°59′27.3″	坂田	水稻土	壤质黏土	5.2	31.97	1.60	8.84	13.00	145
W347	赤中	新樟村	29°7′5.26″	119°59′13.4″	坂田	水稻土	壤质黏土	5.7	18.50	0.92	6.84	25.00	220
W348	赤中	新樟村	29°6′52.7″	119°59′3.40″	坂田	水稻土	粉沙质黏壤土	5.9	14.79	0.67	27.00	45.00	495
W349	赤中	新樟村	29°6′50.2″	119°58′56.8″	缓坡	红壤	壤质黏土	5.3	49.88	2.24	4.83	93.00	835
W350	毛店	三丫塘村	29°6′36.1″	119°0′0″	坂田	水稻土	粉沙质黏壤土	5.0	33.11	1.66	5.78	17.00	260
W351	毛店	三丫塘村	29°6′28.7″	119°59′18.1″	坂田	水稻土	粉沙质黏壤土	5.9	17.86	0.89	21.93	28.00	355
W352	毛店	湾塘村	29°6′40.1″	119°58′14.5″	坂田	水稻土	粉沙质黏壤土	6.2	33.15	1.66	7.43	20.00	525

（续表）

样品编号	工作片	村名称	北纬	东经	地形部位	土类	质地	pH值	有机质 (g/kg)	全氮 (g/kg)	有效磷 (mg/kg)	速效钾 (mg/kg)	缓效钾 (mg/kg)
W353	毛店	湾塘村	29°6′39.3″	119°58′4.90″	缓坡	红壤	壤质黏土	5.8	18.62	0.93	48.60	76.00	565
W354	毛店	五柳村	29°6′34.1″	119°57′54.5″	坂田	水稻土	壤质黏土	5.8	32.93	1.65	54.11	243.00	655
W355	毛店	五柳村	29°6′29.9″	119°57′10.2″	垅田	水稻土	壤质黏土	5.5	24.36	1.22	13.32	96.00	545
W356	毛店	尚阳村	29°6′17.5″	119°57′41.9″	缓坡	红壤	壤质黏土	5.5	26.53	1.33	10.49	166.00	740
W357	毛店	尚阳村	29°6′0.36″	119°57′41.5″	平畈	水稻土	沙质壤土	5.7	30.21	1.51	6.01	61.00	555
W358	毛店	朱店村	29°5′51.8″	119°58′12.0″	平畈	水稻土	沙质壤土	6.0	34.70	1.56	66.73	80.00	430
W359	毛店	朱店村	29°5′58.4″	119°58′22.7″	平畈	水稻土	沙质壤土	5.5	33.06	1.65	10.49	91.00	470
W360	东朱	朱店村	29°5′55.4″	119°58′58.9″	垅田	水稻土	壤质黏土	5.6	25.95	1.30	8.25	63.00	435
W361	毛店	田沿村	29°6′5.65″	119°59′18.1″	平畈	水稻土	沙质壤土	5.9	29.03	1.45	12.14	91.00	495
W362	毛店	古寺村	29°5′3.37″	119°54′50.4″	缓坡	红壤	壤质黏土	5.6	33.91	1.53	9.55	68.00	265
W363	毛店	古寺村	29°4′50.0″	119°55′3.64″	垅田	水稻土	壤质黏土	5.4	36.15	1.63	14.03	59.00	445
W364	毛店	青坑村	29°5′43.9″	119°55′19.8″	缓坡	红壤	壤质黏土	5.3	33.98	1.53	6.48	41.00	205
W365	毛店	官余村	29°6′0.61″	119°55′33.2″	垅田	水稻土	壤质黏土	5.4	29.23	1.46	59.54	121.00	360
W366	毛店	官余村	29°61′1.97″	119°55′51.8″	缓坡	红壤	壤质黏土	6.1	38.51	1.73	14.62	52.00	435
W367	毛店	莱山村	29°5′58.8″	119°56′20.1″	平畈	水稻土	沙质壤土	5.4	20.65	1.03	6.48	60.00	510
W368	毛店	大桥村	29°5′33.4″	119°56′11.8″	平畈	水稻土	沙质壤土	5.6	42.02	2.10	13.20	23.00	355
W369	毛店	莱山村	29°5′38.1″	119°56′39.4″	平畈	水稻土	沙质壤土	5.7	37.67	1.88	10.14	36.00	350
W370	毛店	尚阳村	29°5′46.1″	119°57′15.1″	平畈	水稻土	沙质壤土	5.7	23.48	1.06	9.31	29.00	425
W371	毛店	正芳村	29°5′11.8″	119°56′53.2″	垅田	水稻土	黏壤土	5.3	37.31	1.87	36.67	36.00	395
W372	毛店	羊印村	29°5′15.4″	119°57′3.42″	谷口	水稻土	沙质壤土	5.5	40.15	2.01	12.61	58.00	460
W373	毛店	前川村	29°5′30.4″	119°57′39.4″	谷口	水稻土	沙质壤土	5.6	37.10	1.86	8.61	37.00	330
W374	毛店	后金宅村	29°6′22.0″	119°59′38.8″	平畈	水稻土	沙质壤土	5.8	36.91	1.85	68.10	27.00	455

（续表）

样品编号	工作片	村名称	北纬	东经	地形部位	土类	质地	pH值	有机质 (g/kg)	全氮 (g/kg)	有效磷 (mg/kg)	速效钾 (mg/kg)	缓效钾 (mg/kg)
W375	毛店	后金宅村	29°6′23.4″	119°59′57.0″	平畈	水稻土	沙质壤土	5.7	37.27	1.68	11.67	98.00	510
W376	赤中	下水碓村	29°6′45.4″	120°0′22.0″	顶部	红壤	壤质黏土	4.9	38.15	1.72	5.77	49.00	220
W377	赤中	下水碓村	29°6′38.8″	120°0′21.9″	垅田	水稻土	黏壤土	5.2	22.88	1.14	4.01	140.00	485
W378	赤中	下水碓村	29°6′58.2″	120°0′46.1″	平畈	水稻土	沙质壤土	5.6	37.82	1.70	38.28	46.00	475
W379	赤中	上清溪村	29°7′21.6″	120°1′19.6″	平畈	水稻土	沙质壤土	5.5	39.57	1.78	25.86	39.00	365
W380	赤中	上清溪村	29°7′7.42″	120°1′17.0″	垅田	水稻土	壤质黏土	5.3	19.63	0.98	162.67	51.00	245
W381	赤中	上清溪村	29°7′2.02″	120°1′28.6″	缓坡	水稻土	黏壤土	5.7	25.85	1.16	24.74	27.00	515
W382	赤中	下清溪村	29°7′3.18″	120°1′22.6″	缓坡	水稻土	壤质黏土	5.4	18.52	0.83	26.00	69.00	470
W383	赤中	上清溪村	29°7′16.3″	120°1′27.9″	缓坡	红壤	壤质黏土	5.1	38.42	1.92	21.60	76.00	260
W384	镇区	赤岸三村	29°8′31.8″	120°1′32.5″	平畈	水稻土	沙质壤土	5.7	20.28	1.15	9.75	35.00	410
W385	镇区	赤岸三村	29°8′13.8″	120°1′26.4″	平畈	水稻土	沙质壤土	5.8	25.62	1.01	31.30	136.00	485
W386	赤中	上吴村	29°8′0.49″	120°1′6.16″	垅田	水稻土	黏壤土	5.4	17.73	0.80	80.00	48.00	345
W387	赤中	上吴村	29°7′50.9″	120°1′4.07″	垅田	水稻土	壤质黏土	5.3	26.37	1.19	3.68	121.00	415
W388	镇区	清水湾农庄	29°7′57.0″	120°1′27.0″	平畈	水稻土	沙质壤土	5.4	7.07	0.35	13.26	140.00	330
W389	镇区	清水湾农庄	29°8′6.53″	120°1′35.9″	缓坡	水稻土	壤质黏土	5.6	14.61	0.73	59.40	95.00	515
W390	镇区	赤岸二村	29°8′18.4″	120°1′37.3″	平畈	水稻土	沙质壤土	5.6	30.04	1.50	35.39	59.00	440
W391	镇区	赤岸二村	29°8′25.1″	120°1′43.7″	垅田	水稻土	黏壤土	5.5	32.82	1.48	76.57	79.00	465
W392	镇区	塘边村	29°9′14.9″	120°0′46.4″	缓坡	水稻土	黏壤土	5.1	17.98	0.90	15.80	52.00	330
W393	镇区	塘边村	29°9′18.4″	120°0′52.0″	缓坡	水稻土	黏壤土	5.7	24.24	1.09	5.77	34.00	165
W394	镇区	畈村	29°9′15.0″	120°1′1.01″	缓坡	水稻土	黏壤土	5.3	25.05	1.13	25.10	21.00	240
W395	镇区	畈村	29°9′9.54″	120°1′9.58″	缓坡	水稻土	黏壤土	5.4	26.36	1.19	144.58	35.00	350
W396	镇区	溪西村	29°9′50.9″	120°1′28.5″	缓坡	水稻土	黏壤土	5.5	21.70	1.09	81.53	49.00	380

（续表）

样品编号	工作片	村名称	北纬	东经	地形部位	土类	质地	pH值	有机质(g/kg)	全氮(g/kg)	有效磷(mg/kg)	速效钾(mg/kg)	缓效钾(mg/kg)
W397	镇区	溪西村	29°9'52.2"	120°1'31.7"	平畈	水稻土	沙质壤土	5.6	28.70	1.43	10.70	20.00	555
W398	镇区	石城村	29°9'19.2"	120°2'37.9"	平畈	水稻土	沙质壤土	6.0	22.60	1.13	23.13	73.00	250
W399	镇区	石城村	29°9'9.61"	120°2'35.5"	平畈	水稻土	沙质壤土	5.6	14.04	0.70	25.86	36.00	165
W400	镇区	乔亭村	29°8'59.2"	120°3'24.5"	平畈	水稻土	黏壤土	5.5	23.69	1.18	85.10	50.00	250
W401	东朱	黄路村	29°9'0.18"	120°3'22.8"	缓坡	红壤	壤质黏土	5.7	17.92	0.81	140.80	124.00	795
W402	东朱	黄路村	29°8'51.2"	120°3'6.55"	坡田	水稻土	黏壤土	5.4	19.11	0.86	28.41	93.00	380
W403	镇区	乔亭村	29°8'55.8"	120°2'55.2"	平畈	水稻土	黏壤土	5.1	14.99	0.75	10.49	31.00	265
W404	镇区	乔亭村	29°8'48.4"	120°2'57.3"	平畈	水稻土	黏壤土	5.7	22.95	1.03	39.76	71.00	305
W405	镇区	乔亭村	29°8'38.2"	120°2'42.4"	坡田	水稻土	黏壤土	5.1	24.61	1.11	3.82	81.00	585
W406	东朱	薛村	29°8'24.7"	120°3'12.2"	平畈	水稻土	黏壤土	5.3	16.37	0.74	45.26	96.00	475
W407	东朱	薛村	29°9'6.91"	120°3'16.4"	缓坡	水稻土	黏壤土	4.7	6.91	0.35	8.15	68.00	440
W408	东朱	薛村	29°8'15.6"	120°3'24.4"	缓坡	水稻土	黏壤土	5.9	23.15	1.16	7.98	64.00	435
W409	东朱	乔溪村	29°8'0.34"	120°3'32.5"	缓坡	水稻土	黏壤土	5.6	28.90	1.30	6.77	27.00	605
W410	东朱	乔溪村	29°7'47.2"	120°3'39.4"	山麓	水稻土	黏壤土	5.4	12.44	0.62	13.24	36.00	265
W411	东朱	东朱村	29°8'23.2"	120°3'40.1"	缓坡	水稻土	黏壤土	5.5	21.12	0.95	2.21	24.00	310
W412	东朱	东朱村	29°8'27.0"	120°3'39.7"	缓坡	水稻土	黏壤土	5.5	15.50	0.70	15.00	60.00	305
W413	东朱	东朱村	29°8'26.4"	120°4'7.93"	坡田	水稻土	黏壤土	4.9	26.46	1.32	58.54	25.00	315
W414	东朱	东朱村	29°8'29.2"	120°4'8.14"	坡田	水稻土	黏壤土	5.8	17.29	0.78	4.71	161.00	405
W415	东朱	东朱村	29°8'41.4"	120°4'3.43"	坡田	水稻土	黏壤土	5.4	27.02	1.35	4.41	52.00	575
W416	东朱	东朱村	29°8'46.2"	120°4'5.98"	坡田	水稻土	黏壤土	5.7	26.70	1.34	13.24	75.00	630
W417	东朱	上谷村	29°8'54.2"	120°4'4.51"	坡田	水稻土	黏壤土	5.9	19.14	0.86	78.46	99.00	365
W418	东朱	上谷村	29°9'13.0"	120°3'55.9"	缓坡	水稻土	黏壤土	5.4	17.58	0.88	18.85	36.00	250

（续表）

样品编号	工作片	村名称	北纬	东经	地形部位	土类	质地	pH值	有机质(g/kg)	全氮(g/kg)	有效磷(mg/kg)	速效钾(mg/kg)	缓效钾(mg/kg)
W419	东朱	上谷村	29°9'16.6"	120°3'53.9"	平畈	水稻土	黏壤土	6.0	17.83	0.80	9.41	44.00	180
W420	东朱	下前旺村	29°9'1.87"	120°4'46.2"	平畈	水稻土	黏壤土	5.2	15.75	0.71	44.80	34.00	300
W421	东朱	下前旺村	29°9'1.00"	120°4'40.3"	缓坡	水稻土	黏壤土	5.4	17.68	0.88	44.07	65.00	245
W422	东朱	楼仓村	29°8'40.8"	120°4'39.7"	平畈	水稻土	黏壤土	5.6	13.98	0.63	22.96	39.00	220
W423	东朱	楼仓村	29°8'29.8"	120°4'40.6"	谷口	水稻土	沙质壤土	4.9	13.43	0.60	11.79	43.00	305

表3-27 赤岸镇代表性试验数据（二）

样品编号	工作片	村名称	北纬	东经	地形部位	土类	质地	pH值	有机质(g/kg)	全氮(g/kg)	有效磷(mg/kg)	速效钾(mg/kg)	阳离子交换量(cmol/kg)	容重(g/cm²)	水溶性盐总量
Y093	赤中	大树下村	29°7'41.9"	120°0'12.9"	垅田	水稻土	黏壤土	5.9	22.25	3.04	19.47	50.89	18.86	0.92	0.27
Y094	赤中	大新屋村	29°8'4.81"	120°0'0.03"	垅田	水稻土	黏壤土	5.5	26.01	3.31	5.73	74.82	24.66	1.03	0.82
Y095	赤中	里城村	29°6'15.0"	120°0'41.0"	垅田	水稻土	黏壤土	5.9	22.91	0.90	15.30	33.30	21.21	1.04	0.25
Y096	赤中	里城村	29°6'13.1"	120°0'53.3"	缓坡	水稻土	黏壤土	4.6	32.82	1.62	292.90	57.71	17.61	0.89	0.25
Y097	赤中	山盆村	29°7'14.5"	120°0'56.7"	平畈	水稻土	沙质壤土	5.8	39.45	3.06	111.09	49.78	24.51	0.97	0.30
Y098	赤中	山盆村	29°8'7.80"	120°1'0.01"	缓坡	水稻土	黏壤土	5.7	3.06	0.18	34.30	23.50	72.40	1.76	68.50
Y099	赤中	上清溪村	29°7'5.33"	120°1'19.2"	垅田	水稻土	黏壤土	5.4	21.60	2.96	6.22	59.94	11.12	1.01	0.28
Y100	赤中	上清溪村	29°7'18.1"	120°1'30.6"	垅田	水稻土	黏壤土	5.4	3.10	0.18	55.40	58.40	103.00	1.50	85.40
Y101	赤中	上吴村	29°7'17.3"	120°1'4.40"	平畈	水稻土	沙质壤土	5.3	26.54	3.57	413.69	58.53	13.34	1.03	0.26
Y102	赤中	上吴村	29°7'37.9"	120°7'19.7"	平畈	水稻土	沙质壤土	6.2	3.00	0.18	23.30	51.60	85.40	1.31	131.70
Y103	赤中	神坛村	29°7'41.9"	120°0'12.9"	垅田	水稻土	壤质黏土	5.3	30.67	1.86	57.26	38.14	10.00	0.97	0.32
Y104	赤中	下清溪村	29°7'19.0"	120°1'17.3"	垅田	水稻土	黏壤土	5.8	7.64	2.07	12.48	47.66	11.26	1.07	0.22

（续表）

样品编号	工作片	村名称	北纬	东经	地形部位	土类	质地	pH值	有机质(g/kg)	全氮(g/kg)	有效磷(mg/kg)	速效钾(mg/kg)	阳离子交换量(cmol/kg)	容重(g/cm³)	水溶性盐总量
Y105	赤中	下水碓村	29°6′59.7″	120°1′8.07″	平畈	水稻土	沙质壤土	4.5	28.10	2.69	54.90	48.76	9.31	1.01	0.22
Y106	赤中	下水碓村	29°6′43.8″	120°0′28.7″	平畈	水稻土	壤土	6.3	2.38	0.14	37.90	38.50	77.20	1.39	88.00
Y107	赤中	新樟村	29°6′39.2″	119°59′13.4″	垅田	水稻土	黏质壤土	5.3	2.20	0.13	68.90	49.50	97.20	1.50	69.70
Y108	赤中	雅端村	29°7′21.6″	119°59′27.2″	垅田	水稻土	黏壤土	5.8	34.26	2.09	54.88	42.78	23.31	0.89	0.30
Y109	赤中	雅端村	29°7′35.1″	119°59′41.4″	垅田	水稻土	黏壤土	5.8	3.69	0.22	8.73	42.60	120.00	1.33	112.50
Y110	东朱	东朱村	29°8′48.4″	120°3′55.3″	垅田	水稻土	黏壤土	5.7	11.14	1.67	17.20	44.66	7.33	1.10	0.24
Y111	东朱	东朱村	29°8′38.5″	120°39′48.6″	垅田	水稻土	黏壤土	5.1	22.59	4.20	32.63	57.10	16.34	0.93	0.24
Y112	东朱	东朱村	29°8′39.5″	120°4′6.31″	垅田	水稻土	壤质黏土	5.5	3.22	0.19	42.80	43.40	100.00	1.49	102.30
Y113	东朱	东朱村	29°8′27.7″	120°4′19.9″	垅田	水稻土	黏壤土	5.7	1.67	0.10	4.55	45.10	130.00	1.27	76.70
Y114	东朱	环院村	29°10′0.91″	120°4′3.79″	缓坡	水稻土	黏壤土	6.5	1.51	0.09	4.46	36.30	160.00	1.70	87.80
Y115	东朱	黄路村	29°8′55.7″	120°3′20.0″	垅田	水稻土	黏壤土	5.4	2.00	0.12	17.20	57.40	112.00	1.38	91.20
Y116	东朱	毛店村	29°6′3.20″	119°59′6.28″	平畈	水稻土	沙质壤土	5.5	2.35	0.14	10.30	41.70	80.70	1.51	95.90
Y117	东朱	上谷村	29°9′12.7″	120°4′10.0″	缓坡	水稻土	黏壤土	5.2	21.69	3.89	10.12	37.69	21.06	0.99	0.22
Y118	东朱	上谷村	29°9′16.7″	120°4′3.50″	缓坡	水稻土	黏壤土	5.7	23.49	4.05	9.14	38.62	25.00	1.08	0.28
Y119	东朱	上谷村	29°9′7.59″	120°4′5.48″	垅田	水稻土	黏壤土	5.8	2.85	0.17	6.95	107.00	160.00	1.16	112.20
Y120	东朱	下前旺村	29°9′7.48″	120°9′43.8″	平畈	水稻土	沙质壤土	5.5	1.82	0.11	14.40	85.10	97.00	1.63	124.50
Y121	东朱	薛村	29°12′10.1″	120°0′43.6″	岗地	水稻土	黏壤土	5.7	32.32	1.89	32.50	49.72	25.27	1.28	0.22
Y122	东朱	薛村	29°8′18.5″	120°3′33.3″	缓坡	水稻土	黏壤土	5.6	13.28	1.57	60.59	156.93	19.26	1.11	0.55
Y123	东朱	薛村	29°8′25.5″	120°3′9.79″	缓坡	水稻土	黏壤土	5.6	21.39	4.18	43.64	71.24	10.19	0.98	0.25
Y124	东朱	雅治街	29°9′29.7″	120°4′29.9″	平畈	水稻土	沙质壤土	5.6	9.34	3.37	15.54	52.69	10.39	1.16	0.30
Y125	东朱	雅治街	29°9′27.6″	120°4′43.4″	平畈	水稻土	沙质壤土	5.7	19.82	2.21	45.25	31.90	9.73	1.02	0.24
Y126	东朱	雅治街	29°9′16.3″	120°1′7.06″	平畈	水稻土	黏壤土	5.3	15.87	0.54	88.21	56.48	13.01	1.08	0.27

（续表）

样品编号	工作片	村名称	北纬	东经	地形部位	土类	质地	pH值	有机质(g/kg)	全氮(g/kg)	有效磷(mg/kg)	速效钾(mg/kg)	阴离子交换量(cmol/kg)	容重(g/cm³)	水溶性盐总量
Y127	东朱	雅治街	29°9'14.1"	120°4'56.0"	平畈	水稻土	黏壤土	4.9	18.03	1.95	12.95	35.68	20.00	1.00	0.21
Y128	东朱	雅治街	29°9'18.2"	120°4'30.3"	缓坡	水稻土	黏壤土	5.9	1.33	0.08	3.48	34.00	81.30	1.61	46.70
Y129	东朱	雅治街	29°9'42.9"	120°4'20.3"	平畈	水稻土	沙质壤土	6.1	2.56	0.15	21.30	53.50	95.30	1.58	64.70
Y130	毛店	胡坑里村	29°8'24.3"	119°0'47.7"	坡田	水稻土	壤质黏土	5.2	22.22	0.55	0.85	55.52	22.32	0.91	0.25
Y131	毛店	三角毛店村	29°5'58.1"	119°59'51.3"	平畈	水稻土	沙质壤土	4.9	31.56	2.61	61.28	44.80	16.68	1.00	0.21
Y132	毛店	三角毛店村	29°5'54.6"	119°59'29.6"	平畈	水稻土	黏壤土	5.0	17.01	3.42	55.59	78.88	10.06	1.16	0.21
Y133	毛店	三丫塘村	29°6'32.7"	119°58'1.09"	坡田	水稻土	黏壤土	5.4	2.18	0.13	13.80	32.30	103.00	1.54	108.20
Y134	毛店	尚阳村	29°5'53.9"	119°57'24.4"	平畈	水稻土	沙质壤土	5.2	2.20	0.13	25.10	42.60	113.00	1.64	67.10
Y135	毛店	深塘村	29°5'26.9"	119°59'48.3"	平畈	水稻土	黏壤土	4.6	36.16	0.79	182.20	204.82	25.46	1.02	0.25
Y136	毛店	深塘村	29°5'32.6"	119°59'42.7"	坡田	水稻土	黏壤土	4.8	23.89	2.65	19.97	93.73	21.12	0.95	0.21
Y137	毛店	朱店村	29°5'53.0"	119°58'14.3"	平畈	水稻土	沙质壤土	6.7	3.00	0.18	4.46	29.40	95.90	1.43	88.90
Y138	镇区	柏峰村	29°8'2.43"	120°2'29.6"	平畈	水稻土	沙质壤土	5.1	32.74	3.83	26.47	45.34	10.59	0.74	0.33
Y139	镇区	柏峰村	29°8'20.3"	120°1'51.9"	平畈	水稻土	沙质壤土	5.4	15.21	3.96	105.28	40.18	20.08	0.96	0.25
Y140	镇区	柏峰村	29°8'16.0"	120°2'14.9"	平畈	水稻土	沙质壤土	6.0	2.35	0.14	15.60	39.70	94.70	1.48	124.80
Y141	镇区	赤岸二村	29°8'7.80"	120°1'32.4"	缓坡	水稻土	壤质黏土	5.7	1.45	0.09	10.80	45.30	97.80	1.50	108.70
Y142	镇区	乔亭村	29°8'57.6"	120°2'25.7"	平畈	水稻土	沙质壤土	5.5	2.92	0.17	39.60	30.80	92.50	1.46	63.80
Y143	镇区	乔亭村	29°8'56.7"	120°2'46.2"	平畈	水稻土	沙质壤土	5.7	1.90	0.11	4.19	63.30	92.70	1.65	64.10
Y144	镇区	乔亭村	29°8'49.7"	120°2'58.7"	缓坡	水稻土	黏壤土	6.2	2.11	0.13	8.73	79.80	122.00	1.62	95.00
Y145	镇区	上八石村	29°11'33.8"	120°0'28.5"	坡田	水稻土	壤质黏土	5.4	24.05	1.12	21.95	67.81	14.47	1.06	0.22
Y146	镇区	塘边村	29°9'15.5"	120°0'47.0"	坡田	水稻土	壤质黏土	5.4	3.33	0.20	16.60	32.00	112.00	1.33	99.70
Y147	镇区	午山干村	29°8'36.8"	120°0'1.30"	坡田	水稻土	壤质黏土	5.5	27.07	1.03	15.35	89.57	14.52	1.00	0.24
Y148	镇区	下八石村	29°8'33.8"	120°0'28.5"	坡田	水稻土	壤质黏土	5.2	27.80	2.50	20.15	54.68	17.55	0.90	0.23

第六节　义乌市稠城街道的土壤肥力现状

稠城街道是义乌市人民政府所在地，属市一级政府直接管辖。该街道前身为稠城镇，是义乌市政治、经济、文化和交通的中心。该街道现辖15个社区居委会、62个行政村，总面积52.96km²，人口30万人。街道办事处下设四个工作片、管辖62个行政村，分别是：①福田工作片，辖13个行政村；②荷叶塘工作片，辖18个行政村；③下骆宅工作片，辖19个行政村；④尚经工作片，辖12个行政村。稠城街道为商贸区，系中国小商品城——义乌市政府所在地。

一、稠城街道的土壤采样点分布（图3–50）

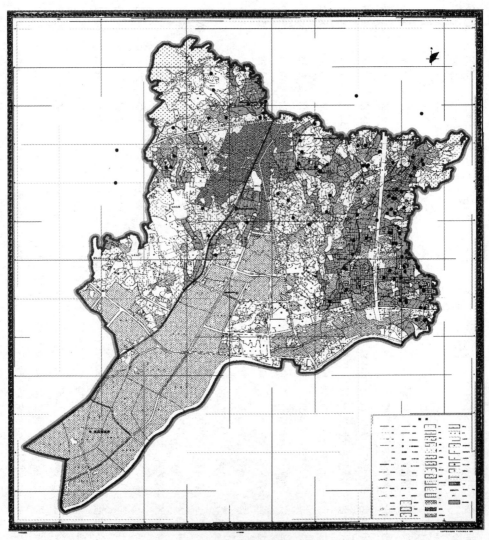

图3–50　稠城街道的土壤采样点分布

二、稠城街道的土壤基本理化性状

1. 各工作片土壤调查基本现状

稠城街道土壤地貌以低丘为主，占整个稠城街道调查样品总量的71.7%，其余为河谷平原，占调查总量的28.3%。土类以水稻土为重，占总土类的96.7%，其余为红壤，其中荷叶塘和下骆宅工作片所调查土壤均为水稻土。各水稻土亚类中以潴育型水稻土为主，占所调查土样的1/2以上，为55.4%；其次为淹育型水稻土，为28.3%，渗育型水稻土则为13.0%。表3-28就稠城街道各工作片土类（亚类）所占百分率及土属、土种、成土母质和剖面构型，作较为详细的描述。

表3-28　稠城镇各工作片的土壤调查基本现况

工作片	土类	百分比（%）	亚类	百分比（%）	土属	土种	成土母质	剖面构型
稠城街道	红壤	3.26	红壤	100	黄筋泥土	黄筋泥土	第四纪红土	A-C
								A-［B］-C
	水稻土	96.74	渗育型水稻土	13.5	泥沙田	泥沙田	近代洪冲积物	A-Ap-P-C
					培泥沙田	培泥沙田	近代冲积物	A-Ap-P-C
								A-Ap-C
			淹育型水稻土	29.2	钙质紫泥田	钙质紫泥田	钙质紫砂岩风化坡积物	A-Ap-C
					红紫泥田	红紫泥田	红紫色砂岩风化坡积物	A-Ap-C
						红紫沙田	红紫色砂岩风化坡残积物	A-Ap-C
							红紫色砂岩风化坡积物	A-Ap-C
					黄筋泥田	黄筋泥田	第四纪红土	A-Ap-C
								A-Ap-P-C
							凝灰岩风化再积物	A-Ap-C
					黄泥田	沙性黄泥田	凝灰岩风化体坡积物	A-Ap-C
			潴育型水稻土	57.3	红紫泥沙田	红紫大泥田	钙质紫砂岩风化再积物	A-Ap-W-C
					黄泥沙田	黄泥沙田	凝灰岩风化再积物	A-Ap-W-C
					老黄筋泥田	老黄筋泥田	第四纪红土	A-Ap-W-C
					泥质田	老培泥沙田	近代冲积物	A-Ap-W-C
					泥质田	近代冲积物	A-Ap-W-C
					紫泥沙田	紫大泥田	紫砂岩风化再积物	A-Ap-W-C
福田	红壤	3.3	红壤	100	黄筋泥土	黄筋泥土	第四纪红土	A-C
	水稻土	96.7	潴育型水稻土	100	老黄筋泥田	老黄筋泥田	第四纪红土	A-Ap-W-C
荷叶塘	水稻土	100	渗育型水稻土	4.0	泥沙田	泥沙田	近代洪冲积物	A-Ap-P-C
			淹育型水稻土	16.0	红紫泥田	红紫泥田	红紫色砂岩风化坡积物	A-Ap-C
					黄筋泥田	黄筋泥田	第四纪红土	A-Ap-C
					黄泥田	沙性黄泥田	凝灰岩风化体坡积物	A-Ap-C

（续表）

工作片	土类	百分比（%）	亚类	百分比（%）	土属	土种	成土母质	剖面构型
荷叶塘	水稻土	100	潴育型水稻土	80.0	红紫泥沙田	红紫大泥田	钙质紫砂岩风化再积物	A-Ap-W-C
							红紫色砂岩风化再积物	A-Ap-W-C
					黄泥沙田	黄泥沙田	凝灰岩风化再积物	A-Ap-W-C
					老黄筋泥田	老黄筋泥田	第四纪红土	A-Ap-W-C
					泥质田	泥质田	近代冲积物	A-Ap-W-C
					紫泥沙田	紫大泥田	紫砂岩风化再积物	A-Ap-W-C
尚经	红壤	7.1	红壤	100	黄筋泥土	黄筋泥土	第四纪红土	A-［B］-C
	水稻土	92.9	渗育型水稻土	26.9	泥沙田	泥沙田	近代洪冲积物	A-Ap-P-C
			淹育型水稻土	50.0	钙质紫泥田	钙质紫泥田	钙质紫砂岩风化坡积物	A-Ap-C
					红紫泥田	红紫沙田	红紫色砂岩风化坡残积物	A-Ap-C
							红紫色砂岩风化坡积物	A-Ap-C
					黄筋泥田	黄筋泥田	第四纪红土	A-Ap-C
					黄筋泥田	黄筋泥田	凝灰岩风化再积物	A-Ap-C
			潴育型水稻土	23.1	老黄筋泥田	老黄筋泥田	第四纪红土	A-Ap-W-C
下骆宅	水稻土	100	渗育型水稻土	11.1	泥沙田	泥沙田	近代洪冲积物	A-Ap-P-C
					培泥沙田	培泥沙田	近代冲积物	A-Ap-P-C
								A-Ap-C
			淹育型水稻土	25.0	钙质紫泥田	钙质紫泥田	钙质紫砂岩风化坡积物	A-Ap-C
					黄筋泥田	黄筋泥田	第四纪红土	A-Ap-P-C
								A-Ap-C
			潴育型水稻土	63.9	老黄筋泥田	老黄筋泥田	第四纪红土	A-Ap-W-C
					泥质田	老培泥沙田	近代冲积物	A-Ap-W-C
						泥质田	近代冲积物	A-Ap-W-C
					紫泥沙田	紫大泥田	紫砂岩风化再积物	A-Ap-W-C

2. 调查土壤耕层质地

稠城街道绝大部分土壤耕层厚度为≥15cm，占样品总数的97.8%，其中耕层厚度≥20cm的样品数超过总样品数的1/2，占采样总数的81.5%。土壤肥力大多数为中等水平，占所调查样品数的53.5%；土壤肥力达较高水平的占23.9%，土壤肥力相对较低的占22.8%。土壤结构包括团块状和块状，占调查总数的85.9%，其中团块状占调查总数的52.2%，其余为核粒状、大块状、小团块状和粒状，占调查总数的14.1%。稠城街道的土壤中有25%无明显障碍因子，其余土壤均存在不同的障碍因子，其中坡地梯改型占总调查样品量的31.5%，其次为25.0%的渍潜稻田型和18.5%的灌溉改良型。稠城街道在所调查土壤中，有78.3%的土壤存在轻度侵蚀问题，18.5%无明显侵蚀现象。

所调查土壤中，稠城街道的土壤质地共有6种，其中有近1/2的土壤质地为壤质黏土，占调查土壤总量的47.8%；壤土、粉沙质黏壤土和沙质壤土分别超过10%，为调查土壤总量的16.3%、14.1%和12.0%；沙质黏壤土和黏壤土共占调查土壤总的9.8%。稠城街道的6种土壤质地在下骆宅工作片均有分布，其中壤土、粉沙质黏壤土主要分布于下骆宅工作片，分别占调查总数的80.0%和61.5%。壤质黏土则主要分布在荷叶塘工作片，占调查总量的的45.5%，另有30%的壤质黏土分布于尚经工作片。图3-51对稠城街道及各工作片土壤耕层质地占整个街道（片）中所占比例进行了描述。

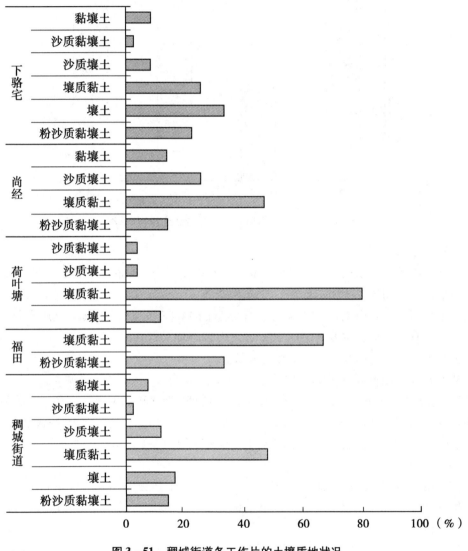

图3-51　稠城街道各工作片的土壤质地状况

3. 稠城街道各工作片土壤基本理化性状

（1）土壤pH值

从图3-52中可见，稠城街道的土壤pH值为6.1，其中下骆宅土壤耕层pH值最高为6.25；荷叶塘最低为5.84。土样pH值分析结果表明，稠城街道土壤pH值绝大部分为5.5~6.5，占71.6%，其中pH值为5.5~6.0的占45.4%。另外，pH值大于6.5的占18.5%，pH值小于5.0的占9.9%。

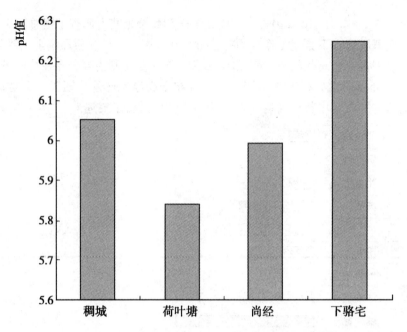

图 3 - 52   稠城街道各工作片的土壤 pH 值状况

（2）土壤有机质

与义乌市其他街镇相比，稠城街道的土壤有机质平均含量相对较低，与城西街道土壤有机质平均含量相同，为 16.2g/kg，位居倒数第三，仅高于北苑街道和稠江街道。就稠城街道本身而言，除个别点（占调查总样品量的 14.8%）耕层土壤有机质含量极低外，其余样品的有机质含量主要为 10～30g/kg，占调查样品总量的 82.7%。在所有调查样品中，稠城街道耕层土壤有机质含量相对较低。

从各工作片来看，荷叶塘调查样品土壤有机质含量为 20～30g/kg，占调查总量的 63.64%，尚经和下骆宅主要为 10～20g/kg，分别占调查总量的 51.85% 和 40.63%。另外，尚经和下骆宅分别有 1/3 的样品土壤有机质含量为 20～30g/kg。下骆宅和荷叶塘均无土壤有机质含量高于 30g/kg 的样品，尚经也仅有 7.41% 的样品土壤有机质含量略高于 30g/kg（图 3 - 53）。

（3）土壤全氮

稠城街道土壤整体全氮含量不高，其中小于 1.0mg/kg 的样品量占总样品量的 65.4%，且有 27.2% 的样品全氮含量小于 0.5mg/kg，稠城街道无全氮含量超过 2.0mg/kg 的样品（图 3 - 54）。

从各工作片来看，除荷叶塘调查样品的土壤全氮含量大于 1.0mg/kg 的样品量略多（占调查总量的 54.6%）外，尚经和下骆宅均有 2/3 的样品全氮含量不足 1.0mg/kg。

（4）土壤有效磷

从整体而言，稠城街道的土壤有效磷含量在义乌市属中等水平，但各调查样品的有效磷含量差异较大，其中 15～25mg/kg 的占调查总量的 34.6%；大于 25.0mg/kg 的调查总量的 39.5%；有 23.5% 的样品土壤有效磷含量大于 50.0%，另有不足 10% 的样品土壤有效磷含量小于 10.0mg/kg。

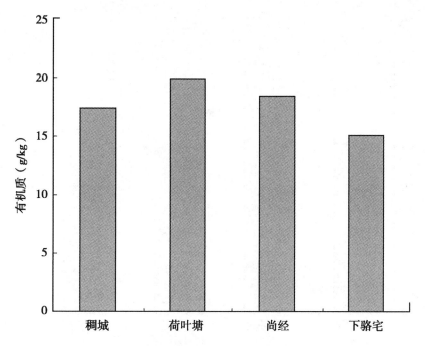

图 3 - 53 稠城街道各工作片的土壤有机质含量状况

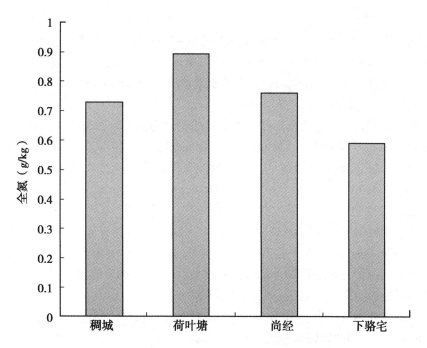

图 3 - 54 稠城街道各工作片的土壤全氮含量状况

稠城街道的土壤有效磷平均含量以荷叶塘最高，超过了60mg/kg，荷叶塘有近50%的样品土壤有效磷含量在大于25mg/kg，其中大于50mg/kg的样品达31.8%。尚经和下骆宅均有37%的样品有效磷含量达大于25mg/kg（图3-55）。

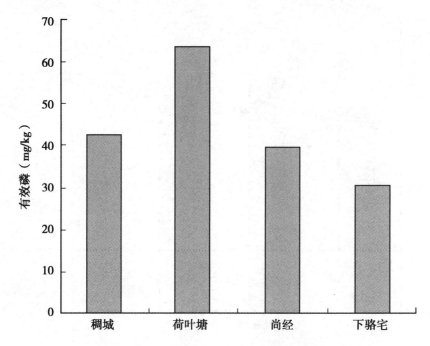

图 3 - 55　稠城街道各工作片的土壤有效磷含量状况

（5）土壤速效钾

稠城街道分别有 1/3 的样品土壤速效钾含量为 40 ~ 80mg/kg 和 80 ~ 120mg/kg，另外还有 30% 的样品速效钾含量高于 120mg/kg，稠城街道有少量的样品土壤速效钾含量极低，其速效钾含量不足 40mg/kg，也就是说，在调查地块中，稠城街道仅有 1/3 的地块土壤速效钾含量相对适宜（速效钾含量为 80 ~ 120mg/kg）。

从各工作片来看，以下骆宅调查样品土壤速效钾含量为 80 ~ 120mg/kg 的样品所占比例最高，为 40.6%；其次为尚经，含量为 80 ~ 120mg/kg 的样品占工作片调查样品总量的 37.0%，而荷叶塘仅有 21.1% 的样品土壤速效钾含量在此范围，其 1/2 样品中速效钾含量不足 80mg/kg（图 3 - 56）。

（6）土壤缓效钾

总体而言，稠城街道的土壤缓效钾含量相对适宜（缓效钾含量为 200 ~ 400mg/kg），其平均含量为 374.6mg/kg。整个街道有 68.3% 的调查样品土壤缓效钾含量为 200 ~ 400mg/kg，整个街道的土壤缓效钾含量偏低的很少，仅有 1.7%，主要位于下骆宅，其余近 1/3 的样品缓效钾含量超过 400mg/kg（图 3 - 57）。

尚经和下骆宅分别有占各工作片调查样品量 72.7% 和 73.7% 的样品缓效钾含量为 200 ~ 400mg/kg；荷叶塘缓效钾含量为 200 ~ 400mg/kg 的样品量比较而言较少，占该工作片调查样品量的 57.9%，荷叶塘和尚经均无缓效钾含量小于 200mg/kg 的样品。

（7）土壤阳离子交换量

稠城街道土壤阳离子交换量在义乌市处于中间水平，为 77.4cmol/kg 土，其中以下骆宅土壤阳离子交换量最高，为 95.0cmol/kg 土；荷叶塘最低，不足 50.0cmol/kg 土。稠城

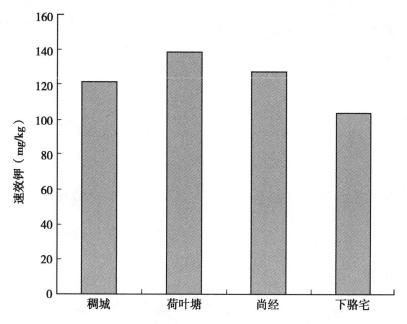

图 3-56　稠城街道各工作片的土壤速效钾含量状况

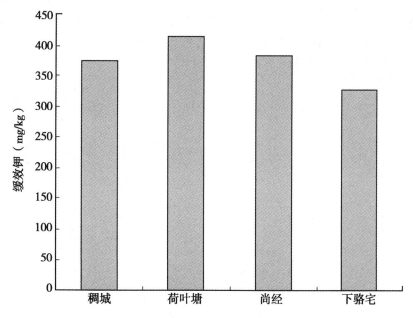

图 3-57　稠城街道各工作片土壤缓效钾含量状况

街道样品的土壤阳离子交换量差异较大，低的每千克土中只有十几个厘摩尔，高的超过100cmol/kg 土，其中高于 100cmol/kg 土的样品量占总调查量的 42.9%，且这部分样品主要为下骆宅的样品，占高于 100cmol/kg 土样品量的 77.8%（图 3-58）。

（8）土壤容重

稠城街道土壤平均容重为 1.2g/cm³，其中下骆宅土壤容重较其他两个工作片略高，

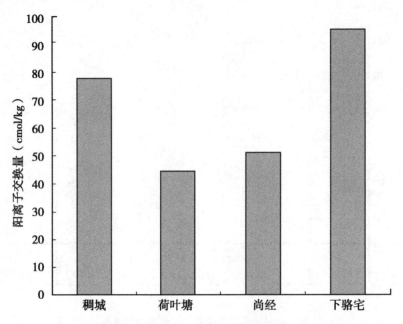

图 3 – 58 稠城街道各工作片的土壤阳离子交换量状况

平均为 1.24g/cm³；荷叶塘和尚经略低，分别为 1.15g/cm³ 和 1.14g/cm³。通过对稠城街道土样的分析结果表明，稠城街道的土壤容重为 0.9 ~ 1.6g/cm³，其中 1.0 ~ 1.3g/cm³ 的仅占 36.4%，75.0% 位于下骆宅工作片（图 3 – 59）。

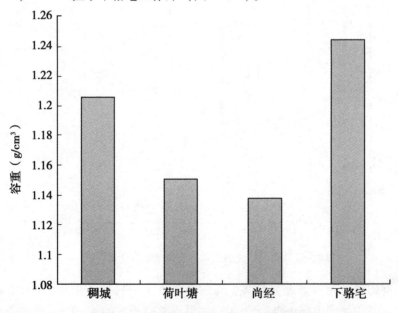

图 3 – 59 稠城街道各工作片土壤容重状况

（9）土壤水溶性盐总量

稠城街道土壤水溶性盐总量平均为 0.42%，其中下骆宅土壤水溶性盐总量较其他工作片略高，为 0.50%；尚经平均含量最低，仅为 0.30%。土样分析结果表明，除个别点外，稠城街道的土壤水溶性盐总量差异不大，均为 0.2% ~ 0.5%（图 3 - 60）。

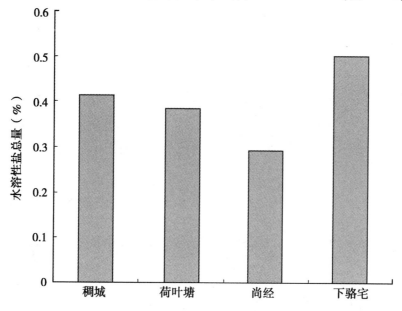

图 3 - 60　稠城街道各工作片的土壤水溶性盐总量状况

（10）土壤全盐量

稠城街道土壤全盐量平均为 119.9μs/cm，其中下骆宅土壤全盐量较其他工作片高，为 130.3μs/cm；尚经土壤全盐量平均为 93.4μs/cm；荷叶塘最低，为 89.2μs/cm（图 3 - 61）。

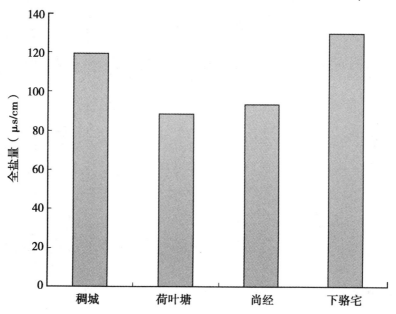

图 3 - 61　稠城街道各工作片土壤全盐量状况

三、稠城街道土壤的代表性测试数据（表3-29、表3-30）

表3-29 稠城街道代表性试验数据（一）

样品编号	工作片	村名称	北纬	东经	地形部位	土类	质地	pH值	有机质(g/kg)	全氮(g/kg)	有效磷(mg/kg)	速效钾(mg/kg)	阳离子交换量(cmol/kg)	容重(g/cm³)	全盐量(μs/cm)
Y149	官塘	犁头山村	29°19'43.3"	119°59'39.0"	垅田	水稻土	壤质黏土	6.2	2.53	0.15	15.90	42.60	125.00	1.41	105.5
Y150	荷叶塘	堂阁村(李宅村)	29°23'23.3"	120°8'38.5"	岗地	水稻土	壤质黏土	5.5	2.41	0.14	6.68	89.8	105	1.48	89.2
Y151	联合	下西陶村	29°22'40.9"	120°7'10.5"	垅田	水稻土	壤质黏土	6.7	3.09	0.18	3.53	99.40	174.00	1.42	133.1
Y152	尚经	东象山村	29°22'14.9"	120°8'50.6"	平畈	水稻土	沙质壤土	6.0	2.61	0.15	8.81	70.9	93.1	1.34	90.7
Y153	尚经	尚经村	29°21'49.1"	120°8'31.4"	垅田	水稻土	壤质黏土	6.9	1.58	0.10	8.73	159	115	1.58	96.8
Y154	下骆宅	八脚状村	29°20'22.8"	120°8'42.7"	河漫滩	水稻土	壤土	6.2	3.17	0.19	15	125	135	1.28	126.2
Y155	下骆宅	白岸头村	29°20'6.00"	120°8'58.8"	河漫滩	水稻土	沙质壤土	5.9	1.70	0.10	21.3	117	95.5	1.36	92.2
Y156	下骆宅	东岗山村	29°21'15.6"	120°8'9.09"	缓坡	水稻土	黏壤土	6.2	1.90	0.11	5.61	136	109	1.38	79.3
Y157	下骆宅	九如塘村	29°20'22.5"	120°8'37.3"	垅田	水稻土	壤质黏土	6.8	2.11	0.13	18.6	96.6	161	1.5	98.9
Y158	下骆宅	下华店村	29°20'42.2"	120°8'23.7"	平畈	水稻土	壤质黏土	7.4	1.67	0.10	3.92	137	154	1.55	167.8
Y159	下骆宅	下娄店村	29°21'11.0"	120°8'31.7"	顶部	水稻土	黏壤土	6.7	3.00	0.18	10.6	73.1	191	1.3	103.8
Y160	下骆宅	新塘下村	29°20'50.3"	120°7'50.0"	平畈	水稻土	沙质壤土	6.3	3.28	0.19	35.4	116	133	1.29	229.5
Y161	下骆宅	洋塘桥头村	29°21'1.90"	120°7'57.1"	岗地	水稻土	壤质黏土	7.4	2.17	0.13	22.9	61.5	138	1.44	144.5

表 3-30 稠城街道代表性试验数据（二）

样品编号	工作片	村名称	北纬	东经	地形部位	土类	质地	pH值	有机质（g/kg）	全氮（g/kg）	有效磷（mg/kg）	速效钾（mg/kg）	阳离子交换量（cmol/kg）	容重（g/cm³）	水溶性盐总量
L029	荷叶塘	下西陶村	29°22′31.1″	120°7′14.9″	垅田	水稻土	壤质黏土	6.6	14.72	0.01	11.47	75.43	13.69	1.04	0.45
L030	荷叶塘	洋塘桥头村	29°21′8.10″	120°7′34.8″	平畈	水稻土	沙质壤土	5.5	24.38	0.01	6.24	152.29	14.89	0.93	0.31
L031	尚经	东象山村	29°22′12.1″	120°9′0.43″	缓坡	水稻土	黏壤土	5.5	32.65	0.01	60.89	46.25	14.58	0.90	0.22
L032	尚经	尚经村	29°21′24.0″	120°8′18.2″	垅田	水稻土	壤质黏土	5.4	28.70	0.01	19.52	56.73	17.42	0.97	0.25
L033	尚经	下兆村	29°22′7.24″	120°7′17.2″	垅田	水稻土	壤质黏土	6.7	26.00	0.01	17.69	58.07	14.98	0.91	0.42
L034	下骆宅	八脚坎村	29°20′18.8″	120°8′34.7″	河漫滩	水稻土	黏壤土	5.7	27.46	0.01	11.83	52.53	24.16	0.99	0.26
L035	下骆宅	九如堂村	29°20′19.4″	120°7′31.0″	河漫滩	水稻土	壤土	5.8	26.05	0.01	92.29	60.83	24.45	0.99	0.24
L036	下骆宅	下华店村	29°20′25.0″	120°8′23.1″	河漫滩	水稻土	壤土	5.8	19.63	0.01	23.48	72.49	24.06	1.03	1.28
L037	下骆宅	下娄店村	29°21′12.1″	120°8′17.0″	岗地	水稻土	壤质黏土	7.9	14.26	0.01	53.84	140.64	27.45	1.00	0.38

第七节　义乌市稠江街道的土壤肥力现状

　　稠江街道办事处建立于 2001 年 3 月，与浙江省义乌市经济开发区管委会实行两块牌子、一套班子合署办公。稠江街道办事处地处市区西南，东与江东街道隔江相望，南邻佛堂镇，西接义亭镇与城西街道，北靠稠城、北苑街道与城西街道，为义乌市 7 个街道之一。行政区域面积 38km²。属丘陵地区，耕地面积 1 112.5hm²，其中水田 807.1hm²，旱地 365.4hm²。下设经发、江湾、官塘 3 个工作片，凤凰、兴业、松门里、锦都 4 个社区，辖 33 个行政村，10 个居委会，当地人口 4.4 万人，其中农业户口 2.6 万人，外来人口 10 万人左右。

一、稠江街道的土壤采样点分布（图 3－62）

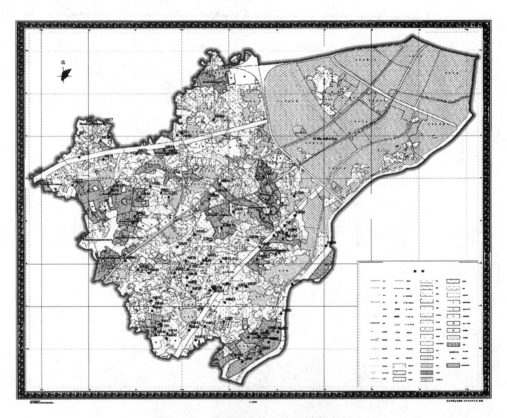

图 3－62　稠城街道的土壤采样点分布

二、稠江街道各工作片土壤基本理化性状

1. 各工作片土壤调查基本现状

　　稠江街道主要分官塘、江湾和金发 3 个工作片，土壤地貌以低丘为主，占整个稠江街道调查样品总量的 82.9%，其余调查土壤则为平原，占调查总量的 17.1%；土类以水稻土为主，占总土类的 74.4%，紫色土占 17.1%，其余为红壤及少量的潮土，分别为调查样品总量的 7.3% 和 1.2%，其中红壤主要分布在官塘工作片，占调查红壤总量的 83.3%，

潮土则分布在江湾工作片。各工作片均以水稻土为主，各工作片水稻土所占比例均超过了70%。各水稻土亚类中以淹育型水稻土亚类为主，占所调查土样的1/2以上，为52.5%；其次为潴育型水稻土，为32.8%；渗育型水稻土则为14.7%。表3-31就稠江街道各工作片土类（亚类）在各片调查土壤中所占百分比及土属、土种、成土母质和剖面构型进行了较为详细的描述。

表3-31　稠江街道各工作片的土壤基本现况

工作片	土类	百分率（%）	亚类	百分率（%）	土属	土种	成土母质	剖面构型
稠江街道	潮土	1.22	灰潮土	100	培泥沙土	培泥沙土	近代冲积物	A-B-C
	红壤	7.32	红壤	100	黄筋泥土	黄筋泥土	第四纪红土	A-[B]-C
	水稻土	74.39	渗育型水稻土	14.75	泥沙田	泥沙田	近代洪冲积物	A-Ap-P-C
					培泥沙田	培泥沙田	近代冲积物	A-[B]-C
								A-Ap-P-C
								A-Ap-C
			淹育型水稻土	52.46	钙质紫泥田	钙质紫泥田	钙质紫砂岩风化坡积物	A-Ap-C
					黄筋泥田	黄筋泥田	第四纪红土	A-Ap-C
			潴育型水稻土	32.79	泥质田	老黄筋泥田	第四纪红土	A-Ap-W-C
						老培泥沙田	近代冲积物	A-Ap-W-C
						泥质田	近代冲积物	A-Ap-W-C
					紫泥沙田	紫大泥田	红紫色砂岩风化再积物	A-Ap-W-C
							紫砂岩风化再积物	A-Ap-W-C
	紫色土	17.07	石灰性紫色土	100	紫沙土	紫泥土	钙质紫砂岩风化残积物	A-C
								A-B-C
							钙质紫砂岩风化坡积物	A-B-C
							紫色砂岩风化体残积物	A-C
						紫沙土	钙质紫砂岩风化残积物	A-C
							钙质紫砂岩风化坡积物	A-B-C
官塘	红壤	10.00	红壤	100	黄筋泥土	黄筋泥土	第四纪红土	A-[B]-C
	水稻土	70.00	淹育型水稻土	65.71	钙质紫泥田	钙质紫泥田	钙质紫砂岩风化坡积物	A-Ap-C
					黄筋泥田	黄筋泥田	第四纪红土	A-Ap-C
			潴育型水稻土	34.29	老黄筋泥田	老黄筋泥田	第四纪红土	A-Ap-W-C
					紫泥沙田	紫大泥田	钙质紫砂岩风化再积物	A-Ap-W-C
							紫砂岩风化再积物	A-Ap-W-C
					紫泥沙田	紫大泥田	钙质紫砂岩风化再积物	A-Ap-W-C
	紫色土	20.00	石灰性紫色土	100.0	紫沙土	紫泥土	钙质紫砂岩风化残积物	A-C
								A-B-C
							钙质紫砂岩风化坡积物	A-B-C
						紫沙土	钙质紫砂岩风化残积物	A-C
							钙质紫砂岩风化坡积物	A-B-C

（续表）

工作片	土类	百分率（%）	亚类	百分率（%）	土属	土种	成土母质	剖面构型
	潮土	3.23	灰潮土	100.0	培泥沙土	培泥沙土	近代冲积物	A-B-C
	红壤	3.23	红壤	100.0	黄筋泥土	黄筋泥土	第四纪红土	A-[B]-C
江湾	水稻土	80.65	渗育型水稻土	36.0	泥沙田	泥沙田	近代洪冲积物	A-Ap-P-C
					培泥沙田	培泥沙田	近代冲积物	A-[B]-C
								A-Ap-P-C
								A-Ap-C
			淹育型水稻土	36.0	钙质紫泥田	钙质紫泥田	钙质紫砂岩风化坡积物	A-Ap-C
			潴育型水稻土	28.0	泥质田	老培泥沙田	近代冲积物	A-Ap-W-C
						泥质田	近代冲积物	A-Ap-W-C
					紫泥沙田	紫大泥田	钙质紫砂岩风化再积物	A-Ap-W-C
							红紫色砂岩风化再积物	A-Ap-W-C
							紫砂岩风化再积物	A-Ap-W-C
	紫色土	12.90	石灰性紫色土	100.0	紫沙土	紫沙土	钙质紫砂岩风化坡积物	A-B-C
							钙质紫砂岩风化残积物	A-C
							紫色砂岩风化体残积物	A-C
金发	水稻土	100.0	潴育型水稻土	100.0	泥质田	泥质田	近代冲积物	A-Ap-W-C

2. 调查土壤耕层质地

稠江街道绝大部分土壤耕层厚度≥20cm，占样品总数的80.5%；土壤肥力半数处于中等水平，占所调查样品数的51.2%，土壤肥力处于较高水平的占18.3%，土壤肥力相对较低所占的比例为30.5%。土壤结构主要以块状为主，占调查总数的48.8%；其次为团块状，占调查总数的22.0%；稠江街道的土壤结构还有核粒状、大块状、小团块状和粒状，占调查总数的29.3%。调查土壤中仅有7.3%无明显障碍因子，其余土壤则均存在不同的障碍因子，其中以坡地梯改型为主，占总调查样品量的64.6%；其余障碍因子为渍潜稻田型和灌溉改良型，分别占14.6%和13.4%。稠江街道在所调查土壤中，有68.3%的土壤存在轻度侵蚀问题，20.7%的土壤存在中度侵蚀问题，另有3.7%的土壤存在重度侵蚀问题，无明显侵蚀现象所占比例不足10%。

调查土壤中，稠江街道的土壤质地有6种，其中有76.8%土壤质地为壤质黏土，而沙质黏壤土、黏壤土、壤土和粉沙质黏壤土所占比例相对较少。其中壤质黏土主要分布在官塘工作片，占稠江街道样品调查总量73.0%。稠江街道及各工作片土壤耕层质所占比例如图3-63所示。

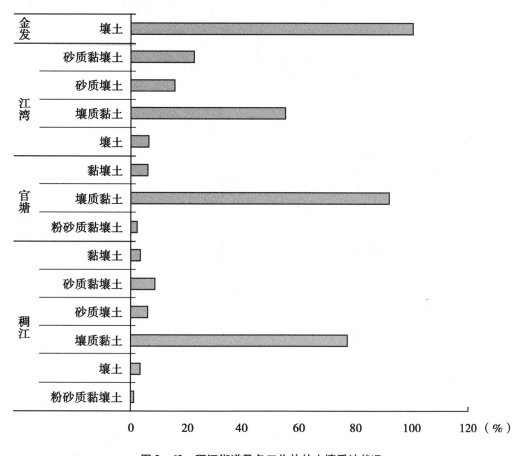

图 3 - 63　稠江街道及各工作片的土壤质地状况

3. 稠江街道各工作片土壤基本理化性状

（1）土壤 pH 值

稠江街道土壤 pH 值为 5.9，略高于义乌市平均 pH 值，其中官塘土壤耕层 pH 值最高，为 6.0；下骆宅最低，为 5.8。土样 pH 值分析结果表明，稠江街道土壤 pH 值绝大部分为 5.5 ~ 6.5，占 65.9%，其中 5.5 ~ 6.0 的占 18.7%；另外，pH 值大于 6.5 的占 13.2%，pH 值小于 5.0 的占 6.6%（图 3 - 64）。

（2）土壤有机质

与义乌市其他街镇相比，稠江街道土壤有机质平均含量相对较低，仅高于北苑街道，位居倒数第二。就稠江街道本身而言，耕层土壤有机质含量低的样品量占大多数，是调查总样品量的 73.6%，其中有 23.1% 的样品耕层土壤有机质含量极低（土壤有机质含量低于 10g/kg）。分析结果表明，稠江街道的土壤仅有少部分的样品有机质含量超过了 30g/kg，占样品总量的 4.4%。以上分析结果表明，稠江街道土壤有机质含量普遍偏低（图 3 - 65）。

（3）土壤全氮

与土壤有机质含量相似，稠江街道土壤全氮含量整体也不高，只有极少数样品土壤全

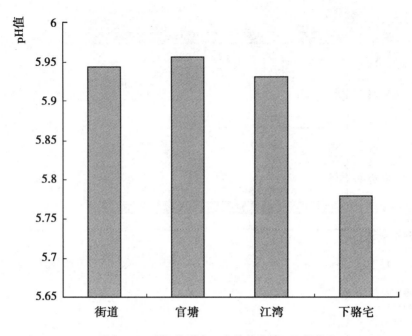

图 3 – 64　稠江街道各工作片的土壤 pH 值状况

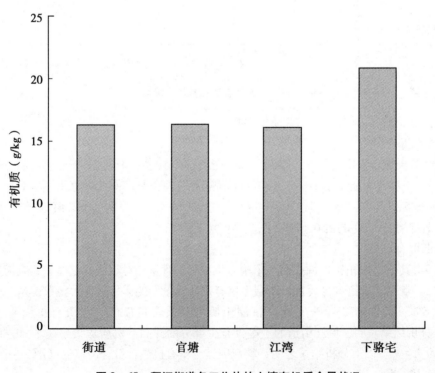

图 3 – 65　稠江街道各工作片的土壤有机质含量状况

氮含量大于 2.0g/kg，占总样品量的 2.2%，其中小于 1.0g/kg 的样品量占总样品量的 69.2%，且有 20.9% 的样品全氮含量小于 0.5g/kg。从各工作片来看，土壤全氮含量小于 1.0g/kg 的样品主要位于官塘，占全氮含量低样品量的 61.9%，且占工作片样品量的 72.2%。江湾土壤全氮含量低于 1.0g/kg 的样品也占到了工作片调查样品量的 69.0%（图 3 –66）。

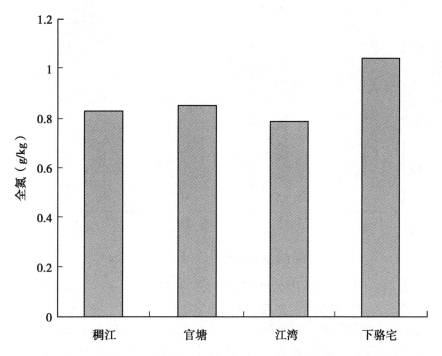

图 3 –66　稠江街道各工作片的土壤全氮含量状况

（4）土壤有效磷

就养分水平而言，稠江街道土壤有效磷含量为 45.2mg/kg，处于偏高水平（有效磷含量大于 25mg/kg），但各地块的各调查样品间，有效磷含量差异较大，其中有效磷含量大于 25mg/kg 的占样品总量的 48.4%，其中有 25.3% 的样品土壤有效磷含量大于 50.0%，含量为 15～25mg/kg 的仅占调查总量的 29.7%，另有 13.2% 的样品土壤有效磷含量小于 10.0mg/kg（图 3 –67）。

较其他工作片而言，江湾土壤有效磷平均含量较低，仅为 26.7mg/kg，其中有 46.4% 的样品土壤有效磷含量为 15～25mg/kg，35.7% 的样品有效磷含量为大于 25.0mg/kg。

（5）土壤速效钾

稠江街道样品土壤速效钾含量在各区间所占的比例差异不大，其中以速效钾含量大于 120mg/kg 所占的比例略高，为 36.3%；其次为 40～80mg/kg 的样品所占的比率，为 31.9%；含量为 80～120mg/kg 的样品所占的比率仅为 29.7%；另外还有少部分的样品速效钾含量小于 40mg/kg（图 3 –68）。

从各工作片来看，以江湾调查样品土壤速效钾含量最低，为 106mg/kg，但其样品土

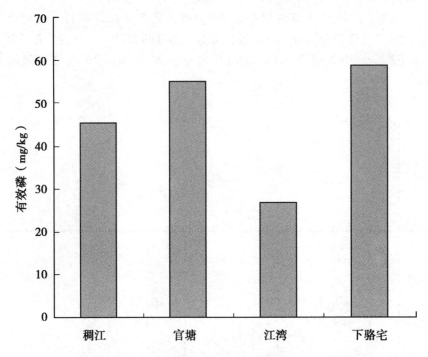

图3-67 稠江街道各工作片的土壤有效磷含量状况

壤速效钾含量为80~120mg/kg的样品数相对较高，占稠江街道的样品总量55.6%，占工作片样品总量的31.0%。且与官塘相比，江湾土壤速效钾含量大于120mg/kg的样品占工作片样品总量的比例较官塘低，官塘有46.3%的样品速效钾含量大于120mg/kg，而江湾仅有20.7%的样品速效钾含量大于120mg/kg，江湾大部分样品的速效钾含量为40~80mg/kg，占工作片总样品量的51.7%。

（6）土壤缓效钾

从养分评价考虑，稠江街道土壤缓效钾平均含量略高（缓效钾含量为200~400mg/kg为适宜），其平均含量为446.6mg/kg。从整个街道所有样品的分析结果来看，稠江街道有44.8%的样品土壤缓效钾处于适宜范围，另外55.2%的样品土壤缓效钾含量均不同程度地高于适宜状态。整个稠江街道，在分析样品中不存在缓效钾含量低的样品。

在稠江街道各工作片中，以官塘土壤缓效钾平均含量略高，其所有分析样品中，有60.5%的样品缓效钾含量高于400mg/kg。相比较之下，江湾样品缓效钾含量处于适宜状态的量较多，占工作片总分析样品量的56.5%（图3-69）。

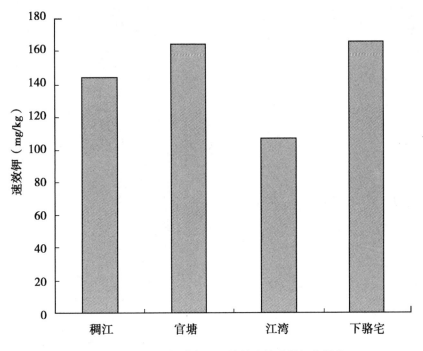

图 3 - 68　稠江街道各工作片的土壤速效钾含量状况

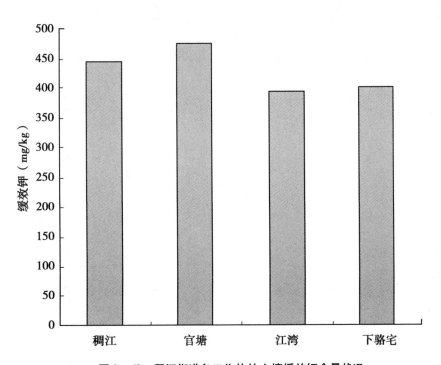

图 3 - 69　稠江街道各工作片的土壤缓效钾含量状况

三、稠江街道的土壤代表性测试数据（表 3 - 32）

表 3 - 32 稠江街道代表性试验数据（一）

样品编号	工作片	村名称	北纬	东经	地形部位	土类	质地	pH 值	有机质 (g/kg)	全氮 (g/kg)	有效磷 (mg/kg)	速效钾 (mg/kg)	阳离子交换量 (cmol/kg)	容重 (g/cm³)
Y162	官塘	官塘村	29°16′26.62″	120°0′25.2″	垅田	水稻土	粉砂质黏壤土	5.6	2.82	0.17	57.6	237	141	1.42
Y163	江湾	红联村	29°14′44.2″	120°1′15.96″	河漫滩	水稻土	沙质壤土	5.6	2.22	0.13	12	86.4	80.7	1.42
Y164	江湾	红联村	29°14′21.41″	120°0′14.76″	河漫滩	水稻土	沙质壤土	6.6	2.9	0.17	33.8	67.9	124	1.32
Y165	江湾	江湾村	29°15′52.09″	120°1′19.2″	岗地	水稻土	壤质黏土	7.2	1.42	0.09	11.4	56.2	89.8	1.38
Y166	畈田朱	下店村	29°13′27.73″	119°55′0.84″	高河漫滩	水稻土	壤土	8.2	18.73	1.52	12.48	121.91	18.25	0.92
Y167	江湾	下柳村	29°16′0.3″	120°0′31.32″	垅田	水稻土	壤质黏土	5.6	1.25	0.08	22.9	614	123	1.5
Y168	官塘	喻宅村	29°16′30.22″	119°59′4.92″	垅田	水稻土	壤质黏土	6.2	2.29	0.14	7.18	80	121	1.27
Y169	官塘	春联村（西田村）	29°16′4.37″	119°59′21.84″	缓坡	红壤	壤质黏土	5	6.36	0.37	66.97	66.69	12.2	1.27
Y170	官塘	红联村	29°23′53.09″	120°1′4.44″	河漫滩	水稻土	沙质黏壤土	6.1	12.77	0.73	21.44	44.71	19.42	1.25
Y171	官塘	上崇山村	29°14′45.13″	120°1′19.56″	河漫滩	水稻土	沙质壤土	4.6	9.01	0.52	36.89	111.57	10.65	1.28
Y172	官塘	下沿塘村	29°16′27.05″	120°0′25.2″	垅田	水稻土	壤质黏土	7.5	19.13	1.09	107.18	105.67	21.12	1.38
Y173	官塘	喻宅村	29°16′4.08″	119°59′24.36″	缓坡	紫色土	黏壤土	5.4	12.39	0.71	55.04	62.81	20.96	1.22

第八节 义乌市大陈镇土壤肥力现状

中国衬衫之乡——大陈镇，地处义乌市北大门，交通十分便利，铁路浙赣线和杭金公路、03省道贯穿全镇，总面积136km²，辖48个行政村和一个居委会，人口6.7万人，其中常住人口3.1万人，外来人口3.6万人。

大陈镇属丘陵、半山区，水利条件良好，除山塘水库外，发源于楂林、巧溪的大陈江也流经大陈镇后注入浦阳江。山林面积占总面积78%，水田占21%。气候温和湿润，日照充足，无霜期240天以上，具有发展以农业为主的综合性经济的良好条件。

一、大陈镇土壤的采样点分布（图3-70）

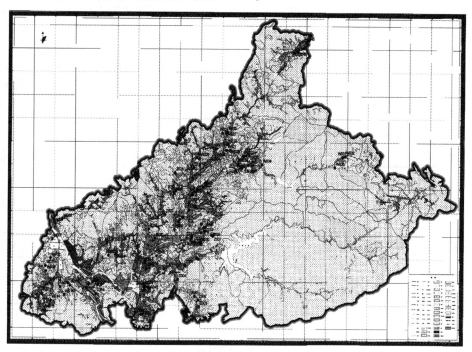

图3-70　大陈镇土壤的采样点分布

二、大陈镇各工作片的土壤基本理化性状

1. 各工作片土壤调查基本现状

在所调查土壤类型中，以水稻土所占面积比例最高，占总调查样品数的84.7%，其余则为红壤，占调查土样的15.3%。在水稻土中主要有渗育型水稻土、淹育型水稻土和潴育型水稻土，各亚类所占比例存在一定差异，其中潴育型水稻土亚类所占比例较高，为51.1%；渗育型水稻土和潴育型水稻土亚类所占调查土样比例相近，分别为26.6%和22.3%。

大陈镇各工作片间土类均以水稻土为主，除东塘水稻土占工作片调查样品量的78.1%外，其余各工作片水稻土均超过工作片调查样品量的80.0%，其中大陈工作片水稻土是工作片调查样品量的93.2%。表3-33就大陈镇各工作片土类（亚类）占工作片调查土壤百分比及土属、土种、成土母质和剖面构型进行了较为详细的描述。

表 3 – 33　大陈镇的土壤基本状况

工作片	土类	百分率（％）	亚类	百分率（％）	土属	土种	成土母质	剖面构型
大陈	红壤	6.82	红壤性土	100	灰黄泥土	灰黄泥土	安山质凝灰岩风化坡残积物	A-[B]-C
								A-C
								A-[B]c-C
	水稻土	93.2	渗育型水稻土	31.71	泥沙田	泥沙田	近代洪冲积物	A-Ap-C
					泥沙田	泥沙田	近代洪冲积物	A-Ap-P-C
			淹育型水稻土	21.95	灰黄泥田	灰黄泥田	安山质凝灰岩风化坡积物	A-Ap-C
					红紫泥田	红紫沙田	红紫色砂岩风化坡积物	A-Ap-C
					灰黄泥田	灰黄泥田	安山质凝灰岩风化坡残积物	A-Ap-C
					钙质紫泥田	钙质紫沙田	钙质紫砂岩风化坡积物	A-Ap-C
			潴育型水稻土	46.34	黄泥沙田	黄粉泥田	黄红壤再积物	A-Ap-W-C
							凝灰岩风化再积物	A-Ap-W-C
							凝灰质砂岩风化再积物	A-Ap-W-C
						黄泥沙田	凝灰岩风化再积物	A-Ap-W-C
					紫泥沙田	紫大泥田	钙质紫砂岩风化再积物	A-Ap-W-C
							安山质凝灰岩风化再积物	A-Ap-W-C
					棕泥沙田	棕泥沙田	安山质凝灰岩再积物	A-Ap-W-C
							灰黄泥土坡积物	A-Ap-W-C
东塘	红壤	21.9	红壤性土	42.86	灰黄泥土	灰黄泥土	安山质凝灰岩风化坡残积物	A-[B]-C
								A-[B]c-C
			黄红壤土	57.14	黄泥土	黄砾泥土	凝灰岩风化体坡积物	A-[B]c-C
								A-[B]-C
	水稻土	78.1	渗育型水稻土	16	泥沙田	泥沙田	近代洪冲积物	A-Ap-P-C
								A-Ap-C
			淹育型水稻土	12	黄泥田	沙性黄泥田	流纹质凝灰岩风化坡积物	A-Ap-C
							凝灰岩风化体坡积物	A-Ap-C
					灰黄泥田	灰黄泥田	安山质凝灰岩风化坡残积物	A-Ap-C
			潴育型水稻土	72	黄泥沙田	黄粉泥田	凝灰岩风化再积物	A-Ap-W-C
						黄泥沙田	凝灰质砂岩风化再积物	A-Ap-W-C
					棕泥沙田	棕泥沙田	安山质凝灰岩风化再积物	A-Ap-W-C
楂林	红壤	20.0	红壤性土	57.14	灰黄泥土	灰黄泥土	安山质凝灰岩风化坡残积物	A-[B]c-C
			黄红壤土	42.86	黄泥土	黄泥土	凝灰质砂岩风化坡残积物	A-[B]-C
							凝灰岩风化体坡积物	A-[B]-C
	水稻土	80.0	渗育型水稻土	28.57	泥沙田	泥沙田	近代洪冲积物	A-Ap-P-C
								A-Ap-C
			淹育型水稻土	32.14	黄泥田	黄泥田	石英闪长岩风化坡积物	A-Ap-C
							安山质凝灰岩风化坡残积物	A-Ap-C
					灰黄泥田	灰黄泥田	安山质凝灰岩风化坡积物	A-Ap-C

·（续表）

工作片	土类	百分率（%）	亚类	百分率（%）	土属	土种	成土母质	剖面构型
楂林	水稻土	80.0	潴育型水稻土	39.29	黄泥沙田	黄粉泥田	凝灰岩风化再积物	A-Aμ-W-C
							凝灰质砂岩风化再积物	A-Ap-W-C
						黄泥沙田	凝灰岩风化再积物	A-Ap-W-C
					棕泥沙田	棕泥沙田	安山质凝灰岩风化再积物	A-Ap-W-C
							灰黄泥土坡积物	A-Ap-W-C
	红壤	15.32	红壤性土	58.82	灰黄泥土	灰黄泥土	安山质凝灰岩风化坡残积物	A-[B]-C
							安山质凝灰岩风化坡残积物	A-[B]c-C
							安山质凝灰岩风化坡残积物	A-C
			黄红壤土	41.18	黄泥土	黄砾泥土	凝灰岩风化体坡积物	A-[B]-C
								A-[B]c-C
							凝灰质砂岩风化坡残积物	A-[B]-C
						黄泥土	凝灰质砂岩风化坡残积物	A-[B]-C
大陈镇区			渗育型水稻土	26.60	泥沙田	泥沙田	近代洪冲积物	A-Ap-P-C
								A-Ap-C
			淹育型水稻土	22.34	钙质紫泥田	钙质紫沙田	钙质紫砂岩风化坡积物	A-Ap-C
					红紫泥田	红紫沙田	红紫色砂岩风化坡积物	A-Ap-C
					黄泥田	黄泥田	石英闪长岩风化坡积物	A-Ap-C
						沙性黄泥田	流纹质凝灰岩风化坡积物	A-Ap-C
							凝灰岩风化体坡积物	A-Ap-C
					灰黄泥田	灰黄泥田	安山质凝灰岩风化坡残积物	A-Ap-C
							安山质凝灰岩风化坡残积物	A-Ap-C
	水稻土	84.68	潴育型水稻土	51.06	黄泥沙田	黄粉泥田	黄红壤再积物	A-Ap-W-C
							凝灰岩风化再积物	A-Ap-W-C
							凝灰质砂岩风化再积物	A-Ap-W-C
						黄泥沙田	凝灰岩风化再积物	A-Ap-W-C
							凝灰质砂岩风化再积物	A-Ap-W-C
					紫泥沙田	紫大泥田	钙质紫砂岩风化再积物	A-Ap-W-C
					棕泥沙田	棕泥沙田	安山质凝灰岩风化再积物	A-Ap-W-C
							安山质凝灰岩再积物	A-Ap-W-C
							灰黄泥土坡积物	A-Ap-W-C

2. 调查土壤耕层质地

大陈镇的土壤耕层厚度以≥18cm为主，占采样量的62.2%，土壤肥力处于中等水平，其中肥力水平处于中等水平的占73.9%，另有14.4%的样品土壤肥力相对较高，土壤肥力相对较低所占的比例为11.7%。土壤结构以团块状为主，占调查总数的63.1%，另外，块状和屑粒状分别占调查总数的17.1%和15.3%。大陈镇少部分调查土样中土壤结构为粒状、微团粒和大块状，共占调查总数的4.5%。大陈镇调查的所有土壤均存在一定的障碍因子，其中以灌溉改良型为主，占样品量的57.7%；其次为坡地梯改型，占

34.2%；另外还包括少量的渍潜稻田型，占8.1%。在所调查土壤中，有85.6%的土壤存在轻度侵蚀问题（二级），其余调查土壤则处于中度侵蚀（三级）。

大陈镇调查的近1/2样品的土壤质地为壤质黏土，占了调查样品量的45.0%；沙质壤土和黏壤土相对较多，分别占24.35%和17.1%；还有部分粉沙质黏壤土、沙质黏壤土和粉沙质黏土。图3-71对大陈镇及各工作片土壤耕层质地所占土壤面积比例进行了描述。

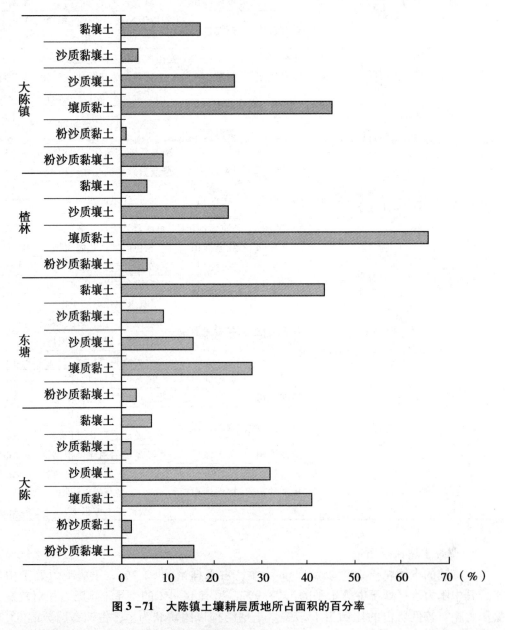

图3-71 大陈镇土壤耕层质地所占面积的百分率

3. 大陈镇各工作片的土壤基本理化性状

（1）土壤 pH 值

从图3-72中可见，大陈镇全镇土壤平均 pH 值5.9，各工作片土壤 pH 值，平均值较为接近，其中东塘工作片和楂林工作片 pH 值均为 5.8，大陈工作片 pH 值略高于大陈镇平均值 6.0。除一个样点土壤 pH 值大于 8.0 外，其余样品土壤 pH 值均为 5.0 ~ 7.0。土样 pH 值分析结果表明，大陈镇有 1/2 以上土壤 pH 值为 5.5 ~ 6.5，占调查样品总量的 76.0%，另有 17.0% 的土壤 pH 值小于 5.5，7.0% 的土壤 pH 值大于 6.5。大陈镇各工作片的土壤 pH 值为 5.5 ~ 6.5，其中大陈有 90.0% 的土壤 pH 值为 5.5 ~ 6.5，东塘和楂林则均有 75.0% 的土壤 pH 值为 5.5 ~ 6.5（图 3 - 72）。

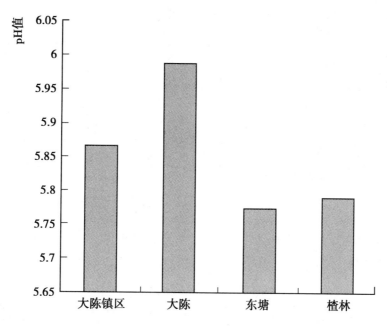

图 3 - 72　大陈镇各工作片的土壤 pH 值状况

（2）土壤有机质

大陈镇土壤有机质平均含量是义乌市所有街镇中含量最高的，为 23.7g/kg，其中东塘工作片和楂林工作片土壤有机质平均含量均高于大陈镇所有样品的平均含量。另外，大陈镇各地块土壤有机质含量差异较大，低的不足 5.0g/kg，高的可达 30g/kg、40g/kg。调查结果表明，大陈镇土壤有机质绝大部分为 20.0 ~ 30.0g/kg，占样品总调查量的 43.5%；大陈镇土壤有机质含量为 10.0 ~ 20.0g/kg 的和有机质含量高于 30g/kg 的比例相近，均超过了 20%，分别为 20.4% 和 21.3%。从上述分析可知，大陈镇土壤有机质处于中等水平（图 3 - 73）。

（3）土壤全氮

大陈镇土壤全氮含量与义亭镇土壤全氮含量相同，平均含量为 1.2g/kg，并列居义乌市各街镇土壤全氮含量的第二位。虽然大陈镇土壤全氮平均含量排名居前，但是不同地块全氮含量差异较大，小于 1.0g/kg 的占总调查样品量的 34.3%，为 1.0 ~ 2.0g/kg 的占 62.0%，而大于 2.0g/kg 仅为 3.7%。

从各工作片来看，土壤全氮含量为 1.0 ~ 2.0g/kg，其中楂林和东塘均有 > 71% 的样

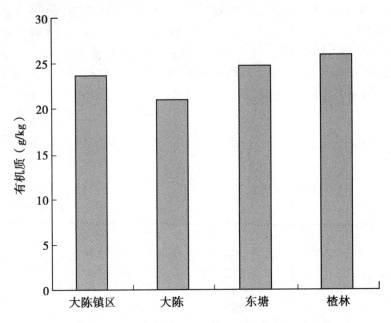

图 3-73 大陈镇各工作片的土壤有机质含量状况

品土壤全氮含量在此区间，大陈在此区间的样品数相对较少，只有工作片样品数的 55.0%（图 3-74）。

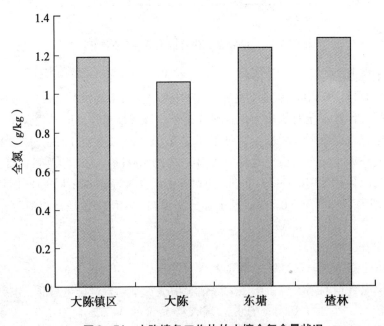

图 3-74 大陈镇各工作片的土壤全氮含量状况

（4）土壤有效磷

大陈镇全镇土壤有效磷平均含量为 26.1mg/kg，与义亭镇并列于义乌各街镇的最后。土样分析结果表明，不同地块的土壤有效磷含量差异也较大，低的小于 5.0mg/kg，占总调查样品量的 7.4%；高的地块土壤有效磷含量大于 100mg/kg，占总调查样品量 3.7%。另外，有 38.0% 的调查土壤有效磷含量偏高（有效磷含量大于 25mg/kg），仅有 19.4% 的调查土壤有效磷含量相对适宜（有效磷含量为 15～25mg/kg）。从上述数据可见，土壤有效磷含量普遍存在过高或过低现象，适宜作物生长的（15～25mg/kg）地块不足调查数的 1/5（图 3-75）。

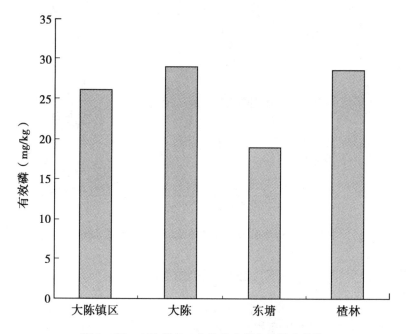

图 3-75 大陈镇各工作片的土壤有效磷含量状况

从各工作片而言，土壤有效磷含量存在一定差异，其中大陈工作片有过半的样品有效磷的含量 >25mg/kg，有效磷含量为 15～25mg/kg 所占的比例不到 20%；楂林则有过半的样品有效磷含量为 5～15mg/kg，有效磷含量为 15～25mg/kg 所占的比例同样 <20%。较之前两个工作片，东塘的样品中有效磷含量为 15～25mg/kg 的比例相对较高，占到了样品量的 32.1%，另有近半数的样品（占样品量的 42.9%）有效磷含量 <15mg/kg。

（5）土壤速效钾

大陈镇全镇土壤速效钾平均含量为 91.0mg/kg，其中以楂林土壤速效钾含量最高，为 115.6mg/kg；东塘含量最低，仅为 70.4mg/kg。分析结果表明，大陈镇不同地块土壤速效钾含量差异较大，低的仅为 20mg/kg，高的可达 300mg/kg、400mg/kg。分析结果表明，土壤速效钾含量低于 40mg/kg 的样品占整个大陈镇样品量的 13.0%；大于 120mg/kg 的样品量占 17.6%；其中大于 300mg/kg 的样品量占 3.7%。虽然大陈镇土壤速效钾所处范围较广，但其含量主要为 40～80mg/kg，占样品总量的 49.1%，且此范围的样品量在各工作片所占比例差异不大，所有工作片在此范围的样品量均超过了半数。从上述分析可见，大陈镇土壤速效钾含量普遍偏低（速效钾含量低于 80mg/kg）（图 3-76）。

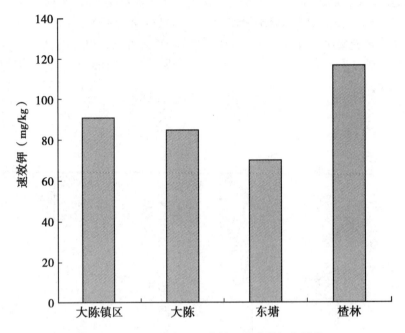

图 3-76 大陈镇各工作片的土壤速效钾含量状况

（6）土壤缓效钾

总体而言，大陈镇土壤缓效钾的平均含量并不高，整个镇的平均含量为 402mg/kg。整个镇以楂林平均含量最高，为 445.8mg/kg；大陈土壤缓效钾含量与楂林相近，为 437mg/kg，但是东塘的土壤缓效钾平均含量却远低于二者，为 303mg/kg。

以养分水平看，大陈镇近半数土壤缓效钾含量相对较高，占样品分析量的 47.4%，其中 59.9% 的样品数在大陈，27.0% 的样品数在楂林；另外在各工作片中，土壤缓效钾含量较为适宜（缓效钾含量为 200~400mg/kg），在各个工作片中所占的比率以东塘工作片为最高，占工作片样品量的 43.6%（图 3-77）。

（7）土壤阳离子交换量

大陈镇土壤平均阳离子交换量是 66.9cmol/kg 土，大陈阳离子交换量最高，为 77.7cmol/kg 土；东塘最低，为 58.6cmol/kg 土。就不同样品而言，土壤阳离子交换量差异较大，小的每千克土中仅含有几个厘摩尔，高的则可达上百厘摩尔。其中土壤阳离子交换量小于 20cmol/kg 土的占整个镇样品量的 30.8%；整个镇不存在土壤阳离子交换量小于 10 cmol/kg土的样品；>100cmol/kg 土的占整个镇样品量的 34.6%（图 3-78）。

（8）土壤容重

大陈镇土壤容重为 1.1g/cm³，为整个义乌市所有街镇中最小的，其中大陈土壤容重相对最大，为 1.2g/cm³；东塘和楂林土壤容重均为 1.1g/cm³。其中有半数的样品土壤容

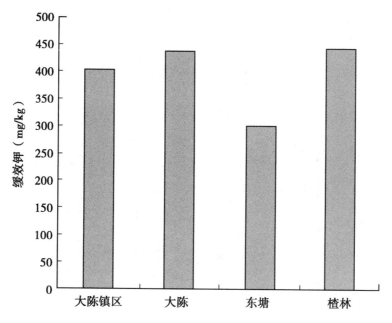

图3-77 大陈镇各工作片的土壤缓效钾含量状况

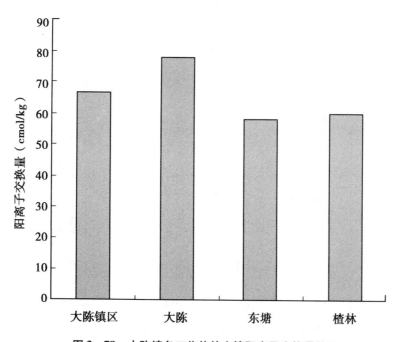

图3-78 大陈镇各工作片的土壤阳离子交换量状况

重为1.0~1.3g/cm³ 的占样品量的31.8%（图3-79）。

（9）水溶性盐总量

大陈镇水溶性盐总量为0.2%，仅高于廿三里街道，其中大陈和楂林水溶性盐总量均

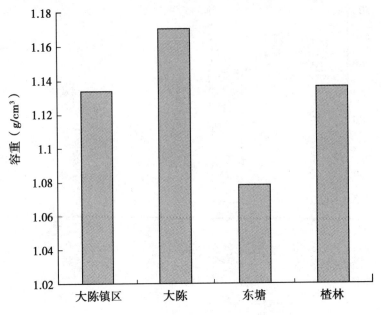

图3-79　大陈镇各工作片的土壤容重状况

为0.3%（图3-80）。

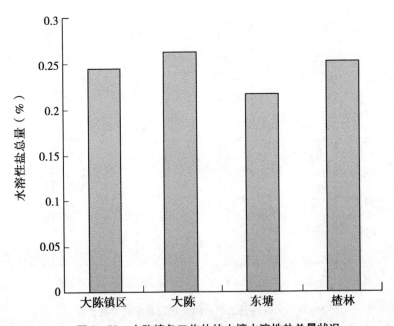

图3-80　大陈镇各工作片的土壤水溶性盐总量状况

三、大陈镇土壤的代表性测试数据（表3-34、表3-35、表3-36）

表3-34　大陈镇代表性试验数据（一）

样品编号	工作片	村名称	北纬	东经	地形部位	土类	质地	pH值	有机质(g/kg)	全氮(g/kg)	有效磷(mg/kg)	速效钾(mg/kg)	缓效钾(mg/kg)
W424	大陈	八里桥头村	29°26′42.1″	120°7′32.1″	垄田	水稻土	粉沙质黏土	5.5	35.91	1.80	12.03	86.00	395
W425	大陈	八里桥头村	29°26′45.3″	120°7′21.8″	垄田	水稻土	沙质黏壤土	6.7	17.22	0.86	36.08	106.00	500
W426	大陈	春林村(李孟宅村)	29°27′51.7″	120°7′47.9″	垄田	水稻土	粉沙质黏壤土	5.6	28.90	1.45	23.11	126.00	470
W427	大陈	春林村(李孟宅村)	29°27′54.2″	120°7′39.0″	平畈	水稻土	沙质壤土	5.9	26.57	1.33	34.07	86.00	405
W428	大陈	春林村(下沿村)	29°27′21.2″	120°7′39.3″	垄田	水稻土	粉沙质黏壤土	5.4	20.69	1.03	7.31	65.00	335
W429	大陈	大陈二村(后陈村)	29°28′48.2″	120°4′59.5″	平畈	水稻土	沙质壤土	5.8	23.24	1.16	31.95	375.00	680
W430	大陈	大陈三村(前田畈村)	29°28′26.5″	120°4′54.3″	平畈	水稻土	沙质壤土	5.2	30.97	1.55	52.23	50.00	400
W431	大陈	大陈三村(瓦窑头村)	29°28′54.1″	120°5′11.7″	垄田	水稻土	沙质壤土	6.0	27.76	1.25	47.98	35.00	605
W432	大陈	杜旗村	29°28′0.04″	120°4′51.2″	垄田	水稻土	黏壤土	6.0	28.68	1.43	43.03	20.00	405
W433	大陈	红旗村(马鞭塘村)	29°27′26.3″	120°6′0.53″	平畈	水稻土	沙质壤土	6.1	21.18	1.06	33.95	45.00	450
W434	大陈	后畈村	29°28′4.44″	120°6′34.0″	垄田	水稻土	壤质黏土	6.5	25.63	1.28	34.07	38.00	225
W435	大陈	凰升塘村	29°27′42.0″	120°4′42.9″	垄田	水稻土	壤质黏土	5.9	15.95	0.80	68.85	30.00	465
W436	大陈	凰升塘村	29°27′49.2″	120°4′41.4″	垄田	水稻土	壤质黏土	6.3	27.90	1.40	48.57	67.00	555
W437	大陈	凰升塘村	29°27′18.0″	120°4′38.9″	垄田	水稻土	壤质黏土	6.1	13.63	0.68	17.21	53.00	400
W438	大陈	金都村	29°26′47.4″	120°4′41.8″	缓坡	水稻土	黏壤土	5.1	14.84	0.74	38.32	65.00	515
W439	大陈	金都村(潘塘村)	29°27′10.5″	120°4′36.0″	垄田	水稻土	黏壤土	6.0	24.80	1.12	27.35	50.00	425
W440	大陈	金都村(潘塘村)	29°27′1.00″	120°4′51.4″	缓坡	水稻土	黏壤土	6.0	27.96	1.40	25.11	46.00	455

（续表）

样品编号	工作片	村名称	北纬	东经	地形部位	土类	质地	pH值	有机质 (g/kg)	全氮 (g/kg)	有效磷 (mg/kg)	速效钾 (mg/kg)	缓效钾 (mg/kg)
W441	大陈	金山村（郭宅村）	29°28'6.16"	120°6'47.7"	垅田	水稻土	壤质黏土	6.1	23.60	1.18	44.92	81.00	255
W442	大陈	李孟宅村	29°27'17.8"	120°7'38.2"	缓坡	红壤	壤质黏土	5.9	14.46	0.72	72.51	58.00	380
W443	大陈	李孟宅村	29°27'19.6"	120°7'44.1"	垅田	水稻土	粉沙质黏壤土	5.8	30.71	1.54	19.92	68.00	305
W444	大陈	李孟宅村	29°27'18.6"	120°7'46.0"	缓坡	红壤	壤质黏土	5.9	18.49	0.92	7.66	113.00	400
W445	大陈	立山黄村	29°27'2.41"	120°9'13.5"	缓坡	水稻土	壤质黏土	6.0	21.84	1.09	56.94	89.00	605
W446	大陈	立山黄村	29°26'52.7"	120°9'14.6"	垅田	水稻土	壤质黏土	5.8	18.91	0.95	14.50	84.00	685
W447	大陈	团结村	29°27'23.7"	120°10'16.3"	平畈	水稻土	沙质壤土	5.6	29.21	1.46	23.58	53.00	430
W448	大陈	团结村	29°27'26.7"	120°6'6.37"	平畈	水稻土	沙质壤土	5.6	41.74	2.09	25.23	52.00	415
W449	大陈	团结村（上仙姆村）	29°27'12.3"	120°7'5.41"	平畈	水稻土	沙质壤土	5.9	18.10	0.90	18.39	65.00	430
W450	大陈	下沿村	29°27'20.1"	120°7'37.4"	平畈	水稻土	粉沙质黏壤土	5.9	24.06	1.20	44.68	58.00	345
W451	大陈	岩界村	29°27'7.30"	120°9'7.12"	缓坡	红壤	壤质黏土	8.1	18.37	0.92	8.49	31.00	550
W452	大陈	蕴草塘村	29°27'20.0"	120°5'8.23"	垅田	水稻土	壤质黏土	5.9	20.20	1.01	61.66	71.00	350
W453	大陈	蕴草塘村	29°27'9.07"	120°5'16.1"	缓坡	水稻土	黏壤土	6.4	24.24	1.21	40.79	85.00	405
W454	大陈	蕴草塘村	29°27'21.9"	120°5'25.8"	缓坡	水稻土	壤质黏土	5.9	25.46	1.27	25.94	65.00	310
W455	东塘	灯塔	29°30'19.6"	120°9'15.0"	缓坡	红壤	壤质黏土	6.1	43.63	1.96	9.31	91.00	380
W456	东塘	灯塔村（横店村）	29°30'19.6"	120°9'43.0"	垅田	水稻土	壤质黏土	5.6	27.80	1.39	16.62	63.00	245
W457	东塘	灯塔村（横店村）	29°30'33.2"	120°9'43.1"	垅田	水稻土	壤质黏土	6.0	32.98	1.65	10.02	46.00	175
W458	东塘	灯塔村（横店村）	29°30'20.6"	120°9'10.4"	垅田	水稻土	壤质黏土	5.9	25.39	1.27	3.89	45.00	255
W459	东塘	东联村（东塘村）	29°30'11.0"	120°11'4.92"	垅田	水稻土	黏壤土	5.7	25.32	1.14	14.97	106.00	295
W460	东塘	杜门村	29°29'45.6"	120°9'25.9"	缓坡	红壤	壤质黏土	5.9	30.96	1.55	47.63	70.00	370

（续表）

样品编号	工作片	村名称	北纬	东经	地形部位	土类	质地	pH值	有机质（g/kg）	全氮（g/kg）	有效磷（mg/kg）	速效钾（mg/kg）	缓效钾（mg/kg）
W461	东塘	杜门村	29°29′43.8″	120°9′27.1″	平畈	水稻土	沙质壤土	5.6	25.60	1.28	26.53	102.00	405
W462	东塘	杜门村	29°29′39.3″	120°9′20.9″	平畈	水稻土	沙质壤土	5.5	26.11	1.31	24.52	62.00	355
W463	东塘	后田畈村	29°30′23.1″	120°10′42.3″	垅田	红壤	沙质黏壤土	5.5	35.62	1.60	15.09	96.00	835
W464	东塘	后田畈村	29°30′23.4″	120°10′37.3″	垅田	水稻土	黏壤土	5.3	26.74	1.34	12.38	41.00	245
W465	东塘	后田畈村	29°30′22.7″	120°10′33.3″	缓坡	红壤	沙质黏壤土	5.5	44.37	2.00	27.12	177.00	300
W466	东塘	后田畈村	29°30′12.4″	120°10′23.2″	缓坡	水稻土	黏壤土	5.4	28.36	1.42	19.69	51.00	305
W467	东塘	山府村	29°30′21.7″	120°13′28.8″	缓坡	水稻土	黏壤土	6.1	37.22	1.86	22.87	28.00	220
W468	东塘	山府村	29°30′22.7″	120°13′32.8″	山脚	红壤	壤质黏土	5.7	37.01	1.67	7.43	48.00	325
W469	东塘	山府村	29°30′7.30″	120°13′14.4″	缓坡	红壤	沙质黏壤土	5.3	23.81	1.19	7.78	38.00	500
W470	东塘	宣德里村	29°30′3.60″	120°10′19.0″	平畈	水稻土	沙质壤土	6.8	29.68	1.48	20.16	59.00	380
W471	东塘	义北村（楼村）	29°30′31.4″	120°10′8.68″	垅田	水稻土	黏壤土	5.8	18.57	0.84	30.54	271.00	425
W472	东塘	义北村（楼村）	29°30′30.9″	120°10′2.53″	垅田	水稻土	黏壤土	5.3	25.88	1.29	54.82	35.00	210
W473	东塘	义北村（楼村）	29°30′38.8″	120°10′3.53″	垅田	水稻土	黏壤土	6.4	10.23	0.51	11.32	57.00	205
W474	东塘	义北村（楼村）	29°30′54.9″	120°10′1.38″	垅田	水稻土	壤质黏土	6.0	23.40	1.05	24.29	27.00	85
W475	东塘	义北村（楼村）	29°30′55.0″	120°9′54.8″	垅田	水稻土	黏壤土	5.3	13.12	0.66	25.58	20.00	90
W476	东塘	义北村（楼村）	29°30′56.5″	120°10′3.46″	缓坡	红壤	壤质黏土	6.0	14.66	0.73	30.65	22.00	65
W477	楂林	朝塘村	29°28′59.4″	120°8′31.9″	垅田	水稻土	壤质黏土	5.4	26.66	1.33	48.69	98.00	390
W478	楂林	朝塘村	29°28′54.0″	120°8′40.5″	缓坡	水稻土	壤质黏土	5.7	30.74	1.54	13.91	54.00	300
W479	楂林	朝塘村	29°28′51.1″	120°8′39.3″	平畈	水稻土	沙质壤土	5.8	23.16	1.16	41.97	67.00	625
W480	楂林	郎坞村	29°28′57.9″	120°8′1.60″	垅田	水稻土	粉沙质黏壤土	5.8	27.98	1.40	11.79	51.00	255

（续表）

样品编号	工作片	村名称	北纬	东经	地形部位	土类	质地	pH值	有机质(g/kg)	全氮(g/kg)	有效磷(mg/kg)	速效钾(mg/kg)	缓效钾(mg/kg)
W481	楂林	里娄山村	29°29'1.24"	120°8'14.4"	垅田	水稻土	壤质黏土	5.7	30.48	1.52	8.61	41.00	205
W482	楂林	芦柴村	29°29'28.5"	120°9'2.70"	垅田	水稻土	壤质黏土	5.5	32.70	1.63	21.34	121.00	270
W483	楂林	马畈村	29°28'3.64"	120°7'59.5"	缓坡	水稻土	壤质黏土	5.8	25.81	1.16	11.91	89.00	380
W484	楂林	婆姆村	29°28'31.6"	120°9'39.1"	缓坡	红壤	壤质黏土	5.8	18.82	0.94	107.99	159.00	645
W485	楂林	婆姆村	29°28'32.7"	120°9'39.8"	缓坡	红壤	壤质黏土	5.7	80.05	3.60	101.04	297.00	735
W486	楂林	上坑仁村(九坞口村)	29°27'59.2"	120°9'13.3"	平畈	水稻土	沙质壤土	6.0	27.15	1.36	53.88	46.00	455
W487	楂林	同坑殿下村	29°28'41.0"	120°7'45.8"	垅田	水稻土	粉沙质黏壤土	5.1	37.53	1.88	46.45	65.00	265
W488	楂林	溪后村	29°27'30.6"	120°8'37.6"	垅田	水稻土	壤质黏土	6.3	32.87	1.64	16.98	76.00	460
W489	楂林	溪后村	29°27'50.6"	120°8'49.6"	平畈	水稻土	沙质壤土	5.8	26.43	1.32	15.21	42.00	450
W490	楂林	杨塘岭村	29°29'34.6"	120°8'33.3"	垅田	水稻土	壤质黏土	6.1	8.96	0.45	6.72	65.00	230
W491	楂林	杨塘岭村	29°29'31.3"	120°8'30.4"	缓坡	红壤	壤质黏土	5.9	39.94	1.80	13.09	58.00	135
W492	楂林	楂林二村	29°28'40.3"	120°8'31.5"	缓坡	红壤	壤质黏土	5.6	18.58	0.93	65.67	130.00	930
W493	楂林	楂林二村	29°28'23.5"	120°9'17.9"	垅田	水稻土	壤质黏土	5.9	35.41	1.77	7.66	50.00	265
W494	楂林	楂林二村	29°28'21.2"	120°9'17.8"	垅田	水稻土	壤质黏土	5.8	27.85	1.39	9.90	67.00	285
W495	楂林	楂林二村(婆姆村)	29°28'32.8"	120°9'36.2"	垅田	水稻土	壤质黏土	5.1	22.24	1.11	21.46	195.00	605
W496	楂林	楂林二村(婆姆村)	29°28'38.3"	120°9'24.5"	缓坡	红壤	壤质黏土	5.8	31.74	1.59	10.61	493.00	835
W497	楂林	楂林二村(婆姆村)	29°28'36.1"	120°9'18.8"	垅田	水稻土	壤质黏土	5.9	20.67	1.03	14.27	39.00	350
W498	楂林	楂林二村(下东里村)	29°28'29.9"	120°9'2.77"	垅田	水稻土	壤质黏土	6.2	23.23	1.05	78.28	310.00	680
W499	楂林	楂林二村(樱落农庄)	29°28'43.5"	120°9'23.1"	缓坡	红壤	黏壤土	5.5	17.14	0.86	50.93	253.00	720

（续表）

样品编号	工作片	村名称	北纬	东经	地形部位	土类	质地	pH值	有机质(g/kg)	全氮(g/kg)	有效磷(mg/kg)	速效钾(mg/kg)	缓效钾(mg/kg)
W500	楂林	楂林二村（樱落农庄）	29°28′48.2″	120°9′18.7″	缓坡	红壤	壤质黏土	5.8	32.23	1.45	7.78	181.00	380
W501	楂林	楂林一村	29°28′28.2″	120°7′56.8″	平畈	水稻土	沙质壤土	5.6	26.58	1.33	7.43	43.00	295

表3-35 大陈镇代表性试验数据（二）

样品编号	工作片	村名称	北纬	东经	地形部位	土类	质地	pH值	有机质(g/kg)	全氮(g/kg)	有效磷(mg/kg)	速效钾(mg/kg)	阳离子交换量(cmol/kg)	容重(g/cm³)	土种	全盐量(μs/cm)
Y174	大陈	北金山（尚西塘村）	29°28′21.7″	120°5′58.9″	坂田	水稻土	粉沙质黏壤土	5.9	2.88	0.17	3.34	73.80	173.00	1.48	灰黄泥沙田	82.3
Y175	大陈	红旗村（马鞭塘村）	29°27′23.1″	120°5′58.9″	平畈	水稻土	沙质壤土	6.0	3.65	0.21	4.63	109.00	205.00	1.34	泥沙田	99.3
Y176	大陈	凤升塘村	29°27′25.3″	120°4′49.8″	坂田	水稻土	粉沙质黏壤土	6.9	1.45	0.09	20.10	149.00	147.00	1.64	灰黄泥田	84.2
Y177	大陈	李孟宅村	29°27′53.3″	120°7′39.1″	平畈	水稻土	沙质壤土	6.2	2.66	0.16	9.39	81.40	89.40	1.42	泥沙田	59.6
Y178	东塘	灯塔村（扬家山村）	29°30′32.9″	120°9′43.8″	坂田	水稻土	壤质黏土	6.2	2.06	0.12	2.06	53.80	178.00	1.48	灰黄泥沙田	71.1
Y179	东塘	双园村	29°30′6.40″	120°10′30.3″	缓坡	水稻土	沙质壤土	5.7	3.47	0.20	7.29	99.30	115.00	1.25	泥沙田	315
Y180	楂林	善坑村	29°30′6.51″	120°9′5.00″	坂田	水稻土	壤质黏土	6.3	1.71	0.10	8.75	54.40	170.00	1.62	灰黄泥沙田	85.4
Y181	楂林	溪后村	29°27′45.7″	120°8′13.2″	平畈	水稻土	沙质壤土	6.4	2.33	0.14	20.70	111.00	72.20	1.3	泥沙田	80.2
Y182	楂林	楂林二村	29°28′26.1″	120°8′59.6″	坂田	水稻土	壤质黏土	5.8	2.47	0.15	11.00	140.00	102.00	1.48	黄泥沙田	58.7

表 3-36 大陈镇代表性试验数据（三）

样品编号	工作片	村名称	北纬	东经	地形部位	土类	质地	pH值	有机质(g/kg)	全氮(g/kg)	有效磷(mg/kg)	速效钾(mg/kg)	阳离子交换量(cmol/kg)	容重(g/cm³)	水溶性盐总量
L038	大陈	北金山村(殿后村)	29°28′16.4″	120°7′2.17″	坡田	水稻土	壤质黏土	5.4	9.88	0.57	13.48	50.01	20.08	0.91	0.27
L039	大陈	红峰村(岭下余村)	29°33′3.59″	120°12′16.9″	坡田	水稻土	壤质黏土	6.5	12.51	0.72	9.54	55.66	13.14	1.05	0.21
L040	大陈	红旗村(丁店村)	29°27′6.37″	120°6′7.20″	平畈	水稻土	沙质壤土	5.6	20.97	1.20	11.89	57.98	12.39	0.81	0.21
L041	东塘	东联村(泉塘村)	29°30′6.11″	120°10′24.6″	缓坡	水稻土	黏壤土	5.7	30.34	1.73	11.00	77.36	16.92	0.93	0.23
L042	东塘	红峰村	29°23′1.06″	120°12′13.3″	坡田	水稻土	黏壤土	6.0	17.01	0.97	17.13	60.32	13.42	0.88	0.19
L043	东塘	红峰村	29°32′28.7″	120°12′4.96″	坡田	水稻土	黏壤土	5.6	16.32	0.93	19.12	62.76	11.99	0.95	0.22
L044	东塘	红峰村	29°32′29.3″	120°12′1.02″	坡田	水稻土	黏壤土	5.9	20.67	1.18	8.23	61.58	16.57	0.97	0.23
L045	楂林	朝塘村	29°29′4.37″	120°8′34.0″	平畈	水稻土	沙质壤土	5.1	22.59	1.29	9.61	121.02	21.99	0.78	0.23
L046	楂林	朝塘村	29°29′10.2″	120°8′34.0″	平畈	水稻土	沙质壤土	5.5	34.34	1.96	6.23	45.86	13.88	0.89	0.28
L047	楂林	善坑村(苘叶塘村)	29°29′31.1″	120°9′2.05″	坡田	水稻土	黏壤土	6.8	15.56	0.89	55.66	64.70	20.95	1.04	0.19
L048	楂林	楂林二村	29°28′14.2″	120°9′4.21″	坡田	水稻土	壤质黏土	5.9	22.98	1.31	10.56	71.66	20.73	0.85	0.31

第九节 义乌市后宅街道的土壤肥力现状

后宅街道位于义乌市西北部，北临人陈镇，东接苏溪镇、稠城街道，南与城西街道相邻，西北与浦江县交界。地处北纬29°22′5″，东经12°23′2″。总面积67.88km²，辖49个行政村，11个居委会，总人口8万人（其中外来人口3万人）。

一、后宅街道的土壤采样点分布（图3-81）

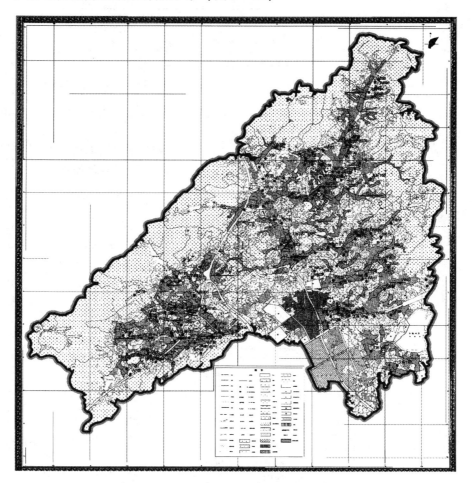

图3-81 后宅街道采样点分布

二、后宅街道各工作片的土壤基本理化性状

1. 各工作片的土壤调查基本现状

在所调查土壤类型中，以水稻土所占面积比例最高，占总调查样品数的80.4%，其次为红壤，占总调查样品14.3%，紫色土所占比例最低，仅为5.3%；在水稻土中主要有渗育型水稻土、淹育型水稻土和潴育型水稻土，各亚类所占比例存在一定差异，其中潴育型水稻土亚类显著高于其他两种水稻土亚类，为71.9%，其次为淹育型水稻土亚类，占

18.5%。在调查土样中，湖门工作片和塘李工作片水稻土均超过后宅街道水稻土样品总量的1/3，宅南工作片农业土壤面积相对较小，调查水稻土的量仅占总水稻样品量的4.4%。表3-37就后宅街道各工作片土类（亚类）占工作片调查土壤百分比及土属、土种、成土母质和剖面构型进行了较为详细的描述。

表3-37　后宅街道的土壤基本状况

工作片	土类	百分比（%）	亚类	百分比（%）	土属	土种	成土母质	剖面构型
后宅	红壤	14.3	红壤性土	12.5	灰黄泥土	灰黄泥土	安山质凝灰岩风化残积物	A-[B]c-C
							安山质凝灰岩风化坡残积物	A-[B]-C
								A-[B]c-C
			黄红壤土	87.5	黄泥土	黄砾泥土	安山质凝灰岩风化坡残积物	A-[B]-C
								A-C
							凝灰岩风化体残积物	A-[B]-C
							凝灰岩风化体坡积物	A-[B]-C
							凝灰质砂岩风化坡残积物	A-[B]-C
						黄泥土	凝灰质砂岩风化坡残积物	A-[B]-C
	水稻土	80.4	渗育型水稻土	9.6	泥沙田	泥沙田	近代洪冲积物	A-Ap-P-C
			淹育型水稻土	18.5	钙质紫泥田	钙质紫泥田	钙质紫砂岩风化坡积物	A-Ap-C
					红紫泥田	红紫泥沙田	红紫色砂岩风化再积物	A-Ap-W-C
						红紫泥田	红紫色砂岩风化坡残积物	A-Ap-C
						红紫沙田	红紫色砂岩风化坡残积物	A-Ap-C
					黄筋泥田	黄筋泥田	第四纪红土	A-Ap-C
					黄泥田	沙性黄泥田	凝灰岩风化体坡积物	A-Ap-C
							凝灰质砂岩风化坡残积物	A-Ap-C
					灰黄泥田	灰黄泥田	安山质凝灰岩风化坡残积物	A-Ap-C
							安山质凝灰岩风化坡积物	A-Ap-C
			潴育型水稻土	71.9	红紫泥沙田	红紫大泥田	红紫色砂岩风化再积物	A-Ap-W-C
					红紫泥沙田	红紫泥沙田	红紫色砂砾岩风化再积物	A-Ap-W-C
					黄泥沙田	黄粉泥田	凝灰岩风化再积物	A-Ap-W-C
							凝灰质砂岩风化再积物	A-Ap-W-C
							片麻岩风化再积物	A-Ap-W-C
						黄泥沙田	钙质紫岩风化再积物	A-Ap-W-C
							凝灰岩风化再积物	A-Ap-W-C
					黄泥沙田	黄泥沙田	凝灰质砂岩风化再积物	A-Ap-W-C
					紫泥沙田	紫大泥田	钙质紫砂岩风化再积物	A-Ap-W-C
							红紫色砂岩风化再积物	A-Ap-W-C
						紫泥沙田	紫砂岩风化再积物	A-Ap-W-C
					棕泥沙田	棕泥沙田	安山质凝灰岩风化再积物	A-Ap-W-C
							安山质凝灰岩再积物	A-Ap-W-C

（续表）

工作片	土类	百分比（%）	亚类	百分比（%）	土属	土种	成土母质	剖面构型
水稻	紫色土	5.3	石灰性紫色土	100	红紫沙土	红紫泥土	红紫色砂岩风化坡残积物	Λ-B-C
							紫色砂岩风化体残积物	A-B-C
					紫沙土	紫泥土	紫色砂岩风化体残积物	A-C
							钙质紫砂岩风化坡积物	A-B-C
湖门	红壤	21.1	红壤性土	16.7	灰黄泥土	灰黄泥土	安山质凝灰岩风化坡残积物	A-[B]c-C
							安山质凝灰岩风化残积物	A-[B]c-C
			黄红壤土	83.3	黄泥土	黄砾泥土	凝灰岩风化体坡积物	A-[B]-C
						黄砾泥土	安山质凝灰岩风化坡残积物	A-[B]-C
								A-C
							凝灰岩风化体坡积物	A-[B]-C
							凝灰质砂岩风化坡残积物	A-[B]-C
						黄泥土	凝灰质砂岩风化坡残积物	A-[B]-C
	水稻土	78.9	渗育型水稻土	13.3	泥沙田	泥沙田	近代洪冲积物	A-Ap-P-C
			淹育型水稻土	15.6	灰黄泥田	灰黄泥田	安山质凝灰岩风化坡残积物	A-Ap-C
					红紫泥田	红紫泥沙田	红紫色砂岩风化再积物	A-Ap-W-C
						红紫沙田	红紫色砂岩风化坡残积物	A-Ap-C
					黄泥田	沙性黄泥田	凝灰岩风化体坡积物	A-Ap-C
							凝灰质砂岩风化坡残积物	A-Ap-C
			潴育型水稻土	71.1	灰黄泥田	灰黄泥田	安山质凝灰岩风化坡积物	A-Ap-C
					红紫泥沙田	红紫泥沙田	红紫色砂砾岩风化再积物	A-Ap-W-C
					黄泥沙田	黄粉泥田	凝灰质砂岩风化再积物	A-Ap-W-C
							片麻岩风化再积物	A-Ap-W-C
						黄泥沙田	钙质紫砂岩风化再积物	A-Ap-W-C
							凝灰岩风化再积物	A-Ap-W-C
							凝灰质砂岩风化再积物	A-Ap-W-C
					棕泥沙田	棕泥沙田	安山质凝灰岩风化再积物	A-Ap-W-C
							安山质凝灰岩再积物	A-Ap-W-C
塘李	红壤	16.9	黄红壤土	100	黄泥土	黄砾泥土	凝灰岩风化体残积物	A-[B]-C
	水稻土	83.1	渗育型水稻土	12.2	泥沙田	泥沙田	近代洪冲积物	A-Ap-P-C
			淹育型水稻土	16.3	红紫泥田	红紫沙田	红紫色砂岩风化坡残积物	A-Ap-C
					黄泥田	沙性黄泥田	凝灰质砂岩风化坡残积物	A-Ap-C
			潴育型水稻土	71.4	黄泥沙田	黄粉泥田	凝灰岩风化再积物	A-Ap-W-C
							凝灰质砂岩风化再积物	A-Ap-W-C
							片麻岩风化再积物	A-Ap-W-C
							凝灰岩风化再积物	A-Ap-W-C
						黄泥沙田	凝灰岩风化再积物	A-Ap-W-C
							凝灰质砂岩风化再积物	A-Ap-W-C

（续表）

工作片	土类	百分比（%）	亚类	百分比（%）	土属	土种	成土母质	剖面构型
宅东	红壤	4.4	红壤性土	50.0	灰黄泥土	灰黄泥土	安山质凝灰岩风化坡残积物	A-[B]-C
			黄红壤土	50.0	黄泥土	黄砾泥土	凝灰质砂岩风化坡残积物	A-[B]-C
	水稻土	77.8	渗育型水稻土	2.9	泥沙田	泥沙田	近代洪冲积物	A-Ap-P-C
			淹育型水稻土	17.1	钙质紫泥田	钙质紫泥田	钙质紫砂岩风化坡积物	A-Ap-C
					红紫泥田	红紫泥田	红紫色砂岩风化坡残积物	A-Ap-C
					黄泥田	沙性黄泥田	凝灰岩风化体坡积物	A-Ap-C
							凝灰质砂岩风化坡残积物	A-Ap-C
					灰黄泥田	灰黄泥田	安山质凝灰岩风化坡积物	A-Ap-C
			潴育型水稻土	80.0	红紫泥沙田	红紫大泥田	红紫色砂岩风化再积物	A-Ap-W-C
					黄泥沙田	黄粉泥田	凝灰岩风化再积物	A-Ap-W-C
						黄粉泥田	凝灰质砂岩风化再积物	A-Ap-W-C
					紫泥沙田	紫大泥田	钙质紫砂岩风化再积物	A-Ap-W-C
							红紫色砂岩风化再积物	A-Ap-W-C
						紫泥沙田	紫砂岩风化再积物	A-Ap-W-C
					棕泥沙田	棕泥沙田	安山质凝灰岩风化再积物	A-Ap-W-C
	紫色土	17.8	石灰性紫色土	100	红紫沙土	红紫泥土	红紫色砂岩风化坡残积物	A-B-C
							紫色砂岩风化体残积物	A-B-C
					紫沙土	紫泥土	钙质紫砂岩风化坡积物	A-B-C
							紫色砂岩风化体残积物	A-C
宅南	水稻土	85.7	淹育型水稻土	66.7	红紫泥田	红紫泥田	红紫色砂岩风化坡残积物	A-Ap-C
					黄泥田	沙性黄泥田	凝灰岩风化体坡积物	A-Ap-C
					黄筋泥田	黄筋泥田	第四纪红土	A-Ap-C
			潴育型水稻土	33.3	红紫泥沙田	红紫大泥田	红紫色砂岩风化再积物	A-Ap-W-C
	紫色土	14.3	石灰性紫色土	100	红紫沙土	红紫泥土	紫色砂岩风化体残积物	A-B-C

2. 调查土壤耕层质地

后宅街道多数土壤耕层厚度≥20cm，占采样总数的78.6%，土壤肥力处于中等水平，其中肥力水平处于中等水平的占67.8%，土壤肥力相对较高或较低所占的比例相近，分别为14.9%和17.3%。土壤结构有团块状，占调查总数的58.3%，块状占16.7%，屑粒状占14.3%，还有大块状和微团粒等几类，共占调查总数的2.4%。后宅街道调查土壤中仅有2.4%无明显障碍因子，87.6%的土壤存在一定的障碍因子，主要包括53.0%的灌溉改良型和33.9%的坡地梯改型，另外还包括部分10.7%的渍潜稻田型；在所调查土壤中，有81.9%的土壤存在轻度侵蚀问题，仅有0.6%的土壤无明显侵蚀，另有15.5%的土壤处于中度侵蚀和3.0%的土壤处于重度侵蚀。

后宅街道土壤质地相对较为丰富，主要包括：壤质黏土、黏壤土、粉沙质黏壤土、沙质壤土、黏土、沙质黏壤土及少部分的粉沙质黏土和沙质黏土。其中以壤质黏土所占调查比例最大，超过了半数，为56.5%，其次为黏壤土和粉沙质黏壤土，分别占16.1%和13.7%。后宅街道各工作片土壤质地虽然在质地类型、数量上有所差异，但均以壤质黏土为主，除湖门工作片以外，其余3个工作片壤质黏土所占比例均超过了半数。图3－82对后宅街道及各工作片土壤耕层质地占工作片调查土壤面积比例进行了描述。

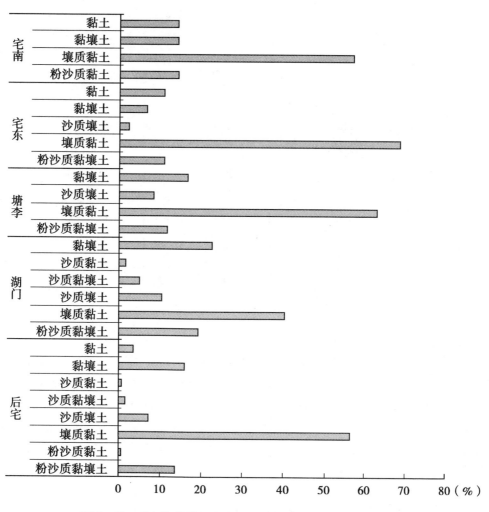

图3－82　后宅街道的土壤耕层质地所占面积百分率（%）

3. 后宅街道土壤基本理化性状

（1）土壤pH值

从图3－83中可见，后宅街道土壤平均pH值为5.9，略高于义乌市平均水平。各土壤pH平均值较为接近，其中以宅东土壤耕层pH值略高，为6.0；宅东最低，为5.8。通过对后宅街道所有样品 pH 值分析结果表明,后宅街道有一半多的土壤 pH 值为 5.5～6.5,占总样品量的 61.4%;另有 25.0% 的土壤 pH 值小于 5.5;pH 值为 6.5～7.5 的占 13.6%,整个后宅街道的所有样品中无 pH 值大于 7.5 的样品。

与后宅街道土壤表层 pH 值规律相近,后宅街道各个工作片的土壤 pH 值为 5.5～6.5,其中塘李土壤 pH 值为 5.5～6.5 的占 71.9%,其余工作片土壤 pH 值为 5.5～6.5 的样品量均超过了 60.0%(图 3 – 83)。

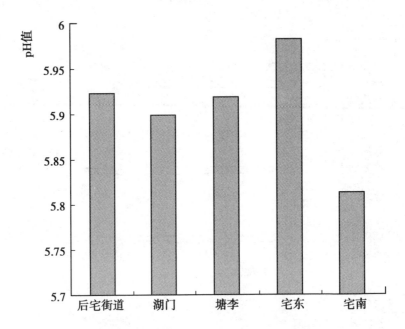

图 3 – 83　后宅街道各工作片的土壤 pH 值状况

(2) 土壤有机质

后宅街道土壤有机质平均含量略高于义乌市的平均含量,较大陈镇和赤岸镇平均含量低。就后宅街道来看,后宅街道分析样品土壤有机质含量主要为 20～30g/kg,占样品总分析量的 44.3%;其次为 10～20g/kg,占样品总分析量的 32.4%。另外,分别有多于 10% 的样品土壤有机质含量小于 10g/kg 或大于 30g/kg。

后宅街道各工作片土壤有机质含量主要为 20～30g/kg,其中宅东区域内样品量所占比例相对较高,占工作片样品总量的 47.6%,湖门区域内的样品量占工作片样品总量的 42.9%。各工作片样品有机质含量大于 30g/kg 占工作片样品总量的比例不高,均在 10% 左右,宅东有机质含量高于 30g/kg 的样品占工作片样品总量的比例为 4.8%,宅南无有机质含量大于 30g/kg 的样品(图 3 – 84)。

(3) 土壤全氮

后宅街道土壤全氮含量整体不高,为 1.0g/kg,略低于义乌市土壤全氮平均含量。除宅南工作片全氮平均含量较低外,其他工作片土壤全氮含量无明显差异。后宅有半数样品的土壤全氮含量为 1.0～2.0g/kg,占样品总量 52.3%,另有 46.6% 的样品全氮含量小于

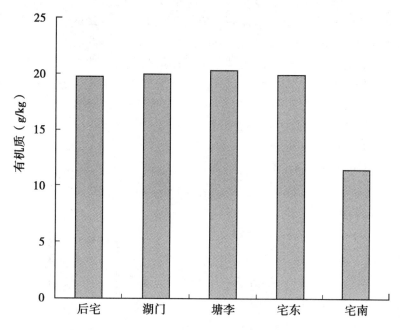

图3-84 后宅街道各工作片的土壤有机质含量状况

1.0g/kg，后宅仅有少数样品的全氮含量大于2.0g/kg，占总样品量的1.1%（图3-85）。

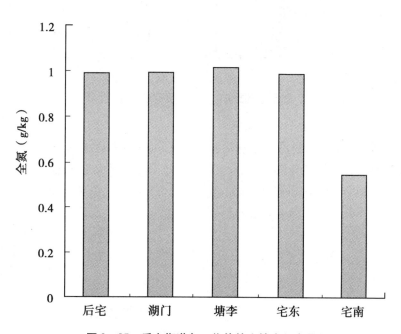

图3-85 后宅街道各工作片的土壤全氮含量状况

（4）土壤有效磷

后宅街道土壤有效磷的平均含量为34.5mg/kg，略低于义乌市平均含量。从整体而言，后宅街道土壤有效磷含量大于25mg/kg的样品量所占比例较大，占后宅街道样品总量的39.2%；其次为5～15mg/kg，占样品总量的28.4%；15～25mg/kg的样品占样品总量的27.3%；另外有5.1%的样品土壤有效磷的含量低于5.0mg/kg。

后宅街道各工作片土壤有效磷含量以宅南工作片为最高，为50.5mg/kg；其次为宅东；塘李土壤有效磷含量最低，为26.5mg/kg。各工作片中，宅东、宅南和塘李中均以土壤有效磷含量大于25mg/kg为主，其中宅东和宅南均占50%，塘李土壤有效磷含量大于25mg/kg的样品占工作片样品量的40.4%（图3－86）。

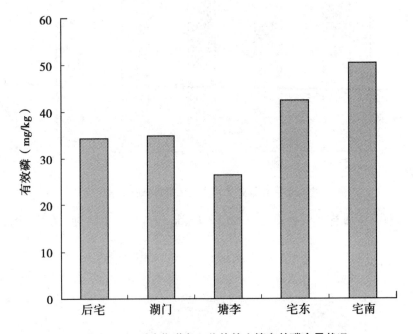

图3－86　后宅街道各工作片的土壤有效磷含量状况

（5）土壤速效钾

后宅街道分别有近1/3的样品土壤速效钾含量为40～80mg/kg和80～120mg/kg，另外还有约30%的样品速效钾含量高于120mg/kg，后宅街道有少量的样品土壤速效钾含量极低，其速效钾含量不足40mg/kg。也就是说，在调查地块中，后宅街道仅有1/3的地块土壤速效钾含量相对适宜（速效钾含量为80～120mg/kg）。

后宅街道除宅南样品量较少（农田面积相对较小）外，其余3个工作片所采的样品数相近，在分析的样品中，3个工作片均无速效钾含量小于40mg/kg的样品，其中湖门工作片样品速效钾含量在3个区域（40～80mg/kg，80～120mg/kg，大于120mg/kg）的比例相近。塘李速效钾含量则主要为40～80mg/kg，占工作片样品量的45.6%，速效钾含量为80～120mg/kg和大于120mg/kg的样品量分别是工作片样品量的28.1%和26.3%；宅东样品速效钾含量为80～120mg/kg的所占比例略高，为40.5%，速效钾含量大于120mg/kg的样品量占工作片样品总量的35.7%（图3－87）。

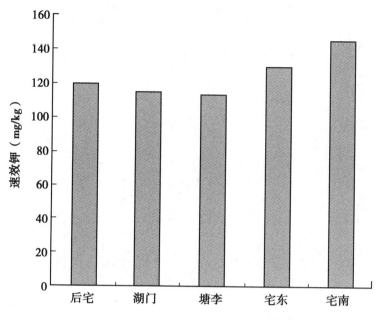

图 3-87　后宅街道各工作片的土壤速效钾含量状况

（6）土壤缓效钾

总体而言，后宅街道土壤缓效钾含量较高，其平均含量为 559mg/kg，高于义乌市缓效钾平均含量（476mg/kg），其平均含量位居义乌市第二，仅次于上溪镇。整个街道有88.5% 的调查样品土壤缓效钾含量超过 400mg/kg，另有 10.7% 的样品缓效钾含量为 300～400mg/kg，位于湖门工作片；整个街道仅有 0.8% 的样品土壤缓效钾含量 <200mg/kg，无低于100mg/kg 的样品。

在各工作片中，塘李样品缓效钾的含量较其他工作片的高，平均含量达到了600mg/kg，其样品中有93.8% 缓效钾含量高于400mg/kg。湖门和宅东样品的缓效钾的平均含量相近，分别为533mg/kg 和532mg/kg，且均有大于80% 的样品缓效钾含量大于400mg/kg（图 3-88）。

（7）土壤阳离子交换量

除北苑街道外，后宅街道土壤阳离子交换量较义乌市其他街道高，就整个后宅街道而言，以宅南工作片土壤阳离子交换量最高，湖门工作片最低。后宅街道样品的土壤阳离子交换量差异较大，低的只有十几个厘摩尔每千克，高的超过 100cmol/kg 土，个别的甚至达到 200cmol/kg 土，其中大于 100cmol/kg 土的样品量占总调查量的 42.9%，且这部分样品主要为下骆宅的样品，占大于 100cmol/kg 土样品量的 45.0%（图 3-89）。

（8）土壤容重

后宅街道土壤平均容重为 1.3g/cm³，高于义乌市平均容重。除宅南外，各工作片土壤平均容重差异不大。在测定样品中，塘李和宅南样品的容重均大于 1.0g/cm³，且宅南所测样品的容重均大于 1.3g/cm³。湖门和宅东土壤容重均以大于 1.0g/cm³ 为主，分别占

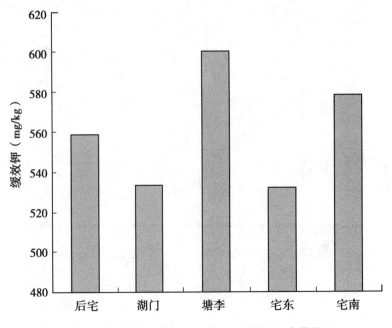

图 3 – 88 后宅街道各工作片的土壤缓效钾含量状况

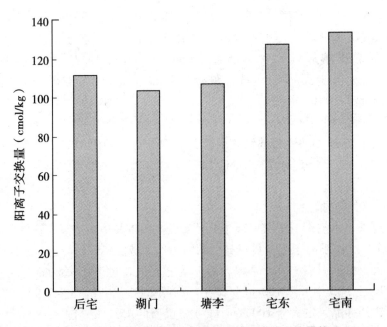

图 3 – 89 后宅街道各工作片的土壤阳离子交换量状况

工作片调查样品量的 76.9% 和 80.0%（图 3 – 90）。

（9）土壤全盐量

后宅街道土壤全盐量平均为 103.7μs/cm，其中湖门土壤全盐量较其他工作片高，为

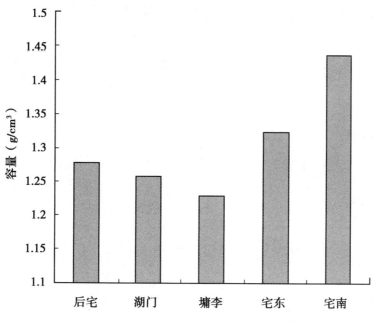

图 3 - 90   后宅街道各工作片的土壤容重状况

123.9μs/cm；宅南土壤全盐量最低，为 57.0μs/cm（图 3 - 91）。

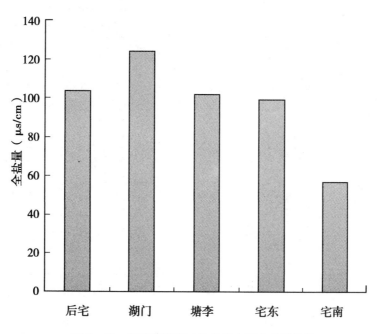

图 3 - 91   后宅街道各工作片的土壤全盐量状况

三、后宅街道代表性试验数据（表3-38、表3-39、表3-40）

表3-38 后宅街道代表性试验数据（一）

样品编号	工作片	村名称	北纬	东经	地形部位	土类	质地	pH值	有机质(g/kg)	全氮(g/kg)	有效磷(mg/kg)	速效钾(mg/kg)	缓效钾(mg/kg)
W502	湖门	广口村	29°24'0.10"	120°2'15.9"	垄田	水稻土	黏壤土	5.3	27.65	1.24	94.60	116.00	530
W503	湖门	鹤田村	29°25'5.34"	120°3'43.4"	缓坡	红壤	壤质黏土	6.7	15.13	0.76	9.60	155.00	780
W504	湖门	鹤田村	29°25'3.00"	120°3'38.2"	垄田	水稻土	黏壤土	6.0	23.58	1.06	26.40	93.00	435
W505	湖门	鹤田村	29°24'54.9"	120°3'15.9"	缓坡	红壤	壤质黏土	4.5	23.18	1.16	35.00	183.00	720
W506	湖门	鹤田村	29°24'52.8"	120°3'5.40"	缓坡	红壤	壤质黏土	6.1	26.71	1.34	20.10	121.00	505
W507	湖门	鹤田村	29°24'41.1"	120°3'13.5"	缓坡	红壤	壤质黏土	6.0	17.25	0.86	75.60	120.00	480
W508	湖门	鹤田村	29°24'30.1"	120°3'35.0"	缓坡	红壤	壤质黏土	5.7	22.90	1.15	16.20	49.00	425
W509	湖门	鹤田村	29°24'49.2"	120°3'39.7"	垄田	水稻土	粉沙质沙质黏壤土	6.0	32.26	1.61	72.30	64.00	590
W510	湖门	鹤田村	29°24'55.2"	120°3'41.8"	垄田	水稻土	粉沙质沙质黏壤土	6.2	22.73	1.14	8.10	107.00	465
W511	湖门	鹤田村	29°25'0.37"	120°3'40.0"	垄田	水稻土	粉沙质沙质黏壤土	6.6	20.60	1.03	24.90	59.00	500
W512	湖门	红塘畈村	29°23'19.0"	120°2'44.5"	缓坡	水稻土	粉沙质沙质黏壤土	5.6	15.37	0.77	10.80	71.00	285
W513	湖门	红塘畈村	29°23'7.08"	120°2'47.5"	缓坡	水稻土	粉沙质沙质黏壤土	5.9	32.34	1.62	17.90	122.00	470
W514	湖门	后傅村	29°25'7.68"	120°3'52.0"	缓坡	红壤	壤质黏土	6.4	19.68	0.89	13.50	82.00	555
W515	湖门	后傅村	29°25'5.23"	120°3'50.6"	缓坡	水稻土	壤质黏土	5.5	32.44	1.62	15.00	76.00	660
W516	湖门	湖门村	29°23'46.4"	120°2'26.5"	平畈	水稻土	沙质壤土	5.1	22.44	1.12	48.80	182.00	365
W517	湖门	俊塘村	29°23'43.3"	120°2'34.3"	垄田	水稻土	粉沙质沙质黏壤土	5.9	20.97	1.05	16.20	48.00	120
W518	湖门	俊塘村	29°23'22.2"	120°2'33.8"	缓坡	红壤	壤质黏土	6.3	19.52	0.98	22.50	130.00	580
W519	湖门	前傅村	29°24'36.9"	120°3'48.4"	垄田	水稻土	壤质黏土	6.1	43.21	2.16	8.40	113.00	565
W520	湖门	三里店村	29°24'38.5"	120°2'11.8"	平畈	水稻土	沙质壤土	5.7	23.99	1.20	52.90	175.00	560
W521	湖门	三里店村	29°24'26.8"	120°2'15.5"	缓坡	水稻土	沙质壤土	6.2	29.72	1.49	23.50	61.00	490
W522	湖门	上金村	29°26'4.45"	120°4'12.2"	缓坡	红壤	壤质黏土	5.4	15.92	0.80	37.10	153.00	865
W523	湖门	上金村	29°26'2.57"	120°4'8.68"	垄田	水稻土	黏壤土	5.9	19.37	0.97	13.70	49.00	555
W524	湖门	深塘下村	29°24'8.28"	120°2'49.7"	垄田	水稻土	黏壤土	5.7	11.00	0.55	32.60	79.00	395

（续表）

样品编号	工作片	村名称	北纬	东经	地形部位	土类	质地	pH值	有机质(g/kg)	全氮(g/kg)	有效磷(mg/kg)	速效钾(mg/kg)	缓效钾(mg/kg)
W525	湖门	深塘下村	29°24′9.90″	120°2′42.1″	垅田	水稻土	壤质黏土	6.5	18.19	0.82	148.20	135.00	660
W526	湖门	深塘下村	29°24′18.6″	120°3′5.68″	垅田	水稻土	粉沙质黏壤土	5.8	19.01	0.95	6.50	81.00	435
W527	湖门	苏街村	29°24′12.8″	120°3′18.6″	缓坡	水稻土	沙质黏壤土	6.0	36.10	1.81	10.60	111.00	585
W528	湖门	苏街村	29°24′9.90″	120°3′16.8″	缓坡	红壤	壤质黏土	6.1	14.54	0.73	62.60	173.00	635
W529	湖门	西夫田村	29°24′34.1″	120°3′25.4″	垅田	水稻土	壤质黏土	5.9	15.56	0.78	18.00	166.00	720
W530	湖门	西夫田村	29°24′26.8″	120°3′27.2″	垅田	水稻土	壤质黏土	6.0	17.37	0.87	14.60	89.00	425
W531	湖门	西夫田村	29°24′18.9″	120°3′17.0″	垅田	水稻土	粉沙质黏壤土	6.0	20.83	0.94	14.50	254.00	550
W532	湖门	西夫田村	29°24′26.8″	120°3′13.6″	缓坡	红壤	壤质黏土	5.0	34.83	1.74	34.10	111.00	585
W533	湖门	西夫田村	29°24′25.9″	120°3′34.3″	缓坡	红壤	壤质黏土	6.6	17.32	0.87	15.80	55.00	330
W534	湖门	下金村	29°25′47.5″	120°4′6.13″	垅田	水稻土	黏壤土	6.0	20.98	0.94	127.60	330.00	835
W535	湖门	下金村	29°25′49.0″	120°4′14.4″	垅田	水稻土	黏壤土	5.3	25.09	1.25	10.70	130.00	670
W536	湖门	下金村	29°25′14.5″	120°3′42.3″	垅田	水稻土	沙质黏壤土	6.2	22.02	1.10	230.50	466.00	1215
W537	湖门	下余山村	29°24′27.9″	120°2′36.1″	垅田	水稻土	沙质黏壤土	6.1	25.38	1.27	7.60	64.00	290
W538	湖门	下余山村	29°24′24.8″	120°2′26.9″	平畈	水稻土	沙质壤土	5.9	17.58	0.88	11.60	119.00	440
W539	湖门	下余山村	29°24′15.4″	120°2′15.2″	垅田	水稻土	壤质黏土	5.7	24.48	1.22	16.20	90.00	425
W540	湖门	新华村	29°24′46.7″	120°2′58.8″	垅田	水稻土	黏壤土	5.6	27.98	1.26	261.30	104.00	395
W541	湖门	新华村	29°24′40.8″	120°2′57.5″	缓坡	红壤	壤质黏土	5.4	18.67	0.93	39.00	168.00	555
W542	湖门	新华村	29°24′41.1″	120°3′5.22″	垅田	水稻土	粉沙质黏壤土	5.8	23.60	1.18	12.30	77.00	435
W543	湖门	新华村	29°24′51.5″	120°2′52.9″	垅田	水稻土	黏壤土	5.5	25.63	1.15	18.90	45.00	335
W544	湖门	北岭塘	29°24′57.7″	120°2′26.9″	垅田	水稻土	粉沙质黏壤土	5.3	18.45	0.92	23.80	196.00	495
W545	塘李	北岭塘	29°22′50.4″	120°0′50.3″	缓坡	水稻土	壤质黏土	5.8	33.54	1.51	22.80	74.00	520
W546	塘李	北岭塘村	29°22′42.1″	120°0′42.0″	垅田	水稻土	壤质黏土	5.4	28.13	1.41	15.20	97.00	380
W547	塘李	北岭塘村	29°22′45.9″	120°0′36.1″	缓坡	水稻土	黏壤土	5.6	30.84	1.39	46.80	144.00	435
W548	塘李	曹村	29°22′32.4″	120°1′7.57″	垅田	水稻土	壤质黏土	5.9	33.29	1.66	36.40	137.00	760

（续表）

样品编号	工作片	村名称	北纬	东经	地形部位	土类	质地	pH值	有机质(g/kg)	全氮(g/kg)	有效磷(mg/kg)	速效钾(mg/kg)	缓效钾(mg/kg)
W549	塘李	曹村	29°22'48.2"	120°1'3.17"	缓坡	红壤	壤质黏土	5.7	14.95	0.75	85.30	346.00	1080
W550	塘李	曹村	29°22'46.3"	120°0'53.1"	缓坡	水稻土	壤质黏土	6.5	27.54	1.38	12.90	55.00	505
W551	塘李	曹村	29°23'1.21"	120°1'13.7"	垄田	水稻土	黏壤土	5.1	22.21	1.11	42.50	114.00	635
W552	塘李	陈宅村	29°21'56.9"	120°1'50.1"	平畈	水稻土	沙质壤土	6.1	29.22	1.46	3.60	59.00	445
W553	塘李	陈宅村	29°21'53.8"	120°1'36.5"	垄田	水稻土	壤质黏土	6.0	22.79	1.14	21.10	168.00	530
W554	塘李	陈宅村	29°22'1.27"	120°1'29.2"	垄田	水稻土	壤质黏土	5.7	23.60	1.18	59.40	94.00	420
W555	塘李	大傅村	29°22'17.4"	120°1'3.43"	垄田	水稻土	壤质黏土	6.2	30.90	1.55	59.20	339.00	820
W556	塘李	大傅村	29°22'18.2"	120°1'19.4"	垄田	水稻土	壤质黏土	6.3	36.17	1.81	59.30	233.00	800
W557	塘李	大傅村	29°22'15.8"	120°1'18.9"	垄田	水稻土	壤质黏土	5.6	39.74	1.99	31.80	137.00	485
W558	塘李	黄宅村	29°21'56.5"	120°0'59.5"	垄田	水稻土	壤质黏土	5.7	13.22	0.66	18.30	56.00	390
W559	塘李	黄宅村	29°22'2.71"	120°0'54.7"	顶部	红壤	壤质黏土	5.8	18.64	0.93	16.20	88.00	500
W560	塘李	黄宅村	29°21'53.4"	120°0'56.4"	河漫滩	红壤	壤质黏土	6.9	26.24	1.31	5.70	99.00	455
W561	塘李	黄宅村	29°22'14.2"	120°0'45.2"	垄田	水稻土	壤质黏土	5.5	18.70	0.93	39.30	89.00	550
W562	塘李	李祖村	29°21'58.3"	119°59'55.2"	垄田	水稻土	壤质黏土	5.9	31.54	1.58	19.10	99.00	680
W563	塘李	李祖村	29°22'15.4"	120°0'38.9"	缓坡	红壤	壤质黏土	5.7	14.47	0.72	19.30	72.00	825
W564	塘李	李祖村	29°22'13.5"	120°0'23.6"	垄田	水稻土	壤质黏土	5.6	17.31	0.78	35.90	97.00	525
W565	塘李	李祖村	29°22'10.8"	120°0'29.5"	垄田	水稻土	壤质黏土	5.4	22.53	1.01	38.60	75.00	545
W566	塘李	李祖村	29°22'6.31"	120°0'30.8"	垄田	水稻土	壤质黏土	5.4	29.62	1.33	10.90	71.00	505
W567	塘李	岭足村	29°21'30.3"	120°0'2.69"	缓坡	红壤	壤质黏土	5.7	15.98	0.80	15.10	67.00	450
W568	塘李	岭足村	29°21'26.7"	120°0'2.95"	缓坡	红壤	壤质黏土	6.1	12.73	0.64	26.10	87.00	600
W569	塘李	岭足村	29°21'19.9"	119°59'59.8"	垄田	水稻土	壤质黏土	5.9	21.29	1.06	27.40	57.00	520
W570	塘李	岭足村	29°21'14.6"	120°0'3.52"	缓坡	红壤	壤质黏土	5.5	18.94	0.95	21.00	41.00	470
W571	塘李	倪村	29°21'34.3"	120°0'0.07"	垄田	水稻土	黏壤土	6.3	17.31	0.87	8.40	91.00	780
W572	塘李	倪村	29°21'29.9"	120°0'31.9"	垄田	水稻土	壤质黏土	5.9	21.70	1.08	16.40	85.00	405

（续表）

样品编号	工作片	村名称	北纬	东经	地形部位	土类	质地	pH 值	有机质（g/kg）	全氮（g/kg）	有效磷（mg/kg）	速效钾（mg/kg）	缓效钾（mg/kg）
W573	塘李	三川塘村	29°22'20.5"	120°0'48.3"	垅田	水稻土	黏壤土	5.1	17.15	0.86	12.70	107.00	580
W574	塘李	三川塘村	29°22'20.1"	120°0'56.0"	垅田	水稻土	壤质黏土	5.9	15.76	0.79	14.60	89.00	390
W575	塘李	上方村	29°21'35.2"	120°0'21.8"	垅田	水稻土	壤质黏土	5.8	18.25	0.82	59.60	163.00	815
W576	塘李	上方村	29°21'32.6"	120°0'24.2"	垅田	水稻土	壤质黏土	5.4	16.55	0.83	33.50	332.00	925
W577	塘李	上方村	29°21'29.8"	120°0'21.2"	缓坡	红壤	壤质黏土	6.0	21.73	1.09	17.10	71.00	830
W578	塘李	上方村	29°21'34.1"	120°0'11.5"	缓坡	水稻土	黏壤土	5.7	24.03	1.20	21.60	161.00	675
W579	塘李	塘下村	29°21'49.5"	120°0'54.6"	垅田	水稻土	粉沙质黏壤土	6.1	21.78	1.09	72.20	298.00	850
W580	塘李	塘下村	29°21'52.9"	120°0'46.1"	垅田	水稻土	粉沙质黏壤土	6.0	29.12	1.96	21.10	84.00	520
W581	塘李	塘下村	29°21'50.1"	120°0'25.6"	垅田	水稻土	粉沙质黏壤土	5.7	23.19	1.16	13.20	122.00	675
W582	塘李	塘下村	29°21'50.0"	120°0'14.7"	垅田	水稻土	粉沙质黏壤土	5.8	17.63	0.79	15.00	72.00	565
W583	塘李	塘下村	29°21'54.7"	120°0'3.13"	垅田	水稻土	粉沙质黏壤土	5.2	26.70	1.33	16.20	111.00	730
W584	塘李	塘下村	29°21'52.5"	120°59'56.2"	缓坡	红壤	壤质黏土	5.6	13.56	0.68	24.00	78.00	655
W585	塘李	下万村	29°21'51.6"	120°1'26.0"	缓坡	水稻土	黏壤土	5.8	22.90	1.15	31.40	50.00	595
W586	塘李	下万村	29°21'35.2"	120°1'14.5"	缓坡	水稻土	黏壤土	5.6	11.91	0.54	16.60	70.00	595
W587	塘李	下万村	29°21'42.7"	120°1'15.6"	缓坡	水稻土	黏壤土	5.5	22.48	1.12	16.90	344.00	730
W588	塘李	下万村	29°21'42.3"	120°1'19.2"	缓坡	红壤	壤质黏土	6.9	17.64	0.88	36.60	164.00	705
W589	塘李	下万村	29°21'45.6"	120°1'8.40"	缓坡	水稻土	壤质黏土	6.5	11.31	0.57	26.80	56.00	415
W590	塘李	岩南村	29°22'52.7"	120°1'31.5"	垅田	水稻土	壤质黏土	5.6	30.80	1.54	48.20	69.00	590
W591	塘李	杨畈田村	29°21'50.3"	120°1'2.92"	平畈	水稻土	沙质壤土	6.5	16.34	0.82	10.60	61.00	425
W592	塘李	杨畈田村	29°21'43.4"	120°0'48.9"	平畈	水稻土	沙质壤土	6.2	24.81	1.12	14.10	63.00	540
W593	宅东	洪家村	29°22'40.9"	120°4'27.1"	垅田	水稻土	粉沙质黏壤土	5.4	17.66	0.88	30.30	89.00	510
W594	宅东	洪家村	29°22'38.3"	120°4'18.9"	垅田	水稻土	粉沙质黏壤土	5.8	16.60	0.83	33.40	87.00	440
W595	宅东	后毛店村	29°22'44.1"	120°3'34.0"	垅田	水稻土	壤质黏土	6.2	28.11	1.41	39.70	109.00	425
W596	宅东	后毛店村	29°22'47.1"	120°3'26.7"	垅田	水稻土	壤质黏土	5.9	35.02	1.75	25.20	100.00	655

（续表）

样品编号	工作片	村名称	北纬	东经	地形部位	土类	质地	pH值	有机质(g/kg)	全氮(g/kg)	有效磷(mg/kg)	速效钾(mg/kg)	缓效钾(mg/kg)
W597	宅东	后毛店村	29°23'1.42"	120°3'29.8"	垅田	水稻土	黏壤土	6.6	17.62	0.79	35.00	88.00	505
W598	宅东	后余村	29°23'0.31"	120°4'22.5"	缓坡	水稻土	黏壤土	5.8	16.78	0.84	50.40	208.00	515
W599	宅东	后余村	29°23'6.53"	120°4'19.5"	缓坡	水稻土	黏壤土	6.0	19.05	0.95	16.40	76.00	415
W600	宅东	后余村	29°23'18.8"	120°4'27.3"	垅田	水稻土	壤质黏土	5.9	13.33	0.67	15.40	63.00	395
W601	宅东	后余村	29°23'8.98"	120°4'6.67"	垅田	水稻土	壤质黏土	6.1	23.59	1.18	27.90	154.00	680
W602	宅东	后余村	29°23'31.8"	120°3'52.2"	垅田	水稻土	壤质黏土	4.8	17.17	0.86	76.70	180.00	635
W603	宅东	后宅二村	29°22'16.4"	120°3'19.8"	垅田	水稻土	壤质黏土	5.6	25.32	1.14	239.60	537.00	865
W604	宅东	后宅二村	29°22'11.5"	120°3'24.1"	缓坡	紫色土	壤质黏土	5.1	21.35	1.07	13.10	59.00	260
W605	宅东	后宅二村	29°22'13.5"	120°3'21.1"	垅田	水稻土	壤质黏土	5.7	28.09	1.40	83.90	156.00	485
W606	宅东	后宅二村	29°22'19.0"	120°3'31.7"	垅田	水稻土	壤质黏土	5.9	22.80	1.03	150.00	244.00	530
W607	宅东	后宅二村	29°22'15.5"	120°3'31.7"	垅田	水稻土	壤质黏土	4.8	26.87	1.34	50.20	237.00	505
W608	宅东	后宅二村	29°22'8.50"	120°3'32.9"	垅田	水稻土	壤质黏土	6.3	23.02	1.15	70.30	200.00	670
W609	宅东	马交塘村	29°23'33.9"	120°3'56.5"	垅田	水稻土	壤质黏土	6.0	18.36	0.83	83.20	201.00	630
W610	宅东	马交塘村	29°23'43.5"	120°4'25.2"	垅田	水稻土	壤质黏土	5.5	33.01	1.65	10.40	113.00	510
W611	宅东	马交塘村	29°22'29.5"	120°4'15.0"	缓坡	红壤	壤质黏土	6.1	20.84	0.94	11.50	94.00	405
W612	宅东	马交塘村	29°22'33.2"	120°4'4.90"	垅田	水稻土	壤质黏土	5.5	24.24	1.21	18.20	118.00	615
W613	宅东	马踏石村	29°23'11.7"	120°3'36.7"	垅田	水稻土	壤质黏土	7.0	18.89	0.94	18.20	99.00	470
W614	宅东	马踏石村	29°23'20.6"	120°3'26.6"	垅田	水稻土	壤质黏土	6.1	24.81	1.24	5.80	103.00	520
W615	宅东	马踏石村	29°23'27.7"	120°3'49.0"	垅田	水稻土	壤质黏土	5.2	16.47	0.74	54.50	102.00	650
W616	宅东	前毛店村	29°22'13.3"	120°3'34.8"	垅田	紫色土	黏土	7.0	20.42	1.02	19.70	128.00	420
W617	宅东	前毛店村	29°22'19.3"	120°3'37.6"	垅田	水稻土	壤质黏土	5.7	15.26	0.76	90.90	107.00	445
W618	宅东	前毛店村	29°22'16.1"	120°3'48.2"	垅田	水稻土	壤质黏土	6.4	27.95	1.40	119.70	198.00	480
W619	宅东	全备村	29°22'10.8"	120°4'1.19"	缓坡	紫色土	黏土	5.6	23.53	1.18	21.50	176.00	655
W620	宅东	全备村	29°22'12.0"	120°4'8.93"	缓坡	紫色土	黏土	6.3	18.30	0.91	16.90	93.00	405

（续表）

样品编号	工作片	村名称	北纬	东经	地形部位	土类	质地	pH值	有机质(g/kg)	全氮(g/kg)	有效磷(mg/kg)	速效钾(mg/kg)	缓效钾(mg/kg)
W621	宅东	全备村	29°22'13.3"	120°4'25.2"	缓坡	紫色土	黏土	6.0	22.13	1.00	11.30	76.00	550
W622	宅东	上周村	29°22'53.6"	120°4'0.55"	垅田	水稻土	壤质黏土	6.6	23.33	1.17	20.50	150.00	480
W623	宅东	上周村	29°22'48.4"	120°3'56.8"	垅坡	水稻土	壤质黏土	5.9	22.94	1.15	39.40	164.00	610
W624	宅东	上周村	29°22'46.3"	120°4'0.76"	缓坡	红壤	黏土	6.1	17.18	0.86	18.00	117.00	490
W625	宅东	下畈村	29°23'5.89"	120°2'50.8"	平畈	水稻土	沙质壤土	5.6	12.49	0.62	14.50	47.00	350
W626	宅东	雅楼村	29°23'19.4"	120°3'21.1"	垅坡	水稻土	壤质黏土	5.7	19.56	0.98	22.00	56.00	380
W627	宅南	寺前村	29°22'41.7"	120°5'1.57"	缓坡	紫色土	黏土	5.4	21.30	1.06	83.70	138.00	430
W628	宅南	寺前村	29°22'48.1"	120°5'0.49"	垅坡	水稻土	粉沙质黏土	6.0	21.13	0.95	100.10	345.00	665
W629	宅南	寺前村	29°22'44.6"	120°4'34.9"	缓坡	水稻土	黏壤土	5.3	22.46	1.01	109.10	203.00	640

表3-39　后宅街道代表性试验数据（二）

样品编号	工作片	村名称	北纬	东经	地形部位	土类	质地	pH值	有机质(g/kg)	全氮(g/kg)	有效磷(mg/kg)	速效钾(mg/kg)	阳离子交换量(cmol/kg)	容重(g/cm³)	全盐量(μs/cm)
Y183	湖门	广口村	29°24'14.0"	120°3'17.8"	垅田	水稻土	黏壤土	7.0	3.59	0.21	12.10	82.80	178.00	1.34	150.6
Y184	湖门	鹤田村	29°24'33.6"	120°3'31.6"	垅田	水稻土	粉沙质黏壤土	6.6	3.75	0.22	13.60	87.70	215.00	1.28	119.4
Y185	湖门	红塘畈村	29°23'9.70"	120°2'48.1"	平畈	水稻土	沙质壤土	5.8	3.07	0.18	22.40	96.80	163.00	1.37	111
Y186	湖门	后傅村	29°24'42.9"	120°3'53.3"	垅田	水稻土	壤质黏土	6.5	1.86	0.11	24.60	92.20	172.00	1.49	83.3
Y187	湖门	俊塘村	29°23'29.7"	120°2'43.2"	平畈	水稻土	沙质黏土	6.1	1.15	0.07	8.03	58.50	124.00	1.6	108.1
Y188	湖门	前傅村	29°24'27.3"	120°4'4.58"	垅田	水稻土	壤质黏土	7.5	1.31	0.08	2.87	57.30	165.00	1.39	77.3
Y189	湖门	上金村	29°25'52.2"	120°0'44.6"	垅田	水稻土	黏壤土	6.5	1.70	0.10	11.10	102.00	124.00	1.56	80.7
Y190	塘李	曹村	29°22'32.0"	120°0'17.60"	垅田	水稻土	壤质黏土	5.6	3.09	0.18	9.51	75.90	134.00	1.27	92.5
Y191	塘李	陈宅村	29°21'54.6"	120°145.9"	平畈	水稻土	沙质壤土	6.6	2.90	0.17	32.90	76.50	204.00	1.35	70.7
Y192	塘李	李祖村	29°22'10.5"	120°0'29.5"	垅田	水稻土	壤质黏土	6.3	3.01	0.18	11.50	124.00	155.00	1.29	100.3

（续表）

样品编号	工作片	村名称	北纬	东经	地形部位	土类	质地	pH值	有机质(g/kg)	全氮(g/kg)	有效磷(mg/kg)	速效钾(mg/kg)	阳离子交换量(cmol/kg)	容重(g/cm³)	全盐量(μs/cm)
Y193	塘李	岭足村	29°21′28.4″	119°59′59.6″	垅田	水稻土	壤质黏土	6.5	3.64	0.21	17.10	71.40	180.00	1.34	114.5
Y194	塘李	上方村	29°21′38.0″	120°0′20.4″	垅田	水稻土	黏壤土	6.1	1.85	0.11	4.22	41.00	94.90	1.16	134.5
Y195	塘李	下万村	29°21′50.7″	120°1′20.7″	平畈	水稻土	沙质壤土	6.7	3.40	0.20	41.20	67.90	151.00	1.1	101.1
Y196	宅东	后宅二村	29°22′21.3″	120°3′30.9″	垅田	水稻土	壤质黏土	7.2	3.51	0.21	3.64	152.00	246.00	1.45	82.2
Y197	宅东	前毛店村	29°22′15.4″	120°3′46.1″	垅田	水稻土	壤质黏土	6.9	1.58	0.10	10.40	73.20	152.00	1.56	53.5
Y198	宅南	雅楼村	29°23′13.9″	120°3′8.38″	垅田	水稻土	粉沙质黏壤土	6.2	3.29	0.19	30.10	104.00	199.00	1.38	162.2
Y199	宅南	杜元村	29°22′2.20″	120°3′21.0″	垅田	水稻土	壤质黏土	6.1	2.00	0.12	3.49	92.20	183.00	1.45	76
Y200	宅南	洪华村	29°21′37.5″	120°4′45.48″	垅田	水稻土	壤质黏土	4.9	0.42	0.03	0.50	32.80	88.80	1.3	36.4
Y201	宅南	遁安村	29°21′23.5″	120°4′31.9″	垅田	水稻土	壤质黏土	7.2	1.68	0.10	6.36	58.40	128.00	1.56	58.7

表3-40 后宅街道代表性试验数据（三）

样品编号	工作片	村名称	北纬	东经	地形部位	土类	质地	pH值	有机质(g/kg)	全氮(g/kg)	有效磷(mg/kg)	速效钾(mg/kg)	阳离子交换量(cmol/kg)	容重(g/cm³)	水溶性盐总量
L049	湖门	俊塘村	29°23′24.2″	120°2′40.9″	缓坡	水稻土	沙质黏土	5.7	20.92	1.19	6.88	80.66	20.35	1.17	0.26
L050	湖门	深塘下村	29°24′15.4″	120°3′11.5″	垅田	水稻土	壤质黏土	5.0	23.17	1.32	7.67	71.84	26.35	0.88	0.49
L051	湖门	吴宅村	29°24′11.9″	120°2′44.4″	垅田	水稻土	黏壤土	6.3	19.72	1.13	29.14	62.56	15.75	0.97	0.38
L052	湖门	新华村(巧溪村)	29°24′58.9″	120°2′29.2″	垅田	水稻土	黏壤土	5.0	24.12	1.38	8.61	105.69	12.17	0.86	0.45
L053	湖门	新华村(下徐村)	29°24′47.0″	120°2′17.9″	缓坡	水稻土	黏壤土	5.4	26.11	1.49	20.07	46.31	21.23	1.13	0.30
L054	塘李	陈宅村	29°21′56.5″	120°1′33.0″	平畈	水稻土	黏壤土	5.7	15.54	0.89	10.18	69.53	16.35	1.07	0.41
L055	塘李	黄宅村	29°21′55.3″	120°0′44.6″	垅田	水稻土	粉沙质黏壤土	6.9	26.77	1.53	27.87	80.03	16.84	1.22	0.34
L056	塘李	西吴田村(塘角村)	29°24′28.8″	120°3′12.8″	垅田	水稻土	壤质黏土	7.3	21.58	1.23	19.62	76.74	11.53	1.26	0.35
L057	宅东	后徐村	29°22′26.5″	120°3′17.3″	垅田	水稻土	壤质黏土	6.1	24.70	1.41	91.38	60.93	12.04	0.95	0.25
L058	宅东	后宅二村	29°22′15.7″	120°3′16.5″	垅田	水稻土	壤质黏土	6.9	25.43	1.45	51.27	113.72	24.61	1.26	0.36

第十节 义乌市江东街道的土壤肥力现状

江东街道办事处于2001年3月20日组建成立，位于风景优美的义乌江东畔，卜辖69个村（居），其中6个社区，2个居委会。总人口22.4万，其中外来人口15.9万。

一、江东街道的土壤采样点分布（图3-92）

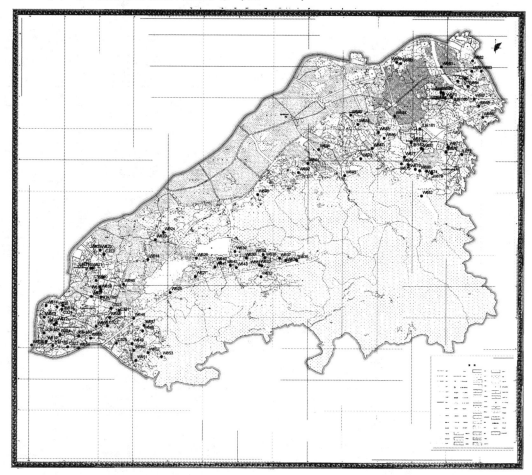

图3-92 江东街道的土壤采样点分布

二、江东街道各工作片土壤基本理化性状

1. 各工作片土壤调查基本现状

江东街道有城东、青口和徐江3个工作片，低丘和平原所占比例相近，分别为49.5%和50.5%；土类以水稻土为重，占总土类的90.8%，其余为红壤、紫色土和潮土，共占总土类的9.2%，这三种土类的80%分布在徐江工作片。三种水稻土亚类中以渗育型水稻土所占比例略高，为所调查的水稻土总量的40.4%；其次为淹育型水稻土，占调查水稻土总量的33.3%。表3-41就江东街道各工作片土类（亚类）在各片调查土壤中所占百分比及土属、土种、成土母质和剖面构型进行了较为详细的描述。

表3-41 江东街道各工作片的土壤基本现况

工作片	土类	百分比（%）	亚类	百分比（%）	土属	土种	成土母质	剖面构型
城东	水稻土	100	渗育型水稻土	16.67	泥沙田	泥沙田	近代洪冲积物	A-Ap-C
			淹育型水稻土	83.33	红紫泥田	红紫泥田	红紫色砂岩风化坡残积物	A-Ap-C
					黄筋泥田	黄筋泥田	第四纪红土	A-Ap-C
青口	红壤	2.63	红壤	100	黄筋泥土	黄筋泥土	第四纪红土	A-[B]-C
	水稻土	94.7	渗育型水稻土	38.89	泥沙田	泥沙田	近代洪冲积物	A-Ap-P-C
					培泥沙田	培泥沙田	近代冲积物	A-Ap-C
								A-Ap-P-C
					沙田		近代冲积物	A-Ap-C
			淹育型水稻土	50.00	钙质紫泥田	钙质紫泥田	钙质紫砂岩风化坡积物	A-Ap-C
					黄筋泥田	黄筋泥田	第四纪红土	A-Ap-C
			潴育型水稻土	11.11	老黄筋泥田	老黄筋泥田	第四纪红土	A-Ap-W-C
					紫泥沙田	紫泥沙田	钙质紫砂岩风化再积物	A-Ap-W-C
	紫色土	2.63	石灰性紫色土	100	紫沙土	紫沙土	紫色砂岩风化体残积物	A-C
徐江	潮土	1.54	灰潮土	100	清水砂	清水砂	近代冲积物	A-B-C
	红壤	6.15	红壤	50.0	黄筋泥土	黄筋泥土	第四纪红土	A-[B]-C
			黄红壤土	50.0	黄泥土	黄泥土	凝灰岩风化体残积物	A-[B]-C
	水稻土	87.7	渗育型水稻土	43.86	泥沙田	泥沙田	近代洪冲积物	A-Ap-P-C
					培泥沙田	老培泥沙田	近代冲积物	A-Ap-W-C
						培泥沙田	近代冲积物	A-Ap-P-C
			淹育型水稻土	17.54	钙质紫泥田	钙质紫沙田	钙质紫砂岩风化坡积物	A-Ap-C
					黄筋泥田	黄筋泥田	第四纪红土	A-Ap-C
					黄泥田	沙性黄泥田	凝灰岩风化体坡积物	A-Ap-C
			潴育型水稻土	38.60	黄泥沙田	黄泥沙田	凝灰岩风化再积物	A-Ap-W-C
					老黄筋泥田	老黄筋泥田	第四纪红土	A-Ap-W-C
					泥质田	泥质田	近代冲积物	A-Ap-W-C
	紫色土	4.62	石灰性紫色土	100	紫沙土	紫沙土	紫色砂岩风化体残积物	A-C
								A-B-C
								A-Bc-C

（续表）

工作片	土类	百分比（%）	亚类	百分比（%）	土属	土种	成土母质	剖面构型
	潮土	0.92	灰潮土	100	清水砂	清水砂	近代冲积物	A-B-C
	红壤	4.59	红壤	60.0	黄筋泥土	黄筋泥土	第四纪红土	A-［B］-C
			黄红壤土	40.0	黄泥土	黄泥土	凝灰岩风化体残积物	A-［B］-C
江东街道	水稻土	90.83	渗育型水稻土	40.4	泥沙田	泥沙田	近代洪冲积物	A-Ap-P-C
								A-Ap-C
					培泥沙田	培泥沙田	近代冲积物	A-Ap-P-C
								A-Ap-C
						沙田	近代冲积物	A-Ap-C
						老培泥沙田	近代冲积物	A-Ap-W-C
			淹育型水稻土	33.3	钙质紫泥田	钙质紫泥田	钙质紫砂岩风化坡积物	A-Ap-C
						钙质紫沙田	钙质紫砂岩风化坡积物	A-Ap-C
					红紫泥田	红紫泥田	红紫色砂岩风化坡残积物	A-Ap-C
						红紫沙田	红紫色砂岩风化坡残积物	A-Ap-C
					黄筋泥田	黄筋泥田	第四纪红土	A-Ap-C
					黄泥田	沙性黄泥田	凝灰岩风化体坡积物	A-Ap-C
			潴育型水稻土	26.3	黄泥沙田	黄泥沙田	凝灰岩风化再积物	A-Ap-W-C
					老黄筋泥田	老黄筋泥田	第四纪红土	A-Ap-W-C
					泥质田	泥质田	近代冲积物	A-Ap-W-C
					紫泥沙田	紫泥沙田	钙质紫砂岩风化再积物	A-Ap-W-C
	紫色土	3.67	石灰性紫色土		紫沙土	紫沙土	紫色砂岩风化体残积物	A-C
							紫色砂岩风化体残积物	A-B-C
							紫色砂岩风化体残积物	A-Bc-C

2. 调查土壤耕层质地

江东街道调查土壤耕层厚度绝大部分≥20cm，占样品总数的71.6%，另外有24.8%的土壤耕层厚度为15～20cm；江东街道调查土壤肥力大多数处于中等水平，占所调查样品数的44.0%，土壤肥力处于较高水平的占25.7%，另有30.3%的土壤肥力相对较低。

土壤结构以团块状为主，占调查总数的56.9%，其次为小团块状，占调查总数的24.8%。调查结果表明，江东街道土壤结构还有块状、碎块状、屑粒状和核粒状等几类，共占调查总数的18.3%。江东街道调查土壤中有12.8%并无明显障碍因子，其余土壤均不同程度地存在着障碍因子，其中主要障碍因子是灌溉改良型，占总调查样品量的44.0%；其次为坡地梯改型，占36.7%，另外还有少量的渍潜稻田型和盐碱耕地型。在所调查土壤中，有55.0%的土壤存在轻度侵蚀问题，38.5%的土壤无明显侵蚀，另有5.5%的土壤处于中度侵蚀和1.0%的土壤处于重度侵蚀状态。

江东街道土壤质地主要包括：壤质黏土、沙质黏壤土、沙质壤土、黏壤土及少部分粉壤土。其中以黏壤土所占比例较大，为42.2%；其次为沙质壤土和壤质黏土，分别占28.3%和22.0%；粉沙质黏壤土和壤土共占7.5%。图3-93对赤岸镇及各工作片土壤耕层质地占整个街道（片）中所占比例进行了描述。

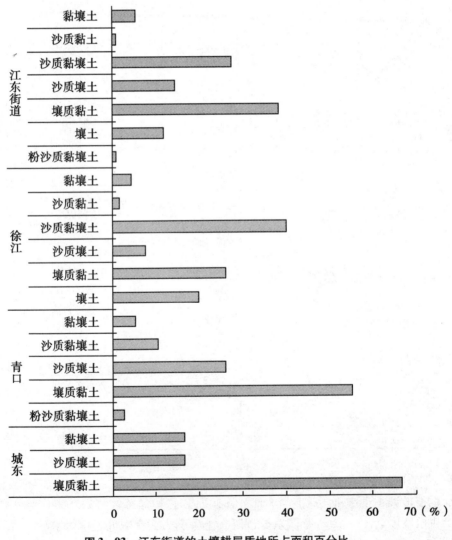

图3-93 江东街道的土壤耕层质地所占面积百分比

3. 江东街道各工作片土壤基本理化性状

（1）土壤 pH 值

江东街道土壤平均 pH 值为 5.8，各工作片土壤 pH 值平均值较为接近，城东和青口工作片土壤耕层 pH 值为 5.7；徐江工作片为 5.8；江东街道中，pH 值最小值仅为 4.3，此样品属于青口工作片。pH 值分析结果表明，江东街道有 1/2 以上的土壤 pH 值为 5.5 ~ 6.5，占 57.1%；另有 33.9% 的土壤 pH 值小于 5.5；pH 值大于 6.5 的样品共占总量的 8.9%，其中有 2.7% 的样品 pH 值大于 7.5。与整个江东街道土壤表层 pH 值规律相近，除城东工作片外，另两个工作片的土壤 pH 值主要为 5.5 ~ 6.5。其中青口工作片土壤 pH 值为 5.5 ~ 6.5 的占 62.2%；徐江占 58.7%；城东土壤 pH 值为 5.5 ~ 6.5 的数量相对较少，仅为 33.3%，其半数土壤 pH 值小于 5.5（图 3 - 94）。

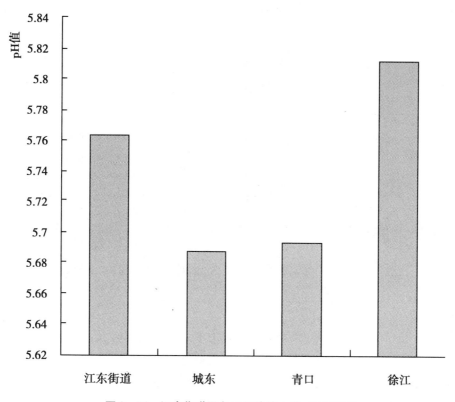

图 3 - 94　江东街道及各工作片的土壤 pH 值状况

（2）土壤有机质

江东街道土壤有机质平均含量为 18.5g/kg，其中城东的土壤有机质含量最高为 18.8g/kg；青口相对较低，仅为 18.3g/kg。另外，通过对江东街道土样分析结果表明，江东街道不同地块土壤有机质含量差异较大，低的不足 5.0g/kg，高的可达 30g/kg、40 g/kg。调查结果表明，江东街道土壤有机质绝大部分为 10.0 ~ 20.0g/kg，占样品总调查量的 42.9%；其次为 20.0 ~ 30.0g/kg，占 36.6%；另外，土壤有机质含量小于 10g/kg 及大于 30.0g/kg 的分别占到 14.3% 和 6.3%。从上述分析可知，江东街道土壤有机质含量普遍偏低。

就各工作片而言，城东所有样品的土壤有机质含量均为 10~30g/kg，且 10~20g/kg 与 20~30g/kg 的样品所占比例相同；青口土壤有机质含量 10~20g/kg 与 20~30g/kg 的样品所占比例也相同，均为 40.5%；徐江土壤有机质含量在 10~20g/kg 的样品量高于 20~30g/kg 的样品量，土壤有机质含量在 10~20g/kg 的样品占样品总量的 44.4%，在 20~30g/kg 的样品占样品总量的 33.3%（图 3-95）。

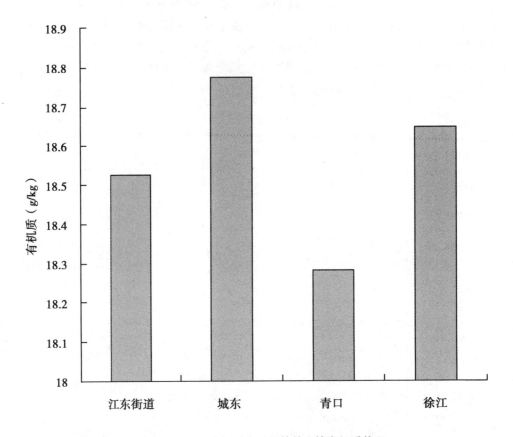

图 3-95　江东街道各工作片的土壤有机质状况

（3）土壤全氮

江东街道土壤全氮平均含量为 0.9g/kg，各工作片土壤全氮含量差异不大。另外，通过对土样分析结果表明，不同地块土壤全氮含量差异较大，不足 1.0g/kg 的占总调查样品量的 1/2，为 54.5%；1.0~2.0g/kg 的占 41.4%；而高于 2.0g/kg 仅为 4.5%，且样品位于徐江，城东和青口未见有全氮含量大于 2.0g/kg 的样品。从上述分析显见，江东街道土壤全氮含量普遍偏低（图 3-96）。

（4）土壤有效磷

江东街道土壤有效磷平均含量为 60.5mg/kg，其中以徐江土壤有效磷含量最高，为 80.6mg/kg；青口最低，仅为 28.7mg/kg。分析结果表明，江东街道不同地块土壤有效磷含量差异也较大，低的不足 5.0mg/kg，占总调查样品量的 1.8%；高的地块土壤有效磷含量大于 100mg/kg，占总调查样品量 17.0%。另外，江东街道有 56.3% 的调查土壤有效磷

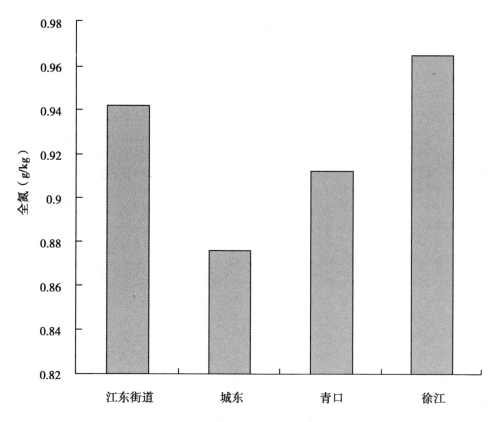

图 3-96 江东街道各工作片的土壤全氮含量状况

含量偏高（有效磷含量大于 25mg/kg），江东街道仅有 14.4% 的调查土壤有效磷含量相对适宜（有效磷含量为 15~25mg/kg）。从上述数据可见，江东街道土壤有效磷含量普遍存在含量偏高现象，适宜作物生长的（15~25mg/kg）仅占少数，整个江东街道未见有效磷含量小于 5mg/kg 的样品（图 3-97）。

各工作片土壤有效磷含量普遍偏高，其中徐江土壤有效磷含量偏高达 73.0%；城东土壤有效磷含量偏高达 66.7%；青口 5~15mg/kg、15~25mg/kg 和 >25mg/kg 间的样品量较为接近，其中大于 25mg/kg 的样品量略高，占样品总量的 35.1%。城东所有样品中，未见有效磷含量为 15~25mg/kg 的样品。

（5）土壤有效磷

江东街道土壤速效钾平均含量为 114.6mg/kg，其中以徐江土壤速效钾含量最高，为 127.4mg/kg；城东最低，为 84.3mg/kg。另外，通过对江东街道样品分析结果表明，江东街道不同地块土壤速效钾含量差异较大，低的不足 20mg/kg，占样品总量的 9.8%；高的可达 300mg/kg，土壤速效钾含量高于 120mg/kg 的样品量占整个江东街道样品量的 38.4%，其中速效钾含量大于 200mg/kg 的样品量占样品总量的 10.7%。除了速效钾含量大于 120mg/kg 的样品外，江东街道有近 1/3 的样品土壤速效钾含量主要集中在 40~80mg/kg，占样品总量的 32.1%。从上述的分析可见，虽然江东街道土壤速效钾平均含量

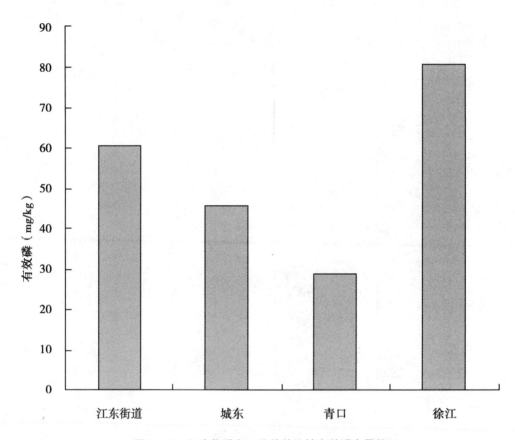

图 3 – 97　江东街道各工作片的土壤有效磷含量状况

在 80 ~ 120mg/kg，为相对较为适宜的浓度范围，但是就各样品而言，江东街道超过 2/3 的样品存在速效钾含量不足或过高的问题（图 3 – 98）。

（6）土壤缓效钾

江东街道土壤缓效钾的平均含量为 386.8mg/kg，位居义乌各街镇中后列，其平均含量远低于义乌市平均水平，徐江平均含量略高。分析结果表明，江东街道不同地块土壤缓效钾含量还是存在一定差异，分析的样品缓效钾最低含量为 165mg/kg，最高则为 710 mg/kg；土壤缓效钾含量大于 400mg/kg 的样品量占整个江东街道样品量的 45.3%，200 ~ 300mg/kg 的样品量占整个江东街道样品量的 51.2%。也就是说，江东街道有 1/2 以上的样品土壤缓效钾含量处于相对适宜的浓度范围（图 3 – 99）。

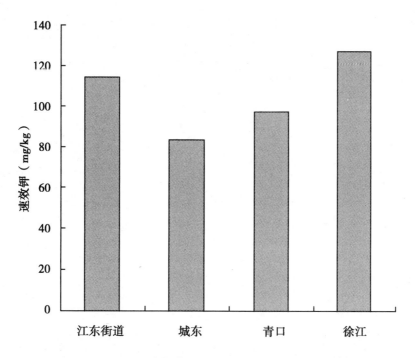

图3-98　江东街道各工作片的土壤速效钾含量状况

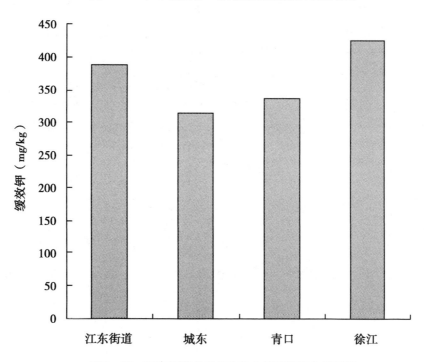

图3-99　江东街道各工作片的土壤缓效钾含量状况

三、江东街道的土壤代表性测试数据（表 3 – 42、表 3 – 43、表 3 – 44）

表 3 – 42　江东街道代表性试验数据（一）

样品编号	工作片	村名称	北纬	东经	地形部位	土类	质地	pH 值	有机质(g/kg)	全氮(g/kg)	有效磷(mg/kg)	速效钾(mg/kg)	缓效钾(mg/kg)
W630	城东	端头村	29°17′54.8″	120°6′21.4″	垄田	水稻土	壤质黏土	5.4	20.09	0.90	12.40	53.00	325
W631	城东	金星村	29°17′55.9″	120°7′18.7″	缓坡	水稻土	壤质黏土	6.7	11.21	0.50	26.00	55.00	220
W632	城东	青岩刘村	29°17′7.87″	120°5′16.7″	缓坡	水稻土	黏壤土	4.8	16.76	0.75	76.40	122.00	350
W633	城东	山口村	29°17′27.7″	120°6′49.6″	缓坡	水稻土	壤质黏土	5.9	27.08	1.22	31.80	57.00	285
W634	城东	宗塘村	29°17′40.0″	120°6′10.1″	平畈	水稻土	沙质壤土	5.4	20.97	1.05	111.30	179.00	415
W635	城东	宗塘村	29°17′30.7″	120°6′0.10″	垄田	水稻土	壤质黏土	5.9	16.55	0.83	14.70	40.00	295
W636	廿三里	塔下州村	29°16′9.65″	120°2′29.8″	河漫滩	水稻土	沙质黏壤土	5.9	25.28	1.26	21.70	61.00	395
W637	青口	船埠头村	29°19′16.3″	120°9′15.5″	河漫滩	水稻土	沙质黏壤土	5.8	24.63	1.23	12.60	77.00	435
W638	青口	大湖头村	29°19′26.9″	120°9′5.68″	河漫滩	水稻土	沙质壤土	5.6	11.99	0.60	58.60	164.00	710
W639	青口	大元村	29°17′57.7″	120°8′40.3″	平畈	水稻土	沙质壤土	5.4	27.17	1.36	24.00	192.00	235
W640	青口	大元村	29°17′52.2″	120°8′37.5″	缓坡	水稻土	壤质黏土	5.6	15.09	0.75	9.20	84.00	295
W641	青口	大元村	29°17′30.2″	120°8′22.4″	平畈	水稻土	沙质壤土	5.7	30.18	1.51	29.80	80.00	325
W642	青口	大元村	29°17′32.7″	120°8′16.5″	平畈	水稻土	沙质壤土	5.5	24.11	1.08	31.20	37.00	320
W643	青口	大元村	29°17′39.1″	120°7′57.2″	缓坡	水稻土	壤质黏土	5.4	21.10	0.95	6.80	43.00	180
W644	青口	大元村	29°17′40.0″	120°7′50.0″	缓坡	水稻土	壤质壤土	5.4	23.04	1.15	19.10	32.00	190
W645	青口	大元村	29°17′46.9″	120°7′52.9″	缓坡	水稻土	壤质黏土	5.8	11.42	0.51	7.50	55.00	295
W646	青口	大元村	29°17′45.1″	120°7′6.59″	缓坡	水稻土	壤质黏土	5.3	19.89	0.90	7.80	40.00	165
W647	青口	大元村	29°17′45.2″	120°8′4.56″	缓坡	水稻土	壤质黏土	5.1	22.36	1.01	12.70	17.00	235
W648	青口	大元村	29°17′33.0″	120°8′9.31″	缓坡	水稻土	壤质黏土	4.8	23.91	1.20	16.00	75.00	260
W649	青口	大元村	29°17′55.3″	120°8′12.2″	平畈	水稻土	沙质壤土	5.9	17.13	0.86	15.20	48.00	330
W650	青口	大元村	29°18′6.91″	120°8′11.2″	平畈	水稻土	沙质壤土	5.6	15.93	0.80	12.70	95.00	360
W651	青口	大元村	29°17′2.47″	120°8′0.16″	平畈	水稻土	沙质壤土	6.1	17.26	0.86	36.30	54.00	270
W652	青口	观音塘村	29°18′28.6″	120°9′17.3″	缓坡	水稻土	壤质黏土	6.3	13.76	0.69	41.70	60.00	355

（续表）

样品编号	工作片	村名称	北纬	东经	地形部位	土类	质地	pH值	有机质（g/kg）	全氮（g/kg）	有效磷（mg/kg）	速效钾（mg/kg）	缓效钾（mg/kg）
W653	青口	后湖村	29°19′25.1″	120°7′44.6″	河漫滩	水稻土	沙质壤土	5.6	27.52	1.24	51.10	213.00	525
W654	青口	后湖村	29°19′23.8″	120°7′48.8″	河漫滩	水稻土	沙质壤土	5.4	19.12	0.96	33.60	133.00	470
W655	青口	平畴村	29°19′0.58″	120°9′0.46″	缓坡	水稻土	壤质黏土	5.8	33.50	1.67	6.90	134.00	365
W656	青口	平畴村	29°18′40.1″	120°9′12.7″	缓坡	紫色土	黏壤土	6.1	23.42	1.17	16.60	158.00	535
W657	青口	平畴村	29°18′47.5″	120°9′7.56″	缓坡	水稻土	壤质黏土	6.0	16.94	0.76	27.20	146.00	400
W658	青口	平畴村	29°18′53.8″	120°8′34.6″	缓坡	水稻土	壤质黏土	5.2	19.01	0.95	21.60	47.00	240
W659	青口	青南村	29°18′29.3″	120°7′42.7″	坳田	水稻土	壤质黏土	6.3	21.43	1.07	28.50	48.00	285
W660	青口	青南村	29°18′12.7″	120°7′25.2″	缓坡	水稻土	壤质黏土	5.9	25.14	1.26	161.50	294.00	500
W661	青口	尚仁村	29°18′20.9″	120°7′3.43″	缓坡	红壤	壤质黏土	5.4	20.82	1.04	17.00	178.00	355
W662	青口	尚仁村	29°18′30.3″	120°6′55.7″	坳田	水稻土	壤质黏土	5.9	14.90	0.67	12.10	92.00	315
W663	青口	石塔头村	29°18′47.9″	120°8′36.7″	缓坡	水稻土	壤质黏土	5.5	19.83	0.89	9.80	105.00	280
W664	青口	下王村	29°19′20.4″	120°8′32.5″	河漫滩	水稻土	沙质黏壤土	6.3	23.56	1.18	91.90	147.00	355
W665	青口	新兴村	29°18′54.4″	120°8′56.1″	缓坡	水稻土	壤质黏土	5.9	25.21	1.13	22.00	46.30	200
W666	徐江	地横头村	29°15′59.8″	120°3′20.9″	缓坡	紫色土	黏壤土	5.1	24.13	1.21	29.40	89.30	435
W667	徐江	东上村	29°14′15.2″	120°3′8.56″	河漫滩	水稻土	沙质黏壤土	5.5	17.83	0.89	30.50	158.00	505
W668	徐江	东上村	29°14′23.3″	120°3′21.4″	缓坡	水稻土	壤质黏土	6.3	24.02	1.20	14.40	35.00	285
W669	徐江	东上村	29°14′19.3″	120°3′35.9″	缓坡	水稻土	壤质黏土	5.9	19.21	0.96	18.80	81.00	405
W670	徐江	供店村	29°14′50.7″	120°2′25.7″	河漫滩	水稻土	沙质黏壤土	5.6	14.63	0.66	42.40	97.00	390
W671	徐江	后房村	29°15′27.4″	120°2′30.1″	河漫滩	水稻土	壤土	6.3	26.31	1.32	64.90	245.00	640
W672	徐江	后房村	29°15′28.5″	120°2′30.2″	高河漫滩	水稻土	壤土	7.0	24.59	1.23	57.50	93.00	555
W673	徐江	后园村	29°5′6.10″	120°2′53.6″	河漫滩	水稻土	壤质黏土	5.5	13.32	0.67	38.40	107.00	445
W674	徐江	江南村	29°14′54.5″	120°1′43.0″	河漫滩	水稻土	沙质黏壤土	6.0	15.95	0.72	23.70	85.00	490

（续表）

样品编号	工作片	村名称	北纬	东经	地形部位	土类	质地	pH值	有机质（g/kg）	全氮（g/kg）	有效磷（mg/kg）	速效钾（mg/kg）	缓效钾（mg/kg）
W675	徐江	江南村	29°15′12.0″	120°1′32.2″	河漫滩	潮土	沙质壤土	6.6	8.27	0.41	38.20	157.00	680
W676	徐江	江南村	29°15′12.0″	120°1′50.0″	河漫滩	水稻土	沙质黏壤土	6.1	13.60	0.68	28.90	162.00	515
W677	徐江	江南村	29°15′10.7″	120°1′43.7″	河漫滩	水稻土	沙质黏壤土	5.7	6.92	0.31	68.30	70.00	435
W678	徐江	九联村	29°16′20.5″	120°3′28.8″	坂田	水稻土	壤质黏土	6.2	18.06	0.90	76.50	149.00	450
W679	徐江	孔村	29°16′1.55″	120°4′12.2″	缓坡	水稻土	壤质黏土	5.6	21.27	1.06	18.50	48.00	290
W680	徐江	毛店村	29°15′37.9″	120°2′25.5″	河漫滩	水稻土	壤土	9.0	16.45	0.82	167.50	318.00	660
W681	徐江	毛店村	29°15′50.8″	120°2′19.8″	河漫滩	水稻土	沙质黏壤土	7.1	11.17	0.56	27.30	118.00	510
W682	徐江	潘村	29°15′42.5″	120°4′11.3″	缓坡	水稻土	壤质黏土	5.8	26.63	1.33	43.90	45.00	290
W683	徐江	潘村	29°15′25.9″	120°3′44.8″	缓坡	水稻土	壤质黏土	6.2	22.86	1.14	13.10	116.00	225
W684	徐江	前流村	29°14′28.2″	120°2′7.00″	河漫滩	水稻土	沙质黏壤土	5.6	14.49	0.65	114.70	41.00	390
W685	徐江	前流村	29°4′37.3″	120°2′19.8″	河漫滩	水稻土	沙质黏壤土	5.2	14.13	0.71	123.60	137.00	405
W686	徐江	青岩傅村	29°16′1.91″	120°5′5.09″	坂田	水稻土	黏壤土	5.8	20.90	1.05	27.30	94.00	415
W687	徐江	青岩傅村	29°15′54.0″	120°5′21.4″	坂田	水稻土	壤质黏土	5.7	26.27	1.31	224.10	242.00	420
W688	徐江	青岩傅村	29°15′42.4″	120°3′20.7″	缓坡	红壤	壤质黏土	4.7	30.53	1.53	8.00	119.00	375
W689	徐江	青岩傅村	29°16′5.69″	120°5′22.9″	坂田	水稻土	沙质黏壤土	5.8	27.41	1.23	13.30	39.00	300
W690	徐江	青岩傅村	29°15′59.6″	120°5′58.6″	缓坡	水稻土	沙质黏壤土	5.4	25.92	1.17	21.40	73.00	320
W691	徐江	青岩傅村	29°16′8.68″	120°4′52.9″	缓坡	水稻土	沙质黏壤土	5.6	22.58	1.13	21.70	53.00	295
W692	徐江	上麻车村	29°15′54.6″	120°5′19.0″	缓坡	水稻土	沙质黏壤土	5.7	32.69	1.47	257.90	192.00	425
W693	徐江	上麻车村	29°15′59.7″	120°5′47.1″	坂田	水稻土	沙质黏土	5.3	17.63	0.88	57.70	59.00	250
W694	徐江	上麻车村	29°16′1.74″	120°5′40.3″	平畈	水稻土	沙质壤土	6.2	16.67	0.83	8.30	117.00	290
W695	徐江	上麻车村	29°16′2.38″	120°5′24.7″	缓坡	水稻土	沙质黏壤土	5.9	17.96	0.90	55.40	188.00	380
W696	徐江	四里滩村	29°14′52.5″	120°1′40.9″	河漫滩	水稻土	沙质黏壤土	5.8	19.88	0.99	65.70	196.00	495

（续表）

样品编号	工作片	村名称	北纬	东经	地形部位	土类	质地	pH值	有机质(g/kg)	全氮(g/kg)	有效磷(mg/kg)	速效钾(mg/kg)	缓效钾(mg/kg)
W697	徐江	四里滩村	29°15′0.10″	120°1′30.1″	河漫滩	水稻土	沙质黏壤土	5.3	21.27	1.06	247.50	171.00	475
W698	徐江	西陈村	29°16′28.0″	120°3′37.5″	缓坡	红壤	壤质黏土	6.5	26.83	1.34	13.10	109.00	460
W699	徐江	西陈村	29°16′44.8″	120°3′52.4″	缓坡	红壤	壤质黏土	5.7	36.18	1.81	18.20	117.00	415
W700	徐江	西塘村	29°18′6.48″	120°7′31.5″	缓坡	红壤	壤质黏土	5.7	18.76	0.94	83.30	127.00	320
W701	徐江	西赵村	29°15′21.5″	120°2′20.4″	高河漫滩	水稻土	壤土	5.3	24.08	1.20	112.60	111.00	465
W702	徐江	下麻车村	29°16′2.27″	120°4′30.8″	垅田	水稻土	壤质黏土	5.7	26.30	1.32	61.90	218.00	500
W703	徐江	下麻车村	29°15′54.4″	120°4′48.1″	缓坡	水稻土	壤质黏土	5.2	23.69	1.07	267.50	236.00	540
W704	徐江	下麻车村	29°15′51.9″	120°4′54.2″	缓坡	水稻土	壤质黏土	5.0	22.47	1.01	74.80	160.00	365
W705	徐江	徐村	29°15′34.2″	120°2′55.2″	河漫滩	水稻土	壤土	6.3	17.12	0.86	61.50	88.00	335
W706	徐江	徐村	29°14′59.2″	120°3′6.04″	河漫滩	水稻土	壤土	5.5	21.25	1.06	16.30	45.00	255
W707	徐江	徐村	29°14′52.0″	120°3′16.9″	缓坡	紫色土	壤质黏土	6.2	17.94	0.90	36.10	51.00	290
W708	徐江	徐村	29°14′46.0″	120°3′15.6″	缓坡	紫色土	壤质黏土	6.0	17.41	0.78	26.40	139.00	370
W709	徐江	徐村	29°14′59.8″	120°2′40.0″	河漫滩	水稻土	壤土	6.1	21.66	1.08	155.20	186.00	525
W710	徐江	许宅村	29°14′32.9″	120°3′4.49″	河漫滩	水稻土	壤土	5.3	19.85	0.89	196.90	171.00	470
W711	徐江	许宅村	29°14′25.9″	120°3′6.22″	河漫滩	水稻土	沙质黏壤土	5.3	19.31	0.87	166.60	224.00	545
W712	徐江	泽覃沿村	29°14′31.0″	120°1′16.9″	河漫滩	水稻土	沙质黏壤土	5.7	15.98	0.72	50.70	38.00	350
W713	徐江	泽覃沿村	29°14′29.1″	120°1′36.0″	河漫滩	水稻土	沙质黏壤土	5.4	15.03	0.75	37.10	132.00	465
W714	徐江	张村	29°15′57.1″	120°4′37.6″	垅田	水稻土	沙质黏壤土	6.9	30.37	1.37	125.20	183.00	435
W715	徐江	张村	29°15′52.3″	120°4′32.1″	缓坡	水稻土	沙质黏壤土	5.1	21.92	0.99	63.90	201.00	460
W716	徐江	中央村	29°14′35.1″	120°1′32.3″	河漫滩	水稻土	沙质黏壤土	6.4	17.04	0.85	110.40	167.00	585

表 3 – 43　江东街道代表性试验数据（二）

样品编号	工作片	村名称	北纬	东经	地形部位	土类	质地	pH值	有机质(g/kg)	全氮(g/kg)	有效磷(mg/kg)	速效钾(mg/kg)	阳离子交换量(cmol/kg)	容重(g/cm³)	全盐量(μs/cm)
Y202	青口	平畴村	29°18′52.3″	120°8′35.0″	岗地	水稻土	壤质黏土	5.3	3.00	0.18	7.29	42.80	116.00	1.46	83.9
Y203	青口	平畴村	29°18′49.2″	120°8′43.4″	垅田	水稻土	黏壤土	6.3	1.62	0.10	88.50	186.00	112.00	1.42	81
Y204	青口	大元村	29°18′16.4″	120°8′9.20″	平畈	水稻土	沙质壤土	5.6	1.86	0.11	15.80	41.30	75.20	1.43	87.7
Y205	青口	大元村	29°17′56.1″	120°8′10.8″	平畈	水稻土	壤质黏土	5.5	2.88	0.17	23.20	181.00	100.00	1.2	124.4
Y206	徐江	供店村	29°14′41.0″	120°2′7.00″	河漫滩	水稻土	沙质壤土	6.1	2.46	0.15	16.90	57.20	98.00	1.24	69
Y207	徐江	永利村	29°14′43.9″	120°1′30.0″	河漫滩	水稻土	沙质壤土	5.8	1.57	0.10	21.70	36.00	79.70	1.4	71.3
Y208	徐江	永利村(泽覃沿村)	29°14′30.5″	120°1′39.2″	河漫滩	水稻土	沙质壤土	5.8	1.85	0.11	35.00	60.30	86.80	1.35	87.1
Y209	徐江	后房村	29°15′20.9″	120°2′30.6″	河漫滩	水稻土	壤土	6.2	3.27	0.19	61.50	64.00	163.00	1.16	115.4
Y210	徐江	后房村	29°15′41.5″	120°2′33.2″	河漫滩	水稻土	壤土	6.6	3.11	0.18	14.90	53.60	140.00	1.18	231
Y211	徐江	毛店村	29°15′51.0″	120°2′21.5″	河漫滩	水稻土	壤土	5.8	1.37	0.08	32.20	26.30	75.40	1.32	70.1

表 3 – 44　江东街道代表性试验数据（三）

样品编号	工作片	村名称	北纬	东经	地形部位	土类	质地	pH值	有机质(g/kg)	全氮(g/kg)	有效磷(mg/kg)	速效钾(mg/kg)	阳离子交换量(cmol/kg)	容重(g/cm³)	水溶性盐总量
L069	徐江	毛店村	29°15′18.9″	120°2′17.5″	河漫滩	水稻土	黏壤土	7.6	35.41	2.02	7.72	229.34	19.01	0.88	0.54
L070	青口	平畴村	29°19′9.76″	120°9′2.88″	河漫滩	水稻土	粉沙质黏壤土	6.3	20.10	1.15	24.69	35.23	10.93	0.92	0.28
L071	青口	平畴村	29°19′4.97″	120°58′4.54″	缓坡	水稻土	壤质黏土	5.1	13.94	0.80	10.58	65.98	18.52	0.90	0.29

第十一节 义乌市廿三里街道的土壤肥力现状

廿三里街道成立于2003年12月，是中国小商品城的发祥地，素有"拨浪鼓之乡"的美称。街道位于义乌市东部，与东阳市接壤，区域面积72.2km²，户籍人口4.2万人，外来人口5.6万人，辖35个行政村，8个居民区。

一、廿三里街道的土壤采样点分布（图3-100）

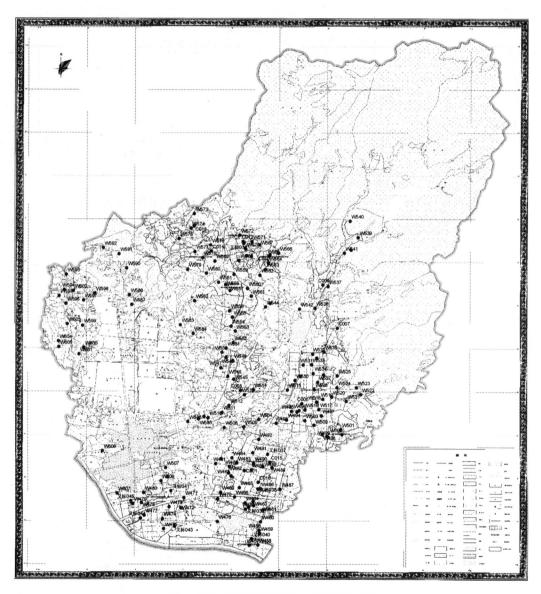

图3-100 廿三里街道的土壤采样点分布

二、廿三里街道各工作片的土壤基本理化性状

1. 各工作片的土壤基本现状

廿三里街道有华溪、廿三里和园区3个工作片，土壤地貌分低丘和河谷平原，各占土样的50.0%；土类以水稻土为主，占总土类的94.5%；另有少部分粗骨土、红壤和紫色土，占土样总数的5.5%。水稻土类中包括渗育型水稻土、淹育型水稻土和潴育型水稻土三大亚类，分别占水稻土类的38.9%、39.0%和22.1%。表3－45就廿三里街道各工作片及整个廿三里街道土类（亚类）在各片调查土壤中所占百分比及土属、土种、成土母质和剖面构型进行了较为详细的描述。

表3－45　廿三里街道各工作片的土壤基本现况

工作片	土类	百分比（%）	亚类	百分比（%）	土属	土种	成土母质	剖面构型
华溪	粗骨土	3.3	酸性粗骨土	100	石沙土	石沙土	凝灰岩风化体残积物	A-C
	红壤	1.1	红壤	100	红松泥土	红松泥土	片麻岩风化坡残积物	A-[B]-C
	水稻土	95.6	渗育型水稻土	50.6	泥沙田	泥沙田	近代洪冲积物	A-Ap-P-C
					泥沙田	泥沙田	近代洪冲积物	A-Ap-C
								A-Ap-P-C
					黄泥田	沙性黄泥田	流纹质凝灰岩风化坡积物	A-Ap-C
								A-Ap-P-C
			淹育型水稻土	43.7	黄筋泥田	黄筋泥田	第四纪红土	A-Ap-C
					红紫泥田	红紫沙田	红紫色砂岩风化坡积物	A-Ap-C
							红紫色砂砾岩风化坡积物	A-Ap-C
					黄泥田	沙性黄泥田	凝灰岩风化体坡积物	A-Ap-P-C
								A-Ap-C
			潴育型水稻土	5.7	红紫泥沙田	红紫泥沙田	红紫色砂岩风化再积物	A-Ap-W-C
					黄泥沙田	黄泥沙田	凝灰岩风化再积物	A-Ap-W-C
					老黄筋泥田	老黄筋泥田	第四纪红土	A-Ap-W-C
廿三里	水稻土	100	渗育型水稻土	37.5	泥沙田	泥沙田	近代洪冲积物	A-Ap-P-C
					培泥沙田	培泥沙田	近代冲积物	A-Ap-C
								A-Ap-P-C
			淹育型水稻土	12.5	黄筋泥田	黄筋泥田	第四纪红土	A-Ap-C
					黄泥田	沙性黄泥田	凝灰岩风化再积物	A-Ap-C
			潴育型水稻土	50.0	泥质田	泥质田	近代冲积物	A-Ap-W-C
					老黄筋泥田	老黄筋泥田	第四纪红土	A-Ap-W-C

（续表）

工作片	土类	百分比（%）	亚类	百分比（%）	土属	土种	成土母质	剖面构型
园区	水稻土	82.9	渗育型水稻土	6.9	泥沙田	泥沙田	近代洪冲积物	A-Ap-P-C
			淹育型水稻土	75.9	钙质紫泥田	钙质紫泥田	钙质紫砂岩风化坡积物	A-Ap-C
					红紫泥田	红紫沙田	红紫色砂岩风化坡积物	A-Ap-C
					黄筋泥田	黄筋泥田	第四纪红土	A-Ap-C
			潴育型水稻土	17.2	红紫泥沙田	红紫泥沙田	红紫色砂岩风化再积物	A-Ap-W-C
					老黄筋泥田	老黄筋泥田	第四纪红土	A-Ap-W-C
	紫色土	17.1	石灰性紫色土	100	红紫沙土	红紫沙土	紫色砂岩风化体残积物	A-B-C
					紫沙土	紫沙土	钙质紫砂岩风化残积物	A-B-C
街道	粗骨土	1.6	酸性粗骨土		石沙土	石沙土	凝灰岩风化体残积物	A-C
	红壤	0.6	红壤		红松泥土	红松泥土	片麻岩风化坡残积物	A-［B］-C
	水稻土	94.5	渗育型水稻土	38.9	泥沙田	泥沙田	近代洪冲积物	A-Ap-P-C
								A-Ap-C
					培泥沙田	培泥沙田	近代冲积物	A-Ap-C
								A-Ap-P-C
			淹育型水稻土	39.0	钙质紫泥田	钙质紫泥田	钙质紫砂岩风化坡积物	A-Ap-C
					红紫泥田	红紫沙田	红紫色砂岩风化坡积物	A-Ap-C
							红紫色砂砾岩风化坡积物	A-Ap-C
					黄筋泥田	黄筋泥田	第四纪红土	A-Ap-C
								A-Ap-P-C
					黄泥田	沙性黄泥田	流纹质凝灰岩风化坡积物	A-Ap-C
							流纹质凝灰岩风化坡积物	A-Ap-P-C
							凝灰岩风化体坡积物	A-Ap-P-C
								A-Ap-C
							凝灰岩风化再积物	A-Ap-C

（续表）

工作片	土类	百分比（%）	亚类	百分比（%）	土属	土种	成土母质	剖面构型
街道	水稻土	94.5	潴育型水稻土	22.1	红紫泥沙田	红紫泥沙田	红紫色砂岩风化再积物	A-Ap-W-C
					黄泥沙田	黄泥沙田	凝灰岩风化再积物	A-Ap-W-C
					老黄筋泥田	老黄筋泥田	第四纪红土	A-Ap-W-C
					泥质田	泥质田	近代冲积物	A-Ap-W-C
	紫色土	3.3	石灰性紫色土		红紫沙土	红紫沙土	紫色砂岩风化体残积物	A-B-C
					紫沙土	紫沙土	钙质紫砂岩风化残积物	A-B-C

2. 调查土壤耕层质地

廿三里街道绝大部分土壤耕层厚度≥15cm，占样品总数的98.3%，其中耕层厚度≥20cm的样品数超过总样品数的1/2，占采样总数的50.3%；土壤肥力大多数处于中等水平，占所调查样品数的60.1%，土壤肥力处于较高水平的占18.5%，土壤肥力相对较低所占的比例为20.8%。土壤结构有团块状，占调查总数的76.9%；粒状，占调查总数的12.1%；还有块状、碎块状、屑粒状等几类，其占调查总数的11.0%。廿三里街道调查土壤中仅有2.9%无明显障碍因子，其余土壤均不同程度地存在着障碍因子，其中主要障碍因子是灌溉改良型，占总调查样品量的53.2%；其次为33.5%的坡地梯改型和8.7%的渍潜稻田型；另有1.2%为盐碱耕地型。在所调查土壤中，有87.9%的土壤存在轻度侵蚀问题，仅2.3%无明显侵蚀，另有2.3%的土壤处于中度侵蚀和0.6%的土壤处于重度侵蚀状态。

廿三里街道土壤质地包括：黏壤土、沙质壤土、壤质黏土及少部分的粉沙质黏壤土、壤土。其中以黏壤土所占比例较大，为42.2%；其次为沙质壤土和壤质黏土，分别占28.3%和22.0%；粉沙质黏壤土和壤土共占7.5%。图3-101对廿三里街道及各工作片的土壤耕层质地所占比例进行描述。

3. 廿三里街道各工作片土壤基本理化性状

（1）土壤 pH 值

廿三里街道全镇土壤平均pH值为5.62，其中绝大部分集中于5.5~6.5，占57.69%，pH值为6.0~6.5的占17.6%；廿三里街道pH值大于6.5的样品较少，仅占样品总数的1.1%；另外，pH值小于5.0的占4.4%。

就各工作片而言，以园区土壤耕层pH值最高，为5.71；华溪pH值最低，为5.57；其余各片pH值为5.5~6.5。其中园区pH值为5.5~6.5的占样品总量的71.4%，廿三里约占61.1%，华溪pH值为5.5~6.5的占样品总量的比例相对较少，为51.1%（图3-102）。

（2）土壤有机质

廿三里街道全镇土壤有机质含量略高于义乌市平均含量。土壤有机质含量略低，全镇平均含量为19.37g/kg，其中华溪和园区的相对较高，为20.6g/kg。按养分水平评价体系，均达到了适宜浓度。但廿三里工作片土壤有机质平均含量仍偏低，仅为16.5g/kg。

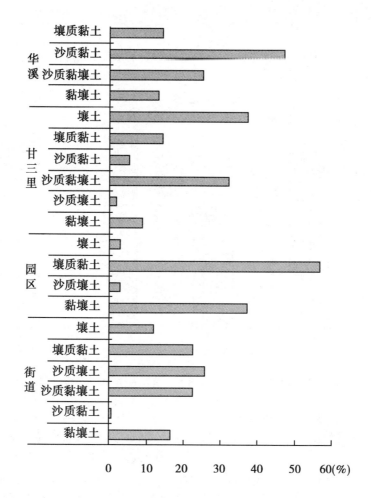

图 3 – 101　廿三里街道各工作片的土壤质地所占百分率状况

廿三里街道各地块有机质含量差异较大，大部分样品有机质含量为 10 ~ 20g/kg 和 20 ~ 30g/kg，均占 41% 左右。另外，有部分样品有机质含量小于 10g/kg，占调查总量的 12.1% ; 4.9% 样品有机质含量大于 30.0g/kg（图 3 – 103）。

（3）土壤全氮

廿三里街道全镇土壤全氮平均含量为 1.0g/kg，其中华溪土壤全氮含量略高，为 1.2g/kg；廿三里最低，仅为 0.8g/kg。土样分析结果表明，廿三里街道超过一半的样品全氮含量不足 1.0 g/kg，占样品总量的 53.8% ；另有 40.1% 的样品全氮含量为 1.0 ~ 2.0 g/kg；仅有 6.0% 的样品全氮含量大于 2.0g/kg，其中 3.8% 的样品全氮含量为 2.0 ~ 3.0 g/kg。也就是说，廿三里街道绝大部分地块土壤全氮缺乏，且有半数地块土壤全氮极缺（图 3 – 104）。

（4）土壤有效磷

廿三里街道全镇土壤有效磷平均含量为 29.8mg/kg，低于义乌市的平均含量。就廿三

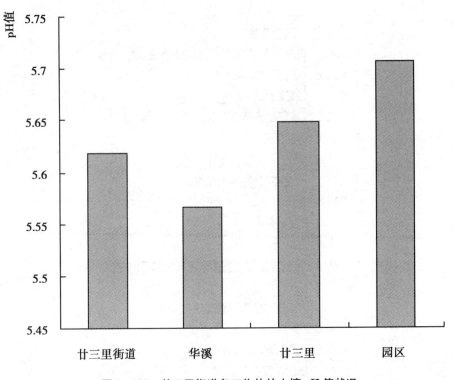

图 3 - 102   廿三里街道各工作片的土壤 pH 值状况

里街道本身而言，土壤有效磷含量以廿三里的最高，为 37.3mg/kg；华溪最低，为 25.8mg/kg。样品分析结果表明，廿三里街道无有效磷含量极低的样品（有效磷含量小于 5.0mg/kg），但各样品间有效磷含量差异较大，有效磷含量最高值是最低值的 80 倍。在所有样品中，小于 10.0mg/kg 的样品占分析样品总量的 20.3%，大于 25.0mg/kg 占总调查样品量的 35.2%，廿三里街道仅有 23.1% 的调查土壤有效磷含量相对适宜（有效磷含量为 15 ~25mg/kg）。依据养分评价体系，廿三里街道 1/3 的土壤有效磷含量偏高，仅少数样品有效磷含量相对适宜（15 ~25mg/kg）（图 3 - 105）。

（5）土壤速效钾

廿三里街道土壤速效钾平均含量为 96.0mg/kg，为适宜浓度范围，但其含量低于义乌市的平均含量。就廿三里街道本身而言，以园区土壤速效钾含量最高，华溪与廿三里的速效钾含量相近，均接近 93mg/kg。另外，廿三里街道样品速效钾含量有半数为 80 ~ 120mg/kg。另有 44.5% 的样品速效钾含量为 40 ~80mg/kg，但不同地块土壤速效钾含量差异较大，低的在 20mg/kg 左右，高的可达 300mg/kg，最高和最低含量之差高达十几倍，土壤速效钾含量大于 120mg/kg 的样品量占整个义亭样品量的 22.5%（图 3 - 106）。

（6）土壤缓效钾

廿三里街道土壤缓效钾平均含量为 426.1mg/kg，低于义乌市的平均含量，但按养分水平评价体系讲，土壤缓效钾含量已略偏高。从廿三里街道本身而言，园区缓效钾含量略低，为 379.4mg/kg，另两个工作片土壤缓效钾均略高于本街道的平均含量。分析结果表

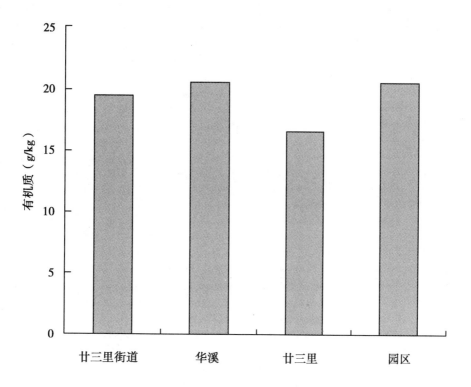

图 3 – 103　廿三里街道各工作片的土壤耕层有机质含量状况

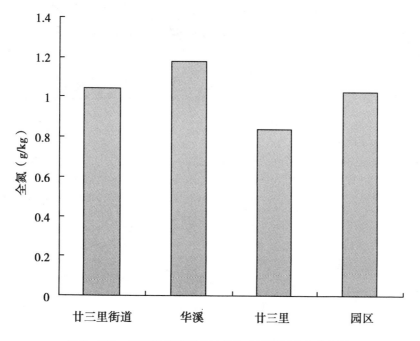

图 3 – 104　廿三里街道及各工作片土壤耕层全氮含量状况

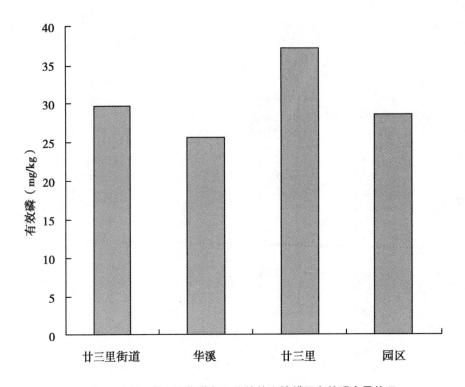

图 3 –105　廿三里街道各工作片的土壤耕层有效磷含量状况

明，廿三里街道仅有 0.7% 的土壤缓效钾含量偏低（缓效钾含量低于 200mg/kg），超过半数以上的土壤缓效钾含量较高（缓效钾含量大于 400mg/kg），达 56.6%，整个廿三里街道未见土壤缓效钾含量极低的样品（缓效钾含量小于 100mg/kg）。

　　分析表明，除园区外的土壤缓效钾含量为 200～400mg/kg，占工作片分析样品的 69.7%，华溪和廿三里过半数样品的土壤缓效钾含量大于 400mg/kg，分别占到了 66.2% 和 59.5%（图 3 –107）。

　　（7）土壤阳离子交换量

　　廿三里街道全镇土壤阳离子交换量平均为 43.4cmol/kg 土，其中廿三里土壤阳离子交换量最高，为 67.7cmol/kg 土，华溪最低，仅为 20.0cmol/kg 土。分析结果表明，廿三里街道全镇土壤阳离子交换量差异较大，最小值和最大值相差十几倍，其中低于平均含量的样品占总体的 59.3%，各片也存在相似规律，即土壤阳离子交换量有半数以上低于平均水平（图 3 –108）。

　　（8）土壤水溶性盐总量

　　廿三里街道全镇土壤水溶性盐总量平均为 0.2%，各片也一样。分析结果表明，廿三里街道样品的土壤水溶性盐总量小于 0.2% 的占 64.7%，范围为 0.16%～0.2%，其余样品的水溶性盐总量范围为 0.2%～0.25%，占总调查样品量的 35.3%（图 3 –109）。

　　（9）土壤容重

　　廿三里街道全镇土壤容重平均为 1.3g/cm³，略高于义乌市的平均容重。其中廿三里和园区的土壤容重均为 1.4g/cm³。在所分析的样品中，土壤容重小于 1.0g/cm³ 的仅占样品总量的

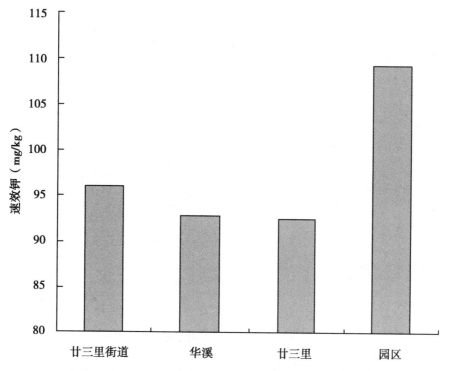

图 3-106　廿三里街道各工作片的土壤耕层速效钾含量状况

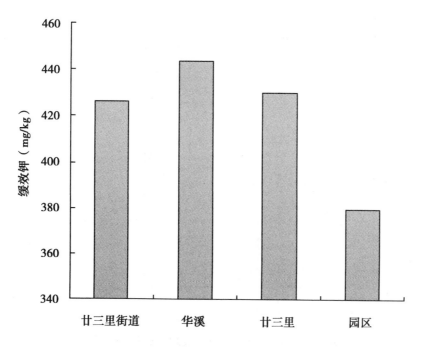

图 3-107　廿三里街道各工作片的土壤耕层缓效钾含量状况

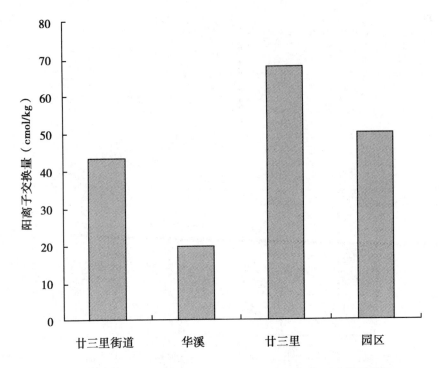

图 3 – 108　廿三里街道各工作片的土壤耕层阳离子交换量状况

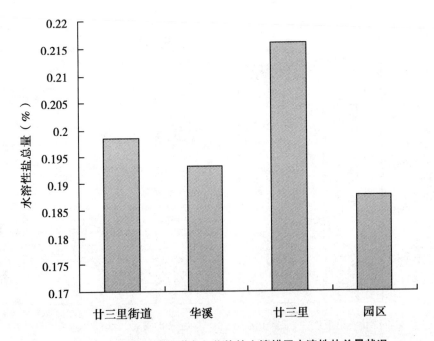

图 3 – 109　廿三里街道各工作片的土壤耕层水溶性盐总量状况

3.6%，大部分样品的土壤容重为 1.0～1.3g/cm³，占样品总量的 60.7%（图 3 – 110）。

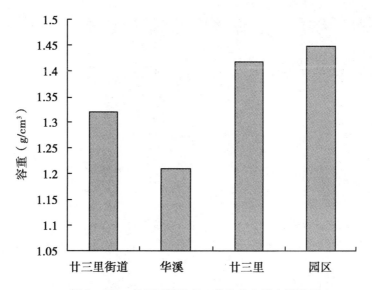

图 3 - 110 廿三里街道各工作片的土壤容重状况

（10）全盐量

廿三里街道的土壤全盐量为 136.5μs/cm，略高于义乌市的平均全盐量。其中廿三里的全盐量略高，为 140.7μs/cm；华溪的最低，为 118.6μs/cm。在所分析的样品中，仅有 20% 的样品全盐量低于 100μs/cm；80% 的样品全盐量高于 100μs/cm；另有 20% 的样品全盐量高于 200μs/cm（图 3 - 111）。

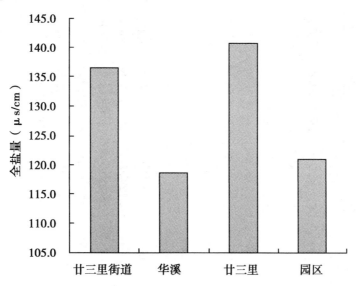

图 3 - 111 廿三里街道各工作片的土壤耕层全盐量状况

三、廿三里街道的土壤代表性测试数据（表 3－46、表 3－47、表 3－48）

表 3－46　廿三里街道代表性试验数据（一）

样品编号	工作片	村名称	北纬	东经	地形部位	土类	质地	pH值	有机质(g/kg)	全氮(g/kg)	有效磷(mg/kg)	速效钾(mg/kg)	缓效钾(mg/kg)
W717	杭畴	何宅村	29°19′23.7″	120°11′5.74″	河漫滩	水稻土	壤土	6.5	16.22	0.81	18.00	43.00	295
W718	华溪	埠头村	29°19′30.8″	120°11′24.8″	平畈	水稻土	沙质壤土	5.4	18.48	0.92	43.20	98.00	395
W719	华溪	埠头村	29°19′38.9″	120°11′24.3″	垅田	水稻土	壤质黏土	5.5	16.52	0.74	40.50	47.00	250
W720	华溪	埠头村	29°19′49.0″	120°11′28.7″	垅田	水稻土	壤质黏土	5.1	24.25	1.09	27.70	45.00	390
W721	华溪	埠头村	29°20′1.24″	120°11′42.2″	垅田	水稻土	壤质黏土	5.5	16.15	0.73	20.40	75.00	495
W722	华溪	埠头村	29°20′3.76″	120°11′50.3″	垅田	水稻土	壤质黏土	5.4	18.06	0.81	20.10	68.00	485
W723	华溪	埠头村	29°20′3.22″	120°12′4.21″	平畈	水稻土	沙质壤土	5.3	11.27	0.56	10.40	107.00	500
W724	华溪	埠头村	29°20′4.09″	120°11′28.8″	缓坡	水稻土	黏壤土	5.6	18.32	0.92	21.20	63.00	280
W725	华溪	大岭村	29°21′56.9″	120°10′34.4″	垅田	水稻土	黏壤土	5.4	19.80	0.99	8.70	63.00	280
W726	华溪	华溪村	29°20′17.0″	120°12′13.3″	平畈	水稻土	沙质壤土	5.5	17.41	0.87	70.70	45.00	390
W727	华溪	华溪村	29°20′36.8″	120°12′29.6″	垅田	水稻土	沙质黏壤土	6.0	20.12	0.91	15.20	96.00	415
W728	华溪	华溪村	29°20′37.6″	120°12′18.8″	河漫滩	水稻土	沙质壤土	5.4	19.37	0.97	11.10	32.00	425
W729	华溪	华溪村	29°20′32.0″	120°12′14.1″	平畈	水稻土	沙质壤土	5.6	13.43	0.67	9.10	73.00	470
W730	华溪	华溪村	29°20′26.4″	120°12′11.5″	平畈	水稻土	沙质壤土	5.9	8.35	0.42	14.00	66.00	550
W731	华溪	华溪村	29°20′36.4″	120°12′0.82″	平畈	水稻土	沙质壤土	5.5	27.75	1.39	15.40	82.00	465
W732	华溪	华溪村	29°20′33.4″	120°11′56.7″	平畈	水稻土	沙质壤土	5.6	9.68	0.48	15.40	220.00	375
W733	华溪	华溪村	29°20′44.9″	120°12′3.06″	平畈	水稻土	沙质壤土	5.7	25.48	1.27	14.50	98.00	535
W734	华溪	华溪村	29°20′53.1″	120°12′10.3″	平畈	水稻土	沙质壤土	5.5	17.26	0.78	75.70	103.00	490
W735	华溪	华溪村	29°20′45.3″	120°12′9.46″	平畈	水稻土	沙质壤土	5.3	17.35	0.87	14.10	39.00	460
W736	华溪	华溪村	29°20′38.6″	120°12′10.8″	平畈	水稻土	沙质壤土	6.0	14.47	0.72	10.00	95.00	520

（续表）

样品编号	工作片	村名称	北纬	东经	地形部位	土类	质地	pH 值	有机质 (g/kg)	全氮 (g/kg)	有效磷 (mg/kg)	速效钾 (mg/kg)	缓效钾 (mg/kg)
W737	华溪	华溪村	29°20′54.7″	120°12′19.0″	平畈	水稻土	沙质壤土	6.2	16.82	0.84	23.40	62.00	390
W738	华溪	华溪村	29°21′27.7″	120°12′12.1″	峡谷	水稻土	沙质壤土	6.1	29.39	1.32	10.90	31.00	450
W739	华溪	华溪村	29°21′27.1″	120°12′0.28″	缓坡	水稻土	沙质黏壤土	6.3	25.67	1.16	22.50	127.00	455
W740	华溪	华溪村	29°21′31.3″	120°11′37.7″	垅田	水稻土	黏壤土	5.1	25.33	1.27	14.00	68.00	550
W741	华溪	华溪村	29°21′28.7″	120°11′34.0″	垅田	水稻土	黏壤土	5.8	22.83	1.14	20.00	40.00	375
W742	华溪	李塘村	29°21′45.5″	120°11′3.47″	缓坡	水稻土	沙质黏壤土	6.2	25.68	1.16	17.60	35.00	430
W743	华溪	李塘村	29°21′53.1″	120°11′10.0″	平畈	水稻土	沙质壤土	5.2	21.77	1.09	20.20	71.00	535
W744	华溪	李塘村	29°22′6.41″	120°11′23.2″	平畈	水稻土	沙质壤土	5.2	21.00	0.95	15.70	68.00	285
W745	华溪	李塘村	29°22′5.69″	120°10′46.1″	垅田	水稻土	沙质黏壤土	5.6	16.59	0.83	20.90	63.00	305
W746	华溪	李塘村	29°22′10.3″	120°10′40.0″	垅田	水稻土	沙质黏壤土	6.2	18.69	0.93	20.20	84.00	225
W747	华溪	李塘村	29°22′20.1″	120°10′27.8″	缓坡	水稻土	沙质黏壤土	5.5	7.49	0.34	6.40	74.00	405
W748	华溪	李塘村	29°21′47.2″	120°10′58.0″	垅田	水稻土	沙质黏壤土	5.7	26.97	1.35	12.20	79.00	355
W749	华溪	李宅村	29°19′58.5″	120°11′17.4″	缓坡	水稻土	壤质黏土	5.8	19.19	0.96	18.50	133.00	515
W750	华溪	里兆村	29°20′20.7″	120°12′25.1″	垅田	水稻土	沙质黏壤土	5.8	22.90	1.03	94.50	137.00	520
W751	华溪	里兆村	29°20′22.6″	120°12′47.7″	垅田	水稻土	沙质黏壤土	5.2	28.23	1.27	26.90	118.00	555
W752	华溪	里兆村	29°20′27.8″	120°12′44.3″	垅田	水稻土	沙质黏壤土	5.4	18.19	0.91	29.20	166.00	520
W753	华溪	里兆村	29°20′27.9″	120°12′29.4″	垅田	水稻土	沙质黏壤土	5.8	26.87	1.34	138.80	323.00	690
W754	华溪	里忠村	29°22′38.8″	120°10′39.5″	垅田	水稻土	沙质黏壤土	5.4	19.32	0.87	24.10	134.00	430
W755	华溪	里忠村	29°22′28.0″	120°10′36.9″	垅田	水稻土	沙质黏壤土	5.4	25.99	1.30	14.70	60.00	375

（续表）

样品编号	工作片	村名称	北纬	东经	地形部位	土类	质地	pH值	有机质（g/kg）	全氮（g/kg）	有效磷（mg/kg）	速效钾（mg/kg）	缓效钾（mg/kg）
W756	华溪	里忠村	29°22′15.2″	120°10′52.0″	垅田	水稻土	沙质黏壤土	5.9	16.88	0.84	6.60	171.00	380
W757	华溪	联五村	29°21′44.0″	120°12′22.4″	缓坡	红壤	壤质黏土	5.4	29.52	1.33	15.80	94.00	485
W758	华溪	联五村	29°22′11.4″	120°12′40.5″	缓坡	粗骨土	壤质黏土	5.3	27.25	1.23	25.70	83.00	440
W759	华溪	联五村	29°22′20.9″	120°12′45.7″	缓坡	粗骨土	壤质黏土	5.0	29.30	1.32	35.90	58.00	560
W760	华溪	联五村	29°22′33.3″	120°12′39.5″	缓坡	粗骨土	壤质黏土	5.2	27.86	1.25	30.50	37.00	505
W761	华溪	联五村	29°22′9.19″	120°12′35.1″	垅田	水稻土	沙质黏壤土	5.5	26.62	1.33	8.70	38.00	530
W762	华溪	屏石头村	29°20′6.82″	120°12′16.9″	平畈	水稻土	沙质壤土	4.1	22.47	1.01	19.90	94.00	470
W763	华溪	屏石头村	29°19′52.7″	120°12′17.7″	平畈	水稻土	沙质壤土	5.2	13.49	0.67	32.40	69.00	440
W764	华溪	屏石头村	29°19′50.7″	120°12′22.3″	平畈	水稻土	沙质壤土	6.6	21.61	1.08	57.50	105.00	540
W765	华溪	屏石头村	29°19′52.6″	120°12′33.2″	平畈	水稻土	沙质壤土	5.6	11.33	0.57	17.70	54.00	410
W766	华溪	屏石头村	29°19′56.5″	120°12′32.4″	平畈	水稻土	壤质黏土	5.5	14.68	0.73	8.10	121.00	480
W767	华溪	屏石头村	29°19′59.8″	120°12′11.5″	平畈	水稻土	沙质壤土	5.9	7.97	0.36	23.50	79.00	405
W768	华溪	屏石头村	29°20′11.5″	120°12′15.1″	平畈	水稻土	沙质壤土	5.4	9.72	0.44	7.10	89.00	345
W769	华溪	屏石头村	29°20′19.2″	120°12′18.1″	平畈	水稻土	沙质壤土	5.9	16.77	0.84	16.70	105.00	495
W770	华溪	屏石头村	29°20′17.8″	120°12′36.6″	垅田	水稻土	壤质黏土	5.4	21.36	0.96	8.40	47.00	480
W771	华溪	泉塘村	29°21′20.8″	120°11′8.88″	平畈	水稻土	沙质壤土	5.5	30.91	1.55	7.80	32.00	280
W772	华溪	泉塘村	29°21′25.8″	120°11′6.71″	平畈	水稻土	沙质壤土	5.8	26.40	1.32	18.90	76.00	355
W773	华溪	泉塘村	29°21′41.1″	120°11′6.97″	垅田	水稻土	壤质黏土	5.9	27.57	1.38	9.40	82.00	390
W774	华溪	泉塘村	29°21′42.4″	120°11′20.2″	平畈	水稻土	沙质壤土	6.4	27.65	1.38	17.50	242.00	610

（续表）

样品编号	工作片	村名称	北纬	东经	地形部位	土类	质地	pH值	有机质(g/kg)	全氮(g/kg)	有效磷(mg/kg)	速效钾(mg/kg)	缓效钾(mg/kg)
W775	华溪	群益村（上平阳村）	29°22′3.54″	120°11′13.8″	平畈	水稻土	沙质黏壤土	5.5	27.59	1.24	99.10	217.00	480
W776	华溪	群益村（上平阳村）	29°22′12.1″	120°11′18.9″	平畈	水稻土	沙质壤土	5.4	22.81	1.14	52.60	70.00	325
W777	华溪	群益村（上平阳村）	29°22′17.8″	120°11′23.6″	平畈	水稻土	沙质壤土	5.5	22.19	1.11	23.80	97.00	335
W778	华溪	群益村（上平阳村）	29°22′22.5″	120°11′14.4″	平畈	水稻土	沙质壤土	6.1	28.72	1.29	33.50	75.00	410
W779	华溪	上社村	29°20′4.55″	120°10′42.7″	平畈	水稻土	沙质壤土	6.0	22.06	0.99	80.20	75.00	405
W780	华溪	塘下店村	29°22′1.45″	120°11′36.3″	垅田	水稻土	沙质黏壤土	5.5	19.82	0.89	27.80	109.00	430
W781	华溪	塘下店村	29°22′6.85″	120°11′36.9″	缓坡	水稻土	沙质黏壤土	5.2	23.75	1.07	90.90	299.00	590
W782	华溪	塘下店村	29°22′9.04″	120°11′44.2″	垅田	水稻土	沙质黏壤土	5.4	19.24	0.96	14.20	101.00	450
W783	华溪	塘下店村	29°22′15.2″	120°11′29.5″	垅田	水稻土	沙质黏壤土	5.8	18.41	0.83	8.90	41.00	310
W784	华溪	王店村	29°20′34.1″	120°11′9.88″	平畈	水稻土	沙质壤土	5.9	16.50	0.82	20.20	119.00	370
W785	华溪	西京村	29°20′10.2″	120°11′54.1″	缓坡	水稻土	壤质黏土	5.4	13.52	0.68	28.80	126.00	585
W786	华溪	西京村	29°20′10.7″	120°11′59.8″	平畈	水稻土	沙质壤土	5.8	12.85	0.58	25.80	237.00	625
W787	华溪	西京村	29°20′11.2″	120°12′4.42″	平畈	水稻土	沙质壤土	6.6	13.73	0.62	58.40	369.00	755
W788	华溪	张介园村	29°21′1.69″	120°11′9.42″	平畈	水稻土	沙质壤土	6.0	25.17	1.13	86.40	112.00	390
W789	华溪	张介园村	29°21′10.4″	120°11′11.0″	缓坡	水稻土	黏壤土	5.0	20.23	0.91	18.10	67.00	495
W790	华溪	张介园村	29°21′14.0″	120°11′7.90″	平畈	水稻土	沙质壤土	5.4	17.95	0.90	14.10	74.00	360
W791	华溪	张思村	29°21′33.4″	120°10′39.9″	垅田	水稻土	黏壤土	6.1	17.77	0.80	6.40	17.00	275

（续表）

样品编号	工作片	村名称	北纬	东经	地形部位	土类	质地	pH值	有机质 (g/kg)	全氮 (g/kg)	有效磷 (mg/kg)	速效钾 (mg/kg)	缓效钾 (mg/kg)
W792	华溪	郑山头村	29°21'36.7"	120°11'23.2"	平畈	水稻土	沙质壤土	5.9	28.33	1.27	64.60	192.00	460
W793	华溪	郑山头村	29°21'52.4"	120°11'29.7"	垅田	水稻土	沙质黏壤土	5.2	26.48	1.19	52.20	93.00	405
W794	华溪	郑山头村	29°21'56.8"	120°11'34.0"	垅田	水稻土	沙质黏壤土	4.9	26.58	1.33	14.00	76.00	575
W795	廿三里	埠头村	29°19'28.4"	120°11'32.0"	平畈	水稻土	沙质壤土	5.2	19.27	0.87	20.20	94.00	350
W796	廿三里	何宅村	29°18'40.3"	120°11'29.1"	河漫滩	水稻土	沙质黏壤土	5.6	7.09	0.32	17.60	80.00	500
W797	廿三里	何宅村	29°18'29.0"	120°11'21.4"	河漫滩	水稻土	沙质黏壤土	5.4	11.81	0.59	9.40	94.00	575
W798	廿三里	何宅村	29°18'29.4"	120°11'28.0"	河漫滩	水稻土	沙质黏壤土	5.7	9.22	0.46	64.60	119.00	540
W799	廿三里	何宅村	29°18'38.0"	120°11'29.3"	河漫滩	水稻土	壤土	5.6	26.27	1.18	60.80	197.00	460
W800	廿三里	何宅村	29°18'46.7"	120°11'30.1"	高河漫滩	水稻土	壤土	5.3	22.23	1.00	36.40	95.00	460
W801	廿三里	何宅村	29°18'55.8"	120°11'31.9"	高河漫滩	水稻土	壤土	5.4	28.21	1.41	16.30	43.00	325
W802	廿三里	何宅村	29°18'56.2"	120°11'18.6"	高河漫滩	水稻土	壤土	6.0	14.30	0.64	18.10	102.00	355
W803	廿三里	何宅村	29°18'58.9"	120°11'24.8"	高河漫滩	水稻土	壤土	5.2	19.91	0.90	13.10	70.00	355
W804	廿三里	何宅村	29°19'1.09"	120°11'18.3"	河漫滩	水稻土	壤土	5.3	19.07	0.86	14.60	60.00	320
W805	廿三里	何宅村	29°19'12.5"	120°11'13.9"	河漫滩	水稻土	壤土	5.3	21.11	1.06	10.40	68.00	425
W806	廿三里	何宅村	29°19'5.59"	120°11'10.4"	河漫滩	水稻土	壤土	5.5	17.25	0.86	12.20	22.00	305
W807	廿三里	何宅村	29°19'21.4"	120°11'7.69"	河漫滩	水稻土	壤土	5.8	14.30	0.71	7.47	39.00	240
W808	廿三里	何宅村	29°19'9.04"	120°10'59.7"	河漫滩	水稻土	壤土	6.1	14.18	0.71	15.90	101.00	460
W809	廿三里	何宅村	29°19'4.15"	120°10'57.4"	河漫滩	水稻土	壤土	6.5	10.51	0.53	10.40	89.00	460
W810	廿三里	后乐村	29°19'5.16"	120°10'31.5"	河漫滩	水稻土	壤土	6.0	27.98	1.26	89.90	200.00	630

（续表）

样品编号	工作片	村名称	北纬	东经	地形部位	土类	质地	pH值	有机质（g/kg）	全氮（g/kg）	有效磷（mg/kg）	速效钾（mg/kg）	缓效钾（mg/kg）
W811	廿三里	后乐村	29°19′27.7″	120°10′17.2″	缓坡	水稻土	壤质黏土	5.5	25.21	1.13	45.10	308.00	535
W812	廿三里	后乂村	29°18′57.4″	120°10′28.9″	河漫滩	水稻土	沙质黏壤土	5.4	8.17	0.41	25.30	49.00	470
W813	廿三里	后乂村	29°18′49.2″	120°10′14.7″	河漫滩	水稻土	沙质黏壤土	5.1	12.17	0.55	56.70	160.00	640
W814	廿三里	后乂村	29°18′41.6″	120°10′15.6″	河漫滩	水稻土	沙质黏壤土	5.0	10.18	0.46	45.60	194.00	635
W815	廿三里	李宅村	29°19′30.6″	120°10′55.9″	缓坡	水稻土	壤质黏土	5.7	24.14	1.09	44.50	32.00	185
W816	廿三里	李宅村	29°19′28.4″	120°11′6.43″	缓坡	水稻土	壤质黏土	4.7	33.85	1.52	15.60	53.00	250
W817	廿三里	李宅村	29°19′31.3″	120°11′12.1″	缓坡	水稻土	壤质黏土	5.5	27.26	1.23	17.00	67.00	200
W818	廿三里	李宅村	29°19′35.1″	120°11′8.41″	缓坡	水稻土	壤质黏土	5.2	26.42	1.32	13.43	71.00	220
W819	廿三里	李宅村	29°19′58.0″	120°11′2.47″	缓坡	水稻土	壤质黏土	6.2	10.48	0.52	8.60	40.00	480
W820	廿三里	派塘村	29°21′30.7″	120°9′51.1″	坳田	水稻土	黏壤土	5.5	14.16	0.64	27.60	71.00	245
W821	廿三里	钱塘村	29°19′26.0″	120°11′23.3″	平畈	水稻土	壤土	6.1	21.33	1.07	44.20	123.00	470
W822	廿三里	钱塘村	29°19′11.7″	120°11′30.0″	平畈	水稻土	壤土	5.7	14.16	0.71	7.80	85.00	305
W823	廿三里	钱塘村	29°19′11.3″	120°11′45.3″	平畈	水稻土	壤土	6.2	19.23	0.87	25.30	59.00	250
W824	廿三里	钱塘村	29°19′27.6″	120°11′38.9″	坳田	水稻土	沙质黏土	5.1	23.27	1.05	71.30	62.00	315
W825	廿三里	上社村	29°20′2.50″	120°10′34.6″	平畈	水稻土	沙质壤土	5.2	17.76	0.80	58.90	38.00	375
W826	廿三里	深塘村	29°18′58.2″	120°10′19.9″	河漫滩	水稻土	沙质黏壤土	5.6	10.70	0.48	24.80	140.00	575
W827	廿三里	深塘村	29°19′20.8″	120°10′18.4″	河漫滩	水稻土	壤土	5.1	26.51	1.33	67.60	124.00	455
W828	廿三里	深塘村	29°19′17.8″	120°10′13.5″	河漫滩	水稻土	壤土	5.7	33.21	1.66	22.80	82.00	470
W829	廿三里	王店村	29°20′5.38″	120°10′50.2″	坳田	水稻土	壤质黏土	5.5	25.47	1.27	36.40	87.00	435

（续表）

样品编号	工作片	村名称	北纬	东经	地形部位	土类	质地	pH值	有机质(g/kg)	全氮(g/kg)	有效磷(mg/kg)	速效钾(mg/kg)	缓效钾(mg/kg)
W830	廿三里	下朱宅村	29°18′47.0″	120°10′57.1″	河漫滩	水稻土	沙质黏壤土	5.4	11.37	0.51	48.20	63.00	515
W831	廿三里	下朱宅村	29°18′51.9″	120°10′0.55″	河漫滩	水稻土	沙质黏壤土	5.4	11.41	0.57	47.90	103.00	595
W832	廿三里	下朱宅村	29°19′1.45″	120°9′58.3″	河漫滩	水稻土	沙质黏壤土	5.7	20.94	1.05	190.20	264.00	695
W833	廿三里	下朱宅村	29°19′0.73″	120°9′51.9″	平畈	水稻土	沙质黏壤土	6.0	15.45	0.77	56.84	92.00	490
W834	廿三里	下朱宅村	29°19′8.86″	120°10′0.12″	河漫滩	水稻土	沙质黏壤土	6.3	16.78	0.84	89.00	112.00	505
W835	廿三里	下朱宅村	29°19′8.50″	120°9′39.6″	河漫滩	水稻土	沙质黏壤土	6.0	10.81	0.54	8.90	168.00	615
W836	园区	东莲塘村	29°20′22.6″	120°11′17.9″	坡田	水稻土	壤质黏土	6.3	20.29	0.91	14.20	42.00	335
W837	园区	东莲塘村	29°20′26.4″	120°11′24.6″	坡田	水稻土	黏壤土	5.4	25.73	1.29	11.70	57.00	325
W838	园区	葛塘村	29°20′57.4″	120°11′4.12″	坡田	水稻土	黏壤土	5.6	24.48	1.22	9.10	58.00	300
W839	园区	葛塘村	29°21′8.56″	120°10′38.7″	坡田	水稻土	黏壤土	6.1	16.06	0.80	8.80	75.00	360
W840	园区	活鱼塘村	29°21′37.3″	120°8′54.9″	顶部	水稻土	壤质黏土	5.6	15.13	0.76	99.00	306.00	720
W841	园区	活鱼塘村	29°21′41.7″	120°8′58.9″	缓坡	水稻土	壤质黏土	5.9	17.46	0.87	28.50	51.00	350
W842	园区	活鱼塘村	29°21′53.3″	120°9′0.43″	坡田	水稻土	壤质黏土	5.9	17.22	0.86	16.10	241.00	560
W843	园区	活鱼塘村	29°21′39.1″	120°9′22.5″	坡田	水稻土	壤质黏土	6.1	16.84	0.76	30.30	165.00	390
W844	园区	活鱼塘村	29°21′33.9″	120°9′13.7″	缓坡	紫色土	壤质黏土	5.1	11.20	0.56	29.90	135.00	390
W845	园区	活鱼塘村	29°21′31.5″	120°9′0.25″	坡田	水稻土	壤质黏土	5.6	42.28	2.11	69.50	150.00	445
W846	园区	李塘村	29°21′54.0″	120°10′48.9″	坡田	水稻土	沙质黏壤土	6.0	24.47	1.22	16.50	47.00	325
W847	园区	楼山塘村	29°21′14.8″	120°9′13.0″	坡田	水稻土	壤质黏土	6.5	13.20	0.59	10.90	60.00	325
W848	园区	楼山塘村	29°20′58.1″	120°9′14.0″	坡田	水稻土	壤质黏土	5.4	24.83	1.12	58.40	282.00	565
W849	园区	楼山塘村	29°20′53.2″	120°9′10.2″	坡田	水稻土	壤质黏土	5.4	26.07	1.30	56.70	151.00	400

（续表）

样品编号	工作片	村名称	北纬	东经	地形部位	土类	质地	pH值	有机质（g/kg）	全氮（g/kg）	有效磷（mg/kg）	速效钾（mg/kg）	缓效钾（mg/kg）
W850	园区	派塘村	29°21′37.9″	120°9′48.0″	垅田	水稻土	黏壤土	5.2	20.35	1.02	12.00	130.00	370
W851	园区	派塘村	29°22′3.18″	120°10′55.3″	缓坡	紫色土	黏壤土	5.7	18.67	0.93	9.00	132.00	390
W852	园区	派塘村	29°21′58.0″	120°9′47.1″	缓坡	紫色土	黏壤土	6.1	20.05	1.00	77.80	177.00	395
W853	园区	派塘村	29°22′8.68″	120°9′41.1″	缓坡	紫色土	黏壤土	5.6	26.83	1.34	9.70	48.00	410
W854	园区	派塘村	29°22′13.3″	120°9′28.9″	缓坡	紫色土	黏壤土	5.8	13.54	0.68	8.10	77.00	350
W855	园区	王店村	29°20′9.34″	120°11′0.77″	垅田	水稻土	壤质黏土	5.6	23.02	1.04	13.80	68.00	420
W856	园区	王店村	29°20′14.5″	120°11′6.18″	垅田	水稻土	壤质黏土	5.5	26.02	1.30	20.20	81.00	345
W857	园区	王店村	29°20′36.4″	120°11′5.20″	垅田	水稻土	壤质黏土	5.6	17.67	0.88	9.10	96.00	280
W858	园区	王店村	29°20′42.9″	120°10′59.9″	垅田	水稻土	黏壤土	5.5	14.64	0.73	7.10	82.00	295
W859	园区	王店村	29°20′50.5″	120°11′3.83″	顶部	水稻土	壤质黏土	6.2	31.69	1.58	14.50	111.00	350
W860	园区	王店村	29°20′48.1″	120°11′9.16″	垅田	水稻土	壤质黏土	5.8	19.52	0.88	67.80	60.00	405
W861	园区	西澄村	29°21′41.1″	120°9′5.94″	垅田	水稻土	壤质黏土	6.1	30.33	1.52	65.90	213.00	460
W862	园区	西澄村	29°21′15.9″	120°9′1.15″	垅田	水稻土	壤质黏土	5.6	25.37	1.14	25.60	84.00	345
W863	园区	西澄村	29°21′2.98″	120°8′54.3″	垅田	水稻土	壤质黏土	5.5	21.37	1.07	72.30	122.00	355
W864	园区	西澄村	29°20′58.6″	120°8′54.7″	垅田	水稻土	壤质黏土	5.8	12.38	0.56	12.00	70.00	245
W865	园区	西京村	29°20′26.2″	120°11′51.0″	垅田	水稻土	壤质黏土	6.1	13.92	0.70	5.60	59.00	285
W866	园区	下朱宅村	29°19′40.6″	120°9′28.3″	河漫滩	水稻土	沙质黏壤土	5.5	20.91	1.05	12.40	94.00	445
W867	园区	张思村	29°20′54.4″	120°11′0.70″	垅田	水稻土	黏壤土	5.3	27.55	1.38	12.50	70.00	335
W868	园区	张思村	29°21′15.1″	120°10′28.8″	缓坡	紫色土	黏壤土	5.3	21.34	1.07	16.30	72.00	250

表3-47 廿三里街道代表性试验数据（二）

样品编号	工作片	村名称	北纬	东经	地形部位	土类	质地	pH值	有机质(g/kg)	全氮(g/kg)	有效磷(mg/kg)	速效钾(mg/kg)	阳离子交换量(cmol/kg)	容重(g/cm³)	全盐量(μs/cm)
Y212	华溪	埠头村	29°0'0"	120°0'0"	平畈	水稻土	沙质壤土	5.9	2.25	0.13	7.04	66.90	73.60	1.48	118.6
Y213	廿三里	何宅村(前仓村)	29°18'33.9"	120°11'23.2"	河漫滩	水稻土	沙质黏壤土	6.3	2.08	0.12	10.20	67.20	127.00	1.45	226.9
Y214	廿三里	何宅村(前宅村)	29°18'57.8"	120°11'23.2"	河漫滩	水稻土	黏壤土	6	2.61	0.15	34.90	131.00	116.00	1.54	213.9
Y215	廿三里	后义村	29°18'43.4"	120°10'24.0"	河漫滩	水稻土	沙质黏壤土	6.4	2.06	0.12	14.80	126.00	75.80	1.42	127.6
Y216	廿三里	钱塘村	29°19'11.4"	120°11'28.2"	平畈	水稻土	黏壤土	5.9	2.34	0.14	10.70	48.60	91.90	1.37	136.2
Y217	廿三里	上平阳村	29°0'0"	120°0'0"	缓坡	水稻土	黏壤土	6.3	1.89	0.11	7.75	53.90	88.80	1.62	53.6
Y218	廿三里	深塘村	29°19'10.3"	120°10'21.3"	河漫滩	水稻土	黏壤土	5.8	2.13	0.13	10.30	33.00	92.40	1.47	114.2
Y219	廿三里	下朱宅村	29°18'49.7"	120°9'57.8"	河漫滩	水稻土	沙质黏壤土	5.9	1.48	0.09	6.06	103.00	75.20	1.48	98.4
Y220	廿三里	下朱宅村	29°19'2.78"	120°9'50.1"	河漫滩	水稻土	沙质黏壤土	6.4	1.01	0.06	7.66	53.20	79.70	1.57	155
Y221	园区	王店村	29°20'6.28"	120°10'46.9"	平畈	水稻土	壤土	5.6	1.71	0.10	62.10	118.00	85.20	1.56	120.9

表 3 - 48 廿三里街道代表性试验数据（三）

样品编号	工作片	村名称	北纬	东经	地形部位	土类	质地	pH值	有机质 (g/kg)	全氮 (g/kg)	有效磷 (mg/kg)	速效钾 (mg/kg)	阳离子交换量 (cmol/kg)	容重 (g/cm³)	水溶性盐总量
L062	华溪	埠头村	29°20′9.78″	120°11′58.3″	平畈	水稻土	沙质壤土	5.3	17.83	1.86	7.70	46.26	10.48	1.19	0.19
L063	华溪	埠头村	29°31′31.6″	120°11′37.4″	平畈	水稻土	沙质壤土	5.3	25.24	3.61	13.51	63.15	15.59	1.18	0.17
L064	华溪	华溪村	29°20′50.0″	120°12′13.4″	平畈	水稻土	沙质壤土	5.1	18.19	2.30	12.84	48.26	15.87	1.12	0.16
L065	华溪	华溪村	29°21′12.7″	120°12′29.7″	山麓	水稻土	黏质土	4.9	12.89	3.55	7.59	76.53	16.00	1.23	0.17
L066	华溪	华溪村	29°21′45.2″	120°12′18.2″	峡谷	水稻土	沙质壤土	5.1	34.56	2.07	11.99	42.91	10.50	0.97	0.20
L067	华溪	李塘村	29°22′10.7″	120°10′52.5″	缓坡	水稻土	黏壤土	5.6	14.91	0.94	10.55	69.67	13.47	1.18	0.19
L068	华溪	李塘村 (碗窑村)	29°22′7.17″	120°11′19.8″	山麓	水稻土	黏壤土	6.1	9.42	2.83	6.26	74.32	18.93	1.39	0.18
L069	华溪	里忠村	29°22′29.9″	120°46′39.2″	坂田	水稻土	黏壤土	5.3	30.79	3.63	8.14	36.56	23.34	1.16	0.22
L070	华溪	屏石头村	29°19′51.4″	120°12′21.3″	平畈	水稻土	沙质壤土	5.4	28.07	1.41	8.65	64.13	10.98	1.24	0.19
L071	华溪	群益村 (上平阴村)	29°22′17.9″	120°11′17.0″	山麓	水稻土	黏壤土	5.5	23.68	1.76	10.03	42.90	17.40	1.34	0.21
L072	华溪	塘下店村	29°22′7.85″	120°11′37.5″	缓坡	水稻土	黏壤土	5.6	31.53	2.59	11.47	52.87	15.93	1.04	0.20
L073	华溪	西京村	29°20′15.9″	120°12′2.05″	平畈	水稻土	沙质壤土	5.3	19.33	3.06	6.28	36.68	17.98	1.19	0.23
L074	廿三里	何宅村	29°19′2.06″	120°11′24.5″	河漫滩	水稻土	壤土	5.5	22.85	0.75	18.34	42.22	15.72	1.26	0.25
L075	廿三里	何宅村 (宗塘村)	29°19′25.6″	120°11′17.9″	河漫滩	水稻土	壤土	5.6	28.10	1.12	8.63	61.67	19.92	1.23	0.18
L076	廿三里	李宅村	29°19′25.4″	120°11′17.9″	岗地	水稻土	壤质黏土	5.0	21.62	2.59	13.37	47.12	17.93	1.28	0.22
L077	廿三里	钱塘村	29°19′16.6″	120°11′28.2″	平畈	水稻土	沙质壤土	5.4	26.08	2.63	331.32	52.28	12.42	1.33	0.21
L078	园区	王店村 (骆宅口村)	29°20′25.9″	120°11′15.0″	坂田	水稻土	黏壤土	5.5	19.05	1.44	6.75	43.33	14.98	1.34	0.19

第十二节　义乌市上溪镇土壤肥力现状

　　上溪镇位于义乌市西大门，被列为浙江省中心镇，是义乌市建设国际性商贸城市副中心城区，距义乌市区仅十分钟路程，成为义乌市"一体两翼"发展战略中的西南一翼。镇辖面积 $102.8km^2$，本地人口 5.0 万，外来人口超过 3 万。下辖上溪、吴店、黄山、下宅、溪华 5 个工作片，76 个行政村，2 个居委会。

　　一、上溪镇土壤采样点分布（图 3 – 112）

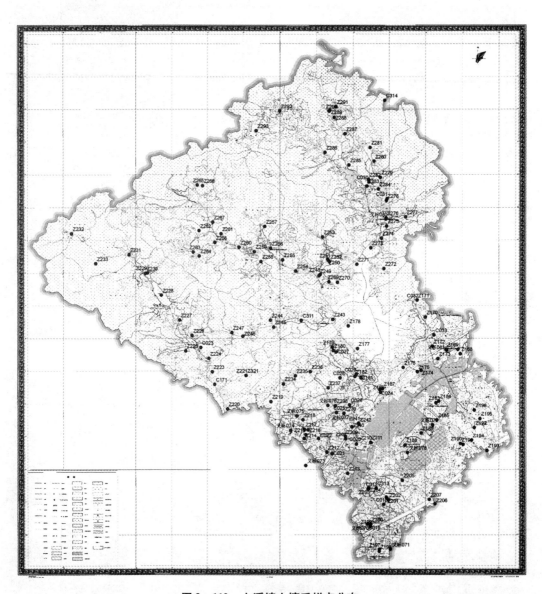

图 3 – 112　上溪镇土壤采样点分布

二、上溪镇各工作片土壤基本理化性状

1. 各工作片土壤调查基本现状

上溪镇土壤地貌以低丘为主，占调查样品总量的79.1%，其余为河谷平原，占调查总量的20.9%；土类以水稻土为重，占总土类的94.9%，其余少部分土类有红壤和紫色土，其中黄山片所调查土壤均为水稻土。各水稻土亚类中以淹育型水稻土为主，占所有样品的43.3%；其次为渗育型水稻土，为样品量的34.7%；潴育型水稻土所占比例为21.3%；另有少部分的潜育水稻土，所占的比例仅为0.7%。表3-49就上溪镇各工作片土类（亚类）在各片调查土壤中所占百分比及土属、土种、成土母质和剖面构型做详细描述。

表3-49 上溪镇各工作片的土壤调查基本现况

工作片	土类	百分率（%）	亚类	百分率（%）	土属	土种	成土母质	剖面构型
黄山	水稻土	100	渗育型水稻土	25.0	泥沙田	泥沙田	第四纪红土	A-Ap-P-C
							近代洪冲积物	A-Ap-P-C
								A-Ap-C
			淹育型水稻土	75.0	黄泥田	沙性黄泥田	凝灰质砂岩风化坡残积物	A-Ap-C
					灰黄泥田	灰黄泥田	安山质凝灰岩风化残积物	A-Ap-C
							安山质凝灰岩风化坡残积物	A-Ap-C
上溪	水稻土	97.44	潜育型水稻土	2.63	烂泥田	烂泥田	第四纪红土	A-G
					泥沙田	泥沙田	近代洪冲积物	A-Ap-C
								A-Ap-P-C
			渗育型水稻土	21.05	泥沙田	泥沙田	近代洪冲积物	A-Ap-C
								A-Ap-P-C
			淹育型水稻土	42.11	钙质紫泥田	钙质紫泥田	钙质紫砂岩风化坡积物	A-Ap-C
							紫色砂岩风化体残积物	A-Ap-C
					红紫泥田	红紫泥沙田	红紫色砂岩风化再积物	A-Ap-W-C
						红紫泥田	红紫色砂岩风化坡积物	A-Ap-C
					黄筋泥田	黄筋泥田	第四纪红土	A-Ap-C
			潴育型水稻土	34.21	红紫泥沙田	红紫大泥田	红紫色砂岩风化再积物	A-Ap-W-C
						红紫泥沙田	红紫色砂岩风化坡积物	A-Ap-W-C

（续表）

工作片	土类	百分率（%）	亚类	百分率（%）	土属	土种	成土母质	剖面构型
上溪	水稻土	97.44	潴育型水稻土	34.21	红紫泥沙田	红紫色砂岩风化再积物		A-Ap-W-C
					老黄筋泥田	老黄筋泥田	第四纪红土	A-Ap-W-C
					紫泥沙田	紫大泥田	钙质紫砂岩风化再积物	A-Ap-W-C
							红紫色砂岩风化再积物	A-Ap-W-C
	紫色土	2.56	石灰性紫色土	100	红紫沙土	红紫沙土	紫色砂岩风化体残积物	A-B-C
吴店	水稻土	97.92	渗育型水稻土	48.94	泥沙田	泥沙田	近代洪冲积物	A-Ap-C
								A-Ap-P-C
			淹育型水稻土	17.02	钙质紫泥田	钙质紫泥田	钙质紫砂岩风化坡积物	A-Ap-C
					红紫泥田	红紫沙田	红紫色砂砾岩风化坡残积物	A-Ap-C
							红紫色砂岩风化坡残积物	A-Ap-C
					黄筋泥田	黄筋泥田	第四纪红土	A-Ap-C
							凝灰岩风化再积物	A-Ap-C
			潴育型水稻土	34.04	红紫泥沙田	红紫泥沙田	红紫色砂砾岩风化再积物	A-Ap-W-C
					黄泥沙田	黄泥沙田	凝灰岩风化再积物	A-Ap-W-C
					老黄筋泥田	老黄筋泥田	第四纪红土	A-Ap-W-C
					泥质田	砂心泥质田	近代洪冲积物	A-Ap-W-C
					紫泥沙田	紫大泥田	钙质紫砂岩风化再积物	A-Ap-W-C
							红紫色砂岩风化再积物	A-Ap-W-C
	紫色土	2.08	石灰性紫色土	100	紫沙土	紫泥土	紫色砂岩风化体残积物	A-C
溪华	红壤	12.90	黄红壤土	100	黄泥土	黄砾泥土	凝灰质砂岩风化坡残积物	A-［B］-C
						黄泥土	凝灰质砂岩风化坡残积物	A-［B］-C
	水稻土	83.87	渗育型水稻土	38.46	泥沙田	泥沙田	近代洪冲积物	A-Ap-P-C
								A-Ap-C

（续表）

工作片	土类	百分率（%）	亚类	百分率（%）	土属	土种	成土母质	剖面构型
溪华	水稻土	83.87	渗育型水稻土	38.46	泥沙田	泥沙田	凝灰岩风化体坡积物	A-Ap-C
			淹育型水稻土	53.85	黄泥田	沙性黄泥田	凝灰质砂岩风化坡残积物	A-Ap-C
			潴育型水稻土	7.69	黄泥沙田	黄泥沙田	凝灰岩风化再积物	A-Ap-W-C
	紫色土	3.23	石灰性紫色土	100	紫泥土	紫泥土	凝灰质砂岩风化坡残积物	A-B-C
下宅	红壤	6.25	黄红壤土	100	黄泥土	黄砾泥土	凝灰岩风化体坡积物	A-［B］-C
	水稻土	93.75	渗育型水稻土	33.33	泥沙田	泥沙田	近代洪冲积物	A-Ap-P-C
			淹育型水稻土	60.00	黄泥田	黄泥田	凝灰岩风化体坡积物	A-Ap-C
					黄泥田	沙性黄泥田	凝灰质砂岩风化坡残积物	A-Ap-C
			潴育型水稻土	21.33	黄泥沙田	黄泥沙田	凝灰岩风化再积物	A-Ap-W-C
上溪镇	红壤	3.2	黄红壤土	100	黄泥土	黄砾泥土	凝灰岩风化体坡积物	A-［B］-C
						黄泥土	凝灰质砂岩风化坡残积物	A-［B］-C
	水稻土	94.9	潜育型水稻土	0.67	烂泥田	烂泥田	第四纪红土	A-G
			渗育型水稻土	34.67	泥沙田	泥沙田	第四纪红土	A-Ap-P-C
							近代洪冲积物	A-Ap-C
								A-Ap-P-C
							凝灰岩风化体坡积物	A-Ap-C
			淹育型水稻土	43.33	钙质紫泥田	钙质紫泥田	钙质紫砂岩风化坡积物	A-Ap-C
					红紫泥田	红紫泥沙田	红紫色砂岩风化再积物	A-Ap-W-C
						红紫泥田	红紫色砂岩风化坡积物	A-Ap-C
						红紫沙田	红紫色砂砾岩风化坡残积物	A-Ap-C
							红紫色砂岩风化坡积物	A-Ap-C

（续表）

工作片	土类	百分率（%）	亚类	百分率（%）	土属	土种	成土母质	剖面构型
上溪镇	水稻土	94.9	淹育型水稻土	43.33	黄筋泥田	黄筋泥田	第四纪红土	A-Ap-C
							凝灰岩风化再积物	A-Ap-C
					黄泥田	黄泥田	凝灰岩风化体坡积物	A-Ap-C
						沙性黄泥田	凝灰质砂岩风化坡残积物	A-Ap-C
					灰黄泥田	灰黄泥田	安山质凝灰岩风化残积物	A-Ap-C
							安山质凝灰岩风化坡残积物	A-Ap-C
			潴育型水稻土	21.33	红紫泥沙田	红紫大泥田	红紫色砂岩风化再积物	A-Ap-W-C
						红紫泥沙田	红紫色砂砾岩风化再积物	A-Ap-W-C
							红紫色砂岩风化坡积物	A-Ap-W-C
							红紫色砂岩风化再积物	A-Ap-W-C
					黄泥沙田	黄泥沙田	凝灰岩风化再积物	A-Ap-W-C
					老黄筋泥田	老黄筋泥田	第四纪红土	A-Ap-W-C
					泥质田	砂心泥质田	近代洪冲积物	A-Ap-W-C
					紫泥沙田	紫大泥田	钙质紫砂岩风化再积物	A-Ap-W-C
							红紫色砂岩风化再积物	A-Ap-W-C
						紫泥沙田	红紫色砂岩风化再积物	A-Ap-W-C
	紫色土	1.9	石灰性紫色土	100	红紫沙土	红紫沙土	紫色砂岩风化体残积物	A-B-C
					紫泥土	紫泥土	凝灰质砂岩风化坡残积物	A-B-C
							紫色砂岩风化体残积物	A-C

2. 调查土壤耕层质地

上溪镇绝大部分土壤耕层厚度≥15cm，占样品总数的98.1%，其中耕层厚度≥18cm的样品数占样品总数的66.5%；耕层厚度≥20cm的样品数占样品总数的24.7%；另有1.9%的调查土壤耕层厚度不足15cm。上溪镇土壤肥力大多数处于中高水平，仅有不足20%的调查地块土壤肥力水平较低，其中有一半的调查地块土壤的肥力处于较高水平，其所占比例为46.8%，另有一半地块土壤肥力处于中等水平，占所调查样品数的53.2%。上溪镇土壤主要为团块状结构，占调查土样的60.8%；粒状土壤结构所占的比例为21.5%；还有不足10%为块状结构。另外有大块状、屑粒状、柱状、微团粒、烂糊状和碎块状，共占调查土样的8.9%。上溪镇调查土壤中有6.3%无明显障碍因子，其余土壤则均存在不同的障碍因子，其中坡地梯改型和灌溉改良型所占比例较大，分别占总调查样品量的47.5%和42.4%；其次为渍潜稻田型，占调查总量的2.5%。另外，土壤障碍因子还有障碍层次型和烂糊田，约占调查地块的1.3%。上溪镇有91.1%的土壤存在轻度侵蚀问题，4.4%的土壤中度侵蚀，2.5%的土壤重度侵蚀。

调查土壤中，上溪镇土壤质地包括黏壤土、沙质壤土、壤质黏土及少部分的粉沙质黏壤土、壤土和粉沙质黏土。黏壤土、沙质壤土、壤质黏土共占调查土样量的96.2%。上溪镇各工作片中，以吴店土壤质地最全，包含上述的6种。各工作片土壤质地所占比例存在一定差异，例如，吴店以沙质壤土为主，而溪华、下宅和黄山以黏壤土为主，所占比例过半，上溪以壤质黏土和黏壤土为主。图3-113对上溪镇各工作片土壤耕层质地所占比例进行了描述。

3. 上溪镇各工作片土壤基本理化性状

（1）土壤pH值

上溪镇土壤pH值在义乌市所有街镇中最低，仅为5.4。其中吴店土壤的略高，pH值为5.8；黄山仅5.0，为最低。分析结果表明，上溪镇一半以上的样品土壤pH值小于5.5，占样品总量的53.4%，其中pH值小于5的样品占样品总量的23.3%；土壤pH值为5.5~6.5的样品占总量的41.1%；另有5.5%的样品土壤pH值大于6.5（图3-114）。

（2）土壤有机质

上溪镇土壤有机质含量，略低于义乌市平均含量，为18.1g/kg。就上溪镇而言，下宅的有机质含量最高，为22.5g/kg；上溪和吴店均低于平均含量，分别为17.8g/kg和15.9g/kg。从分析结果来看，上溪镇土壤有机质含量分布于10.0~20.0g/kg和20.0~30.0g/kg，分别占样品总量的44.8%和40.5%。在所有调查样品中，上溪镇无有机质含量特高的样品，含量最高的仅为33.1g/kg。

上溪镇各工作片的土壤有机质含量存在一定差异，其中上溪无有机质含量>30g/kg的样品，其有机质含量为10~20g/kg，占工作片总样品量的53.8%；下宅土壤有机质含量为20~30g/kg，占工作片总样品量的62.5%；溪华和黄山土壤有机质含量为10~20g/kg与20~30g/kg的比例接近，均为40%~50%（图3-115）。

（3）土壤全氮

上溪镇土壤全氮含量低于义乌市平均含量，处于极度缺乏状态。从分析结果来看，上溪镇有93.9%的样品土壤全氮含量小于2.0g/kg，其中小于1.0mg/kg的样品量占总样品

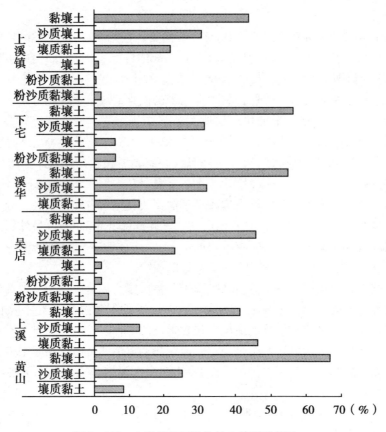

图 3 – 113　上溪镇各工作片的土壤质地状况

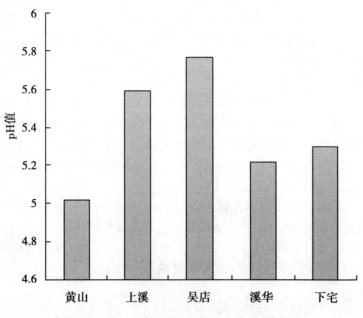

图 3 – 114　上溪镇各工作片的土壤 pH 值状况

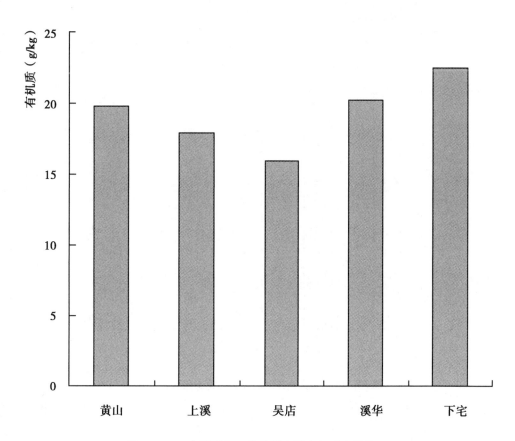

图 3 - 115　上溪镇各工作片的土壤有机质含量状况

量的 57.7%（图 3 - 116）。

（4）土壤有效磷

上溪镇土壤有效磷含量水平居义乌市中等水平，略高于义乌市平均含量，以下宅最高，为 76.7mg/kg；黄山和溪华有效磷均高于 50.0mg/kg；上溪和吴店相对较低，分别为 45.7mg/kg 和 42.1mg/kg。各样品间有效磷含量差异较大，其中半数以上样品有效磷含量大于 30mg/kg，占样品总量的 54.6%；其中有 14.7% 的样品有效磷含量大于 100 mg/kg；有机磷含量为 15～25mg/kg 的占调查总量的 13.5%。从上述分析可见，上溪镇土壤有效磷含量普遍偏高或偏低，介于适宜浓度范围的仅占少数（图 3 - 117）。

（5）土壤速效钾

上溪镇土壤速效钾含量较高，但低于北苑街道，位居义乌市第二。从结果分析来看，上溪镇只有 20.9% 的样品土壤速效钾含量为 80～120mg/kg；大部分样品的土壤速效钾含量大于 120mg/kg，占总样品量的 50.9%；整个上溪镇仅有 2.5% 的样品速效钾含量小于 40.0mg/kg。也就是说，上溪镇速效钾含量普遍偏高。

各工作片土壤速效钾含量存在一定差异，以下宅调查样品土壤速效钾含量最高，为 250.3mg/kg；其次为溪华，上溪和吴店土壤速效钾含量相对偏低，分别为 118.1mg/kg 和 119.0mg/kg。下宅、溪华和黄山的大部分样品土壤速效钾含量大于 120mg/kg，分别

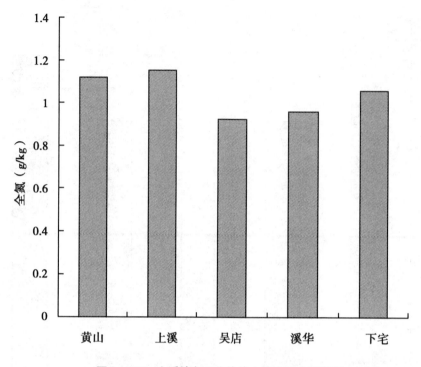

图 3 – 116　上溪镇各工作片的土壤全氮含量状况

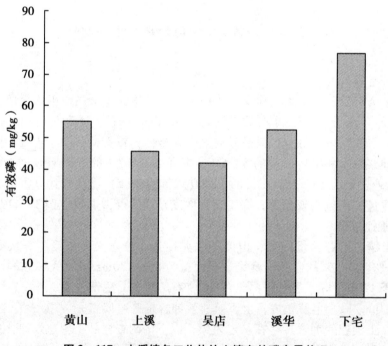

图 3 – 117　上溪镇各工作片的土壤有效磷含量状况

占工作片样品总量的 81.3%、77.4% 和 66.7%；上溪样品土壤速效钾含量则集中在 40~80mg/kg，占工作片样品的 43.6%；速效钾含量大于 120 mg/kg的样品占工作片样品量的 38.5%。吴店样品土壤速效钾含量则集中在 40~80mg/kg，占工作片样品量的 41.7%；其次是 80~120mg/kg，占样品总量的 31.3%（图3-118）。

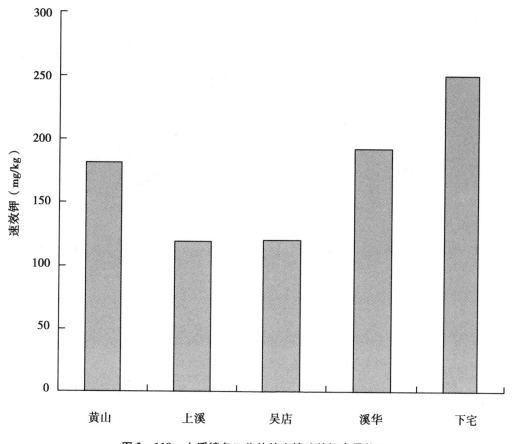

图3-118　上溪镇各工作片的土壤速效钾含量状况

（6）土壤缓效钾

上溪镇为义乌市土壤缓效钾含量最高的街镇，远高于义乌市的平均含量。就上溪镇本身而言，各工作片土壤缓效钾含量均较高，其中以下宅含量最高，为 848mg/kg；其次是溪华和黄山，土壤缓效钾含量均超过了 700mg/kg；上溪和吴店土壤缓效钾相对较低，但均超过了 500mg/kg。整个街道有 83.5% 的调查样品土壤缓效钾含量大于 400 mg/kg，整个上溪镇土壤缓效钾含量小于 100mg/kg 的样品所占的比例仅为 0.8%，主要位于吴店。

在上溪镇各工作片中，黄山、溪华和下宅的所有样品的缓效钾含量均大于 400 mg/kg，上溪有 60% 的样品土壤缓效钾含量大于 400 mg/kg，吴店中缓效钾含量大于 400 mg/kg 的样品量相对较少，占工作片分析样品量的 43.8%（图3-119）。

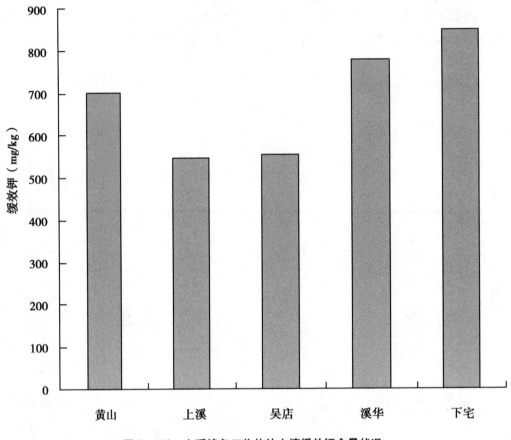

图 3 – 119　上溪镇各工作片的土壤缓效钾含量状况

三、上溪镇的土壤代表性测试数据（表3-50、表3-51、表3-52）

表3-50 上溪镇代表性试验数据（一）

样品编号	乡(镇)名称	工作片	村名称	北纬	东经	地形部位	土类	质地	pH值	有机质(g/kg)	全氮(g/kg)	有效磷(mg/kg)	速效钾(mg/kg)	缓效钾(mg/kg)
W869	上溪镇	黄山	关湖村	29°19'12.8"	119°54'44.6"	垅田	水稻土	黏壤土	4.8	24.39	1.10	43.98	152.00	610
W870	上溪镇	黄山	黄山二村	29°20'20.6"	119°54'41.8"	谷口	水稻土	沙质壤土	5.5	17.41	0.78	155.75	200.00	
W871	上溪镇	黄山	黄山三村	29°20'38.7"	119°54'47.7"	谷口	水稻土	沙质壤土	4.6	22.05	0.99	48.69	76.00	915
W872	上溪镇	黄山	黄山四村	29°19'22.3"	119°54'55.5"	平畈	水稻土	黏壤土	5.2	27.93	1.26	39.38	93.00	860
W873	上溪镇	黄山	黄山四村	29°21'22.3"	119°54'6.91"	垅田	水稻土	黏壤土	5.9	16.87	0.76	113.50	242.00	755
W874	上溪镇	黄山	黄山四村	29°21'29.2"	119°54'2.52"	垅田	水稻土	黏壤土	5.0	24.68	1.11	11.77	109.00	815
W875	上溪镇	黄山	黄山四村	29°21'28.5"	119°54'1.90"	垅田	水稻土	黏壤土	5.4	21.01	0.95	84.89	167.00	730
W876	上溪镇	黄山	黄山五村	29°19'34.6"	119°55'0.73"	谷口	水稻土	沙质壤土	5.3	19.82	0.89	27.00	212.00	760
W877	上溪镇	黄山	黄山五村	29°20'35.0"	119°54'21.9"	垅田	水稻土	黏壤土	4.5	18.19	0.82	29.86	160.00	500
W878	上溪镇	黄山	黄山五村	29°21'6.04"	119°54'17.8"	垅田	水稻土	黏壤土	4.3	20.37	1.02	35.84	135.00	410
W879	上溪镇	黄山	黄山一村	29°20'14.1"	119°54'40.4"	垅田	水稻土	黏壤土	4.5	21.49	0.97	25.30	91.00	500
W880	上溪镇	黄山	马岭村	29°21'9.07"	119°52'48.1"	缓坡	水稻土	黏壤土	4.7	30.28	1.36	4.71	461.00	785
W881	上溪镇	黄山	毛界村	29°20'11.2"	119°54'52.1"	缓坡	水稻土	黏壤土	5.0	16.84	0.76	100.80	211.00	615
W882	上溪镇	黄山	上横塘村	29°19'42.4"	119°55'0.22"	平畈	水稻土	沙质壤土	5.1	18.49	0.83	59.42	156.00	635
W883	上溪镇	黄山	上横塘村	29°19'43.4"	119°55'20.0"	垅田	水稻土	黏壤土	4.7	23.13	1.04	37.84	90.00	620
W884	上溪镇	黄山	上山村	29°21'28.6"	119°53'12.1"	垅田	水稻土	黏壤土	5.5	21.75	0.98	8.38	290.00	760
W885	上溪镇	黄山	石鼓后村	29°21'32.8"	119°54'8.71"	缓坡	水稻土	黏壤土	5.0	29.62	1.48	206.69	297.00	625

（续表）

样品编号	乡（镇）名称	工作片	村名称	北纬	东经	地形部位	土类	质地	pH值	有机质(g/kg)	全氮(g/kg)	有效磷(mg/kg)	速效钾(mg/kg)	缓效钾(mg/kg)
W886	上溪镇	黄山	雅童村	29°19′59.8″	119°55′0.55″	垅田	水稻土	黏壤土	4.7	17.74	0.80	9.27	287.00	750
W887	上溪镇	黄山	雅童村	29°20′22.7″	119°54′54.2″	垅田	水稻土	壤质黏土	4.7	18.60	0.84	86.04	401.00	800
W888	上溪镇	黄山	岩下村	29°20′52.5″	119°54′43.6″	垅田	水稻土	黏壤土	4.8	17.78	0.80	10.59	26.00	845
W889	上溪镇	黄山	周村	29°20′47.6″	119°53′57.7″	垅田	水稻土	黏壤土	4.5	14.66	0.66	16.77	181.00	850
W890	上溪镇	吴店	苍王村	29°17′6.00″	119°53′28.0″	垅田	水稻土	黏壤土	5.2	23.08	1.04	4.12	325.00	1280
W891	上溪镇	吴店	苍王村	29°17′10.0″	119°53′43.0″	垅田	水稻土	黏壤土	4.7	18.50	0.92	12.87	55.00	800
W892	上溪镇	吴店	和平村	29°15′59.8″	119°54′45.1″	平畈	水稻土	粉沙质黏壤土	6.1	15.48	0.70	87.98	276.00	790
W893	上溪镇	吴店	和平村	29°16′0.04″	119°54′44.5″	缓坡	水稻土	粉沙质黏壤土	5.2	21.98	1.10	16.95	64.00	360
W894	上溪镇	吴店	和平村	29°15′29.2″	119°54′20.9″	平畈	水稻土	壤质黏土	6.0	25.43	1.27	13.28	77.00	445
W895	上溪镇	吴店	荷市村	29°15′50.1″	119°54′2.04″	平畈	水稻土	壤质黏土	5.5	21.43	1.07	11.60	35.00	420
W896	上溪镇	吴店	苦竹塘村	29°15′22.3″	119°55′16.9″	平畈	水稻土	沙质壤土	5.8	19.12	0.96	15.18	63.00	355
W897	上溪镇	吴店	毛塘楼村	29°14′59.0″	119°55′50.4″	岗背	水稻土	壤质黏土	5.6	17.86	0.80	10.30	104.00	260
W898	上溪镇	吴店	毛塘楼村	29°15′3.34″	119°55′44.5″	垅田	水稻土	壤质黏土	5.4	16.84	0.76	10.43	45.00	330
W899	上溪镇	吴店	派溪头村	29°16′3.82″	119°53′36.8″	平畈	水稻土	沙质壤土	5.8	17.48	0.87	106.45	136.00	365
W900	上溪镇	吴店	派溪头村	29°16′7.78″	119°53′38.6″	平畈	水稻土	沙质壤土	5.7	16.24	0.81	36.78	47.00	505
W901	上溪镇	吴店	上店村	29°16′12.6″	119°53′40.9″	岗地	水稻土	壤质黏土	5.9	18.32	0.82	78.61	348.00	805
W902	上溪镇	吴店	上店村	29°16′13.2″	119°53′37.0″	岗地	水稻土	壤质黏土	5.1	28.99	1.45	5.67	89.00	500
W903	上溪镇	吴店	上店村	29°16′22.6″	119°53′35.6″	缓坡	水稻土	黏壤土	5.7	10.51	0.53	29.12	23.00	195
W904	上溪镇	吴店	沈宅村	29°15′14.5″	119°54′42.3″	平畈	水稻土	沙质壤土	5.4	19.99	1.00	74.27	80.00	500

（续表）

样品编号	乡（镇）名称	工作片	村名称	北纬	东经	地形部位	土类	质地	pH值	有机质(g/kg)	全氮(g/kg)	有效磷(mg/kg)	速效钾(mg/kg)	缓效钾(mg/kg)
W905	上溪镇	吴店	沈宅村	29°15′14.6″	119°54′42.6″	平畈	水稻土	沙质壤土	5.5	20.88	1.04	85.94	86.00	590
W906	上溪镇	吴店	水碓村	29°15′5.50″	119°55′0.83″	平畈	水稻土	沙质壤土	6.6	23.60	1.18	10.30	245.00	465
W907	上溪镇	吴店	水碓村	29°15′2.95″	119°55′2.89″	平畈	水稻土	壤土	6.3	12.64	0.57	8.68	43.00	360
W908	上溪镇	吴店	寺口陈村	29°16′54.0″	119°54′41.33″	垅田	水稻土	黏壤土	6.0	10.75	0.48	172.08	276.00	730
W909	上溪镇	吴店	寺口陈村	29°16′36.3″	119°54′8.71″	缓坡	水稻土	黏壤土	5.2	14.15	0.64	52.80	94.00	845
W910	上溪镇	吴店	王村	29°16′28.9″	119°54′17.2″	山麓	水稻土	黏壤土	5.3	7.60	0.38	104.57	40.00	325
W911	上溪镇	吴店	王村	29°16′15.7″	119°54′25.2″	平畈	水稻土	沙质壤土	5.7	15.83	0.79	34.60	185.00	655
W912	上溪镇	吴店	王村	29°16′19.2″	119°54′32.2″	平畈	水稻土	沙质壤土	6.0	15.11	0.76	101.27	252.00	530
W913	上溪镇	吴店	王村	29°16′18.0″	119°54′32.5″	平畈	水稻土	沙质壤土	5.6	24.85	1.12	55.89	621.00	1015
W914	上溪镇	吴店	新民村	29°16′3.43″	119°54′18.9″	平畈	水稻土	沙质壤土	5.2	18.94	0.95	98.21	51.00	285
W915	上溪镇	吴店	新民村	29°16′5.69″	119°54′18.8″	平畈	水稻土	沙质壤土	5.7	20.01	1.00	9.07	290.00	432
W916	上溪镇	溪华	白岩村	29°17′48.5″	119°52′23.9″	垅田	水稻土	黏壤土	4.6	12.29	0.55	7.50	241.00	1435
W917	上溪镇	溪华	贝家村	29°19′38.2″	119°52′4.00″	垅田	水稻土	黏壤土	5.3	17.53	0.79	18.63	100.00	415
W918	上溪镇	溪华	长富村	29°19′12.2″	119°53′3.12″	谷口	水稻土	沙质壤土	5.6	21.30	0.96	131.58	101.00	535
W919	上溪镇	溪华	长富村	29°19′33.9″	119°52′57.1″	垅田	水稻土	黏壤土	5.3	25.73	1.16	77.58	152.00	625
W920	上溪镇	溪华	后矮村	29°18′52.3″	119°54′58.1″	垅田	水稻土	黏壤土	5.6	22.77	1.02	7.78	108.00	520
W921	上溪镇	溪华	金付宅村	29°18′56.6″	119°54′30.3″	谷口	水稻土	沙质壤土	5.6	17.20	0.86	31.48	271.00	865
W922	上溪镇	溪华	里美山村	29°19′29.7″	119°51′49.7″	垅田	水稻土	黏壤土	5.2	18.92	0.95	71.80	146.00	695
W923	上溪镇	溪华	里美山村	29°19′8.39″	119°51′43.6″	缓坡	红壤	壤质黏土	5.7	33.14	1.49	56.33	178.00	695
W924	上溪镇	溪华	里美山村	29°19′4.61″	119°51′49.7″	垅田	水稻土	黏壤土	4.7	20.51	0.92	52.46	194.00	625

（续表）

样品编号	乡(镇)名称	工作片	村名称	北纬	东经	地形部位	土类	质地	pH值	有机质(g/kg)	全氮(g/kg)	有效磷(mg/kg)	速效钾(mg/kg)	缓效钾(mg/kg)
W925	上溪镇	溪华	山坞村	29°0'0"	119°52'53.4"	峡谷	水稻土	沙质壤土	4.4	20.20	0.91	59.73	158.00	865
W926	上溪镇	溪华	山坞村	29°19'9.04"	119°52'46.6"	峡谷	水稻土	沙质壤土	5.4	17.65	0.79	60.74	125.00	575
W927	上溪镇	溪华	山坞村	29°19'18.0"	119°52'6.06"	缓坡	紫色土	黏壤土	5.2	14.69	0.73	7.35	136.00	925
W928	上溪镇	溪华	上白塔塘村	29°19'1.66"	119°54'0.43"	垅田	水稻土	黏壤土	5.3	14.64	0.73	56.35	216.00	720
W929	上溪镇	溪华	上白塔塘村	29°19'0.55"	119°54'0.89"	垅田	水稻土	黏壤土	5.6	15.17	0.68	63.10	194.00	865
W930	上溪镇	溪华	上白塔塘村	29°18'59.2"	119°54'2.41"	缓坡	红壤	壤质黏土	5.2	26.78	1.34	14.50	297.00	590
W931	上溪镇	溪华	上白塔塘村	29°18'59.2"	119°54'2.41"	垅田	水稻土	黏壤土	5.8	20.14	1.01	51.44	111.00	795
W932	上溪镇	溪华	上新塘村	29°19'13.2"	119°52'31.4"	峡谷	水稻土	沙质壤土	4.7	23.11	1.04	178.30	344.00	770
W933	上溪镇	溪华	上新塘村	29°19'26.5"	119°52'12.6"	山麓	红壤	壤质黏土	5.1	22.61	1.02	2.71	249.00	550
W934	上溪镇	溪华	斯何路	29°18'1.87"	119°54'5.83"	峡谷	水稻土	沙质壤土	5.2	14.71	0.74	29.73	108.00	914
W935	上溪镇	溪华	斯何路	29°18'1.00"	119°53'29.3"	垅田	水稻土	黏壤土	5.7	24.01	1.08	128.73	211.00	1230
W936	上溪镇	溪华	五坪山村	29°20'14.9"	119°51'47.6"	缓坡	水稻土	黏壤土	5.0	19.72	0.99	39.49	301.00	775
W937	上溪镇	溪华	五坪山村	29°20'14.3"	119°51'53.2"	缓坡	红壤	壤质黏土	6.5	30.00	1.35	48.46	245.00	1335
W938	上溪镇	溪华	溪华村	29°18'46.5"	119°53'53.3"	谷口	水稻土	沙质壤土	4.8	15.47	0.70	51.92	160.00	1020
W939	上溪镇	溪华	溪华村	29°18'45.1"	119°53'51.7"	缓坡	水稻土	黏壤土	4.6	20.47	0.92	41.97	301.00	955
W940	上溪镇	溪华	溪华村	29°18'49.8"	119°53'28.3"	垅田	水稻土	黏壤土	5.5	17.27	0.78	17.06	105.00	555
W941	上溪镇	溪华	溪华村	29°19'0.91"	119°53'15.2"	谷口	水稻土	沙质壤土	5.1	20.06	1.00	22.24	140.00	620
W942	上溪镇	溪华	仙溪村	29°17'54.2"	119°53'6.25"	垅田	水稻土	黏壤土	5.0	23.63	1.06	16.03	282.00	760
W943	上溪镇	溪华	仙溪村	29°17'45.1"	119°52'35.2"	垅田	水稻土	黏壤土	4.0	25.19	1.13	12.50	237.00	840
W944	上溪镇	溪华	新西楼村	29°18'39.1"	119°54'1.97"	垅田	水稻土	黏壤土	6.2	15.02	0.68	39.61	76.00	580

（续表）

样品编号	乡（镇）名称	工作片	村名称	北纬	东经	地形部位	土类	质地	pH值	有机质（g/kg）	全氮（g/kg）	有效磷（mg/kg）	速效钾（mg/kg）	缓效钾（mg/kg）
W945	上溪镇	溪华	新西楼村	29°18′38.6″	119°54′10.6″	谷口	水稻土	沙质壤土	5.1	18.92	0.95	61.22	213.00	685
W946	上溪镇	下宅	仉宅村	29°19′5.80″	119°50′37.2″	垅田	水稻土	黏壤土	6.9	31.25	1.56	184.28	365.00	870
W947	上溪镇	下宅	仉宅村	29°18′56.9″	119°50′2.93″	垅田	水稻土	黏壤土	5.6	24.61	1.11	132.04	282.00	720
W948	上溪镇	下宅	古塘下村	29°17′45.7″	119°51′42.4″	垅田	水稻土	黏壤土	4.7	20.58	1.03	77.22	151.00	1330
W949	上溪镇	下宅	后宋村	29°16′40.5″	119°53′3.47″	垅田	水稻土	黏壤土	5.7	27.82	1.39	15.86	45.00	530
W950	上溪镇	下宅	后宋村	29°16′57.9″	119°53′16.0″	垅田	水稻土	黏壤土	4.2	19.78	0.89	24.28	41.00	415
W951	上溪镇	下宅	冷坞坪村	29°19′26.6″	119°49′38.2″	缓坡	水稻土	粉沙质黏壤土	5.7	17.52	0.88	13.79	250.00	575
W952	上溪镇	下宅	前山村	29°18′0.97″	119°51′29.6″	平畈	水稻土	沙质壤土	4.5	18.16	0.82	4.56	226.00	820
W953	上溪镇	下宅	西坞村	29°17′30.5″	119°51′35.9″	垅田	水稻土	黏壤土	4.8	21.79	0.98	62.60	323.00	1220
W954	上溪镇	下宅	下宅村	29°16′33.2″	119°52′19.6″	平畈	水稻土	沙质壤土	6.0	20.32	0.91	27.06	219.00	1230
W955	上溪镇	下宅	下宅村	29°17′6.17″	119°52′38.5″	垅田	水稻土	黏壤土	4.5	20.81	1.04	26.88	126.00	645
W956	上溪镇	下宅	下宅村	29°17′0.60″	119°52′35.6″	垅田	水稻土	黏壤土	5.8	22.42	1.01	102.38	87.00	720
W957	上溪镇	下宅	肖皇塘村	29°18′25.8″	119°51′10.3″	垅田	水稻土	黏壤土	5.6	21.90	0.99	86.19	566.00	1090
W958	上溪镇	下宅	肖皇塘村	30°38′47.9″	119°50′56.5″	平畈	水稻土	沙质壤土	5.4	31.29	1.41	116.64	317.00	630
W959	上溪镇	下宅	肖皇塘村	29°18′47.5″	119°50′54.4″	缓坡	红壤	壤土	4.9	27.70	1.38	106.11	359.00	1070
W960	上溪镇	下宅	沿华村	29°17′9.70″	119°52′3.79″	平畈	水稻土	沙质壤土	5.2	20.62	0.93	103.51	316.00	835
W961	上溪镇	下宅	沿华村	29°17′23.1″	119°52′0.11″	垅田	水稻土	沙质壤土	5.4	12.80	0.58	144.07	332.00	870

表 3－51　上溪镇代表性试验数据（二）

样品编号	工作片	村名称	北纬	东经	地形部位	土类	质地	pH值	有机质 (g/kg)	全氮 (g/kg)	有效磷 (mg/kg)	速效钾 (mg/kg)	阳离子交换量 (cmol/kg)	容重 (g/cm³)	水溶性盐总量
L079	黄山	黄山三村	29°23'18.0"	119°54'42.4"	垅田	水稻土	壤质黏土	5.7	23.73	2.72	21.52	95.29	9.28	0.96	0.26
L080	黄山	上横塘村	29°20'1.57"	119°55'1.38"	平畈	水稻土	沙质壤土	5.3	7.08	3.85	129.17	148.67	22.51	1.08	0.26
L081	上溪	东余村	29°177.40"	119°54'29.9"	垅田	水稻土	壤质黏土	5.7	20.94	3.15	66.65	61.00	12.23	1.18	0.27
L082	上溪	李宅村	29°10'52.6"	119°54'54.2"	垅田	水稻土	壤质黏土	5.3	16.69	2.35	114.44	160.03	11.63	1.01	0.23
L083	上溪	上溪三村	29°17'46.4"	119°55'49.1"	垅田	水稻土	壤质黏土	6.3	15.33	3.66	10.57	71.70	15.25	0.98	0.26
L084	上溪	余车村	29°17'29.5"	119°54'9.14"	垅田	水稻土	壤质黏土	5.7	22.39	3.09	80.58	76.42	13.08	1.07	0.24
L085	上溪	余车村	29°18'21.0"	119°54'31.1"	垅田	水稻土	壤质黏土	5.3	28.72	2.21	13.48	73.07	11.88	1.03	0.50
L086	上溪	宅山村	29°15'49.5"	119°54'5.21"	垅田	水稻土	壤质黏土	6.0	11.44	3.13	8.14	49.14	18.15	1.50	0.25
L087	吴店	和平村	29°19'24.7"	119°54'5.00"	平畈	水稻土	黏壤土	5.6	29.07	1.23	83.56	89.84	13.74	0.88	0.28
L088	吴店	荷市村	29°16'3.79"	119°53'33.5"	平畈	水稻土	粉沙质黏土	5.8	14.68	2.30	21.95	58.89	16.47	0.93	0.28
L089	吴店	荷市村	29°14'58.4"	119°54'58.1"	垅田	水稻土	壤质黏土	4.8	22.01	0.96	168.94	71.06	12.95	0.80	0.21
L090	吴店	水碓村	29°17'33.7"	119°51'51.5"	平畈	水稻土	沙质壤土	6.5	29.01	1.84	40.20	48.87	17.30	1.06	0.31
L091	吴店	寺口陈村	29°16'37.3"	119°54'22.8"	平畈	水稻土	黏壤土	5.5	18.34	1.14	26.93	56.33	10.57	1.15	0.25
L092	吴店	寺口陈村	29°16'29.6"	119°54'9.46"	平畈	水稻土	黏壤土	7.5	13.13	3.46	9.30	69.79	10.47	1.27	0.50
L093	吴店	王村			平畈	水稻土	壤质黏土	5.9	13.36	1.84	17.64	85.96	13.82	1.01	0.32

表 3－52　上溪镇代表性试验数据

样品编号	工作片	村名称	北纬	东经	地形部位	土类	质地	pH值	有机质 (g/kg)	全氮 (g/kg)	有效磷 (mg/kg)	速效钾 (mg/kg)	阳离子交换量 (cmol/kg)	容重 (g/cm³)	全盐含量 (μs/cm)
Y222	黄山	上横塘村	29°19'41.4"	119°55'0.01"	平畈	水稻土	沙质壤土	5.9	2.28	0.14	10.60	69.00	125.00	1.32	107.7
Y223	上溪	傅塘下村	29°16'17.5"	119°55'48.0"	平畈	水稻土	黏壤土	6.0	2.20	0.13	20.60	70.60	125.00	1.34	103.1
Y224	上溪	上溪三村	29°17'30.9"	119°56'2.00"	平畈	水稻土	黏壤土	6.9	1.73	0.10	23.60	78.70	124.00	1.56	151.5
Y225	上溪	下楼宅村	29°15'50.0"	119°55'22.4"	缓坡	水稻土	壤质黏土	5.8	2.28	0.14	25.70	40.50	103.00	1.43	104.3
Y226	吴店	荷市村	29°15'48.6"	119°55'2.70"	平畈	水稻土	壤质黏土	6.3	2.17	0.13	5.61	97.30	150.00	1.48	105.5
Y227	吴店	派溪头村	29°16'12.2"	119°13'23.4"	缓坡	水稻土	沙质壤土	6.2	2.15	0.13	53.60	74.60	108.00	1.5	76.2
Y228	吴店	上店村	29°16'26.5"	119°53'29.6"	缓坡	水稻土	沙质壤土	6.3	1.45	0.09	29.80	101.00	108.00	1.78	94.7
Y229	吴店	沈宅村	29°15'13.6"	119°53'29.6"	平畈	水稻土	沙质壤土	6.6	1.73	0.10	34.20	73.30	118.00	1.58	104.3
Y230	吴店	寺口陈村	29°16'36.9"	119°54'41.00"	缓坡	水稻土	黏壤土	6.7	1.28	0.08	31.10	104.00	103.00	1.76	101.7
Y231	吴店	寺口蒋村	29°15'36.1"	119°54'41.4"	平畈	水稻土	黏壤土	6.2	1.21	0.08	7.39	51.30	129.00	1.64	89.9
Y232	吴店	王村	29°16'28.8"	119°54'17.1"	平畈	水稻土	黏壤土	5.7	2.35	0.14	26.20	78.10	90.90	1.54	93.3
Y233	吴店	溪田村	29°14'39.0"	119°54'42.0"	平畈	水稻土	沙质壤土	6.5	1.55	0.09	27.00	52.60	79.30	1.46	86.6

第十三节　义乌市苏溪镇土壤肥力现状

义乌市苏溪镇位于义乌市东北部，交通便利。地处东经120°06′，北纬29°05′。总面积109.1km²，常住人口6.8万，本地人口4.6万，外来人口5万。镇辖69个行政村，142个自然村，502个村民小组，系浙江义乌工业园区所在地，是义乌市的中心镇和副城区，被授予浙江省卫生镇、浙江省综合改革试点镇和浙江省衬衫工业专业区称号，是义乌市最具活力的区域之一。

苏溪镇现有耕地1 730.7hm²，其中水田1 486.7hm²，小二型以上水库6座，标准农田1 280hm²，占总耕地的73%。

一、苏溪镇土壤采样点分布（图3－120）

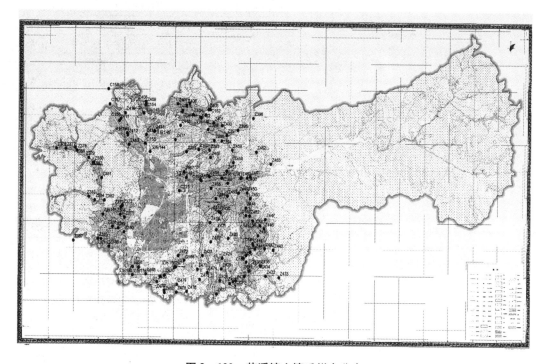

图3－120　苏溪镇土壤采样点分布

二、苏溪镇各工作片土壤基本理化性状

1. 各工作片土壤调查基本现状

苏溪镇土壤地貌以低丘为主，占所调查样品的81.5%，河谷平原仅占18.5%；土类以水稻土为主，占总土类的97.9%，其余为红壤，占2.1%；江北、江南及园区土壤均为水稻土，仅在联合和镇东有少量红壤。在水稻土亚类中以潴育型水稻土所占比例较高，占50.3%；其次为淹育型水稻土，占30.8%；而渗育型水稻土仅占18.9%。表3－53就苏溪镇各工作片的土壤土类（亚类）在各片调查土壤中所占百分比及土属、土种、成土母质和剖面构型进行了较为详细的描述。

表 3 –53　苏溪镇各工作片的土壤基本状况

工作片	土类	百分率（%）	亚类	百分率（%）	土属	土种	成土母质	剖面构型
江北	水稻土	100	渗育型水稻土	12.2	沙田泥	泥沙田	近代洪冲积物	A-Ap-C
								A-Ap-P-C
			淹育型水稻土	36.6	钙质紫泥田	钙质紫泥田	钙质紫砂岩风化坡积物	A-Ap-Cca
								A-Ap-C
					黄泥田	沙性黄泥田	凝灰岩风化体坡积物	A-Ap-C
							凝灰质砂岩风化坡残积物	A-Ap-C
					灰黄泥田	灰黄泥田	安山质凝灰岩风化坡残积物	A-Ap-C
			潴育型水稻土	51.2	黄泥沙田	黄泥沙田	凝灰岩风化再积物	A-Ap-W-C
							凝灰质砂岩风化再积物	A-Ap-W-C
							片麻岩风化再积物	A-Ap-W-C
					紫泥沙田	紫大泥田	钙质紫砂岩风化再积物	A-Ap-W-C
							红紫色砂砾岩风化再积物	A-Ap-W-C
						紫泥沙田	钙质紫砂岩风化再积物	A-Ap-W-C
							红紫色砂岩风化再积物	A-Ap-W-C
江南	水稻土	100	渗育型水稻土	4.2	泥沙田	泥沙田	近代洪冲积物	A-Ap-P-C
			淹育型水稻土	37.5	红紫泥田	红紫沙田	红紫色砂岩风化坡残积物	A-Ap-C
					黄筋泥田	黄筋泥田	第四纪红土	A-Ap-C
								A-C
			潴育型水稻土	58.3	黄泥沙田	黄泥沙田	凝灰岩风化再积物	A-Ap-W-C
					泥质田	泥质田	近代冲积物	A-Ap-W-C
联合	红壤	2.40	红壤	100	黄筋泥土	黄筋泥土	第四纪红土	A-[B]-C
	水稻土	97.6	渗育型水稻土	9.8	泥沙田	泥沙田	近代洪冲积物	A-Ap-P-C
			淹育型水稻土	36.6	钙质紫泥田	钙质紫泥田	钙质紫砂岩风化坡积物	A-Ap-C
					红紫泥田	红紫泥沙田	红紫色砂岩风化再积物	A-Ap-W-C
						红紫泥田	红紫色砂岩风化坡残积物	A-Ap-C
							凝灰岩风化体坡积物	A-Ap-W-C
					黄筋泥田	黄筋泥田	第四纪红土	A-Ap-C
					黄泥田	沙性黄泥田	流纹质凝灰岩风化坡积物	A-Ap-C
							凝灰岩风化体坡积物	A-Ap-C
			潴育型水稻土	53.7	红紫泥沙田	红紫大泥田	红紫色砂岩风化再积物	A-Ap-W-C
					黄泥沙田	黄泥沙田	凝灰岩风化再积物	A-Ap-W-C
					老黄筋泥田	老黄筋泥田	第四纪红土	A-Ap-W-C
							凝灰岩风化再积物	A-Ap-C
					泥质田	泥质田	近代冲积物	A-Ap-W-C

（续表）

工作片	土类	百分率（%）	亚类	百分率（%）	土属	土种	成土母质	剖面构型
联合	水稻土	97.6	潴育型水稻土	53.7	紫泥沙田	紫人泥田	钙质紫砂岩风化再积物	A Λp W-C
							红紫色砂岩风化再积物	A-Ap-W-C
					紫泥沙田	红紫色砂岩风化再积物	A-Ap-W-C
					红紫泥沙田	红紫大泥田	红紫色砂岩风化再积物	A-Ap-W-C
园区	水稻土	100	渗育型水稻土	21.7	泥沙田	泥沙田	近代洪冲积物	A-Ap-P-C
								A-Ap-C
			淹育型水稻土	17.4	黄泥田	沙性黄泥田	流纹质凝灰岩风化坡积物	A-Ap-C
							凝灰岩风化体坡积物	A-Ap-C
			潴育型水稻土	60.9	黄泥沙田	黄泥沙田	凝灰岩风化再积物	A-Ap-W-C
					老黄筋泥田	老黄筋泥田	第四纪红土	A-Ap-W-C
					紫泥沙田	紫大泥田	红紫色砂岩风化再积物	A-Ap-W-C
镇东	红壤	12.500	红壤	50	黄筋泥土	黄筋泥土	第四纪红土	A-[B]-C
			黄红壤土	50	黄泥土	黄泥土	凝灰岩风化体残积物	A-[B]-C
	水稻土	87.5	渗育型水稻土	85.7	泥沙田	泥沙田	近代洪冲积物	A-Ap-P-C
								A-Ap-C
			淹育型水稻土	7.2	黄泥田	沙性黄泥田	凝灰岩风化体坡积物	A-Ap-C
			潴育型水稻土	7.1	黄泥沙田	黄泥沙田	凝灰岩风化再积物	A-Ap-W-C

2. 调查土壤耕层质地

苏溪镇绝大部分土壤耕层厚度≥15cm，占样品总数的95.2%；其中耕层厚度≥20cm的样品数占采样总数的45.9%；耕层厚度为10～15cm的占49.3%。土壤肥力大多数处于中等水平，占所调查样品数的46.9%；土壤肥力处于较高水平的占17.2%；土壤肥力相对较低所占的比例为35.9%。土壤结构有团块状，占调查总数的68.5%；块状，占调查总数的11.0%；还有粒状、碎块状、屑粒状、大块状和核粒状等类，共占调查总数的20.5%。苏溪镇土壤中有6.8%无明显障碍因子；93.2%的土壤存在一定的障碍因子，包括34.2%的坡地梯改型、18.5%的灌溉改良型和8.2%的渍潜稻田型；另有1.4%为盐碱耕地型。在所调查土壤中，有95.2%的土壤存在轻度侵蚀问题，仅有2.1%无明显侵蚀，另有2.7%的土壤处于中度侵蚀。

苏溪镇土壤质地包括：黏壤土、壤质黏土、沙质壤土和及少部分的粉沙质黏土、粉沙质黏壤土、壤土和沙质黏壤土。其中以黏壤土所占比例较大，为39.0%；其次为壤质黏土和沙质壤土，分别占32.9%和20.5%；粉沙质黏土、粉沙质壤土、壤土和沙质黏壤土共占7.5%。图3-121对苏溪镇及各工作片的土壤耕层质地占整个街道（片）中所占比例进行了描述。

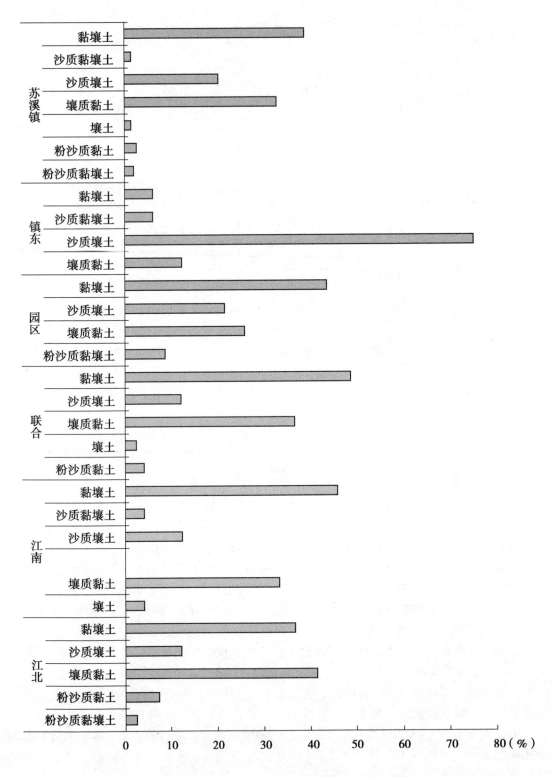

图 3 –121　苏溪镇各工作片土壤耕层质地占全镇的比例

3. 苏溪镇土壤基本理化性状

(1) 土壤 pH 值

从图 3 - 122 可见，苏溪镇全镇土壤 pH 值为 6.0，其中以江北土壤耕层 pH 值最高，为 6.1；江南最低，为 5.7。另外，通过对苏溪镇土样 pH 值分析结果表明，苏溪镇土壤 pH 值绝大部分集中于 5.0～6.0，占 58.3%；其中 pH 值为 5.5～6.0 占 39.6%；其次 pH 值为 6.0～7.0 的占 34.7%；pH 值大于 7.0 或小于 5.0 的相对较少，分别仅占 5.6% 和 1.4%。

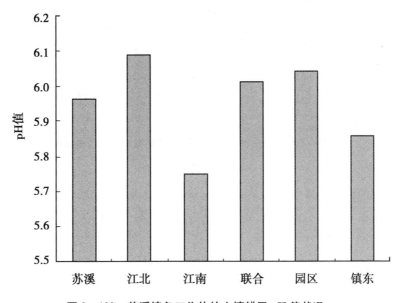

图 3 - 122 苏溪镇各工作片的土壤耕层 pH 值状况

(2) 土壤有机质

苏溪镇全镇土壤有机质平均含量为 18.8g/kg，其中以镇东土壤有机质含量最高，为 24.9g/kg；江南最低，为 16.6g/kg。另外，通过对苏溪镇土样分析结果表明，苏溪镇不同地块土壤有机质含量差异较大，低的不足 5.0g/kg 高的可达 30g/kg 和 40g/kg。调查结果表明，苏溪镇土壤有机质绝大部分集中于 20.0～30.0g/kg，占样品总调查量的 42.4%；其次为 15.0～20.0g/kg，占 28.5%；为 10～15g/kg 的占 12.5%。另外，土壤有机质含量小于 10g/kg 及大于 30.0g/kg 的分别占 10.4% 和 6.3%。从上述分析可知，苏溪镇土壤有机质处于中等水平。

就各工作片而言，以镇东土壤有机质含量相对最高，其中含量大于 15g/kg 占镇东总样品数的 93.3%，其中有 73.3% 的土壤样品有机质含量大于 20g/kg；其次为联合和江北，联合有机质含量大于 15g/kg 的占 83.7%，但大于 20g/kg 的仅为 45.9%，而江北虽然有机质含量大于 15g/kg 占 80.5%，但大于 20g/kg 的却占 63.4%，高出联合十几个百分点；江南土壤有机质平均含量最低，其有机质含量相对高的地块所占比例也低，大于 15g/kg 占 69.5%，且大于 20g/kg 的为 21.7%（图 3 - 123）。

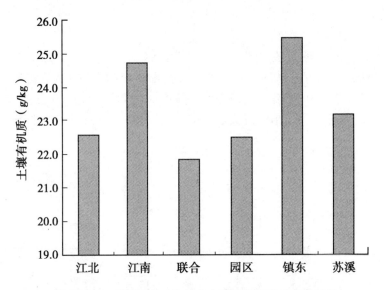

图 3 – 123 苏溪镇各工作片的土壤耕层有机质含量状况

（3）土壤全氮

苏溪镇全镇土壤全氮平均含量为 1.1g/kg，其中以镇东土壤全氮含量最高，为 1.4 g/kg；江南最低，为 0.8g/kg。分析结果表明，苏溪镇不同地块土壤全氮含量差异较大，小于 1.0g/kg 的占总调查样品量的近一半，为 49.3%；含量为 1.0 ~ 2.0g/kg 的占 41.7%；而大于 2.0g/kg 仅为 9.0%。也就是说，苏溪镇土壤全氮含量普遍偏低（图 3 – 124）。

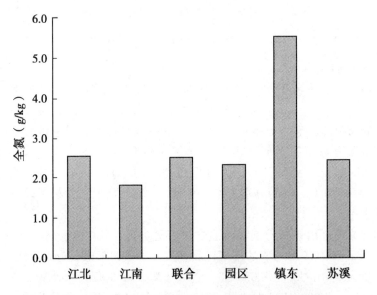

图 3 – 124 苏溪镇各工作片的土壤耕层全氮含量状况

就各工作片而言，镇东土壤全氮含量大于 2.0g/kg 的占镇东总样品数的 20.0%，另有 53.3% 的土壤样品全氮含量为 1.0 ~ 2.0g/kg。江北工作片土壤全氮含量大于 2.0g/kg 的占整个工作片总样品数的 14.6%，51.2% 的土壤样品全氮含量为 1.0 ~ 2.0g/kg。江南工作片、联合工作片和园区工作片土壤全氮含量小于1.0g/kg的均占到1/2以上，分别为75.0%、56.1%和52.2%。

（4）土壤有效磷

苏溪镇全镇土壤有效磷平均含量为26.2mg/kg，其中以江北土壤有效磷含量最高，为34.1mg/kg；其次是联合，为30.5mg/kg；园区与江南含量最低，均不足20mg/kg，分别为14.4mg/kg和16.6mg/kg。分析结果表明，苏溪镇不同地块土壤有效磷含量差异也较大，低的不足5.0mg/kg，占总调查样品量的4.2%。苏溪镇土壤有效磷含量主要为15～25mg/kg，占30.6%；其次为10～15mg/kg；另外，大于25mg/kg的土壤样品占总调查量的23.6%。从上述数据可见，苏溪镇土壤有效磷含量不足或偏低，适宜作物生长的土壤（15～25mg/kg）只占少数。

通过对各工作片土壤有效磷含量比较来看，江北土壤有效磷含量适宜作物生长（15～25mg/kg）所占的比例最高，在江北所调查的土壤样品中占39.0%；34.2%的样品土壤有效磷含量小于15mg/kg；另有26.8%的样品土壤有效磷含量大于25.0mg/kg。江南和园区则均有1/2以上的样品土壤有效磷含量小于15mg/kg，其中江南小于15mg/kg的占54.2%，园区占65.2%（图3-125）。

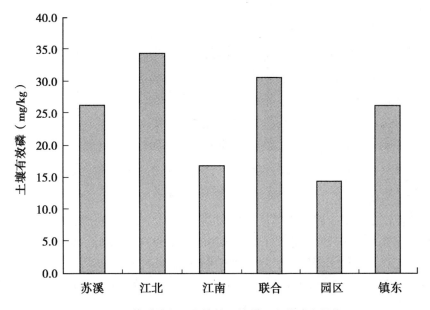

图3-125　苏溪镇各工作片的土壤耕层有效磷含量状况

（5）土壤速效钾

苏溪镇全镇土壤速效钾平均含量为110mg/kg，其中以江北土壤速效钾含量最高，为119mg/kg；其次为联合和镇东，分别为116mg/kg和114mg/kg；江南含量最低，仅为91mg/kg。分析结果表明，苏溪镇不同地块土壤速效钾含量差异较大，低的小于5.0mg/kg，高的可达30mg/kg和40mg/kg。调查结果表明，苏溪镇土壤速效钾在各含量区间（40～80mg/kg、80～120mg/kg和大于120mg/kg）所占比例接近于1:1:1，其中有35.4%集中于40.0～80.0mg/kg；有31.9%为80～120mg/kg，另有30.6%的土壤速效钾含量大于 30mg/kg、2.1% 的土壤速效钾含量小于 40mg/kg。

从苏溪镇各工作片土壤速效钾含量分析结果来看，江南、联合和镇东各有近 1/3 的土壤速效钾含量处于适宜状态（速效钾含量为 80～120mg/kg），分别为 33.3%、36.6% 和 33.3%。其余土壤的速效钾含量则表现为不足或过高，江南有 1/2 多的土壤速效钾含量偏低，占总样品的 54.1%，园区则有 43.4% 的土壤速效钾含量偏低。另外，也有为数不少的土壤速效钾含量过高，例如镇东，有 46.7% 的调查土壤速效钾含量超过 120mg/kg，江北和联合均有 34.1% 的调查土壤速效钾含量大于 120mg/kg（图 3 - 126）。

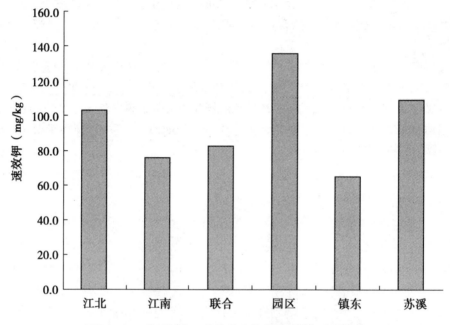

图 3 - 126　苏溪镇各工作片的土壤耕层速效钾含量状况

（6）土壤速效钾

苏溪镇全镇土壤缓效钾平均含量为 408mg/kg，其中以江北土壤缓效钾含量最高，为 465mg/kg；其次为镇东和江南，分别为 430mg/kg 和 409mg/kg；园区含量最低，仅为 325mg/kg。土样分析结果表明，土壤缓效钾相对比较丰富，苏溪镇各工作片土壤几乎不缺缓效钾，其中含量不足（缓效钾含量小于 100mg/kg）的仅占 0.9%，含量适宜与含量丰富所占比例相当，分别为 48.6% 和 50.5%。

从苏溪镇各工作片来看，除江南所调查土壤样品中有少量样品土壤缓效钾含量偏低（占江南所调查样品的 5.3%）外，其余各工作片均不存在土壤缺缓效钾的现象，且江北、江南和镇东土壤缓效钾含量大于 400mg/kg 的样品量均超过了 1/2，分别占各片调查样品量的 62.1%、57.9% 和 75.0%（图 3 - 127）。

（7）土壤缓效钾

苏溪镇全镇平均土壤阳离子交换量为 15.5cmol/100g 土，其中以江北和联合土壤阳离子交换量最高，分别为 16.4cmol/100g 土和 16.2cmol/100g 土；其次为园区，为 15.8cmol/100g 土，江南土壤阳离子交换量最低，仅为 12.6cmol/100g 土（图 3 - 128）。

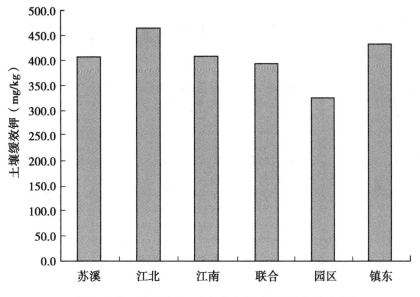

图 3 – 127　苏溪镇各工作片的土壤耕层缓效钾含量状况

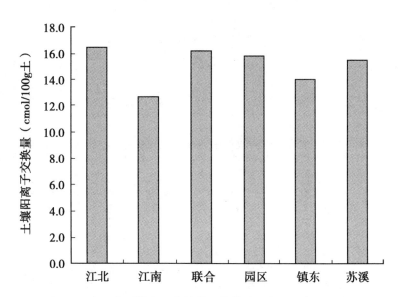

图 3 – 128　苏溪镇各工作片的土壤耕层阳离子交换量状况

三、苏溪镇的土壤代表性测试数据（表3-54、表3-55、表3-56）

表3-54 苏溪镇代表性试验数据（一）

样品编号	工作片	村名称	北纬	东经	地形部位	土类	质地	pH值	有机质 (g/kg)	全氮 (g/kg)	有效磷 (mg/kg)	速效钾 (mg/kg)	缓效钾 (mg/kg)
W962	江北	联合村	29°26'6.07"	120°8'51.6"	垅田	水稻土	壤质黏土	6.7	27.83	1.39	6.00	73.00	340
W963	江北	联合村	29°26'10.8"	120°9'12.3"	缓坡	水稻土	黏壤土	5.7	16.42	0.82	18.90	174.00	495
W964	江北	联合村	29°26'14.0"	120°8'59.7"	缓坡	水稻土	黏壤土	5.7	30.15	1.51	46.90	66.00	385
W965	江北	联合村(楼存傅村)	29°26'21.1"	120°8'40.0"	缓坡	水稻土	黏壤土	6.1	17.68	0.88	30.50	196.00	530
W966	江北	联合村(楼存傅村)	29°26'30.1"	120°8'52.0"	垅田	水稻土	黏壤土	5.8	10.94	0.55	15.80	76.00	385
W967	江北	菁春村	29°26'40.0"	120°7'19.8"	垅田	水稻土	壤质黏土	5.5	21.28	0.96	98.80	215.00	550
W968	江北	菁春村	29°26'37.4"	120°7'20.1"	垅田	水稻土	壤质黏土	5.5	13.46	0.67	18.30	127.00	485
W969	江北	上娄村	29°26'10.9"	120°8'10.5"	垅田	水稻土	壤质黏土	6.7	20.27	1.01	20.70	147.00	560
W970	江北	上娄村	29°25'53.4"	120°8'3.12"	垅田	水稻土	壤质黏土	6.1	34.90	1.74	15.70	86.00	420
W971	江北	上山王村	29°25'51.8"	120°9'11.7"	垅田	水稻土	壤质黏土	6.9	15.97	0.80	14.50	86.00	430
W972	江北	上山王村	29°25'31.7"	120°8'55.2"	垅田	水稻土	黏壤土	6.6	21.95	1.10	50.50	73.00	365
W973	江北	塘里蒋村	29°25'59.4"	120°7'20.5"	垅田	水稻土	壤质黏土	5.6	21.08	1.05	16.10	69.00	360
W974	江北	塘里蒋村	29°26'3.58"	120°7'32.5"	垅田	水稻土	粉沙质黏土	5.9	20.02	1.00	135.30	156.00	565
W975	江北	同春村	29°26'29.5"	120°8'13.9"	缓坡	水稻土	黏壤土	5.7	20.23	1.01	75.40	76.00	340
W976	江北	同春村	29°26'35.8"	120°8'21.0"	缓坡	水稻土	黏壤土	5.8	15.15	0.68	23.90	156.00	575
W977	江北	同春村	29°26'37.4"	120°8'6.43"	缓坡	水稻土	黏壤土	5.4	25.78	1.29	21.00	106.00	480
W978	江北	同春村(后深塘村)	29°26'24.2"	120°8'29.2"	缓坡	水稻土	黏壤土	5.9	25.51	1.28	13.50	64.00	355
W979	江北	同裕村	29°26'5.10"	120°9'35.9"	缓坡	水稻土	壤质黏土	5.9	33.12	1.66	16.90	48.00	325
W980	江北	同裕村	29°26'19.9"	120°9'58.6"	缓坡	水稻土	壤质黏土	6.3	21.52	1.08	26.50	136.00	350
W981	江北	同裕村	29°25'58.9"	120°9'19.0"	缓坡	水稻土	壤质黏土	5.5	24.52	1.23	16.40	48.00	405
W982	江北	同裕村	29°25'52.4"	120°9'0.82"	垅田	水稻土	壤质黏土	5.8	20.98	1.05	13.00	78.00	380
W983	江北	同裕村	29°25'40.7"	120°9'27.6"	垅田	水稻土	黏壤土	5.8	21.16	1.06	15.00	85.00	565
W984	江北	新乐村	29°25'58.9"	120°6'53.6"	平畈	水稻土	沙质壤土	5.2	25.44	1.14	212.50	445.00	745

（续表）

样品编号	工作片	村名称	北纬	东经	地形部位	土类	质地	pH值	有机质(g/kg)	全氮(g/kg)	有效磷(mg/kg)	速效钾(mg/kg)	缓效钾(mg/kg)
W985	江北	新乐村	29°25'47.0"	120°6'55.5"	缓坡	水稻土	黏壤土	4.8	26.16	1.31	191.50	131.00	505
W986	江北	邢宅村	29°26'25.9"	120°6'49.7"	垅田	水稻土	壤质黏土	6.2	16.95	0.85	19.10	116.00	615
W987	江北	邢宅村	29°26'16.2"	120°6'40.9"	平畈	水稻土	沙质壤土	6.4	27.89	1.26	20.40	70.00	410
W988	江北	颜村	29°25'38.6"	120°8'19.9"	垅田	水稻土	粉沙质黏土	5.9	35.25	1.76	22.90	76.00	465
W989	江北	颜村	29°25'41.4"	120°8'37.5"	垅田	水稻土	壤质黏土	7.1	29.80	1.49	9.10	81.00	380
W990	江北	颜垴村	29°25'40.5"	120°8'53.7"	垅田	水稻土	粉沙质黏土	7.4	27.78	1.39	15.70	340.00	710
W991	江南	东青村	29°25'39.7"	120°5'37.9"	垅田	水稻土	黏壤土	6.6	14.39	0.72	27.20	64.00	535
W992	江南	东青村	29°25'30.6"	120°5'55.6"	垅田	水稻土	黏壤土	6.0	17.42	0.87	38.20	72.00	530
W993	江南	杜村	29°25'41.8"	120°5'7.26"	垅田	水稻土	黏壤土	5.6	13.54	0.68	16.30	72.00	670
W994	江南	杜村	29°25'41.6"	120°5'21.1"	垅田	水稻土	沙质黏壤土	6.1	18.14	0.91	19.00	51.00	255
W995	江南	洪流村	29°25'25.0"	120°6'2.88"	垅田	水稻土	黏壤土	5.9	15.90	0.79	13.30	66.00	450
W996	江南	洪流村	29°25'5.77"	120°6'15.0"	垅田	水稻土	黏壤土	5.5	27.06	1.22	8.50	39.00	460
W997	江南	洪流村	29°24'38.7"	120°6'19.4"	垅田	水稻土	黏壤土	5.4	20.49	1.02	9.70	72.00	460
W998	江南	立塘村	29°24'21.4"	120°6'43.0"	缓坡	水稻土	壤质黏土	6.0	10.97	0.55	22.20	152.00	335
W999	江南	立塘村	29°24'18.2"	120°6'49.3"	缓坡	水稻土	壤质黏土	5.7	14.12	0.71	17.10	174.00	370
W1000	江南	立塘村	29°24'6.73"	120°6'31.6"	垅田	水稻土	壤质黏土	6.0	11.98	0.60	14.00	38.00	430
W1001	江南	龙华村	29°23'52.1"	120°6'10.0"	缓坡	水稻土	黏壤土	5.9	13.26	0.66	13.30	210.00	485
W1002	江南	龙华村	29°23'42.3"	120°6'26.8"	缓坡	水稻土	壤质黏土	5.6	19.27	0.87	13.30	75.00	185
W1003	江南	密溪村	29°24'43.1"	120°5'55.7"	平畈	水稻土	黏壤土	5.8	15.72	0.79	15.70	67.00	455
W1004	江南	密溪村	29°24'38.9"	120°6'4.85"	垅田	水稻土	黏壤土	5.5	22.07	1.10	50.70	114.00	465
W1005	江南	新中村	29°24'31.3"	120°6'44.7"	垅田	水稻土	壤质黏土	6.2	17.22	0.77	7.50	68.00	250
W1006	江南	新中村	29°24'32.1"	120°6'46.4"	垅田	水稻土	壤质黏土	5.4	15.83	0.79	6.30	89.00	305
W1007	江南	徐丰村	29°23'49.0"	120°6'33.0"	缓坡	水稻土	壤质黏土	5.3	17.11	0.86	13.70	104.00	305

（续表）

样品编号	工作片	村名称	北纬	东经	地形部位	土类	质地	pH值	有机质(g/kg)	全氮(g/kg)	有效磷(mg/kg)	速效钾(mg/kg)	缓效钾(mg/kg)
W1008	江南	徐丰村	29°24'4.86"	120°6'40.1"	平畈	水稻土	沙质壤土	6.2	18.20	0.91	15.80	92.00	460
W1009	江南	徐丰村	29°23'59.9"	120°6'48.9"	平畈	水稻土	壤土	6.3	16.38	0.82	22.40	114.00	365
W1010	联合	东洪村	29°23'7.61"	120°7'48.5"	垅田	水稻土	壤质黏土	6.1	27.39	1.37	13.50	125.00	330
W1011	联合	东湖门村	29°23'28.6"	120°9'13.7"	垅田	水稻土	壤质黏土	6.6	24.80	1.24	13.60	47.00	220
W1012	联合	东湖门村	29°23'15.4"	120°9'12.3"	垅田	水稻土	壤质黏土	6.1	13.83	0.69	12.80	69.00	360
W1013	联合	东湖门村	29°23'1.24"	120°9'10.0"	垅田	水稻土	黏质黏土	5.9	12.13	0.61	5.80	68.00	350
W1014	联合	东湖门村	29°22'45.0"	120°9'5.29"	垅田	水稻土	黏壤土	6.5	14.59	0.73	16.00	69.00	350
W1015	联合	东湖门村	29°22'57.7"	120°9'24.7"	平畈	水稻土	沙质壤土	6.6	11.63	0.58	39.00	182.00	560
W1016	联合	东湖门村	29°23'0.88"	120°9'34.0"	平畈	水稻土	沙质壤土	5.6	24.13	1.21	127.70	276.00	560
W1017	联合	东陶村	29°22'55.9"	120°8'6.53"	垅田	水稻土	壤质黏土	6.3	17.77	0.80	33.20	169.00	385
W1018	联合	东陶村	29°22'46.9"	120°8'6.00"	垅田	水稻土	黏壤土	5.2	29.72	1.49	11.50	95.00	305
W1019	联合	东陶村	29°22'48.8"	120°7'47.8"	垅田	水稻土	黏壤土	6.4	24.73	1.24	107.60	298.00	480
W1020	联合	东陶村	29°22'45.9"	120°7'48.3"	垅田	水稻土	黏壤土	6.0	23.10	1.15	91.70	211.00	360
W1021	联合	范家村	29°23'38.6"	120°10'29.7"	缓坡	水稻土	黏壤土	5.6	21.63	1.08	19.10	83.00	410
W1022	联合	高岭村	29°23'31.5"	120°8'44.5"	垅田	水稻土	壤质黏土	5.6	22.16	1.11	5.80	60.00	290
W1023	联合	高岭村	29°23'14.8"	120°8'36.9"	垅田	水稻土	壤质黏土	5.9	19.37	0.87	33.20	155.00	440
W1024	联合	高岭村	29°23'11.0"	120°8'51.6"	顶部	红壤	壤质黏土	5.3	22.21	1.00	21.00	142.00	465
W1025	联合	后山坞村	29°22'59.4"	120°7'37.4"	垅田	水稻土	沙质壤土	5.4	19.66	0.98	6.30	93.00	270
W1026	联合	后山坞村	29°23'16.9"	120°8'3.01"	垅田	水稻土	壤质黏土	6.5	22.67	1.13	17.40	88.00	355
W1027	联合	后山坞村	29°23'31.1"	120°8'8.33"	岗地	水稻土	壤质黏土	6.2	22.37	1.12	38.10	181.00	480
W1028	联合	上甘村	29°23'18.9"	120°10'10.8"	缓坡	水稻土	黏壤土	5.9	19.08	0.95	12.80	118.00	375
W1029	联合	上甘村	29°23'19.9"	120°10'10.8"	平畈	水稻土	黏壤土	5.7	15.99	0.80	84.80	212.00	510
W1030	联合	上甘村	29°23'19.5"	120°10'10.0"	平畈	水稻土	黏壤土	5.9	18.21	0.91	141.50	179.00	460

（续表）

样品编号	工作片	村名称	北纬	东经	地形部位	土类	质地	pH值	有机质(g/kg)	全氮(g/kg)	有效磷(mg/kg)	速效钾(mg/kg)	缓效钾(mg/kg)
W1031	联合	上山下村	29°24′4.86″	120°10′15.7″	缓坡	水稻土	黏壤土	5.8	18.78	0.94	6.20	92.00	325
W1032	联合	上山下村	29°24′16.3″	120°10′17.5″	缓坡	水稻土	黏壤土	6.0	28.19	1.41	18.20	90.00	435
W1033	联合	上山下村	29°24′20.4″	120°9′54.0″	缓坡	水稻土	黏壤土	5.8	18.63	0.93	16.40	131.00	355
W1034	联合	上西陶村	29°23′8.62″	120°7′20.9″	岗地	水稻土	沙质壤土	6.2	20.15	0.91	74.00	92.00	260
W1035	联合	塘头应村	29°23′2.47″	120°8′40.2″	垅田	水稻土	壤质黏土	5.3	17.00	0.85	19.80	108.00	360
W1036	联合	塘头应村	29°22′58.7″	120°8′21.2″	垅田	水稻土	壤质黏土	6.0	18.58	0.93	45.80	185.00	390
W1037	联合	下陈村	29°23′6.64″	120°9′49.9″	平畈	水稻土	沙质壤土	6.1	11.07	0.55	16.70	66.00	435
W1038	联合	下陈村	29°23′13.1″	120°9′53.5″	缓坡	水稻土	黏壤土	6.6	17.58	0.88	14.50	51.00	385
W1039	联合	新厅村	29°23′6.72″	120°10′18.4″	缓坡	水稻土	黏壤土	6.4	25.64	1.15	14.80	128.00	485
W1040	联合	新厅村	29°23′4.99″	120°10′38.0″	缓坡	水稻土	黏壤土	5.5	23.61	1.18	34.70	101.00	440
W1041	园区	殿下村	29°24′25.7″	120°9′7.99″	垅田	水稻土	壤质黏土	5.6	15.16	0.76	10.20	83.00	240
W1042	园区	殿下村	29°24′44.7″	120°9′20.8″	平畈	水稻土	沙质壤土	6.3	25.03	1.25	38.00	80.00	335
W1043	园区	殿下村	29°24′41.5″	120°9′3.52″	平畈	水稻土	沙质壤土	5.9	21.47	0.97	11.90	132.00	355
W1044	园区	东殿前村	29°23′40.2″	120°10′16.8″	缓坡	水稻土	黏壤土	6.2	13.70	0.68	12.20	141.00	295
W1045	园区	东宅村	29°24′30.4″	120°9′48.3″	缓坡	水稻土	黏壤土	6.0	15.69	0.78	13.50	62.00	350
W1046	园区	东宅村	29°24′41.6″	120°9′54.9″	缓坡	水稻土	黏壤土	5.9	15.05	0.75	7.30	84.00	415
W1047	园区	二头门村	29°24′48.6″	120°9′50.1″	缓坡	水稻土	黏壤土	6.0	23.91	1.20	18.70	59.00	470
W1048	园区	畈田畈村	29°23′56.2″	120°10′6.67″	平畈	水稻土	黏壤土	6.9	18.09	0.90	12.70	40.00	285
W1049	园区	西山下村	29°23′52.8″	120°9′22.4″	垅田	水稻土	粉沙质黏壤土	6.3	27.13	1.36	14.20	98.00	285
W1050	园区	西山下村	29°23′28.8″	120°9′44.3″	平畈	水稻土	沙质壤土	5.6	12.95	0.65	18.70	50.00	345
W1051	园区	西山下村	29°23′36.3″	120°9′54.9″	缓坡	水稻土	黏壤土	5.6	21.92	1.10	6.70	47.00	240
W1052	园区	西山下村	29°23′40.0″	120°10′2.45″	平畈	水稻土	黏壤土	6.6	21.72	1.09	15.10	34.00	245

（续表）

样品编号	工作片	村名称	北纬	东经	地形部位	土类	质地	pH值	有机质 (g/kg)	全氮 (g/kg)	有效磷 (mg/kg)	速效钾 (mg/kg)	缓效钾 (mg/kg)
W1053	园区	西山下村	29°23'45.0"	120°9'59.3"	缓坡	水稻土	黏壤土	5.9	17.84	0.89	21.70	91.00	405
W1054	园区	下屋村	29°24'48.3"	120°9'37.5"	平畈	水稻土	沙质壤土	6.0	30.93	1.55	41.70	179.00	460
W1055	园区	向东村	29°24'19.5"	120°9'27.9"	垅田	水稻土	壤质黏土	6.0	11.66	0.58	13.40	84.00	200
W1056	园区	张浙村	29°24'12.2"	120°8'55.5"	垅田	水稻土	粉沙质黏壤土	6.5	22.18	1.11	18.30	54.00	225
W1057	园区	张浙村	29°24'3.34"	120°9'4.60"	垅田	水稻土	壤质黏土	5.5	24.81	1.24	16.40	49.00	370
W1058	园区	张浙村	29°23'48.4"	120°8'56.5"	垅田	水稻土	壤质黏土	5.7	17.64	0.88	11.00	127.00	330
W1059	镇东	花厅村	29°24'54.0"	120°8'56.4"	平畈	水稻土	沙质壤土	5.5	16.03	0.80	8.80	130.00	410
W1060	镇东	花厅村	29°25'6.52"	120°9'12.1"	平畈	水稻土	沙质壤土	6.9	24.46	1.22	21.80	104.00	500
W1061	镇东	花厅村	29°25'8.32"	120°8'53.8"	平畈	水稻土	沙质壤土	5.2	32.18	1.61	12.20	123.00	440
W1062	镇东	齐山楼村	29°25'4.69"	120°8'40.4"	平畈	水稻土	沙质壤土	6.2	29.37	1.47	16.20	131.00	460
W1063	镇东	齐山楼村	29°25'14.0"	120°8'16.1"	平畈	水稻土	沙质壤土	6.2	31.38	1.57	9.30	83.00	365
W1064	镇东	翁界村	29°25'8.14"	120°8'54.7"	平畈	水稻土	沙质壤土	5.0	28.77	1.29	118.30	98.00	425
W1065	镇东	翁界村	29°25'38.7"	120°10'3.46"	垅田	水稻土	沙质黏壤土	5.4	17.41	0.87	31.00	101.00	415
W1066	镇东	翁界村	29°25'23.9"	120°10'25.2"	缓坡	红壤	壤质黏土	5.7	45.41	2.04	16.10	128.00	350
W1067	镇东	溪北村	29°25'15.1"	120°9'19.6"	平畈	水稻土	沙质壤土	6.3	25.09	1.13	15.80	159.00	565
W1068	镇东	溪北村	29°25'25.4"	120°9'29.2"	垅田	水稻土	黏壤土	5.1	25.65	1.28	16.40	53.00	440
W1069	镇东	溪北村	29°25'6.96"	120°9'41.1"	平畈	水稻土	沙质壤土	5.8	25.40	1.14	32.60	161.00	465
W1070	镇东	杨梅岗农垦场	29°24'24.4"	120°9'10.6"	岗背	红壤	壤质黏土	6.0	19.28	0.87	44.80	204.00	320

表 3-55 苏溪镇代表性试验数据（二）

样品编号	工作片	村名称	北纬	东经	地形部位	土类	质地	pH值	有机质 (g/kg)	全氮 (g/kg)	有效磷 (mg/kg)	速效钾 (mg/kg)	阳离子交换量 (cmol/kg)	容重 (g/cm³)	全盐量 (μs/cm)
Y234	江北	蒋老村	29°25'38.6"	120°7'26.2"	垅田	水稻土	沙质壤土	7.7	2.56	0.15	1.71	98.20	212.00	1.44	162
Y235	江北	联合村(楼存傅村)	29°26'20.1"	120°8'41.4"	缓坡	水稻土	沙质壤土	6.0	2.39	0.14	8.39	58.70	92.90	1.26	70.4
Y236	江北	岭背村	29°26'26.0"	120°7'16.7"	垅田	水稻土	壤质黏土	5.4	2.28	0.14	4.35	141.00	101.00	1.43	72
Y237	江北	塘里蒋村	29°26'3.91"	120°7'32.6"	垅田	水稻土	壤质黏土	6.8	1.44	0.09	11.70	99.50	140.00	1.52	85.7
Y238	江北	同春村(后深塘村)	29°26'27.4"	120°8'12.9"	缓坡	水稻土	粉沙质黏壤土	6.5	2.72	0.16	8.39	180.00	146.00	1.49	93.5
Y239	江北	新乐村	29°26'1.21"	120°6'52.5"	平畈	水稻土	沙质壤土	5.4	2.14	0.13	9.58	75.60	122.00	1.3	112.3
Y240	江南	立塘村	29°24'21.7"	120°6'17.3"	缓坡	水稻土	沙质壤土	6.1	3.22	0.19	10.90	118.00	114.00	1.4	110.5
Y241	江南	龙华村	29°23'51.2"	120°6'14.6"	缓坡	水稻土	沙质壤土	5.2	1.78	0.11	2.24	95.30	112.00	1.42	79.5
Y242	联合	后山坡村(东洪村)	29°23'5.49"	120°7'42.0"	垅田	水稻土	壤质黏土	6.8	1.71	0.10	3.62	47.90	114.00	1.44	104.3
Y243	联合	后山坞村	29°23'17.4"	120°8'4.88"	垅田	水稻土	黏壤土	5.8	1.95	0.12	4.72	62.20	94.70	1.44	87.9
Y244	联合	上西陶村	29°23'7.51"	120°7'1.48"	平畈	水稻土	黏壤土	7.0	2.61	0.15	18.70	69.30	137.00	1.48	133.5
Y245	园区	楼下张村	29°24'14.3"	120°9'58.7"	缓坡	水稻土	沙质壤土	6.5	1.62	0.10	5.36	158.00	156.00	1.48	84.5
Y246	园区	西山下村	29°23'31.8"	120°9'49.2"	缓坡	水稻土	壤质黏土	6.6	2.23	0.13	4.35	110.00	123.00	1.47	176.7
Y247	镇东	齐山楼村	29°25'7.10"	120°8'19.7"	平畈	水稻土	沙质壤土	5.9	2.80	0.17	10.50	52.50	91.50	1.36	87.7
Y248	镇东	溪北村	29°25'7.21"	120°9'16.4"	平畈	水稻土	沙质壤土	7.6	2.89	0.17	6.55	99.30	197.00	1.56	157.8

表 3-56 苏溪镇代表性试验数据（三）

样品编号	工作片	村名称	北纬	东经	地形部位	土类	质地	pH 值	有机质(g/kg)	全氮(g/kg)	有效磷(mg/kg)	速效钾(mg/kg)	阳离子交换量(cmol/kg)	容重(g/cm³)	水溶性盐总量
L094	大陈	红旗村(塘坞村)	29°26′55.5″	120°6′24.5″	平畈	水稻土	沙质壤土	6.6	27.32	2.08	8.53	483.37	22.65	0.89	0.36
L095	大陈	红旗村(下王坑口村)	29°26′36.6″	120°6′26.8″	平畈	水稻土	沙质壤土	5.7	22.69	0.56	34.62	51.35	16.39	0.98	0.25
L096	江北	蒋宅村	29°25′48.7″	120°7′19.0″	垄田	水稻土	黏壤土	5.9	37.72	3.68	15.23	190.54	13.66	0.92	0.29
L097	江北	联合村(楼存傅村)	29°26′30.5″	120°8′54.3″	垄田	水稻土	黏壤土	5.5	21.48	2.34	13.31	68.46	23.79	0.99	0.23
L098	江北	岭背村	29°26′35.6″	120°7′19.1″	垄田	水稻土	壤质黏土	7.5	19.29	2.24	72.29	110.50	15.21	1.03	0.35
L099	江北	塘里蒋村	29°26′24.0″	120°8′47.7″	垄田	水稻土	壤质黏土	8.0	18.93	2.00	31.17	101.26	23.24	1.19	0.46
L100	江北	同青村(后深塘村)	29°26′38.0″	120°8′24.2″	垄田	水稻土	黏壤土	5.9	22.48	3.50	14.89	70.48	18.55	0.98	0.25
L101	江北	邢宅村	29°26′18.7″	120°6′43.0″	平畈	水稻土	黏壤土	5.2	26.30	5.03	7.22	90.11	13.71	0.86	0.30
L102	江南	东青村	29°25′25.9″	120°5′21.1″	垄田	水稻土	黏壤土	5.5	19.55	1.12	9.29	65.52	9.15	1.00	0.26
L103	江南	洪流村(下新屋村)	29°25′14.7″	120°6′1.08″	垄田	水稻土	黏壤土	5.4	25.28	1.44	12.86	96.16	13.41	0.93	0.24
L104	江南	立塘村	29°24′18.3″	120°6′26.3″	缓坡	水稻土	壤质黏土	5.0	29.03	1.66	19.05	74.83	12.94	0.86	0.55
L105	联合	东湖门村	29°22′59.8″	120°9′29.5″	平畈	水稻土	黏壤土	5.3	25.39	4.40	11.81	68.07	19.68	1.00	0.29
L106	联合	后山坞村	29°23′25.9″	120°8′17.0″	垄田	水稻土	壤质黏土	7.5	22.32	1.50	10.61	110.74	14.55	0.99	0.39
L107	联合	上山下村	29°24′8.64″	120°10′9.30″	缓坡	水稻土	黏质壤土	5.6	16.34	3.22	12.82	92.65	17.97	1.09	0.22
L108	联合	上西陶村	29°23′10.5″	120°7′1.02″	缓坡	水稻土	壤土	6.4	14.98	0.86	47.95	91.59	17.59	1.13	0.23
L109	联合	下陈村	29°23′24.0″	120°9′49.4″	缓坡	水稻土	粉沙质黏土	6.0	17.50	2.91	10.78	86.92	24.47	1.00	0.33
L110	联合	下陈村	29°23′6.75″	120°9′46.6″	缓坡	水稻土	壤质黏土	5.4	19.20	0.87	8.69	72.54	24.07	1.01	0.16
L111	下骆宅	后山坡村(东洪村)	29°23′9.34″	120°8′0.41″	垄田	水稻土	壤质黏土	7.4	19.97	0.01	25.71	86.05	18.52	1.06	0.34
L112	园区	殿下村	29°25′6.23″	120°9′40.4″	平畈	水稻土	黏壤土	5.0	26.13	1.05	5.76	275.53	16.86	0.94	0.37
L113	园区	楼下张村	29°24′21.0″	120°9′48.4″	缓坡	水稻土	黏壤土	6.6	13.57	3.83	6.71	68.40	23.31	1.08	0.30
L114	园区	西山下村	29°23′46.5″	120°9′58.7″	缓坡	水稻土	壤质黏土	6.0	24.73	1.84	8.12	63.40	10.02	0.91	0.34
L115	镇东	花厅村	29°25′6.77″	120°9′12.5″	平畈	水稻土	沙质壤土	5.6	24.24	2.11	27.83	78.83	19.75	1.00	0.25
L116	镇东	齐山楼村	29°25′3.10″	120°8′41.9″	平畈	水稻土	沙质壤土	5.3	26.55	2.98	12.38	51.81	12.40	1.09	0.36

第十四节 义乌市义亭镇土壤肥力现状

义亭镇位于义乌市西南部。义亭镇东临稠江街道，南连佛堂镇，西与金华、孝顺、傅村镇交界，北接上溪镇。义亭镇辖义亭、王阡、畈田朱、杭畴4个工作片，2个居委会、65个行政村，86个自然村，总户数2万多户，总人口5.23万人，辖区面积54km²，耕地面积2 537hm²，有浙江省教育强镇和卫生强镇，金华市中心镇和文明镇之称，也是全国环境优美乡镇。

一、义亭镇土壤采样点分布（图3-129）

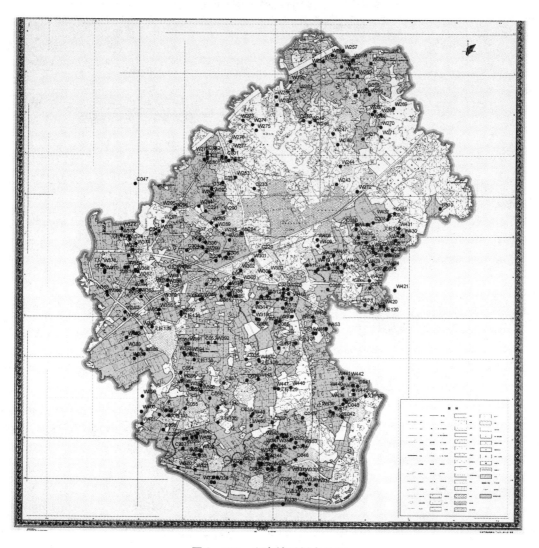

图3-129 义亭镇采样点分布

二、义亭镇各工作片土壤基本理化性状

1. 各工作片土壤调查基本现状

义亭镇土壤地貌以低丘为主，占所调查样品的65.0%，其余为河谷平原，其中王仟土壤地貌均为低丘。土类以水稻土为重，占总土类的90.9%，其余则为紫色土和红壤，分别占调查样品的5.2%和3.9%。其中水稻土类中又以潴育型水稻土亚类为主，占水稻土类的52.3%；其次为淹育型水稻土亚类，占水稻土类的29.9%；其余为渗育型水稻土亚类。表3-57就义亭镇各工作片土类（亚类）在各片调查土壤中所占百分比及土属、土种、成土母质和剖面构型进行了较为详细的描述。

表3-57　义亭镇各工作片的土壤基本现状

工作片	土类	百分率（%）	亚类	百分率（%）	土属	土种	成土母质	剖面构型
畈田朱	水稻土	98.8	渗育型水稻土	17.1	培泥沙田	培泥沙田	近代冲积物	A-Ap-P-C
								A-Ap-W-C
						沙田	近代洪冲积物	A-Ap-P-C
			淹育型水稻土	24.4	钙质紫泥田	钙质紫泥田	钙质紫砂岩风化残积物	A-Ap-C
							钙质紫砂岩风化坡积物	A-Ap-C
								A-Ap-P-C
			潴育型水稻土	58.5	泥质田	老培泥沙田	近代冲积物	A-Ap-W-C
						泥质田	近代冲积物	A-Ap-W-C
						砂心泥质田	近代冲积物	A-Ap-W-C
							近代洪冲积物	A-Ap-W-C
							钙质紫砂岩风化再积物	A-Ap-W-C
					紫泥沙田	紫大泥田	紫砂岩风化再积物	A-Ap-C
								A-Ap-W-C
							钙质紫砂岩风化再积物	A-Ap-W-C
	紫色土	1.2	石灰性紫色土		紫泥土	紫泥土	钙质紫砂岩风化坡积物	A-C
杭畴	红壤	3.2	红壤		黄筋泥土	黄筋泥土	第四纪红土	A-[B]-C
	水稻土	95.7	渗育型水稻土	30.3	培泥沙田	培泥沙田	近代冲积物	A-Ap-P-C
			淹育型水稻土	22.5	钙质紫泥田	钙质紫泥田	钙质紫砂岩风化坡积物	A-Ap-C
							紫砂岩风化再积物	A-Ap-W-C
					红紫泥田	红紫沙田	红紫色砂岩风化坡积物	A-Ap-C
					黄筋泥田	黄筋泥田	第四纪红土	A-Ap-C
							凝灰岩风化再积物	A-Ap-C
			潴育型水稻土	47.2	老黄筋泥田	老黄筋泥田	第四纪红土	A-Ap-W-C
							凝灰岩风化再积物	A-Ap-W-C
					泥质田	老培泥沙田	近代冲积物	A-Ap-W-C
						泥质田	近代冲积物	A-Ap-W-C

（续表）

工作片	土类	百分率（%）	亚类	百分率（%）	土属	土种	成土母质	剖面构型
杭畴	水稻土	95.7	潴育型水稻土	47.2	紫泥沙田	紫大泥田	钙质紫砂岩风化再积物	A-Ap-W-C
							紫砂岩风化再积物	A-Ap-W-C
	紫色土	1.1	石灰性紫色土		紫沙土	紫泥土	紫色砂岩风化体残积物	A-B-C
王仟	红壤	3.4	红壤		黄筋泥土	黄筋泥土	第四纪红土	A-[B]-C
	水稻土	81.0	潜育型水稻土	2.1	烂青紫泥田	烂青紫泥田	紫砂岩风化再积物	A-Ap-W-C
			淹育型水稻土	51.1	钙质紫泥田	钙质紫泥田	钙质紫砂岩风化坡积物	A-C
						紫大泥田	钙质紫砂岩风化坡积物	A-Ap-C
					红紫泥田	红紫泥田	红紫色砂岩风化坡积物	A-Ap-C
								A-Ap-P-C
			潴育型水稻土	46.8	老黄筋泥田	老黄筋泥田	第四纪红土	A-Ap-W-C
					紫泥沙田	紫大泥田	钙质紫砂岩风化再积物	A-Ap-W-C
								A-Ap-C
							紫砂岩风化再积物	A-Ap-W-C
	紫色土	15.5	石灰性紫色土		红紫沙土	红紫沙土	紫色砂岩风化体残积物	A-B-C
							红紫色砂岩风化坡积物	A-B-C
					紫沙土	紫泥土	红紫色砂岩风化坡残积物	A-[B]-C
							紫色砂岩风化体残积物	A-B-C
义亭	红壤	11.3	红壤		黄筋泥土	黄筋泥土	第四纪红土	A-[B]-C
	水稻土	80.6	渗育型水稻土	14	泥沙田	泥沙田	近代洪冲积物	A-Ap-P-C
			淹育型水稻土	32	钙质紫泥田	钙质紫泥田	钙质紫砂岩风化坡积物	A-Ap-C
					红紫泥田	红紫泥田	红紫色砂岩风化坡积物	A-Ap-C
					黄筋泥田	黄筋泥田	第四纪红土	A-Ap-C
						老黄筋泥田	第四纪红土	A-Ap-W-C
			潴育型水稻土	54	老黄筋泥田	老黄筋泥田	第四纪红土	A-Ap-W-C
					泥质田	泥质田	近代冲积物	A-Ap-W-C
								A-C
					紫泥沙田	紫大泥田	紫砂岩风化再积物	A-Ap-W-C
	紫色土	8.1	石灰性紫色土		红紫沙土	红紫沙土	紫色砂岩风化体残积物	A-B-C

2. 调查土壤耕层质地

义亭镇各土壤耕层厚度基本上≥18cm，占采样总数的94.2%，其中≥20cm占采样点总数的78.0%。在所调查的土壤中，土壤结构主要以团块状为主，占调查数的43.7%；其次为块状，占调查数的22.0%；大块状和小团块状分占调查数的14.2%和12.6%。除此之外，义亭镇还有部分土壤结构为核粒状、粒状、微团状和屑粒状几种，所占比例较小，共占调查数的7.4%。整个镇土壤肥力以中等水平为主，占调查数的61.5%，另外还有29.8%的土壤肥力相对较高。与义乌市其他镇街相比，义亭镇土壤无障碍因子的比例相对较高，占调查数的28%；障碍因子主要以坡地梯改型为主，占调查数的28.2%；其次为灌溉改良型，占调查数的18.4%；其余则为渍潜稻田型。土壤的侵蚀度主要为二级（轻度侵蚀），占调查数的59.9%，另有7.4%的土壤为三级侵蚀（中度侵蚀）、0.3%的四级侵蚀（重度侵蚀），义亭镇无明显侵蚀土壤所占的比例高于义乌市其他街镇，占调查数的32.3%。

　　义亭镇土壤质地类型较为丰富，包括壤质黏土、沙质黏壤土、壤土、沙质黏土、黏壤土、沙质壤土、粉沙质黏土及少部分的粉沙质黏壤土和粉沙质壤土。其中以壤质黏土所占调查数比例最大，为53.4%；其次为沙质黏壤土，占调查数的15.5%；壤土占调查数11.7%；余下各类型所占比例均不足10%。图3－130对义亭镇及各工作片土壤耕层质地占工作片调查土壤面积比例进行了描述。

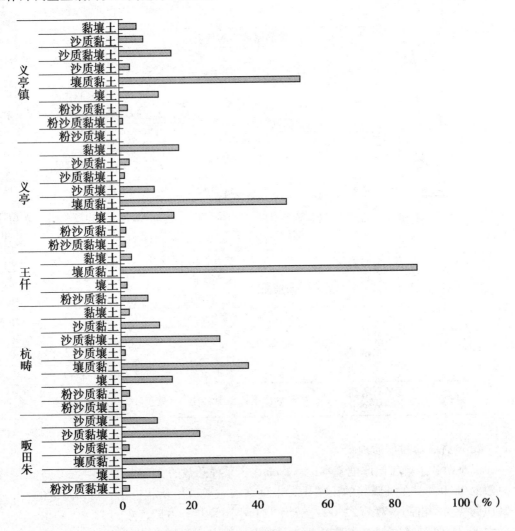

图3－130　义亭镇各工作片土壤耕层质地所占面积百分比

3. 义亭镇各工作片的土壤基本理化性状

（1）土壤 pH 值

义亭镇全镇土壤平均为 pH 值 5.9，各工作片土壤 pH 值平均值较为接近，其中以畈田朱和杭畴土壤耕层 pH 值略高，分别达到了 6.1 和 6.0；义亭土壤耕层 pH 值较低，为5.5。分析结果表明，义亭镇有一半多土壤的 pH 值为 5.5~6.5，占 62.0%；另有 25.6%的土壤 pH 值小于 5.5，其中包含有 8.6% 的样品 pH 值小于 5.0；pH 值大于 6.5 的共占样品数 12.5%，其中 pH 值大于 7.5 占 1.6%。与整个义亭镇土壤表层 pH 值规律相近，义亭镇各个工作片的土壤 pH 值主要为 5.5~6.5，其中除义亭土壤 pH 值为 5.5~6.5 的样品所占比例不到 50%，仅为 49.1% 外，其余各工作片土壤 pH 值为 5.5~6.5 的样品所占比例均过半，其中杭畴在此范围的样品量所占比例为不足 77.8%，田心的土壤 pH 值为5.5~6.5 的占 64.4%（图 3-131）。

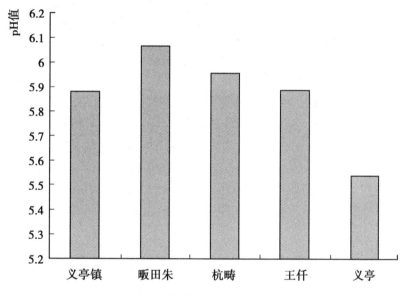

图 3-131 义亭镇各工作片的土壤 pH 值状况

（2）土壤有机质

义亭镇土壤有机质平均含量低于义乌市的平均含量，仅为 18.3g/kg，其中以王仟土壤有机质含量相对较高，为 20.2g/kg；畈田朱含量最小，仅为 16.9g/kg。另外，分析结果表明，义亭镇不同地块土壤有机质含量差异较大，低的不足 5.0g/kg，高的可达 30 g/kg和 40g/kg。调查结果表明，义亭镇土壤有机质绝大部分为 10.0~20.0g/kg，占样品总调查量的 49.8%；其次为 20.0~30.0g/kg，占 29.7%。另外，土壤有机质含量小于 10g/kg及大于 30.0g/kg 的分别占到 14.7% 和 5.8%。从上述分析可知，义乌市大部分土壤有机质含量偏低（图 3-132）。

（3）土壤全氮

义亭镇全镇土壤全氮平均含量为 1.2g/kg，是义乌市全氮含量相对较高的街镇，其中以王仟土壤全氮含量最高，为 1.3g/kg，余下各工作片土壤全氮含量均为 1.2g/kg。分析

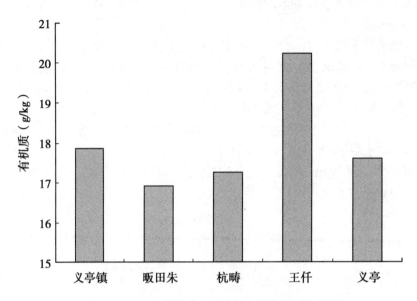

图 3 – 132　义亭镇各工作片的土壤有机质含量状况

结果表明，义亭镇不同地块土壤全氮含量差异较大，不足 1.0g/kg 的占总调查样品量的超过一半，为 54.6%；含量为 1.0~2.0g/kg 的占 31.6%；而大于 2.0g/kg 仅为 13.8%，其中大于 4.0g/kg 的占样品量的 2.9%。也就是说，义亭镇大多数土壤全氮含量偏低，且全氮含量分布不均（图 3 – 133）。

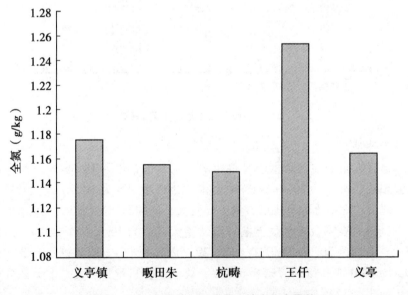

图 3 – 133　义亭镇各工作片土壤全氮含量状况

（4）土壤有效磷

义亭镇全镇土壤有效磷平均含量为 35.9mg/kg，低于义乌市平均水平。义亭镇土壤有效磷含量以畈田朱最高，为41.5mg/kg；其次为义亭，为38.2mg/kg；杭畴含量最低，仅为28.5mg/kg。分析结果表明，义亭镇不同地块土壤有效磷含量差异也较大，低的不足5.0mg/kg，占总调查样品量的2.6%；高的地块土壤有效磷含量高于100mg/kg，占总调查样品量6.7%。义亭镇有42.5%的调查土壤有效磷含量偏高（有效磷含量大于25mg/kg），仅有19.2%的调查土壤有效磷含量相对适宜（有效磷含量为15~25mg/kg）。从上述数据可见，依据养分评价体系，义亭镇土壤有效磷含量普遍偏高，仅有少数样品有效磷含量相对适宜（15~25mg/kg）（图3-134）。

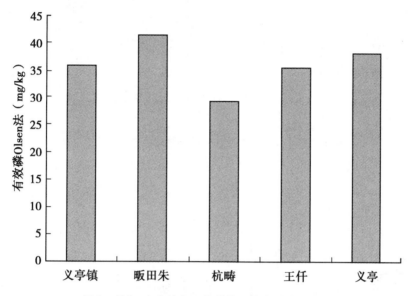

图3-134 义亭镇各工作片的土壤有效磷含量状况

（5）土壤速效钾

义亭镇土壤速效钾平均含量为109mg/kg，已处于相对偏高水平，但低于义乌市平均含量。义亭镇以王仟土壤速效钾含量最高，杭畴含量最低。分析结果表明，义亭镇不同地块土壤速效钾含量差异较大，低的在20mg/kg左右，高的可达几百毫克每千克，最高和最低含量甚至可高达近30倍，土壤速效钾含量大于120mg/kg的样品量占整个义亭样品量的26.8%。调查结果表明，义亭镇土壤速效钾含量主要集中在40~80mg/kg，占样品总量的41.8%（图3-135）。

（6）土壤缓效钾

义亭镇土壤缓效钾平均含量大于50mg/kg，高于义乌市平均水平，义亭镇以畈田朱土壤缓效钾含量最高，达667.5mg/kg；其次为王仟，为568.4mg/kg；义亭含量最低，为375.2mg/kg，仅为畈田朱的一半。分析结果表明，义亭镇不同地块土壤缓效钾含量差异较大，最高和最低含量相差达10倍。调查结果表明，义亭镇土壤缓效钾含量以大于400mg/kg为主，占样品总量的62.0%，整个义亭镇仅有4.2%的样品缓效钾含量相对偏低（图3-136）。

（7）土壤阳离子交换量

义亭镇土壤平均阳离子交换量是55.6cmol/kg土，略低于义乌市的平均水平，义亭镇

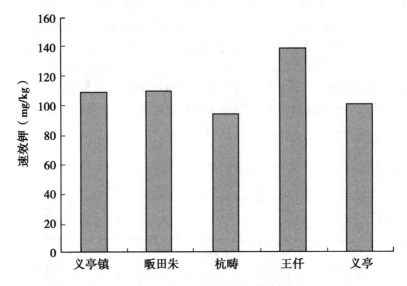

图 3-135　义亭镇各工作片的土壤速效钾含量状况

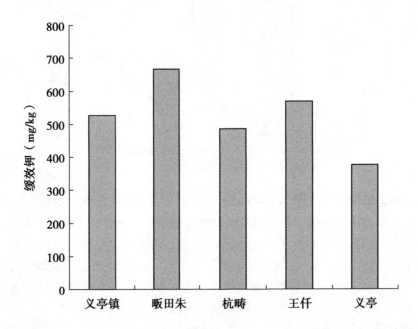

图 3-136　义亭镇各工作片的土壤缓效钾含量状况

以畈田朱和杭畴最高，均大于 70cmol/kg 土，王仟阳离子交换量最低，仅为 28.7cmol/kg 土。就不同样品而言，土壤阳离子交换量相差达几个或上百厘摩尔每千克，二者相差近 30 倍，其中小于 10cmol/kg 土的占整个镇样品量的 5.3%，大于 100cmol/kg 土的占整个镇样品量的 27.4%（图 3-137）。

（8）土壤容重

整个而言，义乌市土壤平均容重差异不大，义亭镇土壤容重为 1.24g/cm³，各工作片

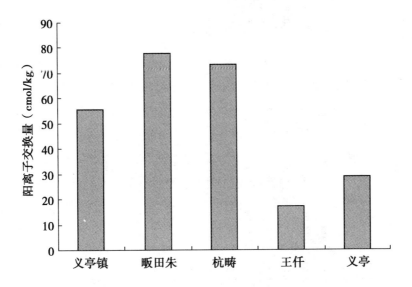

图3-137　义亭镇各工作片的土壤阳离子交换量含量状况

之间也无明显差异，但是样品个体间存在的差异仍比较大，义亭镇分析样品中，土壤容重最小值为0.8g/cm³，最大值可达1.6g/cm³，两者相差2倍。其中义亭镇小于1.0 g/cm³的占样品量的21.2%，大于1.3g/cm³的占样品量的37.6%（图3-138）。

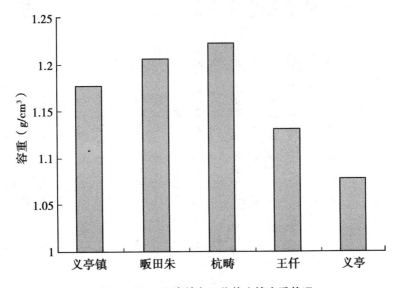

图3-138　义亭镇各工作片土壤容重状况

三、义亭镇的土壤代表性测试数据（表3-58、表3-59）

表3-58 义亭镇代表性试验数据（一）

样品编号	乡（镇）名称	工作片	村名称	北纬	东经	地形部位	土类	质地	pH值	有机质 (g/kg)	全氮 (g/kg)	有效磷 (mg/kg)	速效钾 (mg/kg)	缓效钾 (mg/kg)
W1071	义亭镇	义亭	旺吴桥村	29°14′37.5″	119°57′45.4″	平畈	水稻土	沙质壤土	5.4	21.88	1.09	10.29	51.00	260
W1072	义亭镇	义亭	雅文楼村	29°14′53.0″	119°57′48.4″	平畈	水稻土	沙质壤土	6.4	19.93	0.90	17.68	162.00	520
W1073	义亭镇	合作	雅文楼村	29°14′58.9″	119°57′53.4″	平畈	水稻土	沙质壤土	5.4	23.38	1.05	111.88	352.00	720
W1074	义亭镇	义亭	石塔一村	29°15′9.17″	119°57′46.1″	垅田	水稻土	黏壤土	4.4	19.98	0.90	89.84	92.00	315
W1075	义亭镇	义亭	石塔一村	29°15′17.8″	119°57′42.3″	缓坡	紫色土	黏壤土	5.5	13.02	0.59	13.38	446.00	1075
W1076	义亭镇	义亭	西吴村	29°15′28.6″	119°57′27.3″	顶部	红壤	壤质黏土	4.9	12.77	0.57	66.61	113.00	400
W1077	义亭镇	义亭	西吴村	29°19′27.0″	119°57′23.4″	垅田	水稻土	壤质黏土	4.7	10.02	0.45	20.88	35.00	260
W1078	义亭镇	义亭	新樊村	29°15′40.9″	119°56′56.6″	缓坡	红壤	壤质黏土	5.3	18.94	0.85	56.04	41.00	155
W1079	义亭镇	义亭	新樊村	29°15′47.1″	119°56′56.0″	缓坡	红壤	壤质黏土	4.9	16.43	0.74	91.49	146.00	260
W1080	义亭镇	义亭	西后畈村	29°15′59.2″	119°57′7.56″	缓坡	红壤	壤质黏土	4.9	14.44	0.65	26.41	96.00	225
W1081	义亭镇	义亭	西后畈村	29°15′52.0″	119°57′13.5″	缓坡	红壤	壤质黏土	5.3	11.46	0.52	49.27	173.00	635
W1082	义亭镇	义亭	新西阿村	29°16′12.9″	119°57′26.9″	缓坡	紫色土	壤土	4.8	13.85	0.69	30.28	77.00	290
W1083	义亭镇	义亭	新西阿村	29°16′15.7″	119°57′33.8″	垅田	水稻土	壤质黏土	5.9	14.89	0.74	112.47	43.00	175
W1084	义亭镇	杭畴	市口村	29°16′20.8″	119°57′41.1″	垅田	水稻土	壤土	5.9	8.09	0.40	46.22	84.00	395
W1085	义亭镇	杭畴	市口村	29°16′23.9″	119°57′50.2″	垅田	水稻土	壤质黏土	7.8	4.39	0.22	13.41	91.00	600
W1086	义亭镇	义亭	仰科郑村	29°16′17.2″	119°57′58.0″	垅田	水稻土	黏壤土	5.9	17.49	0.87	5.30	82.00	355
W1087	义亭镇	义亭	仰科郑村	29°16′14.2″	119°58′12.7″	垅田	水稻土	壤质黏土	5.6	20.55	0.92	10.68	65.00	325
W1088	义亭镇	义亭	石塔二村	29°16′13.3″	119°57′55.5″	垅田	水稻土	壤质黏土	5.3	20.51	0.92	43.57	71.00	480
W1089	义亭镇	义亭	石塔二村	29°16′11.5″	119°57′49.0″	垅田	水稻土	壤质黏土	5.2	26.30	1.31	27.60	40.00	360
W1090	义亭镇	义亭	石塔二村	29°16′3.89″	119°58′1.81″	平畈	水稻土	沙质壤土	5.5	15.39	0.77	35.49	72.00	330
W1091	义亭镇	义亭	新樊村	29°15′48.4″	119°58′0.19″	顶部	紫色土	壤质黏土	5.8	20.30	1.01	38.32	74.00	285
W1092	义亭镇	义亭	新樊村	29°15′49.5″	119°58′11.7″	垅田	水稻土	粉沙质黏壤土	5.7	17.09	0.85	44.56	64.00	325

（续表）

样品编号	乡（镇）名称	工作片	村名称	北纬	东经	地形部位	土类	质地	pH值	有机质（g/kg）	全氮（g/kg）	有效磷（mg/kg）	速效钾（mg/kg）	缓效钾（mg/kg）
W1093	义亭镇	义亭	石塔二村	29°15′53.7″	119°58′8.86″	平畈	水稻土	沙质壤土	5.8	19.20	0.96	14.12	52.00	340
W1094	义亭镇	义亭	石塔二村	29°15′33.5″	119°58′14.0″	垅田	水稻土	黏壤土	5.6	16.04	0.72	45.27	65.30	695
W1095	义亭镇	义亭	石塔二村	29°15′35.9″	119°58′16.0″	缓坡	紫色土	壤土	5.2	10.35	0.52	72.62	133.00	540
W1096	义亭镇	义亭	王山顶村	29°15′33.4″	119°58′21.2″	缓坡	紫色土	壤土	6.9	11.35	0.57	7.35	67.00	535
W1097	义亭镇	义亭	王山顶村	29°15′38.4″	119°58′32.0″	缓坡	红壤	壤质黏土	5.6	11.29	0.51	40.71	96.00	325
W1098	义亭镇	畈田朱	王山顶村	29°13′26.2″	119°54′36.2″	河漫滩	水稻土	沙质黏土	5.8	4.58	0.23	5.88	82.00	635
W1099	义亭镇	义亭	西楼村	29°15′23.2″	119°58′21.4″	垅田	水稻土	壤质黏土	5.5	13.39	0.67	39.38	81.00	285
W1100	义亭镇	义亭	西楼村	29°13′32.0″	119°54′34.3″	平畈	水稻土	沙质黏壤土	5.3	11.87	0.53	66.97	58.00	445
W1101	义亭镇	义亭	石塔一村	29°15′15.7″	119°58′21.7″	缓坡	红壤	壤质黏土	5.9	19.24	0.87	28.99	120.30	555
W1102	义亭镇	王仟	荷店塘村	29°14′31.9″	119°58′2.35″	平畈	水稻土	沙质壤土	5.2	17.48	0.87	24.64	64.00	480
W1103	义亭镇	王仟	里后张村	29°15′28.3″	119°56′46.9″	缓坡	水稻土	黏质壤土	6.2	20.40	1.02	5.13	62.00	200
W1104	义亭镇	王仟	里后张村	29°15′25.0″	119°56′36.7″	垅田	水稻土	壤土	6.2	11.72	0.59	50.20	47.00	215
W1105	义亭镇	王仟	里后张村	29°15′20.4″	119°56′39.9″	垅田	水稻土	壤质黏土	5.5	25.58	1.28	35.96	39.00	295
W1106	义亭镇	王仟	张家村	29°15′11.4″	119°56′18.9″	缓坡	紫色土	壤质黏土	5.6	13.21	0.59	22.06	81.00	220
W1107	义亭镇	王仟	张家村	29°15′4.42″	119°56′20.6″	垅田	水稻土	壤质黏土	4.8	13.51	0.61	9.31	33.00	225
W1108	义亭镇	王仟	张家村	29°14′56.5″	119°56′22.8″	缓坡	水稻土	壤质黏土	5.2	23.73	1.19	26.03	89.00	660
W1109	义亭镇	王仟	吴村	29°15′1.51″	119°55′59.7″	缓坡	紫色土	壤质黏土	6.9	10.18	0.46	40.32	57.00	260
W1110	义亭镇	王仟	吴村	29°14′57.7″	119°55′59.9″	缓坡	紫色土	壤质黏土	4.9	13.62	0.68	6.18	74.00	315
W1111	义亭镇	王仟	吴村	29°14′59.1″	119°56′12.0″	缓坡	水稻土	壤质黏土	5.6	17.51	0.79	160.30	111.00	445
W1112	义亭镇	王仟	吴村	29°14′56.1″	119°56′17.7″	缓坡	紫色土	壤质黏土	5.4	33.57	1.68	58.01	144.00	490
W1113	义亭镇	王仟	张家村	29°14′42.6″	119°56′23.2″	顶部	紫色土	壤质黏土	7.3	19.14	0.86	26.86	43.00	360

（续表）

样品编号	乡(镇)名称	工作片	村名称	北纬	东经	地形部位	土类	质地	pH值	有机质(g/kg)	全氮(g/kg)	有效磷(mg/kg)	速效钾(mg/kg)	缓效钾(mg/kg)
W1114	义亭镇	王仟	王仟二村	29°13′57.7″	119°56′28.8″	缓坡	紫色土	壤质黏土	5.2	23.42	1.17	1.65	168.00	380
W1115	义亭镇	王仟	王仟二村	29°13′52.6″	119°56′18.6″	缓坡	紫色土	壤质黏土	6.0	35.96	1.80	16.23	135.00	825
W1116	义亭镇	王仟	王仟二村	29°13′41.5″	119°56′17.8″	缓坡	水稻土	壤质黏土	6.0	22.42	1.01	29.56	205.00	470
W1117	义亭镇	王仟	王仟二村	29°13′39.9″	119°56′10.6″	垅田	水稻土	壤质黏土	5.5	21.03	1.05	36.33	167.00	460
W1118	义亭镇	王仟	王仟三村	29°13′57.8″	119°56′13.4″	缓坡	水稻土	壤质黏土	5.8	17.88	0.89	10.30	106.00	720
W1119	义亭镇	王仟	王仟三村	29°14′3.73″	119°56′8.08″	垅田	水稻土	壤质黏土	5.8	19.58	0.98	14.85	49.00	420
W1120	义亭镇	王仟	王仟二村	29°14′14.4″	119°56′13.3″	垅田	水稻土	壤质黏土	5.5	21.33	1.07	39.71	50.00	265
W1121	义亭镇	王仟	王仟二村	29°14′27.5″	119°56′2.83″	垅田	水稻土	壤质黏土	5.6	30.01	1.50	21.10	81.00	765
W1122	义亭镇	王仟	王仟二村	29°14′29.1″	119°56′4.66″	垅田	水稻土	壤质黏土	5.8	23.68	1.18	37.50	290.00	515
W1123	义亭镇	王仟	王莲塘村	29°14′5.99″	119°56′3.73″	垅田	水稻土	壤质黏土	6.1	24.00	1.08	298.60	185.00	1200
W1124	义亭镇	王仟	王莲塘村	29°14′19.4″	119°55′53.1″	垅田	水稻土	壤质黏土	5.3	34.32	1.54	116.60	310.00	550
W1125	义亭镇	王仟	王莲塘村	29°14′18.3″	119°55′33.8″	垅田	水稻土	壤质黏土	5.3	19.26	0.87	7.20	158.00	665
W1126	义亭镇	王仟	王莲塘村	29°14′16.7″	119°55′32.7″	顶部	紫色土	壤质黏土	5.3	10.04	0.50	8.10	164.00	810
W1127	义亭镇	王仟	王莲塘村	29°14′0.52″	119°55′23.8″	顶部	红壤	壤质黏土	6.7	22.62	1.13	91.20	471.00	1595
W1128	义亭镇	王仟	西杨村	29°13′50.5″	119°55′58.8″	垅田	水稻土	壤质黏土	6.3	12.73	0.64	12.30	108.00	1000
W1129	义亭镇	王仟	西杨村	29°13′43.1″	119°55′59.6″	垅田	水稻土	壤质黏土	6.9	28.42	1.28	187.25	306.00	850
W1130	义亭镇	王仟	西杨村	29°13′46.6″	119°55′56.7″	缓坡	紫色土	壤质黏土	5.1	20.34	1.02	67.66	497.00	1415
W1131	义亭镇	王仟	傅宅村	29°13′36.6″	119°56′37.6″	垅田	水稻土	壤质黏土	5.9	24.77	1.24	94.40	100.00	675
W1132	义亭镇	王仟	傅宅村	29°13′28.4″	119°56′28.0″	缓坡	水稻土	壤质黏土	6.6	17.12	0.86	26.96	575.00	1505
W1133	义亭镇	王仟	傅宅村	29°13′19.2″	119°56′28.9″	垅田	水稻土	壤质黏土	5.9	16.91	0.85	11.23	88.00	350
W1134	义亭镇	王仟	傅宅村	29°13′7.60″	119°56′24.6″	缓坡	水稻土	壤质黏土	6.3	25.84	1.16	16.66	129.00	360

（续表）

样品编号	乡(镇)名称	工作片	村名称	北纬	东经	地形部位	土类	质地	pH值	有机质(g/kg)	全氮(g/kg)	有效磷(mg/kg)	速效钾(mg/kg)	缓效钾(mg/kg)
W1135	义亭镇	王阡	傅宅村	29°13′9.48″	119°56′19.2″	缓坡	水稻土	壤质黏土	4.7	11.66	0.58	19.20	57.00	445
W1136	义亭镇	王阡	傅宅村	29°13′24.3″	119°56′53.8″	坡田	水稻土	壤质黏土	6.5	27.86	1.39	8.50	219.00	350
W1137	义亭镇	王阡	傅宅村	29°13′27.0″	119°56′51.2″	坡田	水稻土	壤质黏土	6.1	15.09	0.75	13.27	107.00	345
W1138	义亭镇	王阡	石塔塘村	29°13′13.2″	119°57′6.37″	坡田	水稻土	壤质黏土	7.3	16.64	0.83	24.01	225.00	515
W1139	义亭镇	王阡	白塔塘村	29°13′9.58″	119°57′6.94″	坡田	水稻土	壤质黏土	5.5	22.51	1.13	9.51	69.00	225
W1140	义亭镇	王阡	白塔塘村	29°13′7.5″	119°57′2.33″	坡田	水稻土	壤质黏土	6.3	16.54	0.83	12.30	72.00	865
W1141	义亭镇	王阡	白塔塘村	29°13′4.98″	119°56′57.7″	坡田	水稻土	壤质黏土	6.5	19.20	0.86	17.85	83.00	300
W1142	义亭镇	王阡	白塔塘村	29°13′7.68″	119°56′49.5″	顶部	水稻土	壤质黏土	5.5	18.35	0.92	50.90	96.30	445
W1143	义亭镇	王阡	白塔塘村	29°13′2.45″	119°56′41.5″	坡田	水稻土	壤质黏土	6.1	18.89	0.94	7.16	202.00	510
W1144	义亭镇	王阡	白塔塘村	29°12′55.3″	119°56′38.8″	坡田	水稻土	壤质黏土	6.8	23.21	1.16	6.30	128.00	430
W1145	义亭镇	王阡	白塔塘村	29°12′49.3″	119°56′41.0″	坡田	水稻土	壤质黏土	6.6	29.64	1.48	12.53	147.00	400
W1146	义亭镇	王阡	白塔塘村	29°12′46.1″	119°56′56.6″	坡田	水稻土	壤质黏土	7.3	18.40	0.92	28.44	106.00	910
W1147	义亭镇	王阡	白塔塘村	29°12′47.7″	119°56′59.9″	坡田	水稻土	壤质黏土	6.1	22.64	1.13	11.23	96.00	570
W1148	义亭镇	杭畴	白塔塘村	29°12′58.3″	119°57′2.26″	坡田	水稻土	壤质黏土	6.0	14.40	0.72	35.28	82.00	445
W1149	义亭镇	杭畴	白塔塘村	29°13′1.74″	119°57′4.96″	坡田	水稻土	壤质黏土	6.2	7.58	0.38	54.20	428.30	870
W1150	义亭镇	杭畴	陈店村	29°10′50.2″	119°55′36.8″	河漫滩	水稻土	沙质黏壤土	5.9	16.26	0.81	15.30	65.00	690
W1151	义亭镇	杭畴	陈店村	29°10′48.4″	119°55′50.9″	河漫滩	水稻土	沙质黏壤土	6.0	19.04	0.95	14.01	99.00	350
W1152	义亭镇	杭畴	陈店村	29°11′0.78″	119°55′54.3″	河漫滩	水稻土	沙质黏壤土	6.0	15.05	0.75	4.76	35.00	585
W1153	义亭镇	杭畴	陈店村	29°11′14.5″	119°55′48.2″	河漫滩	水稻土	沙质黏壤土	5.7	14.91	0.67	84.50	97.00	410
W1154	义亭镇	杭畴	陈店村	29°11′3.65″	119°55′55.6″	河漫滩	水稻土	沙质黏壤土	5.5	10.89	0.54	11.05	65.00	410
W1155	义亭镇	杭畴	木桥村	29°10′42.7″	119°56′6.36″	河漫滩	水稻土	沙质黏壤土	5.8	12.07	0.60	20.24	106.00	530

（续表）

样品编号	乡(镇)名称	工作片	村名称	北纬	东经	地形部位	土类	质地	pH值	有机质(g/kg)	全氮(g/kg)	有效磷(mg/kg)	速效钾(mg/kg)	缓效钾(mg/kg)
W1156	义亭镇	杭畴	木桥村	29°10'42.6"	119°56'9.34"	河漫滩	水稻土	沙质黏壤土	5.6	13.10	0.66	41.20	163.00	937
W1157	义亭镇	杭畴	木桥村	29°10'38.8"	119°56'4.45"	河漫滩	水稻土	沙质黏壤土	5.8	17.81	0.89	19.80	40.00	580
W1158	义亭镇	杭畴	木桥村	29°10'38.3"	119°56'24.9"	河漫滩	水稻土	沙质黏壤土	6.0	11.03	0.55	37.90	84.00	485
W1159	义亭镇	杭畴	木桥村	29°10'52.3"	119°56'23.3"	河漫滩	水稻土	沙质黏壤土	5.5	23.54	1.18	17.15	70.00	380
W1160	义亭镇	杭畴	木桥村	29°10'54.2"	119°56'28.7"	河漫滩	水稻土	沙质黏壤土	5.9	26.68	1.20	19.00	75.00	695
W1161	义亭镇	杭畴	枧畴村	29°10'45.7"	119°57'16.6"	边缘	水稻土	壤土	5.3	15.17	0.76	47.30	76.00	685
W1162	义亭镇	杭畴	枧畴村	29°10'45.9"	119°57'19.4"	河漫滩	水稻土	沙质黏壤土	5.7	14.80	0.74	111.60	78.00	675
W1163	义亭镇	杭畴	枧畴村	29°10'34.9"	119°57'15.8"	河漫滩	水稻土	沙质黏壤土	5.7	16.10	0.80	12.20	72.00	730
W1164	义亭镇	杭畴	枧畴村	29°10'35.5"	119°57'17.1"	河漫滩	水稻土	沙质黏壤土	6.0	14.32	0.72	29.60	75.00	745
W1165	义亭镇	杭畴	枧畴村	29°10'29.3"	119°57'15.4"	河漫滩	水稻土	壤土	6.0	19.12	0.96	46.40	100.00	445
W1166	义亭镇	杭畴	枧畴村	29°10'37.8"	119°57'24.2"	河漫滩	水稻土	沙质黏壤土	6.2	23.65	1.18	134.70	372.00	1255
W1167	义亭镇	杭畴	枧畴村	29°10'37.0"	119°57'29.6"	河漫滩	水稻土	沙质黏壤土	6.1	14.76	0.74	27.33	152.00	450
W1168	义亭镇	杭畴	叶前村	29°10'21.4"	119°57'2.80"	河漫滩	水稻土	沙质黏壤土	6.1	22.09	1.10	210.92	318.00	690
W1169	义亭镇	杭畴	叶前村	29°10'51.0"	119°57'0.28"	河漫滩	水稻土	沙质黏壤土	5.6	17.81	0.89	54.46	358.00	690
W1170	义亭镇	杭畴	叶前村	29°10'50.3"	119°56'53.9"	河漫滩	水稻土	沙质黏壤土	5.6	14.69	0.73	23.07	80.00	835
W1171	义亭镇	杭畴	叶前村	29°10'49.5"	119°56'50.3"	河漫滩	水稻土	沙质黏壤土	7.6	14.84	0.74	2.72	50.00	340
W1172	义亭镇	杭畴	叶前村	29°10'54.3"	119°56'43.5"	河漫滩	水稻土	沙质黏壤土	5.9	16.04	0.80	32.70	153.00	420
W1173	义亭镇	杭畴	叶前村	29°10'54.1"	119°56'45.4"	河漫滩	水稻土	沙质黏壤土	6.0	17.99	0.90	25.90	24.00	570
W1174	义亭镇	杭畴	杭畴村	29°10'58.5"	119°56'50.4"	河漫滩	水稻土	壤土	6.1	21.72	1.09	42.31	124.00	620
W1175	义亭镇	杭畴	杭畴村	29°11'1.06"	119°56'49.8"	河漫滩	水稻土	壤土	5.9	17.47	0.87	27.00	60.00	595
W1176	义亭镇	杭畴	杭畴村	29°11'7.97"	119°56'53.9"	河漫滩	水稻土	壤土	5.8	24.20	1.09	26.40	40.00	600

（续表）

样品编号	乡(镇)名称	工作片	村名称	北纬	东经	地形部位	土类	质地	pH值	有机质(g/kg)	全氮(g/kg)	有效磷(mg/kg)	速效钾(mg/kg)	缓效钾(mg/kg)
W1177	义亭镇	杭畴	杭畴村	29°11′8.77″	119°56′55.0″	河漫滩	水稻土	壤土	5.1	23.46	1.17	15.67	69.00	305
W1178	义亭镇	杭畴	杭畴村	29°11′14.7″	119°56′58.2″	河漫滩	水稻土	壤土	5.9	22.90	1.03	51.60	77.00	600
W1179	义亭镇	杭畴	缸窑村	29°11′17.1″	119°57′1.98″	河漫滩	水稻土	壤土	5.3	25.09	1.13	36.60	41.00	615
W1180	义亭镇	杭畴	杭畴村	29°11′15.5″	119°57′2.88″	河漫滩	水稻土	壤土	5.5	23.61	1.18	17.15	33.00	155
W1181	义亭镇	杭畴	缸窑村	29°11′13.2″	119°57′9.43″	河漫滩	水稻土	壤土	5.7	24.86	1.12	14.00	54.00	440
W1182	义亭镇	畈田朱	杭畴村	29°11′10.7″	119°57′13.2″	河漫滩	水稻土	壤土	5.5	22.14	1.00	50.50	34.00	455
W1183	义亭镇	畈田朱	缸窑村	29°11′8.52″	119°57′19.0″	河漫滩	水稻土	壤土	4.6	34.28	1.71	27.70	58.00	695
W1184	义亭镇	畈田朱	上宅村	29°12′53.1″	119°58′20.7″	平畈	水稻土	沙质黏土	5.9	19.00	0.85	214.50	111.00	865
W1185	义亭镇	畈田朱	上宅村	29°12′56.4″	119°55′20.8″	平畈	水稻土	沙质黏土	5.0	24.35	1.22	14.96	178.00	620
W1186	义亭镇	畈田朱	下滕村	29°13′7.03″	119°55′6.31″	平畈	水稻土	沙质黏土	6.1	14.92	0.75	14.40	43.00	485
W1187	义亭镇	畈田朱	下滕村	29°12′54.4″	119°54′53.2″	河漫滩	水稻土	沙质黏壤土	5.5	12.03	0.60	41.02	169.00	935
W1188	义亭镇	畈田朱	下滕村	29°12′48.7″	119°54′52.8″	平畈	水稻土	沙质黏壤土	6.1	12.09	0.60	42.90	160.00	415
W1189	义亭镇	畈田朱	上滕村	29°13′16.2″	119°55′27.9″	垅田	水稻土	壤质黏土	5.9	13.57	0.68	151.16	397.00	745
W1190	义亭镇	畈田朱	下店村	29°13′15.7″	119°55′27.7″	垅田	水稻土	壤质黏土	5.6	18.27	0.91	18.02	146.00	385
W1191	义亭镇	畈田朱	上滕村	29°13′20.1″	119°55′27.9″	垅田	水稻土	壤质黏土	6.3	24.14	1.21	8.80	34.00	650
W1192	义亭镇	畈田朱	上滕村	29°13′3.43″	119°55′36.2″	垅田	水稻土	壤质黏土	6.1	20.33	1.02	28.81	48.00	655
W1193	义亭镇	畈田朱	下店村	29°13′12.0″	119°55′5.33″	垅田	水稻土	壤质黏土	6.1	13.71	0.69	37.13	71.00	800
W1194	义亭镇	畈田朱	先田村	29°13′12.9″	119°54′59.9″	河漫滩	水稻土	沙质黏土	5.9	26.67	1.33	15.30	41.00	975
W1195	义亭镇	畈田朱	先田村	29°13′10.6″	119°54′38.1″	平畈	水稻土	沙质黏壤土	6.3	19.27	0.96	51.60	105.00	830
W1196	义亭镇	畈田朱	先田村	29°13′7.96″	119°54′38.6″	河漫滩	水稻土	沙质黏壤土	5.7	26.12	1.31	141.80	153.00	1035
W1197	义亭镇	畈田朱	下店村	29°13′27.1″	119°55′3.53″	垅田	水稻土	壤质黏土	6.4	24.36	1.22	22.30	75.00	550
W1198	义亭镇	畈田朱	西楼村	29°13′28.0″	119°55′11.56″	河漫滩	水稻土	沙质黏壤土	6.2	16.61	0.75	37.06	41.00	755

（续表）

样品编号	乡(镇)名称	工作片	村名称	北纬	东经	地形部位	土类	质地	pH值	有机质(g/kg)	全氮(g/kg)	有效磷(mg/kg)	速效钾(mg/kg)	缓效钾(mg/kg)
W1199	义亭镇	畈田朱	西楼村	29°13′30.4″	119°54′55.1″	河漫滩	水稻土	沙质黏土	5.4	17.69	0.88	55.90	92.00	635
W1200	义亭镇	畈田朱	西楼村	29°13′39.7″	119°54′55.8″	平畈	水稻土	沙质黏壤土	6.2	21.33	1.07	15.30	38.00	495
W1201	义亭镇	畈田朱	早溪塘村	29°13′44.4″	119°54′59.1″	垅田	水稻土	壤质黏土	5.9	11.51	0.58	51.20	164.00	815
W1202	义亭镇	畈田朱	早溪塘村	29°13′49.3″	119°55′1.99″	垅田	水稻土	壤质黏土	5.6	25.14	1.26	166.65	319.00	680
W1203	义亭镇	畈田朱	早溪塘村	29°13′59.2″	119°55′20.8″	垅田	水稻土	壤质黏土	6.0	15.00	0.75	15.10	74.00	955
W1204	义亭镇	畈田朱	大楼村	29°13′55.2″	119°54′56.0″	平畈	水稻土	沙质黏土	6.5	29.08	1.45	6.60	26.00	460
W1205	义亭镇	畈田朱	大楼村	29°14′1.06″	119°54′50.2″	平畈	水稻土	沙质黏壤土	6.6	19.05	0.86	12.00	41.00	335
W1206	义亭镇	畈田朱	大楼村	29°13′55.9″	119°54′49.7″	平畈	水稻土	沙质黏土	5.4	15.59	0.78	12.30	70.00	650
W1207	义亭镇	畈田朱	畈田朱村	29°13′4.61″	119°55′23.8″	平畈	水稻土	沙质黏壤土	6.1	28.91	1.45	343.00	68.00	1245
W1208	义亭镇	畈田朱	上宅村	29°12′42.2″	119°55′6.70″	河漫滩	水稻土	沙质黏土	6.0	16.82	0.76	21.41	255.00	630
W1209	义亭镇	畈田朱	上宅村	29°12′38.4″	119°55′0.01″	平畈	水稻土	沙质黏壤土	5.5	9.92	0.45	4.12	112.00	530
W1210	义亭镇	畈田朱	上宅村	29°12′34.1″	119°54′54.4″	平畈	水稻土	沙质黏土	5.4	16.23	0.81	17.30	67.00	695
W1211	义亭镇	畈田朱	青肃村	29°12′25.3″	119°54′54.9″	河漫滩	水稻土	沙质黏壤土	6.6	23.53	1.18	39.90	49.00	615
W1212	义亭镇	畈田朱	青肃村	29°12′17.3″	119°55′1.01″	平畈	水稻土	沙质黏壤土	5.8	15.49	0.77	4.41	35.00	295
W1213	义亭镇	畈田朱	青肃村	29°12′21.0″	119°55′8.94″	平畈	水稻土	沙质黏壤土	6.1	12.34	0.62	49.60	38.00	780
W1214	义亭镇	畈田朱	青肃村	29°13′17.3″	119°56′19.2″	垅田	水稻土	壤质黏土	6.3	16.47	0.82	7.40	127.00	655
W1215	义亭镇	畈田朱	车路村	29°13′14.2″	119°56′18.1″	垅田	水稻土	壤质黏土	6.6	12.60	0.63	15.12	132.00	645
W1216	义亭镇	畈田朱	车路村	29°13′8.21″	119°56′18.1″	垅田	水稻土	壤质黏土	7.4	10.74	0.48	25.48	73.00	525
W1217	义亭镇	畈田朱	车路村	29°13′5.15″	119°55′56.6″	垅田	水稻土	壤质黏土	5.3	25.78	1.29	35.84	244.00	680
W1218	义亭镇	畈田朱	畈田朱村	29°12′52.8″	119°55′38.9″	平畈	水稻土	沙质黏壤土	5.9	14.40	0.72	107.50	326.00	1500
W1219	义亭镇	畈田朱	畈田朱村	29°12′29.6″	119°55′45.1″	垅田	水稻土	壤质黏土	6.3	21.76	1.09	19.22	146.00	410
W1220	义亭镇	畈田朱	畈田朱村	29°12′30.4″	119°56′7.33″	垅田	水稻土	壤质黏土	5.6	17.72	0.89	2.35	117.00	990

（续表）

样品编号	乡(镇)名称	工作片	村名称	北纬	东经	地形部位	土类	质地	pH值	有机质(g/kg)	全氮(g/kg)	有效磷(mg/kg)	速效钾(mg/kg)	缓效钾(mg/kg)
W1221	义亭镇	畈田朱	西田村	29°12'21.8"	119°55'41.5"	缓坡	水稻土	壤质黏土	6.7	23.09	1.15	65.86	154.00	530
W1222	义亭镇	畈田朱	西田村	29°12'21.3"	119°55'46.8"	垅田	水稻土	壤质黏土	6.3	30.14	1.51	26.96	106.00	790
W1223	义亭镇	畈田朱	西田村	29°12'0.28"	119°55'40.1"	缓坡	水稻土	壤质黏土	5.5	21.82	0.98	64.33	306.00	670
W1224	义亭镇	畈田朱	陇头朱三村	29°11'55.6"	119°55'44.8"	缓坡	水稻土	壤质黏土	5.4	38.49	1.92	14.40	84.00	825
W1225	义亭镇	畈田朱	陇头朱三村	29°11'54.1"	119°55'48.3"	垅田	水稻土	壤质黏土	6.4	15.32	0.77	37.50	26.00	500
W1226	义亭镇	畈田朱	陇头朱三村	29°11'51.2"	119°55'56.0"	垅田	水稻土	壤质黏土	6.4	14.71	0.74	22.20	64.00	490
W1227	义亭镇	畈田朱	陇头朱一村	29°11'47.5"	119°56'7.54"	垅田	水稻土	壤质黏土	5.6	27.53	1.38	79.40	144.00	810
W1228	义亭镇	畈田朱	陇头朱二村	29°11'35.3"	119°56'6.79"	垅田	水稻土	壤质黏土	6.2	17.16	0.77	63.65	136.00	335
W1229	义亭镇	畈田朱	陇头朱四村	29°11'25.5"	119°56'7.33"	垅坡	水稻土	壤质黏土	4.8	16.39	0.82	83.60	205.00	615
W1230	义亭镇	畈田朱	陇头朱一村	29°1'17.5"	119°55'53.0"	河漫滩	水稻土	壤土	6.6	18.90	0.85	23.30	95.00	385
W1231	义亭镇	畈田朱	陇头朱四村	29°11'13.3"	119°55'41.2"	河漫滩	水稻土	壤土	5.5	20.76	1.04	18.50	56.00	280
W1232	义亭镇	畈田朱	陇头朱四村	29°11'15.5"	119°55'51.5"	河漫滩	水稻土	壤土	6.0	19.05	0.95	14.01	88.00	825
W1233	义亭镇	畈田朱	田塘村	29°11'35.7"	119°55'31.1"	垅田	水稻土	沙质黏壤土	6.0	18.67	0.93	171.60	51.00	755
W1234	义亭镇	畈田朱	田塘村	29°11'36.1"	119°55'27.2"	河漫滩	水稻土	沙质黏壤土	6.7	11.17	0.50	59.33	192.00	450
W1235	义亭镇	畈田朱	田塘村	29°11'32.8"	119°55'21.6"	平畈	水稻土	沙质黏壤土	5.3	20.38	1.02	262.50	39.00	750
W1236	义亭镇	杭畴	上鲍西塘村	29°13'53.1"	119°57'29.7"	垅田	水稻土	壤质黏土	6.3	26.25	1.31	7.72	47.00	285
W1237	义亭镇	杭畴	上鲍西塘村	29°13'48.1"	119°57'30.4"	顶部	红壤	壤质黏土	5.8	17.13	0.77	31.77	141.00	630
W1238	义亭镇	义亭	下鲍西塘村	29°13'39.2"	119°57'35.3"	垅田	水稻土	壤质黏土	5.3	11.11	0.50	54.43	298.00	345
W1239	义亭镇	义亭	下鲍西塘村	29°13'29.3"	119°57'30.4"	缓坡	水稻土	壤质黏土	4.9	20.14	1.01	30.47	62.00	335
W1240	义亭镇	杭畴	上鲍西塘村	29°13'27.9"	119°57'28.6"	缓坡	水稻土	壤质黏土	6.1	33.36	1.67	22.20	100.00	525
W1241	义亭镇	义亭	下鲍西塘村	29°13'33.4"	119°57'38.4"	缓坡	水稻土	壤质黏土	6.0	10.80	0.49	8.25	118.00	420
W1242	义亭镇	义亭	下鲍西塘村	29°13'30.1"	119°57'39.4"	缓坡	水稻土	壤质黏土	5.5	6.21	0.31	21.78	108.00	465

（续表）

样品编号	乡（镇）名称	工作片	村名称	北纬	东经	地形部位	土类	质地	pH值	有机质(g/kg)	全氮(g/kg)	有效磷(mg/kg)	速效钾(mg/kg)	缓效钾(mg/kg)
W1243	义亭镇	义亭	龙华院村	29°13′27.5″	119°57′50.0″	坬田	水稻土	壤质黏土	5.8	15.96	0.72	14.70	65.00	185
W1244	义亭镇	义亭	龙华院村	29°13′33.4″	119°57′52.4″	缓坡	水稻土	壤质黏土	5.3	19.30	0.97	10.31	50.00	375
W1245	义亭镇	义亭	龙华院村	29°13′40.5″	119°58′7.5″	缓坡	水稻土	壤土	5.8	22.14	1.11	14.75	42.00	350
W1246	义亭镇	杭畴	古亭塘村	29°13′5.95″	119°58′9.37″	缓坡	水稻土	壤质黏土	6.0	19.72	0.99	21.20	36.00	175
W1247	义亭镇	杭畴	古亭塘村	29°12′58.3″	119°58′14.8″	缓坡	红壤	壤质黏土	7.5	8.92	0.40	40.32	54.00	160
W1248	义亭镇	杭畴	古亭塘村	29°13′0.37″	119°58′24.7″	缓坡	水稻土	壤质黏土	4.9	16.45	0.74	50.93	46.00	170
W1249	义亭镇	杭畴	古亭塘村	29°13′12.6″	119°58′34.0″	缓坡	水稻土	壤质黏土	4.1	17.27	0.78	39.08	39.00	215
W1250	义亭镇	义亭	白塘村	29°13′20.5″	119°58′12.4″	平畈	水稻土	沙质黏土	4.9	20.60	0.93	20.44	99.00	230
W1251	义亭镇	义亭	白塘村	29°13′32.7″	119°58′10.1″	缓坡	水稻土	壤质黏土	4.9	8.60	0.43	6.89	196.00	325
W1252	义亭镇	义亭	白塘村	29°13′31.1″	119°58′26.1″	平畈	水稻土	壤土	5.7	22.44	1.12	28.25	79.00	295
W1253	义亭镇	义亭	白塘村	29°13′40.7″	119°58′26.3″	平畈	水稻土	壤土	6.5	19.63	0.98	13.60	51.00	245
W1254	义亭镇	义亭	白塘村	29°13′42.4″	119°58′17.6″	平畈	水稻土	沙质黏土	6.0	28.09	1.40	13.60	71.00	340
W1255	义亭镇	义亭	下新屋村	29°13′46.2″	119°58′15.2″	平畈	水稻土	壤质黏土	5.9	11.19	0.50	149.97	43.00	265
W1256	义亭镇	义亭	下新屋村	29°13′46.8″	119°58′27.2″	平畈	水稻土	壤质黏土	5.0	10.89	0.54	22.33	78.00	335
W1257	义亭镇	义亭	鲍宅村	29°13′52.9″	119°58′34.3″	平畈	水稻土	壤土	5.9	14.99	0.75	29.58	36.00	255
W1258	义亭镇	义亭	鲍宅村	29°13′57.0″	119°58′40.6″	缓坡	水稻土	壤质黏土	5.9	24.73	1.24	31.34	103.00	385
W1259	义亭镇	义亭	鲍宅村	29°14′2.29″	119°58′37.2″	缓坡	水稻土	壤质黏土	5.8	27.85	1.25	25.69	77.00	325
W1260	义亭镇	义亭	鲍宅村	29°14′12.3″	119°58′28.9″	缓坡	水稻土	壤质黏土	5.1	23.42	1.05	131.92	79.00	385
W1261	义亭镇	义亭	鲍宅村	29°14′5.38″	119°58′10.6″	平畈	水稻土	壤质黏土	5.4	20.25	0.91	74.16	58.00	265
W1262	义亭镇	义亭	山景村	29°14′1.67″	119°58′1.63″	平畈	水稻土	壤土	4.8	5.53	0.28	12.30	69.00	600
W1263	义亭镇	义亭	山景村	29°13′54.9″	119°58′3.64″	平畈	水稻土	沙质壤土	6.1	16.69	0.83	27.70	77.00	605
W1264	义亭镇	杭畴	何店村	29°11′38.8″	119°57′45.5″	平畈	水稻土	沙质黏土	6.2	17.01	0.85	14.11	75.00	220

（续表）

样品编号	乡(镇)名称	工作片	村名称	北纬	东经	地形部位	土类	质地	pH值	有机质(g/kg)	全氮(g/kg)	有效磷(mg/kg)	速效钾(mg/kg)	缓效钾(mg/kg)
W1265	义亭镇	杭畴	何店村	29°11′34.9″	119°57′43.5″	平畈	水稻土	沙质黏土	6.3	11.23	0.56	15.12	51.00	330
W1266	义亭镇	杭畴	何店村	29°11′45.4″	119°57′52.6″	缓坡	水稻土	沙质黏土	5.9	19.26	0.96	8.10	89.00	260
W1267	义亭镇	杭畴	何店村	29°11′42.1″	119°57′51.7″	平畈	水稻土	沙质黏土	6.0	24.89	1.24	17.70	169.00	415
W1268	义亭镇	杭畴	何店村	29°11′54.5″	119°57′51.3″	平畈	水稻土	沙质黏土	6.1	15.09	0.75	10.36	40.00	100
W1269	义亭镇	杭畴	何店村	29°12′2.98″	119°57′51.0″	平畈	水稻土	沙质黏土	5.6	18.75	0.94	7.00	38.30	355
W1270	义亭镇	杭畴	何店村	29°12′2.44″	119°57′56.8″	平畈	水稻土	沙质黏土	6.5	17.42	0.87	14.60	110.00	225
W1271	义亭镇	杭畴	何店村	29°11′56.8″	119°57′59.4″	平畈	水稻土	沙质黏土	6.2	9.08	0.45	20.48	51.00	470
W1272	义亭镇	杭畴	何店村	29°11′53.1″	119°58′0.01″	缓坡	水稻土	沙质黏土	6.3	13.07	0.65	20.88	66.00	270
W1273	义亭镇	杭畴	何店村	29°11′49.6″	119°58′3.61″	平畈	水稻土	沙质黏土	5.9	22.54	1.13	16.66	60.00	265
W1274	义亭镇	杭畴	上朗村	29°11′54.9″	119°57′9.00″	坡田	水稻土	壤质黏土	5.6	29.83	1.49	13.82	53.00	100
W1275	义亭镇	杭畴	上朗村	29°11′54.2″	119°56′55.9″	坡田	水稻土	壤质黏土	6.2	28.89	1.44	18.82	114.00	340
W1276	义亭镇	杭畴	上朗村	29°12′1.36″	119°56′42.5″	坡田	水稻土	壤质黏土	5.9	19.19	0.96	31.95	119.00	795
W1277	义亭镇	杭畴	上朗村	29°11′31.8″	119°56′37.0″	顶部	紫色土	壤质黏土	6.2	9.05	0.45	14.45	69.00	420
W1278	义亭镇	杭畴	上朗村	29°11′24.2″	119°56′37.0″	缓坡	水稻土	壤质黏土	6.1	35.44	1.77	11.10	72.00	665
W1279	义亭镇	杭畴	俞村	29°12′15.6″	119°56′43.2″	缓坡	水稻土	壤质黏土	5.8	41.75	2.09	60.81	171.00	860
W1280	义亭镇	杭畴	前屋村	29°12′38.0″	119°57′28.7″	坡田	水稻土	沙质黏土	5.9	27.83	1.39	15.67	131.00	740
W1281	义亭镇	杭畴	前屋村	29°12′42.1″	119°57′37.5″	缓坡	红壤	壤质黏土	6.1	20.20	1.01	9.38	153.00	330
W1282	义亭镇	杭畴	前屋村	29°12′48.0″	119°57′27.3″	缓坡	水稻土	壤质黏土	5.9	30.38	1.52	25.50	103.00	330
W1283	义亭镇	杭畴	前屋村	29°12′51.2″	119°57′26.5″	坡田	水稻土	壤质黏土	6.5	21.98	1.10	37.50	105.00	265

表3-59 义亭镇代表性试验数据（二）

样品编号	乡(镇)名称	工作片	村名称	北纬	东经	地形部位	土类	质地	pH值	有机质(g/kg)	全氮(g/kg)	有效磷(mg/kg)	速效钾(mg/kg)	阳离子交换量(cmol/kg)	容重(g/cm³)	水溶性盐总量
L117	义亭镇	畈田朱	车路村	29°13'4.51"	119°55'54.8"	垅田	水稻土	壤质黏土	7.1	16.44	2.39	10.74	132.92	23.87	1.12	0.37
L118	义亭镇	畈田朱	车路村	29°13'7.60"	119°56'12.0"	岗地	紫色土	壤质黏土	8.0	12.13	1.27	8.81	43.34	24.39	1.34	0.37
L119	义亭镇	畈田朱	车路村	29°13'22.3"	119°56'22.4"	垅田	水稻土	壤质黏土	5.9	32.38	2.87	9.77	149.91	12.44	0.81	0.49
L120	义亭镇	畈田朱	畈田朱村	29°12'28.9"	119°55'42.9"	垅田	水稻土	壤质黏土	6.3	22.27	3.41	17.34	86.65	17.03	1.02	0.30
L121	义亭镇	畈田朱	畈田朱村	29°12'30.2"	119°56'1.57"	垅田	水稻土	壤质黏土	7.9	10.91	3.39	10.39	119.56	18.52	1.19	0.36
L122	义亭镇	畈田朱	畈田朱村	29°12'20.1"	119°55'42.2"	垅田	水稻土	壤质黏土	5.9	11.21	3.68	30.45	113.11	22.26	1.41	0.34
L123	义亭镇	畈田朱	陇头朱一村	29°11'37.7"	119°55'42.8"	垅田	水稻土	壤质黏土	7.0	25.73	5.36	19.96	116.98	12.77	1.14	0.41
L124	义亭镇	畈田朱	陇头朱二村	29°11'45.9"	119°56'2.97"	垅田	水稻土	壤质黏土	5.2	23.11	1.67	7.67	77.64	19.27	1.11	0.28
L125	义亭镇	畈田朱	陇头朱三村	29°11'55.9"	119°55'44.2"	垅田	水稻土	壤质黏土	5.8	28.17	1.04	4.39	115.98	12.27	0.92	0.41
L126	义亭镇	畈田朱	陇头朱一村	29°11'13.8"	119°55'43.8"	高河漫滩	水稻土	壤土	5.8	17.68	2.22	4.38	61.93	14.50	1.24	0.40
L127	义亭镇	畈田朱	青肃村	29°12'6.30"	119°55'38.8"	垅田	水稻土	壤质黏土	5.8	5.75	2.56	43.47	103.23	15.10	1.13	0.61
L128	义亭镇	畈田朱	上宅村	29°12'37.3"	119°55'2.38"	高河漫滩	水稻土	沙质壤土	5.9	27.81	1.23	9.12	78.68	18.82	0.93	0.41
L129	义亭镇	畈田朱	田塘村	29°11'20.6"	119°55'24.6"	高河漫滩	水稻土	壤土	5.5	30.56	2.30	11.07	68.74	22.54	1.01	0.38
L130	义亭镇	畈田朱	西楼村	29°13'27.5"	119°54'36.2"	河漫滩	水稻土	沙质黏壤土	5.8	13.00	5.18	11.41	60.64	16.16	1.07	0.28
L131	义亭镇	畈田朱	早溪塘村	29°13'57.2"	119°55'18.0"	垅田	水稻土	壤质黏土	6.4	19.56	2.02	34.86	175.37	18.67	1.01	0.39
L132	义亭镇	杭畴	缸窑村	29°11'30.6"	119°57'18.6"	垅田	水稻土	壤质黏土	5.8	25.10	2.69	19.43	46.93	24.01	0.92	0.52
L133	义亭镇	杭畴	古亭塘村	29°13'14.3"	119°58'12.9"	平畈	水稻土	壤质黏土	6.0	25.42	4.09	11.86	82.82	16.80	0.86	0.36
L134	义亭镇	杭畴	古亭塘村	29°13'0.94"	119°58'8.86"	平畈	水稻土	壤质黏土	5.0	14.49	1.63	36.31	85.34	15.97	1.02	0.45
L135	义亭镇	杭畴	杭畴村	29°11'6.71"	119°57'11.9"	高河漫滩	水稻土	沙质黏壤土	5.5	15.09	4.24	67.13	62.32	9.57	1.05	0.40
L136	义亭镇	杭畴	杭畴村	29°10'57.1"	119°57'12.9"	河漫滩	水稻土	粉沙质壤土	5.4	20.64	2.04	17.10	34.64	18.60	1.19	0.48
L137	义亭镇	杭畴	何店村	29°11'43.8"	119°57'54.2"	平畈	水稻土	沙质黏壤土	5.8	32.14	2.94	9.19	59.80	19.09	0.86	0.36

（续表）

样品编号	乡(镇)名称	工作片	村名称	北纬	东经	地形部位	土类	质地	pH值	有机质(g/kg)	全氮(g/kg)	有效磷(mg/kg)	速效钾(mg/kg)	阳离子交换量(cmol/kg)	容重(g/cm³)	水溶性盐总量
L138	义亭镇	杭畴	何店村	29°11′56.3″	119°58′3.36″	平畈	水稻土	壤质黏土	5.7	23.27	3.87	20.84	51.23	12.93	0.94	0.44
L139	义亭镇	杭畴	何店村	29°11′31.6″	119°57′50.9″	平畈	水稻土	壤质黏土	5.9	15.38	2.05	16.95	96.99	11.45	1.44	0.25
L140	义亭镇	杭畴	前屋村(楼下村)	29°12′38.4″	119°57′27.0″	垅田	水稻土	壤质黏土	6.7	15.65	1.39	23.52	117.61	17.42	1.02	0.31
L141	义亭镇	杭畴	上胡村	29°12′0.54″	119°56′51.3″	垅田	水稻土	壤质黏土	5.8	19.86	4.70	35.83	43.64	18.72	1.32	0.28
L142	义亭镇	杭畴	上胡村	29°11′33.6″	119°56′38.3″	垅田	水稻土	粉沙质黏土	6.7	22.45	2.13	22.78	86.86	11.68	0.92	0.53
L143	义亭镇	杭畴	上胡村	29°11′26.7″	119°56′54.0″	垅田	水稻土	粉沙质黏土	5.9	30.93	3.15	8.27	68.63	22.73	0.98	0.30
L144	义亭镇	杭畴	上胡村(叶村)	29°11′58.4″	119°57′26.4″	垅田	水稻土	壤质黏土	6.4	23.95	3.50	11.20	102.22	20.27	1.21	0.28
L145	义亭镇	杭畴	叶前村	29°10′52.5″	119°56′44.1″	河漫滩	水稻土	沙质壤土	4.5	19.10	2.91	97.19	166.90	18.38	1.03	1.03
L146	义亭镇	杭畴	俞村	29°12′17.0″	119°56′32.8″	垅田	水稻土	壤质黏土	6.0	13.67	1.08	97.65	135.63	20.90	1.32	0.32
L147	义亭镇	王仟	白塔塘村	29°13′10.2″	119°54′20.6″	垅田	水稻土	壤质黏土	6.8	16.94	1.89	9.28	81.09	22.58	1.05	0.32
L148	义亭镇	王仟	白塔塘村	29°12′58.1″	119°57′2.19″	垅田	水稻土	壤质黏土	6.7	29.68	2.85	48.86	173.93	16.23	3.84	0.61
L149	义亭镇	王仟	白塔塘村	29°42′47.9″	119°56′56.9″	垅田	水稻土	壤质黏土	6.3	31.18	2.74	43.62	114.37	21.07	1.22	0.51
L150	义亭镇	王仟	白塔塘村	29°12′48.8″	119°56′43.2″	垅田	水稻土	壤质黏土	7.4	20.34	0.98	24.72	200.84	19.44	1.32	0.42
L151	义亭镇	王仟	白塔塘村	29°9′58.3″	119°56′40.7″	垅田	水稻土	壤质黏土	6.2	15.58	3.79	11.44	88.91	19.86	1.32	0.38
L152	义亭镇	王仟	白塔塘村	29°13′7.53″	119°56′44.8″	顶部	水稻土	壤质黏土	6.2	16.14	2.02	19.97	145.43	9.16	1.24	0.31
L153	义亭镇	王仟	白塔塘村	29°43′7.53″	119°56′44.8″	垅田	水稻土	壤质黏土	6.2	16.14	3.65	6.88	145.32	13.23	1.24	0.28
L154	义亭镇	王仟	白塔塘村	29°13′13.3″	119°57′2.95″	顶部	水稻土	壤质黏土	6.0	28.86	4.24	10.65	99.49	15.62	0.86	0.28

（续表）

样品编号	乡（镇）名称	工作片	村名称	北纬	东经	地形部位	土类	质地	pH值	有机质（g/kg）	全氮（g/kg）	有效磷（mg/kg）	速效钾（mg/kg）	阳离子交换量（cmol/kg）	容重（g/cm³）	水溶性盐总量
L155	义亭镇	义亭	白塘村	29°13′33.4″	119°58′15.5″	平畈	水稻土	黏壤土	5.7	24.35	0.86	7.15	141.83	13.09	0.93	0.41
L156	义亭镇	义亭	白塘村	29°13′29.3″	119°58′24.7″	平畈	水稻土	黏壤土	5.4	28.07	1.32	18.36	53.20	12.62	1.12	0.89
L157	义亭镇	义亭	白塘村	29°13′33.5″	119°58′32.4″	平畈	水稻土	黏壤土	5.4	22.55	2.37	17.35	55.24	13.59	1.08	0.42
L158	义亭镇	义亭	白塘村	29°16′41.2″	119°58′27.4″	平畈	水稻土	黏壤土	6.1	18.12	4.14	19.63	78.69	19.51	1.00	0.60
L159	义亭镇	义亭	白塘村	29°13′43.6″	119°58′15.9″	平畈	水稻土	壤土	5.1	16.03	3.66	208.09	54.06	7.89	1.31	0.53
L160	义亭镇	义亭	鲍宅村	29°15′26.2″	119°54′57.4″	缓坡	水稻土	壤质黏土	5.4	24.01	4.05	47.64	110.18	17.40	0.84	0.23
L161	义亭镇	义亭	龙华院村	29°13′31.1″	119°57′43.2″	坡田	水稻土	壤质黏土	5.9	26.06	1.23	19.10	92.57	23.70	0.85	0.45
L162	义亭镇	义亭	山景村	29°14′5.13″	119°58′1.84″	平畈	水稻土	黏壤土	5.0	18.62	2.50	36.83	75.95	16.03	0.88	2.14
L163	义亭镇	义亭	西吴村	29°15′28.4″	119°57′18.1″	岗地	紫色土	壤土	6.3	16.29	2.10	11.18	720.17	14.92	0.98	0.41
L164	义亭镇	义亭	下鲍西塘村	29°13′32.5″	119°57′21.6″	坡田	水稻土	壤质黏土	5.8	28.41	2.89	9.68	43.98	19.82	1.05	0.44
L165	义亭镇	义亭	下鲍西塘村	29°13′13.2″	119°45′38.8″	坡田	水稻土	壤质黏土	5.6	33.81	1.38	37.01	39.51	13.28	0.81	0.41
L166	义亭镇	义亭	下新屋村	29°13′47.5″	119°58′22.2″	平畈	水稻土	黏壤土	6.1	15.08	3.04	6.42	59.43	12.30	1.36	0.69
L167	义亭镇	义亭	下新屋村	29°13′45.1″	119°58′31.9″	平畈	水稻土	黏壤土	6.3	8.87	4.09	15.12	51.62	15.53	1.03	0.52
L168	义亭镇	义亭	下新物村	29°13′50.9″	119°58′9.80″	平畈	水稻土	黏壤土	5.3	19.15	0.23	28.54	207.21	14.69	1.16	0.41

表3-60 义亭镇代表性试验数据（三）

样品编号	乡(镇)名称	工作片	村名称	北纬	东经	地形部位	土类	质地	pH值	有机质(g/kg)	全氮(g/kg)	有效磷(mg/kg)	速效钾(mg/kg)	阳离子交换量(cmol/kg)	容重(g/cm³)	全盐量(μs/cm)
Y249	义亭镇	畈田朱	畈田朱村	29°12'54.9"	119°55'39.2"	坂田	水稻土	壤质黏土	6.1	2.67	0.16	3.89	169.00	183.00	1.39	152.3
Y250	义亭镇	畈田朱	陇头朱二村	29°10'59.9"	119°56'9.70"	坂田	水稻土	粉沙质盐壤土	6.7	3.06	0.18	13.60	85.10	188.00	1.36	104.3
Y251	义亭镇	畈田朱	陇头朱三村	29°11'56.2"	119°55'55.4"	坂田	水稻土	壤质黏土	6.3	3.48	0.20	7.19	77.20	188.00	1.34	138.3
Y252	义亭镇	畈田朱	陇头朱四村	29°11'14.4"	119°55'51.9"	坂田	水稻土	壤质黏土	6.0	1.70	0.10	6.83	41.80	94.90	1.45	96.4
Y253	义亭镇	畈田朱	陇头朱一村	29°11'26.7"	119°56'9.70"	坂田	水稻土	粉沙质黏壤土	6.4	3.30	0.19	14.90	72.40	178.00	1.34	109.1
Y254	义亭镇	畈田朱	青肃村	29°12'20.0"	119°55'3.10"	河漫滩	水稻土	沙质黏壤土	6.2	1.83	0.11	41.60	77.60	125.00	1.37	120
Y255	义亭镇	畈田朱	上宅村	29°12'42.9"	119°55'15.4"	河漫滩	水稻土	壤土	6.1	2.89	0.17	15.90	275.00	155.00	1.3	119.9
Y256	义亭镇	畈田朱	田塘村	29°11'32.2"	119°55'29.3"	河漫滩	水稻土	沙质壤土	5.2	3.01	0.18	78.60	114.00	153.00	1.22	159.1
Y257	义亭镇	畈田朱	西楼村	29°13'30.2"	119°54'52.9"	平畈	水稻土	沙质壤土	6.1	3.23	0.19	9.58	62.10	139.00	1.32	114.5
Y258	义亭镇	畈田朱	西田村	29°12'16.7"	119°55'50.0"	岗地	水稻土	壤质黏土	6.5	1.62	0.10	32.00	81.70	185.00	1.54	64
Y259	义亭镇	畈田朱	下店村	29°13'19.3"	119°55'7.10"	坂田	水稻土	壤质黏土	6.9	2.67	0.16	10.50	58.80	159.00	1.42	123.2
Y260	义亭镇	畈田朱	早溪塘村	29°13'52.7"	119°54'56.8"	坂田	水稻土	壤质黏土	5.8	2.90	0.17	3.89	64.70	139.00	1.34	84.9
Y261	义亭镇	杭畴	缸窑村	29°11'15.6"	119°17'5.49"	河漫滩	水稻土	黏质壤土	6.4	3.19	0.19	12.90	57.20	124.00	1.33	540
Y262	义亭镇	杭畴	古亭塘村	29°13'0.40"	119°18'11.4"	缓坡	水稻土	壤质黏土	6.3	1.73	0.10	31.60	67.70	103.00	1.54	93.7
Y263	义亭镇	杭畴	杭畴村	29°11'4.59"	119°57'0.10"	河漫滩	水稻土	黏质黏土	6.0	2.50	0.15	14.60	75.60	109.00	1.36	340
Y264	义亭镇	杭畴	何店村	29°11'36.0"	119°57'41.0"	平畈	水稻土	壤质黏土	6.9	1.70	0.10	3.07	86.80	184.00	1.52	110.1
Y265	义亭镇	杭畴	阿店村	29°11'48.5"	119°58'9.91"	平畈	水稻土	壤质黏土	5.9	3.62	0.21	4.63	105.00	199.00	1.36	109
Y266	义亭镇	杭畴	枧畴村	29°10'47.0"	119°57'24.8"	河漫滩	水稻土	壤土	6.2	2.27	0.14	22.90	78.80	94.90	1.32	297
Y267	义亭镇	杭畴	前屋村	29°12'26.3"	119°56'58.9"	缓坡	水稻土	壤质黏土	5.9	3.19	0.19	6.09	69.90	154.00	1.62	87
Y268	义亭镇	杭畴	前屋村(李宅村)	29°12'30.3"	119°57'12.8"	缓坡	水稻土	壤质黏土	6.3	1.89	0.11	2.52	50.40	127.00	1.44	121.8
Y269	义亭镇	杭畴	上胡村	29°11'53.9"	119°56'58.8"	坂田	水稻土	壤质黏土	6.8	1.89	0.11	6.55	126.00	231.00	1.54	157.7
Y270	义亭镇	杭畴	叶前村	29°10'48.2"	119°57'6.01"	河漫滩	水稻土	沙质盐壤土	5.8	2.93	0.17	11.30	85.60	98.00	1.3	434
Y271	义亭镇	杭畴	俞村	29°12'16.8"	119°56'42.9"	坂田	水稻土	壤质黏土	6.3	3.34	0.20	6.73	86.40	226.00	1.35	111.6
Y272	义亭镇	义亭	鲍宅村	29°13'59.0"	119°58'36.5"	坂田	水稻土	壤质黏土	6.0	3.06	0.18	7.84	76.60	189.00	1.32	150
Y273	义亭镇	义亭	龙华院村	29°13'32.7"	119°57'52.2"	岗地	红壤	壤质黏土	6.0	2.25	0.13	5.73	41.40	94.90	1.5	83.2

第四章 土壤肥力定位监测与肥效试验

第一节 监测点建设与设置

一、监测点的基础设施建设

测点选择在基本农田保护区，水田监测点采用田字形，中间设一水沟作灌、排水之用。在小区间用两层水泥板隔开，水泥板高 80cm，每层水泥板厚 5cm，埋深 50cm，露出田面 30cm 在两水泥板之间，为 10cm 泥田埂，从而更好地防止肥、水互相渗透。各小区在靠近水沟一边的田埂留一缺口作灌、排水之用。具体如图 4-1 所示（田字形）。

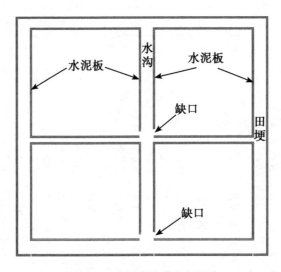

图 4-1 水田定位点工程设计

在布置试验前，对各小区进行了均地，具体方法是：将每块小区分别均匀地划成 4 小块，再将该小区三块土壤分别搬运到其他 3 个小区中，如图 4-2 所示，将各小区土壤混匀。

二、监测点设置

（1）水田

设 4 个处理，分别是：①长期无肥区（空白区），不施用任何化学肥料，也不种植绿肥和秸秆还田等有机肥；②常规施肥区，施肥量与当地主要施肥量、施用肥料品种保持一致；③测土配方施肥纯化肥区，根据土壤养分情况和作物确定最佳施肥量；④测土配方施肥化肥＋有机肥区，有机肥根据当地实际情况施用，相对固定，每季商品有机肥 3 000kg/（hm² · 季）、秸秆还田（上茬作物秸秆 50%～70% 的量）、每季农家肥 11 250kg/（hm² · 季），确定后 5 年保持不变。

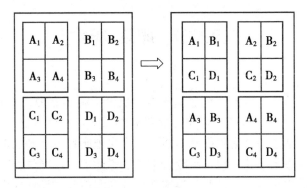

图 4 - 2　各小区均地示意图

（2）旱地、园地

设 2 个处理，分别是：①常规施肥区；②测土配方施肥化肥 + 有机肥区。每季有机肥 22 500kg/（hm² · 季）或 11 250kg/（hm² · 季），精制有机肥 22 500kg/（hm² · 季）或 3 750kg/（hm² · 季）。

（3）各处理不设重复

各处理除施肥不同外，其他措施均一致，以当地主要种植制度、种植方式、耕作、栽培等管理方式均以当地水平为标准。

三、监测地点

监测点分别设在义亭镇楼国三农户，典型种植作物为水稻；赤岸镇毛三弟农户，典型种植作物为茶树；上溪镇吴璀弟农户，典型种植作物为西瓜；赤岸镇胡兴良农户，典型种植作物为水稻，佛堂镇秀禾公司，典型种植作物为大棚蔬菜。各监测点原始土壤养分状况详见表 4 - 1。

表 4 - 1　监测点原始土样养分状况

处理	有机质（g/kg）	CaCO₃（%）	全氮（g/kg）	全钾（g/kg）	全磷（g/kg）	pH 值	CEC（cmol/kg）	质地
楼国三 A	14.9	0.19	0.942	1.62	0.747	5.05	8.1	沙质黏壤土
楼国三 AP	6.4	0.25	1.009	1.72	0.279	5.62	10.2	沙质黏土
楼国三 C	10.0	0.44	0.499	3.46	0.362	5.91	7.6	沙质黏壤土
楼国三 W	6.4	0.13	0.292	1.92	0.156	6.83	10.0	沙质黏土
毛三弟 A	31.8	0.00	1.449	2.2	1.917	4.56	8.1	沙质黏壤土
毛三弟 B	21.7	0.00	0.309	1.78	0.840	4.68	10.8	沙质黏壤土
吴璀弟 A	23.3	0.00	1.543	2.06	1.964	4.94	16.0	沙质黏土
吴璀弟 B1	8.8	0.00	0.724	2.12	1.147	4.61	13.1	沙质黏土
吴璀弟 B2	7.6	0.81	0.650	1.92	0.622	4.74	15.8	沙质黏土
吴璀弟 C	4.5	0.44	0.303	1.9	0.812	4.84	16.4	沙质黏土
胡兴良 A	23.0	0.00	1.200	2.22	1.007	5.00	8.5	沙质黏土
胡兴良 AP	13.0	0.13	1.240	0.94	1.003	5.61	6.9	沙质黏土
胡兴良 C	4.4	0.06	0.163	1.34	0.161	6.04	8.0	沙质黏土
胡兴良 P	4.6	0.00	0.202	2.88	0.468	6.63	9.8	沙质黏土
秀禾公司 A	27.8	0.19	2.120	1.52	1.244	4.21	13.6	壤质黏土
秀禾公司 AP	11.4	0.50	2.115	1.56	0.469	5.31	11.8	沙质黏壤土
秀禾公司 W1	6.7	0.25	0.348	1.76	0.335	5.71	11.0	沙质黏土
秀禾公司 W2	4.6	0.38	0.252	1.12	0.174	6.21	11.2	沙质黏壤土

第二节 肥效试验

一、试验目的

肥料效应田间试验是获得各种作物最佳施肥数量、施肥品种、施肥比例、施肥时期、施肥方法的根本途径，也是筛选、验证土壤养分测试方法、建立施肥指标体系的基本环节。通过田间试验，掌握各个施肥单元不同作物优化施肥数量，基、追肥分配比例，施肥时期和施肥方法；摸清土壤养分校正系数、土壤供肥能力、不同作物养分吸收量和肥料利用率等基本参数；构建作物施肥模型，为施肥分区和肥料配方设计提供依据。

二、试验地点

试验在义乌下列地点进行：大陈镇灯塔村楼正田农户，试验田土种为黄泥沙田，前茬为早稻和秧田，现分别种植双季晚稻和单季晚稻；义亭镇李宅村陈碧林农户，试验田土种分别为紫泥田和老黄筋泥田，前茬为菜田和空白田（肥力较差），现种植双季晚稻和单季晚稻；稠城街道楼西塘村周双虎农户，试验田土种为紫大泥田，前茬早稻，现种植双季晚稻；廿三里街道华溪村虞东红农户，试验田土种为谷口泥中沙田，前茬为早稻，现种植双季晚稻；大陈镇马畈村邵勋松农户，试验田土种为灰黄泥田，前茬为早稻，现种植双季晚稻；冯泽宝农户，试验田土种为培泥沙田，前茬为早稻，现种植单季晚稻；何维彬农户，试验田土种为泥质田，前茬为空白田，现种植单季晚稻。

三、试验设计

试验采用随机区组设计，试验因子为 N、P、K，各为 3 个水平，共计 14 个处理组合（表 4-2）。

四、试验过程

楼正田农户试验田双季晚稻品种为嘉优 2 号，当年 7 月 25 日插秧，11 月 25 日收割，单季晚稻品种为甬优 9 号，6 月 25 日插秧，10 月 26 日收割；陈碧林农户双试验田季晚稻品种为旱育 2 号，7 月 27 日插秧，10 月 29 日收割，单季晚稻品种为深 II 优，6 月 24 日插秧，11 月 3 日收割；周双虎农户试验田品种为甬优 8 号，7 月 25 日插秧期，11 月 18 日收割；虞东红农户试验田品种为甬优 4 号，7 月 20 日插秧期，11 月 9 日收割；邵勋松农户试验田品种为甬优 4 号，7 月 28 日插秧期，11 月 25 日收割；何维彬农户试验田品种为甬优 9 号，6 月 25 日插秧，10 月 21 日收割；冯泽宝农户试验田双季晚稻品种为甬优 4 号，7 月 28 日插秧，11 月 27 日收割，单季晚稻品种为洛优 100，6 月 18 日插秧期，10 月 20 日收割。

五、完全实施方案"3414"

"3414"吸收了回归最优设计处理少、效率高的优点，是目前应用较为广泛的肥料效应田间试验方案。"3414"指氮、磷、钾 3 个因素、4 个水平、14 个处理。4 个水平的含义：0 水平指不施肥；2 水平指当地推荐施肥量；1 水平 = 2 水平 × 0.5；3 水平 = 2 水平 × 1.5（该水平为过量施肥水平）。

表 4 - 2　试验各处理组合

处理	亩施肥量（kg）		
	N	P	K
$N_0P_0K_0$	0	0	0
$N_0P_2K_2$	0.0	3.0	7.5
$N_1P_2K_2$	7.7	3.0	7.5
$N_2P_0K_2$	15.3	0.0	7.5
$N_2P_1K_2$	15.3	1.5	7.5
$N_2P_2K_2$	15.3	3.0	7.5
$N_2P_3K_2$	15.3	4.5	7.5
$N_2P_2K_0$	15.3	3.0	0.0
$N_2P_2K_1$	15.3	3.0	3.8
$N_2P_2K_3$	15.3	3.0	11.3
$N_3P_2K_2$	23.0	3.0	7.5
$N_1P_1K_2$	7.7	1.5	7.5
$N_1P_2K_1$	7.7	3.0	3.8
$N_2P_1K_1$	15.3	1.5	3.8

六、结果分析

（一）楼正田双季晚稻肥料配施对双季晚稻增产效应

1. 配施磷、钾肥基础上氮对双季晚稻增产效应

从表 4 - 3 可见，在配施磷、钾肥的基础上，氮肥亩用量从 7.7kg 增至 15.3～23kg，最高苗数、有效穗数、株高、穗长均随施氮量的增加而增长，其中 $N_2P_2K_2$ 的最高苗数、有效穗数、株高、穗长分别较 $N_0P_2K_2$ 增加了 18.2%、23.1%、11% 和 14.7%；$N_3P_2K_2$ 的最高苗数、有效穗数、株高、穗长分别较 $N_0P_2K_2$ 增加了 31.1%、27.8%、9% 和 4.6%；$N_2P_2K_2$ 的成穗率、每穗总粒数、结实率分别是 $N_0P_2K_2$ 的 104%、105% 和 100.3%；$N_3P_2K_2$ 的成穗率、结实率较 $N_0P_2K_2$ 则有下降趋势。

表 4 - 3　双季晚稻配施磷、钾肥基础上的氮效应

处理	$N_0P_2K_2$	$N_1P_2K_2$	$N_2P_2K_2$	$N_3P_2K_2$
基本苗（万/亩）	4.24	4.24	4.24	4.24
最高苗（万/亩）	14.89	16.16	17.49	19.38
有效穗（万/亩）	11.91	13.09	14.70	15.24
成穗率（%）	80.10	80.80	83.95	78.50
株高（cm）	84.25	89.28	93.25	91.18

（续表）

处理	$N_0P_2K_2$	$N_1P_2K_2$	$N_2P_2K_2$	$N_3P_2K_2$
穗长（cm）	19.88	20.38	23.02	20.43
穗总粒（粒）	139.17	146.83	144.83	143.17
每穗总粒数（粒）	114.15	120.83	120.50	113.67
结实率（%）	82.32	81.82	83.21	79.52
千粒重（g）	28.57	28.44	28.66	28.07
亩产量（kg）	306.70	371.73	442.05	447.33

从图 4-3 可见，$N_2P_2K_2$ 和 $N_3P_2K_2$ 的产量均高于 $N_0P_2K_2$，分别是 $N_0P_2K_2$ 的 1.43 倍和 1.45 倍，$N_2P_2K_2$ 和 $N_3P_2K_2$ 之间的产量差异不大，这说明过多的施用氮肥对产量的增加意义不大，也就是说，从产量因子评价，$N_2P_2K_2$ 处理组合最好。

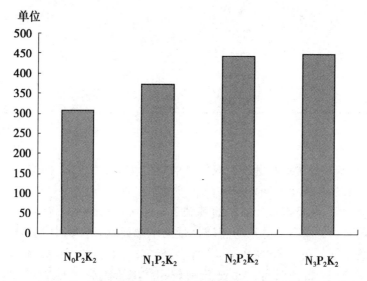

图 4-3　配施磷、钾肥基础上的氮肥对双季晚稻产量效应

2. 配施氮、钾肥基础上磷对双季晚稻增产效应

从表 4-4 可见，在配施氮、钾肥的基础上，磷肥亩用量从 1.5kg 增至 3.0 ~ 4.5kg，有效穗数、成穗率、株高、每穗总粒数、结实率等均随施氮量的增加而增长，其中 $N_2P_2K_2$ 的有效穗数、成穗率、株高、每穗总粒数和结实率分别较 $N_2P_0K_2$ 增加了 3.8%、2.3%、4.8%、3.7%、0.83% 和 3.9%，$N_3P_2K_2$ 的有效穗数、成穗率、株高、每穗总粒数、结实率分别较 $N_2P_0K_2$ 增加了 3.9%、2.3%、6.8%、3.5% 和 2.2%；$N_2P_2K_2$ 的最高苗数及 $N_3P_2K_2$ 的穗长则分别较 $N_2P_0K_2$ 有所下降，分别下降了 0.4% 和 0.5%。

表 4 - 4　双季晚稻配施氮、钾肥基础上的磷效应

处理	$N_2P_0K_2$	$N_2P_1K_2$	$N_2P_2K_2$	$N_2P_3K_2$
基本苗（万/亩）	4.24	4.24	4.24	4.24
最高苗（万/亩）	17.33	17.89	17.49	17.57
有效穗（万/亩）	14.18	14.53	14.70	14.71
成穗率（%）	81.97	81.28	83.95	83.87
株高（cm）	88.75	90.52	93.25	95.20
穗长（cm）	21.83	21.82	23.02	21.32
穗总粒（粒）	142.33	140.33	144.83	148.50
每穗总粒数（粒）	113.83	117.00	120.50	121.17
结实率（%）	80.14	83.33	83.21	82.00
千粒重（g）	28.30	28.63	28.66	28.44
亩产量（kg）	404.83	419.88	442.05	451.72

从图 4 - 4 可见，$N_2P_2K_2$ 和 $N_3P_2K_2$ 的产量均高于 $N_0P_2K_2$，分别较 $N_0P_2K_2$ 增加了 8.8% 和 11.9%。$N_3P_2K_2$ 较 $N_2P_2K_2$ 的产量提高了 2.9%，说明在配施氮、钾肥的基础上，从产量因子评价，$N_2P_3K_2$ 处理组合最好。

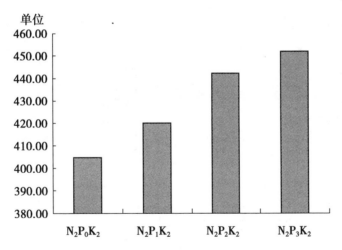

图 4 - 4　配施氮、钾肥基础上的磷肥对双季晚稻产量效应

3. 配施氮、磷肥基础上钾对双季晚稻增产效应

从表 4 - 5 可见，在配施氮、磷肥的基础上，钾肥亩用量从 3.8kg 增至 7.5 ~ 11.5kg，有效穗数、成穗率、株高、穗长、结实率、每穗总粒数、千粒重等均随施钾量的增加而增长，其中 $N_2P_2K_2$ 的有效穗数、成穗率、株高、穗长、每穗总粒数、结实率和千粒重分别较 $N_2P_2K_0$ 增加了 3.16%、4.22%、3.76%、9.00%、2.55%、2.17% 和 2.36%；$N_3P_2K_2$ 的有效穗数、成穗率、株高、穗长、穗总粒、每穗总粒数、结实率和千粒重分别较 $N_2P_2K_0$ 增加了 3.1%、3.45%、4.43%、1.94%、2.30%、3.26%、0.61% 和 2.04%。

表 4 – 5　双季晚稻配施氮、磷肥基础上的钾效应

处理	$N_2P_2K_0$	$N_2P_2K_1$	$N_2P_2K_2$	$N_2P_2K_3$
基本苗（万/亩）	4.24	4.24	4.24	4.24
最高苗（万/亩）	17.68	17.61	17.49	17.81
有效穗（万/亩）	14.25	14.27	14.70	14.69
成穗率（%）	80.55	82.13	83.95	83.33
株高（cm）	89.87	92.20	93.25	93.85
穗长（cm）	21.12	20.63	23.02	21.53
穗总粒（粒）	144.67	145.83	144.83	148.00
每穗总粒数（粒）	117.50	119.17	120.50	121.33
结实率（%）	81.44	81.79	83.21	81.94
千粒重（g）	28.00	28.10	28.66	28.57
亩产量（kg）	413.33	418.88	442.05	458.57

　　从图 4 – 5 可见，$N_2P_2K_2$ 和 $N_2P_2K_3$ 的产量均高于 $N_2P_2K_0$，分别较 $N_2P_2K_0$ 的产量增加了 6.95% 倍和 10.95% 倍，$N_2P_2K_3$ 的产量比 $N_2P_2K_2$ 的提高了 3.74%，说明在配施氮、磷肥的基础上，从产量因子评价，$N_2P_2K_3$ 处理组合最好。

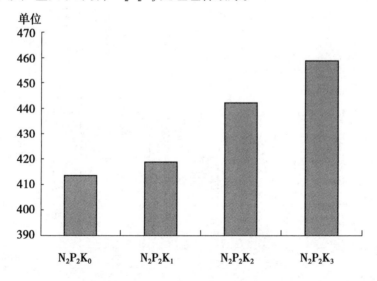

图 4 – 5　配施氮、钾肥基础上的磷肥对双季晚稻产量效应

　　4. 双季晚稻氮磷钾配合的增产效应

　　如表 4 – 6 所示，在配施磷、钾肥的基础上，氮肥亩用量从 7.7kg 增至 15.3 ~ 23kg，产量以 $N_2P_2K_2$ 组合为较高，与 $N_1P_2K_2$、$N_0P_2K_2$ 差异达显著水平，而与 $N_3P_2K_2$ 无明显差异。

　　在配施氮、磷肥的基础上，钾肥亩用量从 3.8kg 增至 7.5 ~ 11.5kg，产量以 $N_2P_2K_3$ 组合为较高，与 $N_2P_2K_1$ 差异达显著水平。

　　从 14 个处理的综合分析表明，$N_2P_2K_2$、$N_2P_3K_2$、$N_2P_2K_3$、$N_3P_2K_2$ 为最佳处理组合，该 4 个处理组合之间无显著差异。同时，从产量和投入回报率综合评价，$N_2P_2K_2$、

$N_2P_3K_2$、$N_2P_2K_3$ 配方均佳。

表 4-6 双季晚稻配施磷、钾肥基础上的氮增产效应

处理代号	亩产量（kg）					差异显著性	
	陈碧林	周双虎	虞东红	邵勋松	楼正田	0.05	0.01
$N_0P_2K_2$	364	257	350	273	303	c	C
$N_1P_2K_2$	412	316	392	341	400	b	B
$N_2P_2K_2$	475	430	433	440	429	a	A
$N_3P_2K_2$	450	439	450	452	450	a	A

表 4-7 双季晚稻配施氮、钾肥基础上的磷增产效应

处理代号	亩产量（kg）					差异显著性	
	陈碧林	周双虎	虞东红	邵勋松	楼正田	0.05	0.01
$N_2P_0K_2$	449	395	400	390	395	d	B
$N_2P_1K_2$	453	420	408	400	408	cd	B
$N_2P_2K_2$	475	430	433	440	290	b	A
$N_2P_3K_2$	509	435	433	448	445	a	A

表 4-8 双季晚稻配施氮、磷肥基础上的钾增产效应

处理代号	亩产量（kg）					差异显著性	
	陈碧林	周双虎	虞东红	邵勋松	楼正田	0.05	0.01
$N_2P_2K_0$	490	400	400	400	400	b	B
$N_2P_2K_1$	440	412	408	430	423	b	B
$N_2P_2K_3$	513	445	425	456	461	a	A

表 4-9 双季晚稻各处理组合的产量及增值效应

处理代号	亩产量（kg）					差异显著性		1元肥料产谷（kg）	1元肥料增值（元）
	陈碧林	周双虎	虞东红	邵勋松	楼正田	0.05	0.01		
$N_0P_0K_0$	360	254	317	271	297	d	D	0	0
$N_0P_2K_2$	364	257	350	273	303	d	D	0.23	0.50
$N_1P_2K_2$	412	316	392	341	400	c	C	1.10	2.43
$N_2P_0K_2$	449	395	400	390	395	b	BC	1.09	2.42
$N_2P_1K_2$	453	420	408	400	408	b	B	1.39	3.05
$N_2P_2K_2$	475	430	433	440	429	ab	AB	1.53	3.38
$N_2P_3K_2$	509	435	433	448	445	a	AB	1.54	3.39
$N_2P_2K_0$	490	400	400	400	400	b	B	1.75	3.65
$N_2P_2K_1$	440	412	408	430	423	b	B	1.51	3.33
$N_2P_2K_3$	513	445	425	456	461	a	A	1.49	3.28
$N_3P_2K_2$	450	439	450	452	450	ab	AB	1.23	2.71
$N_1P_1K_2$	420	310	383	360	398	c	C	1.28	2.82
$N_1P_2K_1$	413	318	350	350	389	c	C	1.24	2.72

（二）楼正田双季晚稻肥料配施对单季晚稻的增产效应

1. 配施磷、钾肥基础上的氮效应

表4-10所示，在配施磷、钾肥的基础上，氮肥亩用量从7.7kg增至15.3~23kg，其最高苗数、有效穗数、株高、每穗总粒数均随施氮量的增加而增长，成穗率、结实率则有下降趋势。

表4-10　单季晚稻配施磷、钾肥基础上的氮效应

处理	$N_0P_2K_2$	$N_1P_2K_2$	$N_2P_2K_2$	$N_3P_2K_2$
基本苗（万/亩）	2.59	2.59	2.59	2.59
最高苗（万/亩）	15.65	17.08	18.99	19.91
有效穗（万/亩）	12.29	13.61	15.10	15.44
成穗率（%）	78.45	79.38	79.31	77.37
株高（cm）	103.93	106.33	107.05	109.13
穗长（cm）	24.20	24.68	24.90	24.75
穗总粒（粒）	169.18	186.25	186.25	186.25
每穗总粒数（粒）	136.00	145.50	152.75	141.00
结实率（%）	81.20	78.66	82.62	75.76
千粒重（g）	24.81	25.47	24.37	24.81
亩产量（kg）	383.18	434.48	501.08	473.39

从图4-6可见，$N_2P_2K_2$产量均明显高于$N_0P_2K_2$和$N_1P_2K_2$，分别是$N_0P_2K_2$、$N_1P_2K_2$和$N_3P_2K_2$的69.4%、84.1%和101.2%，也就是说，从产量因子评价，以$N_2P_2K_2$处理组合为最好。

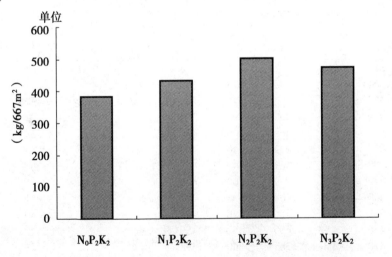

图4-6　配施磷、钾肥基础上的氮肥对单季晚稻产量效应

2. 配施氮钾肥对单季晚稻增产效应

从表 4 - 11 可见，在配施氮、钾肥的基础上，磷肥用量从 1.5kg/亩增至 3.0 ~ 4.5kg/亩，其最高苗数、有效穗、穗总粒等均随施磷量的增加而增长，其中 $N_2P_2K_2$ 的最高苗数、有效穗、穗总粒等分别是 $N_2P_0K_2$ 的 7.9%、8.4% 和 1.78%，$N_2P_3K_2$ 的最高苗数、有效穗、穗总粒等分别是 $N_2P_0K_2$ 的 6.7%、9.83% 和 3.42%；而 $N_2P_2K_2$ 和 $N_2P_3K_2$ 处理晚稻的株高、穗长千粒重则较 $N_2P_0K_2$ 无增长亦或呈现下降趋势，其中 $N_2P_3K_2$ 的穗长较 $N_2P_0K_2$ 下降了 1.21%，千粒重则无变化；$N_2P_2K_2$ 的株高和千粒重较 $N_2P_0K_2$ 分别下降了 0.23% 和 0.98%。

表 4 - 11　单季晚稻配施氮、钾肥基础上的磷效应

处理	$N_2P_0K_2$	$N_2P_1K_2$	$N_2P_2K_2$	$N_2P_3K_2$
基本苗（万/亩）	2.59	2.59	2.59	2.59
最高苗（万/亩）	17.60	18.65	18.99	18.78
有效穗（万/亩）	13.93	14.94	15.10	15.30
成穗率（%）	78.90	79.82	79.31	81.16
株高（cm）	107.30	105.98	107.05	107.65
穗长（cm）	24.83	25.10	24.90	24.53
穗总粒（粒）	183.00	184.25	186.25	189.25
每穗总粒数（粒）	146.50	148.25	152.75	152.25
结实率（%）	80.53	81.07	82.62	80.68
千粒重（g）	24.61	24.18	24.37	24.61
亩产量（kg）	435.48	470.98	501.08	528.05

从图 4 - 7 可见，$N_2P_2K_2$ 和 $N_2P_3K_2$ 的产量均高于 $N_2P_0K_2$，分别是 $N_2P_0K_2$ 的 1.15 倍和 1.21 倍，是 $N_2P_1K_2$ 的 1.06 倍和 1.12 倍，$N_2P_2K_2$ 和 $N_3P_2K_2$ 之间的产量差异不大，这说明过多的施用磷肥对产量的增加意义不大，也就是说，从产量因子评价，$N_2P_2K_2$ 处理组合最好。

3. 配施氮、磷肥对双季晚稻增产效应

如表 4 - 12 所示，在配施氮、磷肥的基础上，钾肥亩用量从 3.8kg 增至 7.5 ~ 11.5kg，有效穗数、成穗率、穗长、穗总粒、每穗总粒数和结实率等均随施钾量的增加而增长，其中 $N_2P_2K_2$ 的有效穗数、成穗率、穗长、穗总粒、每穗总粒数和结实率分别较 $N_2P_2K_0$ 增加了 1.68%、0.94%、2.34% 和 2.86%，$N_3P_2K_2$ 的有效穗数、成穗率、穗长、穗总粒、每穗总粒数和结实率则分别增加了 3.97%、3.17%、3.43%、8.92% 和 4.97%；但是 $N_2P_2K_2$ 和 $N_2P_2K_3$ 的株高和千粒重则分别较 $N_2P_2K_0$ 有所下降，株高分别下降了 2.59% 和 0.11%，千粒重分别下降了 1.97% 和 1.49%。

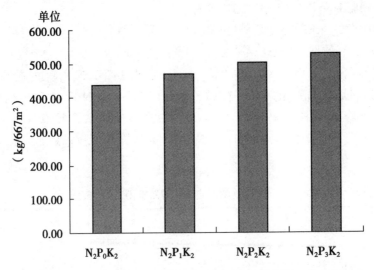

图4-7　配施氮、钾肥基础上的磷肥对单季晚稻产量效应

表4-12　单季晚稻配施氮磷肥基础上的钾效应

处理	$N_2P_2K_0$	$N_2P_2K_1$	$N_2P_2K_2$	$N_2P_2K_3$
基本苗（万/亩）	2.59	2.59	2.59	2.59
最高苗（万/亩）	18.83	18.75	18.99	18.96
有效穗（万/亩）	14.85	15.02	15.10	15.44
成穗率（%）	78.57	79.87	79.31	81.06
株高（cm）	109.90	109.25	107.05	109.78
穗长（cm）	24.65	24.58	24.90	24.83
穗总粒（粒）	182.00	190.00	186.25	188.25
每穗总粒数（粒）	148.50	159.75	152.75	161.75
结实率（%）	81.81	84.00	82.62	85.88
千粒重（g）	24.86	24.68	24.37	24.49
亩产量（kg）	476.95	495.50	501.08	559.08

　　从图4-8可见，$N_2P_2K_2$ 和 $N_2P_2K_3$ 的产量均高于 $N_2P_2K_0$，分别较 $N_2P_2K_0$ 的产量增加了5.06%和17.22%，$N_2P_2K_3$ 的产量比 $N_2P_2K_2$ 的提高了8.5%，说明在配施氮、磷肥的基础上，从产量因子评价，$N_2P_2K_3$ 处理组合最好。

　　4. 单季晚稻、氮、磷钾配合的增产效应

　　如表4-13所示，在配施磷、钾肥的基础上，氮肥亩用量从7.7kg增至15.3~23kg，其产量以 $N_2P_2K_2$ 组合为较高，与 $N_0P_2K_2$、$N_1P_2K_2$ 处理组合的差异达极显著水平，而与 $N_3P_2K_2$ 无明显差异。

　　在配施氮、钾肥的基础上，亩磷肥用量从1.5kg增至3.0~4.5kg，产量以 $N_2P_3K_2$ 组合为最高，与 $N_2P_0K_2$、$N_2P_1K_2$ 的产量差异达显著水平，不过与 $N_2P_2K_2$ 的产量差异不显著。

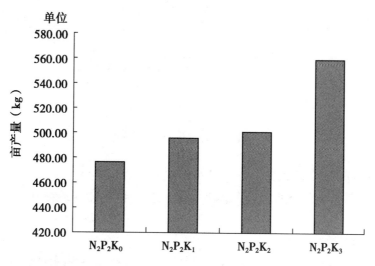

图4-8 配施氮、磷肥基础上的钾肥对单季晚稻产量效应

在配施氮、磷肥的基础上，钾肥亩用量从3.8kg增至7.5~11.5kg，其产量以$N_2P_2K_3$组合为最高，与$N_2P_2K_0$、$N_2P_2K_1$差异达显著水平。

从14个处理的综合分析表明，$N_2P_2K_2$、$N_2P_3K_2$、$N_2P_2K_3$、$N_3P_2K_2$为最佳处理组合，该4个处理组合之间无显著差异。同时，从产量和投入回报率综合评价，$N_2P_2K_3$、$N_2P_3K_2$为最佳，其次是$N_2P_2K_2$、$N_2P_2K_1$。

表4-13　各处理组合的产量及效益

处理代号	亩产(kg)					差异显著性		1元肥产谷（kg）	1元肥增值（元）
	陈碧林	何维彬	冯泽宝	楼正田	平均	0.05	0.01		
$N_0P_0K_0$	325.0	389.2	368.4	380.0	365.7	e	E	0.373	0.813
$N_0P_2K_2$	325.0	416.0	396.7	395.0	383.2	ed	ED	0.860	1.888
$N_1P_2K_2$	368.0	456.2	453.4	460.3	434.5	dc	EDC	0.708	1.555
$N_2P_0K_2$	340.0	456.2	481.7	464.0	435.5	dc	EDC	0.998	2.190
$N_2P_1K_2$	396.7	450.3	495.9	541.0	471.0	bc	BC	1.203	2.643
$N_2P_2K_2$	474.6	469.7	510.0	550.0	501.1	bac	BAC	1.355	2.988
$N_2P_3K_2$	524.2	489.1	538.4	560.5	528.1	ba	BA	1.408	3.093
$N_2P_2K_0$	480.0	456.2	453.6	518.0	477.0	bc	BAC	1.355	2.978
$N_2P_2K_1$	489.0	495.6	453.4	544.0	495.5	bc	BAC	1.493	2.565
$N_2P_2K_3$	524.2	536.7	595.0	580.4	559.1	a	A	0.740	1.618
$N_3P_2K_2$	460.0	469.7	453.4	510.5	473.4	bc	BAC	1.200	2.643
$N_1P_1K_2$	400.0	452.0	482.0	480.0	453.5	c	BDC	1.225	2.695
$N_1P_2K_1$	396.0	450.0	467.5	460.0	443.4	dc	BEDC	1.270	2.800

第五章　田间对比试验

第一节　中区表征试验

在上述试验基础上，选取 8 个点布置对比试验（中区表征试验），对比试验主要是为了验证"2"施肥水平的准确度，以及"2"施肥水平与当地农民习惯施肥的增产效果。

一、试验地点

试验在义乌下列地点进行：大陈镇灯塔村楼正田农户，试验田土种为黄泥沙田，前茬为早稻和秧田，现分别种植双季晚稻和单季晚稻；义亭镇李宅村陈碧林农户，试验田土种分别为紫泥田和老黄筋泥田，前茬为菜田和空白田（肥力较差），现种植双季晚稻和单季晚稻；廿三里街道华溪村虞东红农户，试验田土种为泥砂沙田，前茬为早稻，现种植双季晚稻；大陈镇马畈村邵勋松农户，试验田土种为灰黄泥田，前茬为早稻，现种植双季晚稻；义亭镇枧畴村冯泽宝农户，试验田土种为培泥沙田，前茬为早稻，现种植双季晚稻；前茬为苗木，现种植单季晚稻；稠城街道楼西塘周双虎农户，试验田土种为紫大泥田，前茬为早稻，现种植双季晚稻。

二、试验经过

楼正田农户试验田双季晚稻品种为嘉优 2 号，7 月 25 日插秧，11 月 25 日收割；陈碧林农户双试验田季晚稻品种为旱育 2 号，7 月 27 日插秧，10 月 29 日收割，单季晚稻品种为深 II 优，6 月 24 日插秧，11 月 3 日收割；虞东红农户试验田品种为甬优 4 号，7 月 20 日插秧期，11 月 9 日收割；邵勋松农户试验田品种为甬优 9 号，7 月 28 日插秧期，11 月 25 日收割；冯泽宝农户试验田双季晚稻品种为甬优 9 号，7 月 28 日插秧，11 月 27 日收割；单季晚稻品种为甬优 4 号，6 月 28 日插秧，11 月 2 日收割；周双虎农户试验田双季晚稻品种为甬优 8 号，7 月 25 日插秧，11 月 18 日收割。

三、试验要求

每个处理 $133.4m^2$ 以上，如果田块不够，处理 5 的空白处理酌情减少至 $66.7m^2$。处理间同样用小田埂分开，筑好田埂后盖好尼龙薄膜，以防肥水渗漏。对比试验（中区表征试验）均在小区试验附近进行。其他如试验田块地点的选择、试验处理田块要求、栽培管理注意事项和试验过程农艺性状的调查与上述 3414 小区试验方案相同。

四、试验处理

设置 5 个处理：

处理 1：为上述小区试验的"2"施肥水平；

处理 2："2"施肥水平中氮施肥量增加 10%，磷、钾不变；

处理3："2"施肥水平中氮施肥量减少10%，磷、钾不变；

处理4：当地农民习惯施肥水平；

处理5：空白处理（即不施任何肥料）。

处理1~5的施肥量按基肥、回青肥、中期肥（幼穗分化肥，在露晒田回水后施用）三次施下，在沙壤土氮肥各时期施肥比例分别为30%、40%和30%；在黏土田氮肥各时期施肥比例分别为40%、40%和20%。磷肥在基肥一次施下，钾肥分基肥和中期肥各50%施用。对处理4，各地要调查好当地农民的习惯施肥，总结出有代表性的农民习惯施肥水平，并按农民的施肥次数和施肥量进行施用（表5-1和表5-2）。

表5-1　各试验区施肥配比组合

农户名	处理	亩施肥量（kg）		
		N	P_2O_5	K_2O
虞东红（双季）	处理1	14.71	3.03	8.3
	处理2	17.04	3.03	8.3
	处理3	13.95	3.03	8.3
	处理4	9.2	2.02	3.54
	处理5	0	0	0
冯泽宝（双季）	处理1	15.3	3	7.5
	处理2	16.87	3	7.5
	处理3	13.8	3	7.5
	处理4	10.65	3.75	6.75
	处理5	0	0	0
冯泽宝（单季）	处理1	15.3	3	7.5
	处理2	16.86	3	7.5
	处理3	13.8	3	7.5
	处理4	11.4	3.75	6.05
	处理5	0	0	0

表5-2 各试验区施肥配比组合

农户名	处理	亩施肥量（kg）		
		N	P_2O_5	K_2O
周双虎（双季）	处理1	15.33	3	7.5
	处理2	16.87	3	7.5
	处理3	13.8	3	7.5
	处理4	14	2.5	7
	处理5	0	0	0
楼正田（双季）	处理1	10.91	2.14	5.34
	处理2	12	2.14	5.34
	处理3	9.96	2.17	5.42
	处理4	16.62	2.21	7.6
	处理5	0	0	0
楼正田（单季）	处理1	10.72	2.1	5.25
	处理2	14.8	2.63	6.58
	处理3	9.3	2.5	4.5
	处理4	8.75	2.38	4.3
	处理5	0	0	0
陈碧林（双季）	处理1	17.2	3.33	8.3
	处理2	18.84	3.33	8.3
	处理3	15.4	3.33	8.3
	处理4	14.47	4.7	8.3
	处理5	0	0	0
陈碧林（单季）	处理1	17.2	3.4	8.4
	处理2	18.9	3.4	8.4
	处理3	15.5	3.4	8.4
	处理4	14.5	4.2	8.4
	处理5	0	0	0

五、结果分析

1. 各试验处理的农艺性状

从表5-3可见，对各试验区农艺性状平均值间的比较可见，1、2、3处理的最高苗、有效穗、成穗率等农艺性状均高于处理4和处理5，其中处理1的最高苗、有效穗、成穗率、株高、穗长、穗总粒、穗实粒、结实率分别是处理4的5.6%、4.5%、12.6%、0.5%、3.3%、1.4%、2.7%和1.3%；是处理5的27.3%、29.1%、0.8%、12.8%、12.7%、5.3%和4.9%；处理2的最高苗、有效穗、成穗率、株高、穗长、穗总粒、穗实粒、结实率分别是处理4的7.1%、5.5%、12.3%、0.9%、2.9%、3.6%、1.5%和-2.0%；是处理5的29.1%、30.4%、0.5%、13.2%、12.3%、7.6%、3.7%和-3.4%;处理3的最高苗、有效穗、成穗率、株高、穗长、穗总粒、穗实粒、结实率分别是处理4的1.6%、1.4%、13.9%、0.3%、1.2%、0.3%、-0.7%和-1.1%；是处理

5 的 22.4%、25.3%、1.9%、12.6%、10.4%、4.2%、1.3% 和 −2.6%。

表 5 − 3　各试验区农艺性状平均值

处理	基本苗（万）	最高苗（万）	有效穗（万）	成穗率（%）	株高（cm）	穗长（cm）	穗总粒（粒）	穗实粒（粒）	结实率（%）
1	3.85	19.56	15.68	80.22	95.32	22.22	148.96	125.23	84.04
2	3.85	19.85	15.84	80.00	95.65	22.15	152.23	123.75	81.35
3	3.85	18.82	15.22	81.13	95.15	21.78	147.42	120.97	82.07
4	3.85	18.53	15.01	71.22	94.83	21.52	146.96	121.88	82.99
5	3.85	15.37	12.15	79.58	84.47	19.72	141.46	119.37	84.24

2. 各试验处理的产量

从图 5 − 1 可见，试验区各处理产量平均值以处理 1 和处理 2 最高，处理 3 和处理 4 产量较为接近，而处理 5 产量最低。

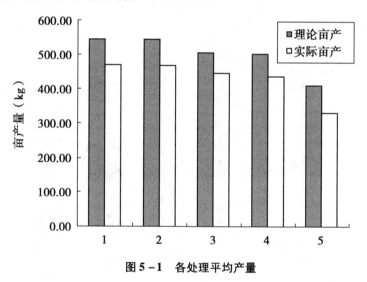

图 5 − 1　各处理平均产量

从图 5 − 2 和图 5 − 3 求得的结果中可显见，单、双季晚稻的产量均以处理 1 和处理 2 的最高，处理 3 略低于处理 1 和处理 2，处理 5 最低。

表 5 − 4 和表 5 − 5 分别列举了单、双季晚稻各处理组合的投入产出效益，以稻谷价格每千克 2.2 元，尿素每千克 1.96 元，氯化钾每千克 2.68 元，钙、镁、磷肥每千克 0.56 元，复合肥每千克（N：P_2O_5：K_2O = 15：15：15）2.44 元，有机肥每千克 0.46 元为基础计算求得。从求得的结果中可显见，单季晚稻中无论从除地力产值后的收入、施肥后增产量、每元肥产谷量、每元肥投入后的净增值看，均以处理 1 配方为最佳施肥，虽然其肥款略高于处理 3 和处理 4，但净盈额却高于所有处理。其次为处理 2，其所有效益也均高于处理 3、处理 4 和处理 5。

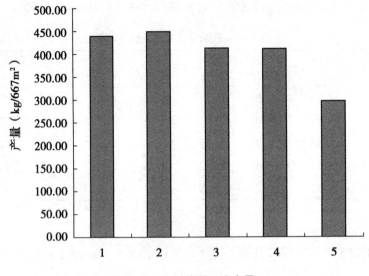

图 5 - 2　双季晚稻平均产量

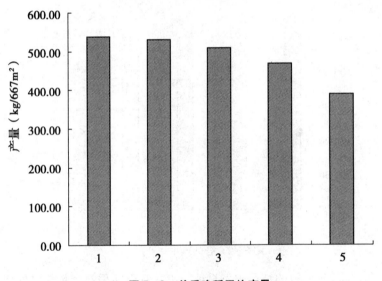

图 5 - 3　单季晚稻平均产量

表 5 - 4　单季晚稻各处理组合的效益

处理	产值	肥款	除地力产值后收入	施肥后增产量	1 元肥产谷（除地力）（kg）	1 元肥投入净增值（除地力）（元）
1	1 183.75	108.46	328.31	149.23	1.42	3.13
2	1 168.20	119.38	312.77	142.17	1.22	2.68
3	1 117.45	99.04	262.02	119.10	1.22	2.67
4	1 032.02	99.78	170.72	77.60	0.77	1.68
5	722.10	0.00	0.00	0.00	0.00	0.00

双季晚稻中产后收入看则以处理2配方施肥效果最好,具体表现在除地力产值后收入、施肥后增产量方面上的优势;因其施用的氮肥量较处理1多,所以其肥款相对较高,处理2产后收入分别较处理4和处理5增收14.8%和51.0%;其次为处理1,在产后收入中也具有良好表现,产后收入分别较处理4和处理5增收12.2%和47.6%。

表5-5 双季晚稻各处理组合的效益

处理	产值	肥款	除地力产值后收入	施肥后增产量	1元肥产谷(除地力)(kg)	1元肥投入净增值(除地力)(元)
1	965.25	109.10	299.62	136.19	1.26	2.77
2	987.39	120.01	321.75	146.25	1.24	2.72
3	906.33	103.64	240.69	109.41	1.08	2.37
4	860.29	108.20	250.54	113.88	1.10	2.40
5	653.75	0.00	0.00	0.00	0.00	0.00

第二节 大区对比试验

在全市范围布置20个大区对比试验,每个点设3个处理,分别是配方施肥、农民习惯施肥、空白对照(表5-6和表5-7)。

表5-6 大区对比试验点基本情况

编号	镇(街道)	村名	户名	剖面构型	地貌类型	耕层厚度(cm)
1	义亭镇	枧畴	冯泽宝	A-AP-P-C	河谷平原	20
2	义亭镇	枧畴	冯泽宝	A-AP-P-C	河谷平原	20
3	义亭镇	新屋	陈碧林	A-AP-W-C	低丘缓坡	20
4	义亭镇	新屋	陈碧林	A-AP-C	低丘垅田	20
5	廿三里街道	华溪	虞东红	A-AP-P-C	河谷平畈	18
6	廿三里街道	何店	何应通	A-AP-W-C	河谷平原	20
7	大陈镇	马畈	邵勋松	A-AP-P-C	河谷平原	20
8	大陈镇	灯塔	楼正田	A-AP-W-C	低丘垅田	20
9	稠城街道	楼西塘	周双虎	A-AP-W-C	低丘垅田	25
10	大陈镇	灯塔	楼正田	A-AP-W-C	低丘垅田	20
11	佛堂镇	晓联	黄国盛	A-AP-P-C	河漫滩	22
12	江东街道	永和	陈洪江	A-AP-P-C	河漫滩	18
13	赤岸镇	乔亭	冯建军	A-AP-P-C	平畈	18

（续表）

编号	镇（街道）	村名	户名	剖面构型	地貌类型	耕层厚度（cm）
14	赤岸镇	雅治街	朱德生	A-AP-P-C	平畈	22
15	佛堂镇	毛陈	陈兴升	A-AP-P-C	河谷平原	18
16	大陈镇	杜门	傅志达	A-AP-P-C	河谷平畈	15
17	苏溪镇	东湖厅	楼祖义	A-AP-W-C	低丘垅田	20
18	义亭镇	上宅	楼国三	A-AP-W-C	河谷平原	22
19	义亭镇	大楼	楼国三	A-AP-W-C	平畈	20
20	后宅街道	塘下	方达松	A-AP-W-C	低丘垅田	22

表5-7　大区对比试验点土壤性状

编号	取样深度（cm）	有机质（g/kg）	全氮（g/kg）	有效磷（mg/kg）	缓效钾（mg/kg）	速效钾（mg/kg）	pH 值	国际制质地
1	20	24.1	1.2	17.1	400	70	5.86	沙质黏壤土
2	20	20.1	0.83	10.4	350	60	5.53	沙质黏壤土
3	20	18.5	0.93	13.2	330	51	5.87	壤质黏土
4	20	29.8	1.4	23.5	680	131	6.12	壤质黏土
5	18	19.4	0.97	13.5	425	43.5	5.6	沙质壤土
6	20	27.3	1.39	18.2	330	51	6.02	黏壤土
7	20	26.5	1.93	18.2	375	75	5.56	沙质壤土
8	20	26.4	1.37	18.5	355	60	6.12	黏壤土
9	20	2.68	1.44	15.4	432	68	6.8	壤质黏土
10	20	25.8	1.24	11.2	326	65	6.15	黏壤土
11	20	10.5	0.53	35.6	485	35	5.56	沙质黏壤土
12	18	16	0.72	32.5	350	47	5.36	沙质黏壤土
13	18	15	0.75	10.5	265	31	5.72	沙质黏壤土
14	18	23.4	1.05	34	490	83	5.07	沙质壤土
15	18	26.2	0.94	15.4	323	60	5.82	沙质黏壤土
16	15	26.1	1.31	23.5	365	65	5.88	沙质壤土
17	20	12.1	0.61	5.8	350	68	6.49	黏壤土
18	20	34.3	1.71	27.7	695	58	5.92	壤土
19	20	26.5	1.36	10.54	460	53	5.94	壤土
20	20	27	1.38	12.9	465	65	5.85	粉沙质黏壤土

　　从表5-8、表5-9和表5-10可知，配方施肥取得到了很好的增产效果，与农民习

惯施肥相比平均亩增产 63.39kg，增产 14.19%；与空白对照相比平均亩增产 174.07kg，增产 51.66%。

表 5-8 大区对比试验增产效果

编号	配方比常规增产		配方比空白增产	
	增产量（kg）	（%）	增产量（kg）	（%）
1	48	12.15	83.3	23.16
2	56	12.76	132	36.36
3	61.9	12.04	172.7	42.80
4	93.16	23.37	137.76	38.92
5	108	31.49	214.8	90.94
6	65.7	13.19	165.8	41.65
7	53	13.32	200	79.68
8	122	26.87	176	44.00
9	70	18.67	185	71.15
10	17	3.75	173	58.25
11	65	13.13	208	59.09
12	74	14.23	198	50.00
13	40	9.52	145	46.03
14	55	10.00	203	50.50
15	55	10.56	184	46.94
16	59	11.75	186	49.60
17	52	11.30	187	57.54
18	43	7.79	175	41.67
19	44	11.11	155	54.39
20	86	16.86	200	50.51
合计	1 267.76		3 481.36	
平均	63.39	14.19	174.07	51.66

表 5-9 大区对比试验结果

编号	处理	作物品种	化肥亩用量（kg）			亩产量（kg）
			N	P₂O₅	K₂O	
1	配方施肥	甬优9号	15.3	3	7.5	443
	农民常规		10.65	3.75	6.75	395
	空白对照		0	0	0	359.7
2	配方施肥	甬优9号	15.3	3	7.5	495
	农民常规		11.4	3.75	6.05	439
	空白对照		0	0	0	363
3	配方施肥	甬优9号	17.2	3.4	8.4	576.2
	农民常规		14.5	4.2	8.4	514.3
	空白对照		0	0	0	403.5

（续表）

编号	处理	作物品种	化肥亩用量（kg）			亩产量（kg）
			N	P$_2$O$_5$	K$_2$O	
4	配方施肥	早育2号	17.2	3.3	8.3	491.76
	农民常规		14.47	4.17	8.3	398.6
	空白对照		0	0	0	354
5	配方施肥	甬优4号	17.04	3.03	8.3	451
	农民常规		9.2	2.02	3.54	343
	空白对照		0	0	0	236.2
6	配方施肥	甬优9号	15.3	3	7.5	563.9
	农民常规		12.9	3	6	498.2
	空白对照		0	0	0	398.1
7	配方施肥	甬优9号	16.87	3	7.5	451
	农民常规		13.1	1.95	6.87	398
	空白对照		0	0	0	251
8	配方施肥	甬优9号	14.8	2.63	6.58	576
	农民常规		8.75	2.38	4.3	454
	空白对照		0	0	0	400
9	配方施肥	甬优8号	16.87	3	7.5	445
	农民常规		12.8	2.5	7	375
	空白对照		0	0	0	260
10	配方施肥	嘉优2号	14.8	2.63	6.5	470
	农民常规		16.2	2.42	6.5	453
	空白对照		0	0	0	297
11	配方施肥	甬优9号	16.9	3	10	560
	农民常规		14.6	3	6	495
	空白对照		0	0	0	352
12	配方施肥		16.9	3	10	594
	农民常规		15.4	3	6	520
	空白对照		0	0	0	396

表 5－10　大区对比试验结果

| 编号 | 处 理 | 作物品种 | 化肥亩用量（kg） | | | 亩产量（kg） |
			N	P_2O_5	K_2O	
13	配方施肥	甬优 4 号	16.4	3	10	460
	农民常规		15.3	3	6	420
	空白对照		0	0	0	315
14	配方施肥		17.5	3	12	605
	农民常规		15.3	3	6	550
	空白对照		0	0	0	402
15	配方施肥	甬优 9 号	16.9	3	9.2	576
	农民常规		14.9	3	6	521
	空白对照		0	0	0	392
16	配方施肥		15.6	3	8.3	561
	农民常规		14.3	3	5	502
	空白对照		0	0	0	375
17	配方施肥	中浙优 1 号	16.2	3	7.2	512
	农民常规		14.3	3	5.2	460
	空白对照		0	0	0	325
18	配方施肥		15.5	2.5	9	595
	农民常规		14.7	3	6.5	552
	空白对照		0	0	0	420
19	配方施肥	甬优 4 号	15.3	3	7.5	440
	农民常规		12.4	3	5.4	396
	空白对照		0	0	0	285
20	配方施肥	甬优 9 号	15.9	3	9	596
	农民常规		14.3	3	5	510
	空白对照		0	0	0	396

第六章　建立测土配方施肥指标与配方设计

第一节　测土配方施肥原则与方案

一、施肥原则

1. 有机肥施用量的确定

土壤有机质是最重要的土壤肥力指标，保持土壤有机质含量在一个合理的水平，是保持土壤肥力的保证。要做到这一点，首先要达到土壤有机质的平衡。

土壤有机质增量＝有机物料投入量－土壤有机质矿化量

不难理解，当土壤有机质增量＝0，则土壤有机质达到平衡；如果小于0，则土壤有机质含量将降低；大于0，则上升。

土壤有机物料并不等同于有机质，例如，土壤有机质含量2%的稻田，每亩耕层有机质总量：150（每亩干土重）×2%＝3t。我们是不是可以说施入3t有机肥就可以使土壤有机质提高2%，这显然是荒谬的结论。因为有机物料中有大量的水分，新鲜的有机物料很容易矿化分解，而土壤有机质不易矿化分解。为便于指导生产，把上式做适当修改成如下表达式：

土壤有机碳＝有机物料中碳×腐殖化系数－土壤有机碳×土壤有机质矿化率

大量的试验表明，浙江省有机物料（包括鲜猪厩肥）的腐殖化系数为0.3左右，土壤有机质矿化率在4%左右。同样以土壤有机质含量2%为例，每亩稻田一年有机碳的矿化量为：150×2%/1.724（有机质与有机碳的换算系数）×4%＝0.0696t，利用上式可计算出维持土壤有机质平衡的有机物料投入量，0.0696/0.3（鲜猪厩肥含水量）/0.4（有机物料的含碳量）/0.3（腐殖化系数）＝1.93t。考虑到水稻根及根茬留在稻田中，每年施入亩稻田的鲜猪厩肥1.5t，或300kg商品有机肥为宜。也可以通过稻草还田、冬季种绿肥等措施解决有机肥不足的矛盾。

2. 氮磷钾肥施用量的确定

水稻吸收氮1/3来之于肥料，2/3来之于土壤供应，这是教科书的说法。它的理论依据是短期肥料试验，施氮肥与不施氮肥差减法所得，但是，用这一理论指导施肥会出现偏差。土壤供应的氮，源头也是肥料氮，如果只施入水稻吸收量的1/3，土壤的供氮能力必将逐年下降。

通过长期肥料定位试验，用多年施入稻田氮的总和与回收氮的比值来计算氮的累积利用率，发现氮的累积利用率80%左右，因此推荐施氮量为：目标产量的吸氮量/0.8，化肥氮的施用量＝推荐施氮量－有机肥含氮量×当季矿化率。为什么不考虑土壤有机质分解矿化的氮，因为施入稻田中的氮部分被土壤所固定，土壤氮的固定与释放动态平衡。

磷肥施入土壤中难于移动，不易损失。但肥磷一旦被土壤固定，相对于当季施入的磷肥不易被作物所利用。磷肥的推荐施用量是根据水稻的吸收量及土壤中的磷含量确定，土壤中有效磷小于 5 mg/kg，磷肥的施用量为水稻吸磷量的 1.5 倍，土壤中有效磷 5~15mg/kg，磷肥的施用量为水稻吸磷量 1.2 倍，土壤中有效磷 15~25mg/kg，磷肥的施用量等于水稻吸磷量，土壤中有效磷 25~50mg/kg，磷肥的施用量是水稻吸磷量的 0.8 倍，土壤中有效磷大于 50mg/kg，磷肥的施用量等于水稻吸磷量 0.5 倍。

钾是水稻必需的营养元素之一，水稻吸钾量超过吸磷量，与吸氮量相当近。根据大量肥料长期定位试验结果表明，钾肥的累积利用率 85%~95%。因此，钾肥的推荐施用量是根据水稻的吸收量及土壤中的钾含量确定，土壤中速效钾小于 120mg/kg，钾肥的施用量等于水稻吸钾量/0.9，土壤中速效钾 120~200mg/kg，钾肥的施用量等于水稻吸钾量，土壤中速效钾大于 200mg/kg，钾肥的施用量等于水稻吸钾量 0.8 倍。

另外，根据义乌市农业局种植业总站专家的经验，水稻亩施硫酸锌 1.5~2.0kg，能确保水稻稳产、高产。

二、推荐施肥方案

1. 早稻（目标亩产量：450~500kg）

根据农业部《测土配方施肥工作务实全书》介绍，水稻每生产 100kg 稻谷所需氮 2.1kg 左右，生产 450~500kg 稻谷需氮 9.45~10.5kg，根据氮的累积利用率，需施入氮 11.8~13.1kg。因此建议早稻氮肥的施用方案为：基肥亩施用有机肥 750kg 或商品有机肥 250kg，碳酸氢铵 40kg，尿素 7kg 在移栽后 12d 左右施用。

生产 450~500kg 稻谷需磷（P_2O_5）5~5.5kg，750kg 有机肥或 250kg 商品有机肥中含磷近 5kg，因而基施钙镁磷肥或过磷酸钙（视土壤酸碱度而定）5kg 即可，但考虑到早稻苗期气温不高，有机肥分解慢，磷肥难移动的特点，将计划施在双季晚稻中的磷肥的近一半施在早稻中，并根据土壤速效磷含量做适当增减。

生产 450~500kg 稻谷需钾（K_2O）12.6~14kg，750kg 有机肥或 250kg 商品有机肥中含钾 3.75kg 左右，建议亩施氯化钾 16.5kg。11kg 作基肥，5.5kg 作追肥。根据土壤速效钾含量做适当增减。

2. 单季晚稻（目标亩产量：600kg）

生产 600kg 稻谷需氮 12.6kg，根据氮的累积利用率，需施入氮 15.8kg。因此建议单季晚稻氮肥的施用方案为：基肥亩施用有机肥 1 000kg 或商品有机肥 300kg，碳酸氢铵 45kg，尿素 9.3kg 在直播 30d 或移栽 12d 后施用，直播后 60d 或移栽 35d 再亩追肥尿素 3.1kg。

生产 600kg 稻谷需磷（P_2O_5）6.6kg，1 000kg 有机肥或 300kg 商品有机肥中含有的磷已能满足水稻生产的需求。

生产 600kg 稻谷需钾（K_2O）16.8kg，1 000kg 有机肥或 300kg 商品有机肥中含钾 4kg 左右，建议亩施氯化钾 19kg。12.7kg 作基肥，6.3kg 作追肥。根据土壤速效钾含量做适当增减。

3. 连作晚稻（目标亩产量：500kg）

生产 500kg 稻谷需氮 10.5kg，根据氮的累积利用率，需施入氮 13.1kg。因此建议单季晚稻氮肥的施用方案为：稻草还田 700kg，碳酸氢铵 45kg，尿素 8kg 在直播 30d 或移栽

12d 后施用，直播后 60d 或移栽 35d 再亩追肥尿素 3.4kg。

生产 500kg 稻谷需磷（P_2O_5）5.5kg，理论上计算应该基施钙镁磷肥或过磷酸钙（视土壤酸碱度而定）45kg，但早稻已多施了 20kg 钙镁磷肥或过磷酸钙，因此，晚稻只需再施 25kg 钙镁磷肥或过磷酸钙，并根据土壤速效磷含量做适当增减。

生产 500kg 稻谷需钾（K_2O）14kg，700kg 稻草中含钾 6.3kg 左右，建议亩施氯化钾 12.4kg，基肥施 8.3kg，直播 30d 或移栽 12d 后再施 4.1kg，根据土壤速效钾含量做适当增减。

三、计算说明

具体见表 6 - 1。

表 6 - 1　各推荐施用的肥料品种养分含量

肥料品种	N（%）	P_2O_5（%）	K_2O（%）
鲜有机肥	0.5	0.65	0.5
水稻专用肥	15	6	9
碳酸氢铵	17.7	—	—
钙镁磷肥	—	12	—
过磷酸钙	—	12	—
氯化钾	—	—	62
尿素	46	—	—

注：商品有机肥折算成鲜有机肥 3～3.5 倍。

1. 早稻施肥量的确定

（1）鲜有机肥用量

根据 2% 土壤有机质水平平衡年施用量 1.5t 计，一季用 750kg。商品有机肥以 1∶3 计为 250kg；

（2）水稻专用肥施用量

500kg 水稻吸氮量 = [（1.6 + 2.6)/2] × 5 = 10.5（kg）

施氮量 = 吸氮量/累积利用率 = 10.5/0.8 = 13.125（kg）

有机肥中的有效氮量 = 750 × 0.5% × 有机肥矿化率 = 750 × 0.5% × 70% = 2.625（kg）

化肥氮施用量 = 施氮量 – 有机肥中的有效氮 = 13.125 – 2.625 = 10.5（kg）

基肥氮施用量 = 化肥氮施用量 × 70% = 10.5 × 0.7 = 7.35（kg）

水稻专用肥施用量 = 基肥氮施用量/水稻专用肥含氮量 = 7.35/15% = 49（kg）

（3）碳铵用量

根据下列步骤计算所得。

碳铵用量 = 基肥氮用量/碳铵含氮量 = 7.35/17.7% = 41（kg）

考虑到这个数值很接近农民的习惯用量，因此建议碳铵的用量为 40kg。

（4）尿素追肥施用量

用量 = 化肥氮施用量 × 30%/尿素含氮量 = 10.5 × 30%/46% = 6.84 ≈ 7（kg）

（5）钙镁磷肥（过磷酸钙）

pH 值 ≥ 7 施用过磷酸钙，pH 值小于 7 施用钙镁磷肥。

　　一般地说，早稻苗期气温较低，为促进早稻长根分蘖，早稻需多施磷，没有被利用的施在早稻季的磷肥晚稻还能利用，因此化肥磷的施用量是早稻与晚稻综合考虑的。

　　磷肥施用量根据下列步骤计算所得：

　　1 000kg 水稻吸磷量（早稻 + 晚稻）= [(0.8 + 1.3)/2] × 5 = 11(kg)

　　有机肥中的磷 = 有机肥施用量 × 含磷量 = 750 × 0.66% = 5(kg)

　　当有效磷小于 5mg/kg 时，

　　磷肥施用量 = 吸磷量 × 1.5 = 11 × 1.5 = 16.5(kg)，则：

　　● 早稻（或晚稻）钙镁磷肥（或过磷酸钙）的施用量：

　　= (磷肥施用量 – 有机肥中的磷)/化肥磷含量/2 季 = (16.5 – 5)/12%/2 = 47.9(kg)

　　当 5mg/kg < 有效磷 < 15mg/kg 时，

　　磷肥施用量 = 吸磷量 × 1.2 = 11 × 1.2 = 13.2(kg)，则：

　　● 早稻（或晚稻）钙镁磷肥（或过磷酸钙）的施用量：

　　= (磷肥施用量 – 有机肥中的磷)/化肥磷含量/2 季 = (13.2 – 5)/12%/2 = 34.2(kg)

　　当 15mg/kg < 有效磷 < 25mg/kg 时，

　　磷肥施用量 = 吸磷量 = 11(kg)，则：

　　● 早稻（或晚稻）钙镁磷肥（或过磷酸钙）的施用量：

　　= (磷肥施用量 – 有机肥中的磷)/化肥磷含量/2 季 = (11 – 5)/12%/2 = 25(kg)

　　当 25mg/kg < 有效磷 < 50mg/kg 时，

　　磷肥施用量 = 吸磷量 × 0.8 = 11 × 0.8 = 8.8(kg)，则：

　　● 早稻（或晚稻）钙镁磷肥（或过磷酸钙）的施用量：

　　= (磷肥施用量 – 有机肥中的磷)/化肥磷含量/2 季 = (8.8 – 5)/12%/2 = 18.5(kg)

　　当有效磷大于 50mg/kg 时，

　　磷肥施用量 = 吸磷量 × 0.5 = 11 × 0.5 = 5.5(kg)，则：

　　早稻钙镁磷肥（或过磷酸钙）的施用量：

　　= (磷肥施用量 – 有机肥中的磷)/化肥磷含量 = (5.5 – 5)/12% ≈ 5(kg)

　　当有效磷大于 50mg/kg 时，晚稻不施磷化肥。

　　(6) 氯化钾施用量

　　根据下列步骤计算所得

　　500kg 水稻吸 K_2O 量 = [(1.8 + 3.8)/2] × 5 = 14(kg)，则：

　　有机肥中含有的钾 = 有机肥施用量 × 含钾量 = 750 × 0.5% = 3.75(kg)

　　氯化钾基肥与追肥比例为 2 : 1。

　　当土壤中速效钾 < 120mg/kg 时，钾肥的施用量等于水稻吸钾量/0.9。则：

　　● 氯化钾基肥施用量：

　　= (吸钾量/累积利用率 – 有机肥中的钾) × 2/3/含钾量

　　= (14/0.9 – 3.75) × 2/3/0.62 = 12.7(kg)。

　　● 氯化钾追肥施用量：

　　= (吸钾量/累积利用率 – 有机肥中的钾) × 1/3/含钾量

　　= (14/0.9 – 3.75) × 1/3/0.62 = 6.3(kg)。

当土壤中速效钾 120～200mg/kg 时，钾肥的施用量等于水稻吸钾量。则：

● 氯化钾基肥施用量：

= （吸钾量 – 有机肥中的钾）×2/3/含钾量 = （14 – 3.75）×2/3/0.62 = 11（kg）

● 氯化钾追肥施用量：

= （吸钾量 – 有机肥中的钾）×1/3/含钾量 = （14 – 3.75）×1/3/0.62 = 5.5（kg）

当土壤中速效钾大于 200mg/kg 时，钾肥的施用量等于水稻吸钾量 0.8 倍。则：

● 氯化钾基肥施用量：

= （吸钾量×0.8 – 有机肥中的钾）×2/3/含钾量 = （14×0.8 – 3.75）×2/3/0.62 = 8（kg）

● 氯化钾追肥施用量：

= （吸钾量×0.8 – 有机肥中的钾）×1/3/含钾量 = （14×0.8 – 3.75）×1/3/0.62 = 4（kg）

2. 单季晚稻施肥量的确定

（1）鲜有机肥用量

维持 2% 土壤有机质平衡每年需施入有机肥 1.5t，单季晚稻季节不紧，可以种一季冬作，所以建议有机肥施用量 1t。商品有机肥以 1/3 计：300kg。

（2）水稻专用肥用量

600kg 水稻吸氮量 = [（1.6 + 2.6）/2]×6 = 12.6（kg）

施氮量 = 吸氮量/累积利用率 = 12.6/0.8 = 15.75（kg）

有机肥中的有效氮量 = 1 000×0.5%×有机肥矿化率 = 1 000×0.5%×70% = 3.5（kg）

化肥氮施用量 = 施氮量 – 有机肥中的有效氮 = 15.75 – 3.5 = 12.25（kg）

基肥氮用量 = 化肥氮施用量×65% = 12.25×65% = 7.96（kg）

水稻专用肥用量 = 基肥氮用量/水稻专用肥含氮量 = 7.96/15% = 53（kg）

（3）碳铵用量

根据下列步骤计算所得。

碳铵用量 = 基肥氮用量/碳铵含氮量 = 7.96/17.7% = 45（kg）

（4）尿素追肥施用量

= 化肥氮施用量×35%/尿素含氮量 = 12.25×35%/46% = 9.3（kg）

分 2 次追肥，第一次 6.2kg，第 2 次 3.1kg。

（5）钙镁磷肥（过磷酸钙）施用量

600kg 水稻吸磷量 = [（0.8 + 1.3）/2]×6 = 6.6（kg）

有机肥中的磷 = 有机肥施用量×含磷量 = 1 000×0.66% = 6.6（kg）

● 当有效磷 <5mg/kg 时，则：

磷肥施用量 = 吸磷量×1.5 = 6.6×1.5 = 9.9（kg）

钙镁磷肥（或过磷酸钙）的施用量：

= （磷肥施用量 – 有机肥中的磷）/化肥磷含量 = （9.9 – 6.6）/12% = 27.5（kg）

● 当 5mg/kg <有效磷 <15mg/kg 时，则：

磷肥施用量 = 吸磷量 × 1. 2 = 6. 6 × 1. 2 = 7. 92(kg)

钙镁磷肥（或过磷酸钙）的施用量：

= (磷肥施用量 - 有机肥中的磷)/化肥磷含量 = (7. 92 - 6. 6)/12% = 11(kg)

● 当 15mg/kg < 有效磷 < 25mg/kg 时，则：

磷肥施用量 = 吸磷量 = 6. 6(kg)

钙镁磷肥（或过磷酸钙）的施用量：

= (磷肥施用量 - 有机肥中的磷)/化肥磷含量 = (6. 6 - 6. 6)/12% = 0(kg)

尽管有机肥中的磷总量已满足水稻需磷要求，但单季稻播种季节气温并不高，有机肥中磷的释放不能满足水稻前期的需磷要求，建议每亩施钙镁磷肥（或过磷酸钙 10kg）。

● 当 25mg/kg < 有效磷 < 50mg/kg 时，则：

磷肥施用量 = 吸磷量 × 0. 8 = 11 × 0. 8 = 8. 8(kg)

早稻（或晚稻）钙镁磷肥（或过磷酸钙）的施用量：

= (磷肥施用量 - 有机肥中的磷)/化肥磷含量/2 季 = (8. 8 - 5)/12%/2 = 18. 5(kg)

当有效磷大于 50mg/kg 时，则：

磷肥施用量 = 吸磷量 × 0. 5 = 11 × 0. 5 = 5. 5(kg)

早稻钙镁磷肥（或过磷酸钙）的施用量：

= (磷肥施用量 - 有机肥中的磷)/化肥磷含量 = (5. 5 - 5)/12% ≈ 5(kg)

当有效磷大于 50mg/kg 时，晚稻不施磷化肥。

（6）氯化钾施用量：根据下列步骤计算所得。

600kg 水稻吸 K_2O 量 = [(1. 8 + 3. 8)/2] × 5 = 16. 8(kg)

有机肥中含有的钾 = 有机肥施用量 × 含钾量 = 1 000 × 0. 5% = 5(kg)

氯化钾作基肥与追肥施用的比例为 2：1。

当土壤中速效钾 < 120mg/kg 时，钾肥的施用量等于水稻吸钾量/0. 9。则：

● 氯化钾基肥施用量：

= (吸钾量/累积利用率 - 有机肥中的钾) × 2/3/含钾量

= (16. 8/0. 9 - 5) × 2/3/0. 62 = 15(kg)

● 氯化钾追肥施用量：

= (吸钾量/累积利用率 - 有机肥中的钾) × 1/3/含钾量

= (16. 8/0. 9 - 5) × 1/3/0. 62 = 7(kg)

当土壤中速效钾 120 ~ 200mg/kg 时，钾肥的施用量等于水稻吸钾量。

● 氯化钾基肥施用量：

= (吸钾量 - 有机肥中的钾) × 2/3/含钾量 = (16. 8 - 5) × 2/3/0. 62 = 12. 7(kg)

● 氯化钾追肥施用量：

= (吸钾量 - 有机肥中的钾) × 1/3/含钾量 = (16. 8 - 5) × 1/3/0. 62 = 6. 3(kg)

当土壤中速效钾大于 200mg/kg 时，钾肥的施用量等于水稻吸钾量 0. 8 倍。则：

● 氯化钾基肥施用量：

= (吸钾量 × 0. 8 - 有机肥中的钾) × 2/3/含钾量 = (16. 8 × 0. 8 - 5) × 2/3/0. 62 = 10(kg)

● 氯化钾追肥施用量：

= （吸钾量 × 0.8 - 有机肥中的钾）× 1/3/含钾量 = （16.8 × 0.8 - 5）× 1/3/0.62 = 5（kg）

3. 连作晚稻施肥量的确定

（1）稻草还田 700kg

（2）水稻专用肥施用量

500kg 水稻吸氮量 = [（1.6 + 2.6）/2] × 5 = 10.5（kg）

施氮量 = 吸氮量/累积利用率 = 10.5/0.8 = 13.125（kg）

由于晚稻生长期气温从很高逐渐降低，所以适当降低基肥的比例。

基肥氮用量 = 化肥氮施用量 × 60% = 13.125 × 60% = 7.875（kg）

水稻专用肥施用量 = 基肥氮用量/水稻专用肥含氮量 = 7.875/15% = 52.5（kg）

（3）碳铵用量

根据下列步骤计算所得

碳铵用量 = 基肥氮用量/碳铵含氮量 = 7.35/17.7% = 45（kg）

（4）尿素追肥施用量

= 化肥氮施用量 × 40%/尿素含氮量 = 13.125 × 40%/46% = 11.4（kg）

分 2 次追肥，第 1 次施 8kg，第 2 次施 3.4kg。

（5）钙镁磷肥（过磷酸钙）施用量已在前面进行计算

（6）氯化钾施用量

根据下列步骤计算所得

500kg 水稻吸 K_2O 量 = [（1.8 + 3.8）/2] × 5 = 14（kg）

还田稻草中含有的钾 = 稻草还田量 × 折干率 × 含钾量

= 700 × 30% × 3% = 6.3（kg）

当土壤中速效钾小于 120mg/kg 时，钾肥的施用量等于水稻吸钾量/0.9。则：

● 氯化钾基肥施用量：

= （吸钾量/累积利用率 - 稻草中钾）× 2/3/含钾量

= （14/0.9 - 6.3）× 2/3/0.62 = 10（kg）

● 氯化钾追肥施用量：

= （吸钾量/累积利用率 - 稻草中钾）× 1/3/含钾量

= （14/0.9 - 6.3）× 1/3/0.62 = 5（kg）

当土壤中速效钾为 120 ~ 200mg/kg 时，钾肥的施用量等于水稻吸钾量。则：

● 氯化钾基肥施用量：

= （吸钾量 - 稻草中钾）× 2/3/含钾量 = （14 - 6.3）× 2/3/0.62 = 8.3（kg）

● 氯化钾追肥施用量：

= （吸钾量 - 稻草中钾）× 1/3/含钾量 = （14 - 6.3）× 1/3/0.62 = 4.1（kg）

当土壤中速效钾大于 200mg/kg 时，钾肥的施用量等于水稻吸钾量 0.8 倍。则：

● 氯化钾基肥施用量：

= （吸钾量 × 0.8 - 稻草中钾）× 2/3/含钾量 = （14 × 0.8 - 6.3）× 2/3/0.62 = 5（kg）

• 氯化钾追肥施用量:

= (吸钾量 ×0.8 − 稻草中钾) ×1/3/含钾量 = (14 ×0.8 −6.3) ×1/3/0.62 = 3(kg)

第二节 专用肥配方设计与开发

一、肥料配方设计

基于田块的肥料配方设计。基于田块的肥料配方设计首先确定氮、磷、钾养分的用量,然后确定相应的肥料组合,通过提供配方肥料或发放配肥通知单,指导农民使用。肥料用量的确定方法主要包括土壤与植物测试推荐施肥方法、肥料效应函数法、土壤养分丰缺指标法和养分平衡法。

(1) 土壤、植物测试推荐施肥方法

该技术综合了目标产量法、养分丰缺指标法和作物营养诊断法的优点。对于大田作物,在综合考虑有机肥、作物秸秆应用和管理措施的基础上,根据氮、磷、钾和中、微量元素养分的不同特征,采取不同的养分优化调控与管理策略。其中,氮肥推荐根据土壤供氮状况和作物需氮量,进行实时动态监测和精确调控,包括基肥和追肥的调控;磷、钾肥通过土壤测试和养分平衡进行监控;中、微量元素采用因缺补缺的矫正施肥策略。该技术包括氮素实时监控、磷钾养分恒量监控和中、微量元素养分矫正施肥技术。

(2) 氮素实时监控施肥技术

根据目标产量确定作物需氮量,以需氮量的 30% ~60% 作为基肥用量。具体基施比例根据土壤全氮含量,同时参照当地丰缺指标来确定。一般在全氮含量偏低时,采用需氮量的 50% ~60% 作为基肥;在全氮含量居中时,采用需氮量的 40% ~50% 作为基肥;在全氮含量偏高时,采用需氮量的 30% ~40% 作为基肥。30% ~60% 基肥比例可根据上述方法确定,并通过"3414"田间试验进行校验,建立当地不同作物的施肥指标体系。有条件的地区可在播种前对 0 ~20cm 土壤无机氮(或硝态氮)进行监测,调节基肥量。

$$基肥亩用量(kg) = \frac{(目标产量需氮量 − 土壤无机氮) \times (30\% \sim 60\%)}{肥料中养分含量 \times 肥料当季利用率}$$

其中:土壤每亩无机氮(kg) = 土壤无机氮测试值(mg/kg) ×0.15 ×校正系数

氮肥追肥用量推荐以作物关键生育期的营养状况诊断或土壤硝态氮的测试为依据,这是实现氮肥准确推荐的关键环节,也是控制过量施氮或施氮不足、提高氮肥利用率和减少损失的重要措施。测试项目主要是土壤全氮含量、土壤硝态氮含量或小麦拔节期茎基部硝酸盐浓度、玉米最新展开叶叶脉中部硝酸盐浓度,水稻采用叶色卡或叶绿素仪进行叶色诊断。

(3) 磷、钾养分恒量监控施肥技术

根据土壤有(速)效磷、钾含量水平,以土壤有(速)效磷、钾养分不成为实现目标产量的限制因子为前提,通过土壤测试和养分平衡监控,使土壤有(速)效磷、钾含量保持在一定范围内。对于磷肥,基本思路是根据土壤速效磷测试结果和养分丰缺指标进行分级,当有效磷水平处在中等偏上时,可以将目标产量需要量(只包括带出田块的收获物)的 100% ~110% 作为当季磷肥用量;随着有效磷含量的增加,需要减少磷肥用量,直至不施；随着有效磷的降低，需要适当增加磷肥用量，在极缺磷的土壤上，可以施到需要量的150%~200%。在2~3年后再次测土时，根据土壤速效磷和产量的变化再对磷肥用量进行调整。钾肥首先需要确定施用钾肥是否有效，再参照上面方法确定钾肥用量，但需要考虑有机肥和秸秆还田带入的钾量。一般大田作物磷、钾肥料全部作基肥。

(4) 中微量元素养分矫正施肥技术

中、微量元素养分的含量变幅大，作物对其需要量也各不相同。主要与土壤特性（尤其是母质）、作物种类和产量水平等有关。矫正施肥就是通过土壤测试，评价土壤中、微量元素养分的丰缺状况，进行有针对性的因缺补缺的施肥。

(5) 肥料效应函数法

根据"3414"方案田间试验结果建立当地主要作物的肥料效应函数，直接获得某一区域、某种作物的氮、磷、钾肥料的最佳施用量，为肥料配方和施肥推荐提供依据。

(6) 土壤养分丰缺指标法

通过土壤养分测试结果和田间肥效试验结果，建立不同作物、不同区域的土壤养分丰缺指标，提供肥料配方。

土壤养分丰缺指标田间试验也可采用"3414"部分实施方案，详见第四章第二节。"3414"方案中的处理1为空白对照（CK），处理6为全肥区（NPK），处理2、处理4、处理8为缺素区（即PK、NK和NP）。收获后计算产量，用缺素区产量占全肥区产量百分数即相对产量的高低来表达土壤养分的丰缺情况。相对产量低于50%的土壤养分为极低；相对产量50%~75%为低；75%~95%为中，大于95%为高，从而确定适用于某一区域、某种作物的土壤养分丰缺指标及对应的肥料施用数量。对该区域其他田块，通过土壤养分测试，就可以了解土壤养分的丰缺状况，提出相应的推荐施肥量。

(7) 养分平衡法

• 基本原理与计算方法

根据作物目标产量需肥量与土壤供肥量之差估算施肥量，计算公式为：

$$施肥量 = \frac{目标产量所需养分总量 - 土壤供肥量}{肥料中养分含量 \times 肥料当季利用率}$$

养分平衡法涉及目标产量、作物需肥量、土壤供肥量、肥料利用率和肥料中有效养分含量五大参数。土壤供肥量即为"3414"方案中处理1的作物养分吸收量。目标产量确定后因土壤供肥量的确定方法不同，形成了地力差减法和土壤有效养分校正系数法两种。

地力差减法是根据作物目标产量与基础产量之差来计算施肥量的一种方法。其计算公式为：

$$施肥量 = \frac{(目标产量 - 基础产量) \times 单位经济产量养分吸收量}{肥料中养分含量 \times 肥料利用率}$$

基础产量即为"3414"方案中处理1的产量。

土壤有效养分校正系数法是通过测定土壤有效养分含量来计算施肥量。其计算公式为：

$$施肥量 = \frac{作物单位产量养分吸收量 \times 目标产量 - 土壤测试值 \times 0.15 \times 土壤有效养分校正系数}{肥料中养分含量 \times 肥料利用率}$$

● 有关参数的确定

a. 目标产量：目标产量可采用平均单产法来确定。平均单产法是利用施肥区前 3 年平均单产和年递增率为基础确定目标产量，其计算公式是：

$$目标亩产量(kg) = (1 + 递增率) \times 前 3 年半均亩单产(kg)$$

一般粮食作物的递增率为 10% ~ 15% 为宜，露地蔬菜一般为 20% 左右，设施蔬菜为 30% 左右。

b. 作物需肥量：通过对正常成熟的农作物全株养分的分析，测定各种作物 100kg 经济产量所需养分量，乘以目标常量即可获得作物需肥量。

$$作物目标产量所需养分量(kg) = \frac{目标产量(kg)}{100} \times 100kg 产量所需养分量(kg)$$

c. 土壤供肥量：土壤供肥量可以通过测定基础产量、土壤有效养分校正系数两种方法估算：

通过基础产量估算（处理 1 产量）：不施肥区作物所吸收的养分量作为土壤供肥量。

$$土壤供肥量(kg) = \frac{不施养分区农作物产量(kg)}{100} \times 100kg 产量所需养分量(kg)$$

通过土壤有效养分校正系数估算：将土壤有效养分测定值乘一个校正系数，以表达土壤"真实"供肥量。该系数称为土壤有效养分校正系数。

$$土壤有效养分校正系数(\%) = \frac{缺素区作物地上部分亩吸收该元素量(kg)}{该元素土壤测定值(mg/kg) \times 0.15}$$

d. 肥料利用率：一般通过差减法来计算：利用施肥区作物吸收的养分量减去不施肥区农作物吸收的养分量，其差值视为肥料供应的养分量，再除以所用肥料养分量就是肥料利用率。

肥料利用率(%) =

$$\frac{施肥区农作物亩吸收养分量(kg) - 缺素区农作物亩吸收养分量(kg)}{肥料亩施用量(kg) \times 肥料中养分含量(\%)} \times 100\%$$

上述公式以计算氮肥利用率为例来进一步说明。

施肥区（NPK 区）农作物亩吸收养分量（kg）："3414"方案中处理 6 的作物总吸氮量；

缺氮区（PK 区）农作物亩吸收养分量（kg）："3414"方案中处理 2 的作物总吸氮量；

肥料亩施用量（kg）：施用的氮肥肥料用量；

肥料中养分含量（%）：施用的氮肥肥料所标明的含氮量。

如果同时使用了不同品种的氮肥，应计算所用的不同氮肥品种的总氮量。

e. 肥料养分含量：供施肥料包括无机肥料与有机肥料。无机肥料、商品有机肥料含量按其标明量，不明养分含量的有机肥料养分含量可参照当地不同类型有机肥养分平均含量获得。

二、专用肥的设计与开发

依据配方，以单质肥料、复混肥料为原料，生产配制配方肥，农民按照施肥建议卡所列肥料的品种和施用量，科学施用。并通过兰溪复合肥厂，按配方加工生产配方肥，该复合肥的具体配方如下：

氯化铵 500kg；磷酸一铵 75kg；硫酸铵 50kg；过磷酸钙 200kg；氯化钾 160kg；磷酸氢钙 25kg；硫酸锌 20kg，合计 1 030kg。其中 N∶P∶K=15∶6∶9。

三、宣传、技术培训

举办技术骨干培训班二期，培训人数达到 165 人（次）。市各乡镇、街道举办农民技术培训班三期，全市合计 41 期，接受培训人数达到 6 500人次以上。使全市种粮大户和 0.67hm² 以上规模的茶叶、柑橘、蜜梨、蔬菜、蚕桑种植大户全面应用测土配方施肥技术达到 93.5%。

第七章 示范点建设

第一节 示范点建设

一、示范方案

每万亩测土配方施肥田设 2~3 个示范点，进行田间对比示范。示范设置常规施肥对照区和测土配方施肥区两个处理，另外加设一个不施肥的空白处理，其中测土配方施肥、农民常规施肥处理不少于 200m²、空白对照（不施肥）处理不少于 30m²。其他参照一般肥料试验要求。通过田间示范，综合比较肥料投入、作物产量、经济效益、肥料利用率等指标，客观评价测土配方施肥效益，为测土配方施肥技术参数的校正及进一步优化肥料配方提供依据。田间示范应包括规范的田间记录档案和示范报告，具体记录内容参见测土配方施肥田间示范结果汇总表（图 7-1、表 7-1、表 7-2）。

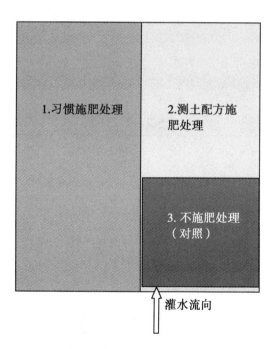

图 7-1 示范点设计示意图

注：习惯施肥处理完全由农民按照当地习惯进行施肥管理；测土配方施肥处理只是按照试验要求改变施肥数量和方式，对照处理则不施任何化学肥料，其他管理与习惯处理相同。如果是水稻，对照处理周围要起垄，防止串灌。

表 7-1   义乌市测土配方施肥示范畈

示范畈编号	实施地点	面积（hm²）	品种	土壤类型
1	城西街道办事处夏楼村	18.3	嘉优 2 号	泥沙田
2	江东街道办事处大湖头村	10	甬优 4 号	培泥沙田
3	佛堂镇毛陈村毛陈畈	24.9	甬优 9 号	培泥沙田
4	后宅街道办事处塘下村	13.3	甬优 9 号	黄泥沙田 沙性黄泥田
5	义亭镇杭畴村	40	岳优 9113	培泥沙田
6	稠江街道中金村	10	甬优 9 号	紫大泥田 钙质紫泥田
7	大陈镇杜门村	15.3	甬优 9 号	泥沙田 黄泥沙田
8	苏溪镇东湖门村	20	岳优 9113	泥沙田 老黄筋泥田 黄泥沙田
9	赤岸镇雅治街村	13.3	甬优 4 号	泥沙田
10	廿三里街道办事处何宅村	7.1	甬优 9 号	泥质田 培泥沙田
11	廿三里街道办事处华溪村	70.2	甬优 4 号	泥沙田
12	上溪镇派溪头村	36.7	甬优 9 号	泥沙田 黄泥沙田
13	稠城街道办事处下华店村	80	甬优 4 号	泥质田 老黄筋泥田
14	大陈镇马畈村	20	甬优 9 号	泥沙田
15	赤岸镇乔亭村	50	岳优 9113	红紫泥沙田 泥沙田

*注：1 号、2 号、5 号、8 号、9 号、11 号、13 号田为双季稻，其余为单季稻。

表 7-2   各示范畈配方施肥技术

示范畈编号	配方施肥技术	目标产量（kg）
1	基肥：亩施商品有机肥 250kg，水稻专用复合肥（N∶P₂O₅∶K₂O = 15∶6∶9）40kg；追肥：尿素 11kg，氯化钾 5kg	500
2	基肥：亩施商品有机肥 250kg，水稻专用复合肥（N∶P₂O₅∶K₂O = 15∶6∶9）40kg，钙镁磷肥 4kg；追肥：尿素 8kg，氯化钾 5kg；穗肥：尿素 3kg	晚稻 500
3	基肥：亩施商品有机肥 250kg，水稻专用复合肥（N∶P₂O₅∶K₂O = 15∶6∶9）50kg；追肥：尿素 8kg，氯化钾 5kg；穗肥：尿素 4kg	600
4	基肥：亩施商品有机肥 250kg，水稻专用复合肥（N∶P₂O₅∶K₂O = 15∶6∶9）40kg，钙镁磷肥 5kg；追肥：尿素 11kg	600

（续表）

示范畈编号	配方施肥技术	目标产量（kg）
5	早稻草还田，增施有机肥，适施氮、磷肥，增施钾肥；基肥：亩施商品有机肥 250kg，复合肥（N、P_2O_5、$K_2O \geqslant 45\%$）25kg；追肥：尿素 11kg，氯化钾 5kg	晚稻 500
6	基肥：亩施商品有机肥 250kg，水稻专用复合肥（N：P_2O_5：K_2O = 15：6：9）50kg；追肥：亩施尿素 11kg，氯化钾 5kg	600
7	基肥：亩施商品有机肥 250kg，水稻专用复合肥（N：P_2O_5：K_2O = 15：6：9）40kg；追肥：亩施尿素 11kg，氯化钾 5kg	600
8	早稻草还田，增施有机肥，适施氮、磷肥，增施钾肥；基肥：亩施商品有机肥 250kg，水稻专用复合肥（N：P_2O_5：K_2O = 15：6：9）40kg；追肥：亩施尿素 11kg，氯化钾 5kg	晚稻 500
9	早稻草还田，增施有机肥，适施氮、磷肥，增施钾肥；基肥：亩施商品有机肥 250kg，水稻专用复合肥（N：P_2O_5：K_2O = 15：6：9）40kg；追肥：尿素 11kg，氯化钾 5kg	晚稻 500
10	基肥：亩施商品有机肥 250kg，水稻专用复合肥（N：P_2O_5：K_2O = 15：6：9）40kg，钙镁磷肥 5kg；追肥：亩施尿素 11kg，氯化钾 5kg	600
11	早稻草还田，增施有机肥，适施氮、磷肥，增施钾肥；基肥：亩施商品有机肥 250kg，水稻专用复合肥（N：P_2O_5：K_2O = 15：6：9）40kg，钙镁磷肥 5kg；追肥：亩施尿素 8kg，氯化钾 5kg	晚稻 500
12	因前茬马铃薯施肥甚多，土壤磷等养分较高，基本以不施肥为主，个别田块，追肥亩施尿素 3~5kg，氯化钾 5kg	650
13	基肥：亩施商品有机肥 250kg，水稻专用复合肥（N：P_2O_5：K_2O = 15：6：9）40kg，钙镁磷肥 5kg；追肥：亩施尿素 11kg，氯化钾 5kg	晚稻 500
14	基肥：亩施商品有机肥 250kg，水稻专用复合肥（N：P_2O_5：K_2O = 15：6：9）40kg，钙镁磷肥 5kg；追肥：尿素 8kg，氯化钾 5kg，硫酸锌 1kg；穗肥：亩施尿素 3kg	600
15	早稻草还田，增施有机肥，适施氮、磷肥，增施钾肥；基肥：亩施商品有机肥 250kg，水稻专用配方肥 40kg；追肥：亩施尿素 10kg，氯化钾 4kg	480

二、施肥数据库建设

对于每一个示范点，利用 3 个处理之间产量、肥料成本、产值等方面的比较从增产和增收等角度进行分析，通过测土配方施肥产量结果与计划产量之间的比较进行参数校验。有关增产增收的分析指标如下：

（1）增产率

测土配方施肥产量与对照（常规施肥或不施肥处理）产量的差值相对于对照产量的比率或百分数。

$$增产率 A(\%) = \frac{Y_p - Y_k(或\ Y_c)}{Y_k(或\ Y_c)} \times 100\%$$

其中：A 代表增产率；

　　　Y_p 代表测土配方亩施肥亩产量（kg）；

　　　Y_k 代表空白亩产量（kg）；

　　　Y_c 代表常规施肥亩产量（kg）。

（2）增收

根据各处理产量、产品价格、肥料用量和肥料价格计算各处理产值与施肥成本，然后计算测土配方施肥比对照或常规施肥新增纯收益：

$$增收(I) = \left[Y_p - Y_k(或\ Y_c) \right] \times P_y - \sum_{i-0}^{n} F_i \times P_i$$

其中：I 代表测土配方施肥比对照（或常规）施肥每亩增加的纯收益，单位为元；

　　　Y_p 代表测土配方施肥亩产量（kg）；

　　　Y_k 代表空白对照亩产量（kg）；

　　　Y_c 代表常规施肥亩产量（kg）；

　　　P_y 代表每千克产品价格（元）；

　　　F_i 代表肥料亩用量（kg）；

　　　P_i 代表每千克肥料价格（元）。

（3）产出投入比

简称产投比，是施肥新增纯收益与施肥成本之比。可以同时计算测土配方施肥的产投比和常规施肥的产投比，然后进行比较。

$$产投比(D) = \frac{\left[Y_p - Y_k(或\ Y_c) \right] \times P_y - \sum_{i-0}^{n} F_i \times P_i}{\sum_{i-0}^{n} F_i \times P_i}$$

其中：D 代表产投比；

　　　Y_p代表测土配方施肥亩产量（kg）；

　　　Y_k 代表空白对照亩产量（kg）；

　　　Y_c 代表常规施肥亩产量（kg）；

　　　P_y 代表每千克产品价格（元）；

　　　F_i 代表肥料亩用量（kg）；

　　　P_i 代表每千克肥料价格（元）。

三、农户调查反馈

农户是测土配方施肥的具体应用者，通过收集农户施肥数据进行分析是评价测土配方施肥效果与技术准确度的重要手段，也是反馈修正肥料配方的基本途径。因此，对农户测土配方施肥的反馈进行了评价，该结果可以作为测土配方施肥执行情况评价的依据之一，也是社会监督和社会宣传的重要途径，甚至可以作为测土配方施肥技术人员工作水平考核的依据。具体操作如下：

1. 农户施肥情况的调查

（1）测土样点农户的调查与跟踪

汇总填写农户测土配方施肥评价统计表，选择 200 个农户，调查农户测土配方施肥准确度情况。

（2）农户施肥调查

选择 300 个的农户，开展农户施肥调查，包括测土配方施肥农户和常规施肥农户。

2. 测土配方施肥的效果评价方法

测土配方施肥的效果评价主要从三方面进行：

（1）测土配方施肥农户与常规施肥农户比较

从作物产量、效益方面进行评价。

（2）农户测土配方施肥前后的比较

从农民实施测土配方施肥前后的产量、效益进行评价。

（3）测土配方施肥准确度的评价

从农户和作物两方面对测土配方施肥技术准确度进行评价。

四、基础数据库的建立

按照测土配方施肥数据字典建立属性数据的采集标准，将田间试验示范数据、土壤与植物测试数据、田间基本情况及农户调查数据等录入到测土配方施肥数据系统中，在数据录入前，与相关专家对数据进行了仔细审核，定稿后再录入。

五、测土配方施肥建议卡的制定与发放

针对项目区农户地块和作物种植状况，制定测土配方施肥建议卡 2 074 份，其中北苑街道 47 份，每份复印 20 张，共 940 张；城西街道 120 份，每份复印 20 张，共 2 400 张；赤岸镇 203 份，每份复印 30 张，共 6 090 张；稠城街道 98 份，每份复印 20 张，共 1 960 张；稠江街道 84 份，每份复印 20 张，共 1 680 张；大陈镇 103 份，每份复印 25 张，共 2 575 张；佛堂镇 297 份，每份复印 30 张，共 8 910 张；后宅街道 163 份，每份复印 25 张，共 4 075 张；江东街道 110 份，每份复印 25 张，共 2 750 张；廿三里街道 179 份，每份复印 30 张，共 5 370 张；上溪镇 163 份，每份复印 20 张，共 1 260 张；苏溪镇 149 份，每份复印 25 张，共 3 725 张；义亭镇 315 份，每份复印 10 张，共 3 150 张；交由各乡镇、街道农技人员和村委会发放入户，义乌全市共计发放建议卡 44 885 张。

第二节　建议卡使用方法

建议卡主要分为两部分：第一部分为土壤测试数据，主要是通过对所采土壤样品测试的理化性状进行养分水平评价判断土壤养分丰缺状况，为推荐施肥方法提供依据；第二部分为推荐方案，主要是根据土壤测试数据分别对早稻、单季晚稻和连作晚稻进行了施肥见意。

下面就这两部分的使用方法做一简要说明。本文以 W001 为例进行说明，详见表 7 - 2、表 7 - 3、表 7 - 4，从表 7 - 1 可见，编号为 W001 的土样采自义乌市大陈镇上仙姆村，该土壤样品的测定 pH 值为 5.64，通过养分水平评价指标得知该土壤呈弱酸性；土壤的有机质含量为 18.10g/kg，介于 10～20mg/kg，说明该土壤有机质含量较低；土壤的有效磷含量为 18.40mg/kg，介于 15~25mg/kg，说明该土壤速效磷含量适宜；土壤全氮含量为 0.90g/kg，小于 1.0g/kg，说明该土壤全氮含量偏低；土壤的缓效钾含量为 430.00mg/kg，大于 400mg/kg，说明该土壤缓效钾含量较高；土壤的速效钾含量为 65.00mg/kg，介于 40~80mg/kg，说明该土壤速效钾含量相对较低（表 7-2）。

表 7-2　义乌市大陈镇（街道）上仙姆村　　　　　编号 W001

测试项目	测试值	丰缺指标	养分水平评价			
			偏低	较低	适宜	偏高
pH 值	5.64	弱酸性	<5.5	5.51~6.5	6.51~7.5	>7.51
有机质（g/kg）	18.10	较低	<10	10~20	20~30	>30
有效磷（mg/kg）	18.40	适宜	<5	5~15	15~25	>25
全　氮（g/kg）	0.90	偏低	<1.0	1.1~2.0	2.1~3.0	>3.0
缓效钾（mg/kg）	430.00	偏高	<100	100~200	200~400	>400
速效钾（mg/kg）	65.00	较低	<40	40~80	80~120	>120

根据上述土壤测试数据，首先对此土地种植早稻目标亩产量为 450~500kg 的前提下，推荐其在直播或移栽前 1~2d 使用有机肥和化肥作基肥，其中有机肥若使用商品有机肥，则每亩 250kg 的量施用；若使用鲜有机肥，则每亩施用 750kg。同时化肥则使用水稻专用肥，每亩施用量为 49kg，或者每亩以碳酸氢铵 40kg、钙镁磷肥 25.0kg、氯化钾 12.7kg、硫酸锌 1.5kg 的量施用作基肥；在直播后 30d 或移栽后 15d 左右用尿素和氯化钾追肥，亩施用量分别为尿素 7kg、氯化钾 6.3kg（表 7-3）。

表 7-3　早稻推荐施肥方案

作物名称		早稻	目标产量	亩产 450~500kg
施肥方式		肥料品种	亩产用量（kg）	施肥时间
推荐方案	基肥	有机肥 商品有机肥	250	直播或移栽前 1~2d
		鲜有机肥	750	
		化肥 水稻专用肥	49	
		碳酸氢铵	40	
		钙镁磷肥	25.0	
		氯化钾	12.7	
		碳酸锌	1.5	
	追肥	尿素	7	直播后 30d 或移栽后 15d 左右
		氯化钾	6.3	

对于单季晚稻目标亩产量为 600kg 的前提下，推荐其在直播或移栽前 1~2d 使用有机肥和化肥作基肥，其中有机肥若使用商品有机肥，则每亩 300kg 的量施用，若使用鲜有机肥，则每亩施用 1 000kg。同时化肥作基肥则使用水稻专用肥，每亩施用量为 53kg，或者每亩以碳酸氢铵 45kg、钙镁磷肥 10.0kg、氯化钾 15.0kg、硫酸锌 2.0kg 的量施用作基肥；

单季晚稻需进行两次追肥，一次在直播后 30d 或移栽后 15d 左右施用尿素和氯化钾作追肥，亩施用量分别为尿素 6.2kg、氯化钾 7.0kg；第二次追肥是在直播后 60d 或移栽后 35d 左右，追施尿素 3.1kg（表 7 – 4）。

表 7 – 4 单季晚稻推荐施肥方案

作物名称		单季晚稻	目标产量	亩产 600kg
施肥方式		肥料品种	亩产用量（kg）	施肥时间
推荐方案	基肥	有机肥 商品有机肥	300	直播或移栽前 1～2d
		鲜有机肥	1 000	
		化肥 水稻专用肥	53	
		碳酸氢铵	45	
		钙镁磷肥	10.0	
		氯化钾	15.0	
		碳酸锌	2.0	
	追肥	尿素	6.2	直播后 30d 或移栽后 15d 左右
		氯化钾	7.0	
		尿素	3.1	直播后 60d 或移栽后 35d 左右

对于连作晚稻目标亩产量为 500kg 的前提下，推荐其在直播或移栽前 1～2d 以每亩施用 700kg 稻草进行还田作基肥，或是使用化肥作基肥，若用水稻专用肥，则每亩施用量为 52.5kg，或者每亩以碳酸氢铵 45kg、钙镁磷肥 25.0kg、氯化钾 10.0kg、硫酸锌 1.5kg 的量施用作基肥；连作晚稻需进行两次追肥，一次在直播后 30d 或移栽后 15d 左右施用尿素和氯化钾作追肥，亩施用量分别为尿素 8.0kg、氯化钾 5.0kg；第二次追肥是在直播后 60d 或移栽后 35d 左右，追施尿素 3.4kg（表 7 – 5）。

表 7 – 5 连作晚稻推荐施肥方案

作物名称			连作晚稻	目标产量	亩产 500kg
施肥方式			肥料品种	亩产用量（kg）	施肥时间
基肥		有机肥 稻草还田		700	直播或移栽前 1～2d
	化肥	或	水稻专用肥	52.5	
			碳酸氢铵	45	
			钙镁磷肥	25.0	
			氯化钾	10.0	
			碳酸锌	1.5	
追肥			尿素	8	直播后 30d 或移栽后 15d 左右
			氯化钾	5.0	
			尿素	3.4	直播后 60d 或移栽后 35d 左右

根据 20 世纪 80 年代全国第二次土壤普查的数据，我国耕地土壤有机质含量 1% ~ 2% 和低于 1% 的面积分别占 38 125hm^2 和 25 195hm^2。土壤养分中，氮素状况与有机质状况相近，土壤全氮含量 0. 1075% ~0. 11% 和 <0. 1075% 的面积分别占 21 134hm^2 和 33 160 hm^2，含量水平整体偏低；磷素和钾素含量也较低，土壤有效磷（P）含量 5 ~10mg/kg、土壤有效钾（K）含量 50 ~100mg/kg、多数情况下应施用磷钾肥的面积分别占 30 195hm^2 和 34 196hm^2，而有效磷含量小于 5mg/kg 的缺磷和极缺磷面积占 50 159hm^2，有效钾小于 50mg/kg 的缺钾和极缺钾面积占 12 116hm^2。

通过两年的项目实施，义乌市测土配方施肥工作得到了各方面的认同，带来了多方面的效益。

一是促进了粮食增产增效。在 2009 年的测土配方施肥行动中，在义乌全市发放施肥建议卡进行施肥配方肥，减少不合理施肥面积，提高了肥料利用率。

在全市实施了测土配方施肥服务，推广测土配方施肥面积 1 733.3万 hm^2，减少不合理用肥 50 万 t（折纯，下同）左右，每公顷平均节约 375 元以上。

二是促进了肥料使用结构优化。通过测土配方施肥，有效缓解过量施肥和施肥比例不合理问题，不仅提高了肥料利用率，减少了养分流失，而且带动了有机肥增施。下降，复合肥、配方肥销售量上升，项目区"一袋白（碳酸氢铵）一袋黑（磷肥）"的施肥现象基本消除，有机质肥料施用量增加，肥料使用结构得到了调整优化。

三是促进了群众施肥观念转变。各地通过建立示范区、示范方，使广大农民看到了测土配方施肥的实际效果，"粪大水勤，不用问人"的传统施肥观念正在被"缺什么补什么"、"按需施肥"的科学施肥观念所取代，项目区越来越多的农民群众开始摒弃传统施肥方法，许多地方农民主动上门要求农技人员到自家田里取土化验，不少农民自己直接送样到土肥部门要求化验。

四是促进了肥料生产营销体制创新。各地在全面推广测土配方施肥过程中，从促进产销结合入手，探索了一些行之有效的模式，促进了"测、配、产、供、施"的衔接。"测土到田，配方到厂，供应到点，指导到户"和"免费测土，提供配方，按方购肥，指导施肥"等模式逐步推广。在企业参与方面，各地从本地实际出发，大胆创新机制，探索了许多各具特色的具体运作模式。

五是促进了技术服务能力提升。项目县土肥技术队伍普遍得到加强，土肥化验设备明显完善，检测能力和水平得到提高。通过广泛的宣传和发动，通过肥料市场专项治理和优质肥料推介，让农民用上放心肥。

参考文献

［1］ Assaeed AM, Mcgowan M, Hebblethwaite PD, *et al.* Effect of soil compaction on growth, yield and light interception of selected crops ［J］. Annals of Applied Biology, 1990, 117: 653～666.

［2］ Bengough A G, Young I M. Root elongation of seeding peas through layered soil of different penetration resistances ［J］. Plant and Soil, 1993, 149: 129～139.

［3］ Coelho E L, Or Dan. Root distribution and water uptake patterns of corn under surface and subsurface drip irrigation ［J］. Plant and Soil, 1999, 206: 123～126.

［4］ Cornfield A H. Ammonia released on treating soils with N sodium hydroxide as apossible means of predicting the nitrogen-supplying power of soils ［J］. Nature, 1960, 187: 260～264.

［5］ de Fraitas P L, Zobel R W, Snyder V A. Corn root growth in soil columns with artificially constructed aggregates ［J］. Crop Science, 1999, 39: 725～730.

［6］ DICK R P. Microbial biomass and soil enzyme activities in compacted and rehabilitated skid trail soil ［J］. Soil Science Society of America Journal, 1988, 52: 512～516.

［7］ Doran JW, Zeiss MR. Soil health and sustainability: managing the biotic component of soil quality ［J］. Appied Soil Ecology, 2000, 15: 3～11.

［8］ Lebon E, Pellegrino A, Louarn G, Lecoeur J. Branch development controls leaf area dynamics in grapevine (vitis vinifera) growing in drying soil ［J］. Annals of Botany, 2006, 98: 175～185.

［9］ Mayumi Tabuchi, Tomomi Abiko and Tomoyuki Yamaya, Assimilation of ammonium ions and reutilization of nitrogen in rice (Oryza sativa L.) ［J］. Journal of Experimental Botany, 2007, 58 (9): 2319～2327.

［10］ Müller T, H per H. Soil organic matter turnover as a function of the soil clay content: consequences for model applications ［J］. Soil Biol Biochem, 2004, 36: 877～888.

［11］ North G B, Nobel P S. Changes in hydraulic conductivity and anatomy caused by drying and rewetting roots of A gave desertii (Agavaceae) ［J］. Am. J. Bot., 1991, 78: 906～915.

［12］ Schroth G. and Sinclair F. L. Trees, crops and soil Fert. ility ［M］. Oxford: Oxford University Press, 2003: 77～91.

［13］ Shierlaw J, Alston A M. Effect of soil compaction on root growth and uptake of phosphorous ［J］. Plant and Soil, 1984, 77: 15～28.

［14］ T. Ohno, D. L. Grunes. 国外农学—土壤肥料 ［J］. 1987 (1): 22～27.

［15］ Wardle D A, Bardgett R D, Klironomos J N, Setala H, van der PuttenW H, Wall

D H. Ecological linkages between aboveground and belowground biota [J] . Science, 2004, 304: 1629 ~ 1633.

[16] 白由路, 杨俐苹. 我国农业中的测土配方施肥 [J] . 土壤肥料, 2006 (2): 3 ~ 7.

[17] 白由路, 金继运, 杨俐苹等. 农田土壤养分变异与施肥推荐 [J] . 植物营养与肥料学报, 2001 (2): 129 ~ 133.

[18] 常影, 宁大同, 郝芳华. 20 世纪末期我国农地退化的经济损失估值 [J] . 中国人口·资源与环境, 2003, 13 (3): 20 ~ 24.

[19] 高祥照, 马常宝, 杜森. 测土配方施肥技术 (第一版) [M] . 北京: 中国农业出版社, 2005: 2 ~ 3.

[20] 高拯民, 张福珠, 戴同顺等. 官厅水库氮、磷污染及其控制途径 [J] . 环境科学学报, 1984, 4 (1): 1 ~ 16.

[21] 国家自然科学基金委员会. 自然科学学科发展战略调研报告——土壤学 [M] . 北京: 科学出版社, 1996: 39.

[22] 黄德明. 十年来我国测土配方施肥的进展 [J] . 植物营养与肥料学报, 2003, 9 (4): 495 ~ 499.

[23] 金耀青. 配方施肥的方法及其功能: 对我国配方施肥工作得评述 [J] . 土壤通报, 1989, 20 (1): 3346 ~ 3348.

[24] 李冬梅, 李伟. 测土配方施肥在水稻生产中的应用 [J] . 农技服务, 2009, 26 (1): 62 ~ 63.

[25] 李志明, 周清, 王辉, 等. 土壤容重对红壤水分溶质运移特征影响的试验研究 [J] . 水土保持学报, 2009, 23 (5).

[26] 刘成样, 周鸣铮. 对 Truog-Ramamoorthy 测土施肥方法的研究与讨论 [J] . 土壤学报, 1986, 23 (3): 285 ~ 288.

[27] 刘晚苟, 山仑, 邓西平. 干湿条件下土壤容重对玉米根系导水率的影响 [J] . 土壤学报, 2003, 40 (5): 779 ~ 781.

[28] 卢学中. 测土配方施肥的原理及方法 [J] . 现代农业科技, 2010 (3): 295 ~ 296.

[29] 陆允甫, 吕晓男. 中国测土施肥工作的进展和展望 [J] . 土壤学报, 1995, 32 (3): 241 ~ 251.

[30] 吕晓男, 孟赐福, 麻万诸, 等. 土壤质量及其演变 [J] . 浙江农业学报, 2004, 16 (2): 105 ~ 109.

[31] 邱建军, 王立刚, 李虎, 等, ChangshengLi, Eric Van Ranst. 农田土壤有机碳含量对作物产量影响的模拟研究 [J] . 中国农业科学, 2009, 42 (1): 154 ~ 161.

[32] 任天志. STEFANOG. 持续农业中的土壤生物指标研究 [J] . 中国农业科学, 2000, 33 (1): 68 ~ 75.

[33] 邵明安, 吕殿青, 付晓莉. 土壤持水特征测定中质量含水量、吸力和容重三者间定量关系 [J] . 土壤学报, 2007, 44 (6): 1003 ~ 1008.

［34］孙中林，吴金水，葛体达，等．土壤质地和水分对水稻土有机碳矿化的影响［J］．环境科学，2009，30（1）：214～220.

［35］谭军，钟继洪，骆伯胜，等．广东坡地红壤颗粒组成状况的研究Ⅲ．土壤颗粒组成与土壤埋化性质的关系［J］．热带亚热带土壤科学，1998，7（2）：102～105.

［36］唐树梅，漆智平．旱地黄壤有效氮测定方法的探讨［J］．热带农业科学，1995（4）：41～47.

［37］同延安，石维，吕殿青，等．陕西三种类型土壤剖面硝酸盐累积、分布与土壤质地的关系［J］．植物营养与肥料学报，2005，11（4）：435～441.

［38］涂运昌，周平贞，谢立华等．油菜的氮、磷营养及其经济施肥量［J］．土壤学报，1996，33（4）：428～432.

［39］王辉，王全九，邵明安．表层土壤容重对黄土坡面养分随径流迁移的影响［J］．水土保持学报，2007，21（3）：10～18.

［40］夏荣基．土壤腐殖质化学［M］．北京：中国农业大学出版社，1994：12～37.

［41］熊毅，李庆逵．中国土壤［M］．北京：科学出版社，1988：464～482.

［42］徐明岗，姚其华，吕家珑．土壤养分运移［M］．北京：中国农业科学技术出版社，2000.

［43］徐淑伟，刘树庆，杨志新，等．葡萄品质的评价及其与土壤质地的关系研究［J］．土壤，2009，41（5）：790～795.

［44］严健汉，詹重慈．环境土壤学［M］．武汉：华中师范大学出版社，1985.

［45］杨江龙，李生秀．土壤供氮能力测试方法与指标［J］．土壤通报，2005，36（6）：959～964.

［46］杨瑞吉，杨祁峰，牛俊义．表征土壤肥力主要指标的研究进展［J］．甘肃农业大学学报，2004（1）：86～91.

［47］叶优良，张福锁，李生秀．土壤供氮能力指标研究［J］．土壤通报，2001，32（6）：273～277.

［48］张福锁等．我国肥料产业与科学施肥战略研究报告［M］．北京：中国农业大学出版社，2008.

［49］张乃凤．我国五千年农业生产中营养元素循环总结以及今后指导施肥的途径切［J］．土壤肥料，2002（4）：3～5.

［50］张仁陟，李增风，陶永红．河西灌漠土壤氮素矿化势的研究［J］．甘肃农业大学学报，1993，28（3）：261～264.

［51］周鸣铮．土壤速效磷化学提取测定法讨论［J］．土壤通报，1980，11（5）：42～45.

［52］周志华，肖化云，刘丛强．土壤氮素生物地球化学循环的研究现状与进展［J］．地球与环境，2004，32（3～4）：21～26.